华章图书

一本打开的书，一扇开启的门，

通向科学殿堂的阶梯，托起一流人才的基石。

BUILDING DATA MIDDLE PLATFORM
WITH GREENPLUM

高效使用Greenplum

入门、进阶与数据中台

王春波 ◎ 著

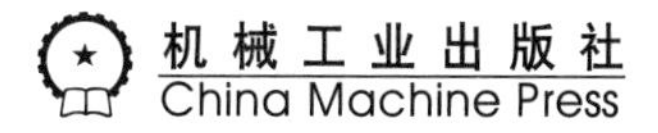

图书在版编目（CIP）数据

高效使用 Greenplum：入门、进阶与数据中台 / 王春波著 .-- 北京：机械工业出版社，2021.12
ISBN 978-7-111-69649-0

I. ①高… II. ①王… III. ①关系数据库系统 IV. ① TP311.132.3

中国版本图书馆 CIP 数据核字（2021）第 243516 号

高效使用 Greenplum：入门、进阶与数据中台

出版发行：机械工业出版社（北京市西城区百万庄大街 22 号 邮政编码：100037）
责任编辑：韩 蕊 责任校对：马荣敏
印 刷：三河市东方印刷有限公司 版 次：2022 年 1 月第 1 版第 1 次印刷
开 本：186mm×240mm 1/16 印 张：24.25
书 号：ISBN 978-7-111-69649-0 定 价：109.00 元

客服电话：（010）88361066 88379833 68326294 投稿热线：（010）88379604
华章网站：www.hzbook.com 读者信箱：hzjsj@hzbook.com

Preface 序　一

"可以推荐一些 Greenplum 方面的书吗？"这是我带领 Greenplum 中国研发中心期间被客户问到最多，也是最让我尴尬的一个问题。Greenplum 在国内外具有很高的地位，Gartner 报告显示 Greenplum 为世界排名第三的分析型数据库。有关报告表明，国内有约 50% 的 MPP 数据库基于开源 Greenplum，然而 Greenplum 相关的中文资料却非常少。

为此，我在 2015 年创立了 Greenplum 中文社区，和社区的几位小伙伴定期在全国各地举办技术沙龙、技术研讨会。我们参加各种数据库行业大会，发表 Greenplum 相关文章，翻译 Greenplum 文档，自费从第三方购买 greenplum.cn 域名并搭建、运营 greenplum.cn 中文网站（后来全部内容整合至全球官方网站 greenplum.org），和知名大学联合开发产教融合课程，建设微信群、QQ 群和钉钉群，并及时在各个群里面回答问题。通过种种努力，积累了大量的 Greenplum 资料和用户，Greenplum 中文社区的力量不断壮大，成为国内最大、最活跃的 MPP 数据库社区之一。但缺少系统介绍 Greenplum 的图书一直是我心中的遗憾。

2018 年，我和几位 Greenplum 研发中心的伙伴合作出版了一本官方的 Greenplum 中文图书，可是一本书对于分布式数据库而言终究是太少了，而且官方图书内容基于 Greenplum 5，版本比较老，新版本的 Greenplum 有了很多更新，特别是 PostgreSQL 内核从 8.3 升级到了 9.4，业内急需更多介绍 Greenplum 的图书，尤其需要从用户视角介绍 Greenplum 的好书。

王春波这本书的出版很好地弥补了这一缺憾，是 Greenplum 中文社区和 Greenplum 使用者的一大幸事。本书由浅入深地介绍了 Greenplum 数据库的功能，其中包含很多作者的亲身实践和体会。

希望能有更多 Greenplum 相关的图书出版，也期待更多的从业者参与到写作中，让 PostgreSQL 和 Greenplum 社区生态繁荣壮大。

姚延栋

北京四维纵横数据技术有限公司创始人兼 CEO/Greenplum 中文社区创始人 /
Greenplum 原北京研发中心总经理 / PostgreSQL 中文社区常委

序　二 Preface

数字化技术正在加速发展，成为引领新一轮科技革命的主导力量。鞋服行业在新的一年将会用“数字化转型”驱使企业商业模式和运营方式的变革。而数据中台作为中驱枢纽，奠定了从“流程驱动”到“数据驱动”的基础。

2019 年 9 月初识春波，见证了他用短短 2 年时间从一个初涉鞋服零售行业领域的传统数仓开发工程师到专注于构建数据中台的资深系统架构师的成长和蜕变。他帮助我们将过去 BW、BI 等数据系统全部终止，以数仓治理、数据分析、数据服务、场景算法的落地方法论，去重新构建一套完整的数据中台，将人货场相关的 500 多个维度标签、1000 多个指标数据全部沉淀至数据湖，进而实现数据的整理萃取、提炼等，并通过 200 多个共享的数据服务将其根据业务场景应用模式推送给 Tableau、智能数据助理、Quick BI、H5 Echarts 看板等前台数据分析应用。

数字化时代早期，曾经要在多个不同平台间切换，各平台的业务数据是分割的、不完整的，甚至是缺失的。现在，数据全链路闭环沉淀正在反哺驱动着内外部资源链接，数字化全链路打通，实现业务用户便捷操作和消费者多触点应用。

本书从 Greenplum 的底层架构向上逐层解析，在性能、数据、权限层面将深奥逻辑阐述得生动有趣，非常值得阅读。

陈培兰

卡宾服饰 CIO

Preface 序 三

随着大数据技术越来越成熟，各行业领头企业已基本完成大数据技术平台的搭建。随着“十四五”期间强调数据治理和数据要素潜能释放，以及近些年来养成的“互联网+”思维，越来越多的企业，尤其是拥有成千上万家线下直营/加盟门店的零售企业，甚至生产型企业，都开始越来越重视数据。

这些企业所积累的数据以企业经营数据为主，也就是信息系统产生的结构化数据为主，数据量比较多，且这些数据之间关系复杂。而企业不仅要求性能快，还要求敏捷响应快速变化的业务需求。MPP分布式数据库不仅能够借助SQL实现复杂业务逻辑，还能通过分布式计算达到高效性能。Greenplum非常适合企业建设离线分析的数仓，其逻辑统一管理，加工后的数据价值密度相对较高。

本书作者将多年用Greenplum帮助企业搭建数据仓库的经验，借助实际项目案例以通俗易懂的语言记录并分享出来，是入行数据分析与应用行业人员的初学指南，也是那些希望采用Greenplum作为数据仓库企业的参考。书中提到的架构、技术标准、实施方法，均可作为参考借鉴。

赵书贤

上海启高信息科技有限公司联合创始人

Preface 前　言

为什么要写这本书

2012年我步入企业数据分析领域，一度聚焦于银行业管理会计系统。管理会计系统是银行业最重要的数据分析与应用系统。在上线管理会计系统之前，银行业只能通过简单的统计报表应对各种业务统计需求。管理会计系统帮助银行实现了经营数据的汇总整合、数据质量的提升、精细化管理的转变，一跃成为银行业最核心的数据应用系统。

银行业的管理会计系统通常构建在数据仓库之上，是一个面向应用的数据集市，虽然整体架构和数据仓库类似，但是系统的数据容量略小。早期的管理会计系统都是基于Oracle、DB2、SQL Server实现的。2017年年底，我第一次接触到了大数据平台，参与了银行业第一个基于Hadoop平台的管理会计系统项目建设。

身为传统数据库开发工程师，我在Oracle和DB2数据库上积累的经验在Hive上完全无用武之地。在完成Hive数据分析项目的同时，我一边恶补Hadoop的相关知识，一边深入理解Hive执行过程和执行原理，终于在项目后期掌握了Hive数据仓库的优化策略和调优参数。尽管已经有了Hive的优化经验，我仍然很难认可Hive的数据仓库领导者地位。即使后面用到了Tez、Hive on Spark等更加快速的查询引擎，脚本式的开发过程和大表关联的性能瓶颈，仍然让我对Hive很不满意。

直到有一天，我发现了Greenplum数据库，才知道分布式数据库其实还有更好的选择。MPP架构作为传统数据库架构设计的“正统继承者”，既满足了大数据量查询的性能要求，又解决了SQL语言的兼容性问题。

正是基于Greenplum数据库带给我的惊喜，我才特别想将使用经验分享给大家，从而推动更多企业使用Greenplum数据库，让它们用更省钱、更快捷的方式实现企业级数据仓库和数据中台。

虽然现在ClickHouse和Doris正在崛起，新一代的架构可能会超越Greenplum数据库，但是 Greenplum 数据库胜在生态成熟、技术稳定，完全可以满足大部分中小企业的数据分析需求。

Greenplum 曾经在阿里巴巴作为 Oracle 集群的替代产品，成为数据仓库的核心数据库（虽然后来被自研产品换掉，但是阿里巴巴当时的数据体量是很多公司未来 10 年都不可能达到的），而且这些年来，Greenplum 数据库技术更加成熟，生态更为完善，性能也得到了大幅提高。

阿里云推出的云原生数据仓库 AnalyticDB for PostgreSQL 正是基于 Greenplum 的改进版本。百度云、京东云也陆续推出了基于 Greenplum 的云上数据仓库平台，腾讯云和华为云则主推自家研发的同类产品（腾讯 TBase 和华为 GaussDB）。这说明各大云厂商都看好 MPP 架构数据库在 OLAP 领域的应用趋势。这些数据仓库平台都是基于 PostgreSQL 研发的，并且都参考了 Greenplum 的架构体系。因此，深入研究 Greenplum 可以达到触类旁通的作用。从主推以 Hive 为核心的大数据平台到回归 Greenplum 生态，说明云厂商的产品定位在发生转变。对于广大中小型企业，Greenplum 才是最适合它们的数据库产品。

读者对象

本书适合以下读者。

- **商业智能分析领域的工程师。**Greenplum 作为一款简单易用、性能卓越的 OLAP 分析数据库，非常适合作为数据分析的底层数据库。通过阅读本书，读者可以快速掌握 Greenplum 的使用，并可以从其他环境抽取数据到 Greenplum 进行数据分析，进一步提升工作效率。
- **数据分析领域的 ETL 工程师。**MPP 数据库的原理是数据分析领域的 ETL 工程师必须掌握的技术知识点。通过本书，读者不仅可以学习并掌握 MPP 架构的开源数据库，以及 PostgreSQL 和 Greenplum 数据库语法，还可以基于 Greenplum 构建完整的数据仓库、数据中台系统。
- **系统架构师。**OLAP 数据库选型一直是系统架构领域的难点，通过本书，读者可以全面认识 Greenplum 数据库的优点和缺点，从而务实地在 Hadoop 和 Greenplum 中做出明智的选择。此外，Greenplum 会大幅降低开发成本，提高开发效率，提升企业的信息服务水平。
- **计算机专业的高校学生。**如今，很多高校都开设了数据库和大数据相关的课程，然而 Hadoop 的复杂性和不稳定性让入门者胆怯，基于 PostgreSQL 的 MPP 数据库 Greenplum 会是这部分读者最好的选择。

本书特色

本书结合数据中台的建设，从建设思路、接口实战、建模实战到数据中台管理和应用，全方位解读基于 Greenplum 数据库实现数据中台的过程，并辅之以零售行业数据中台的案例，深入剖析数据中台建设的全过程，帮助读者掌握数据中台的实战要领。

在行文方面，本书尽可能使用浅显易懂的语言，并通过大量的演示案例来引导读者深入学习。在关键环节，本着"有图有真相"的原则，配有大量的截图和示意图帮助读者加深对知识的理解。

如何阅读本书

本书内容分为 4 部分。

第一部分　大数据平台概述（第 1 章）：主要从应用的角度介绍了大数据技术的发展历程，帮助读者了解时代背景，把握大数据技术的发展方向。

第二部分　Greenplum 入门（第 2 ~ 4 章）：简单介绍 Greenplum 数据库的基本原理、安装与部署、入门操作，帮助读者认识 Greenplum 数据库。没有任何数据库应用经验的读者可以认真学习这部分内容。

第三部分　Greenplum 应用（第 5 ~ 11 章）：着重讲解了 Greenplum 数据库的部分高级应用功能，包括 SQL 语法、ETL 工具箱、运维管理与监控、性能优化以及外部生态。

第四部分　数据中台实战（第 12 ~ 17 章）：通过对数据中台建设过程进行全面解读和深入实战讲解，帮助读者认识数据中台的全流程。

勘误和支持

由于作者的水平有限，编写时间仓促，书中难免会出现一些错误或者不准确的地方，恳请读者批评指正。读者可发送邮件至 524427858@qq.com 或关注我的公众号"数据中台研习社"与我沟通交流。

致谢

在本书完稿之际，我要感谢启高科技联合创始人兼总经理赵书贤对我工作的指导，是赵总的高瞻远瞩使项目一次又一次拨云见日，变为书中一个个精彩案例。

感谢卡宾服饰 CIO 陈培兰，是陈总的耐心讲解使我能深入了解零售需求，也是陈总的高要求让我一次又一次突破了 Greenplum 的性能瓶颈。

感谢项目经理张海静，是她带领我们的团队圆满完成了项目目标。

感谢黎文惠、乔一洺、杨宏武、赵正炎的现场支持，感谢伍晓威、任启强、苏丹、杨健、田红飞、张宇、莫耀权、佘文、焦立岩等同事的配合，感谢客户方郭天琦、王欣芳、黄健等人给予的大力支持。正是大家的精诚合作，才促成了项目的成功，才有了超出客户期望的满意度。也正是这份超出预期的成功，才促使我来编写本书，与大家分享 Greenplum 数据库。

感谢我的夫人杨慧的大力支持，是她承担了带娃的重任；感谢我的前同事苏丹，她的鼓励和督促使我坚持到现在；感谢杨福川和韩蕊编辑在写作过程中的耐心辅导。

最后还要特别感谢《超级演说家》第二季总冠军刘媛媛，是她的喜马拉雅节目《刘媛媛的晚安电台》带我走出了 30 岁的焦虑，开始了本书的写作历程。

感谢所有给过我帮助和启发的朋友、亲人，谢谢你们，是你们成就了今天的我！

王春波
2021 年 9 月于厦门

Contents 目录

第一部分 Part 1

大数据平台概述

数据仓库诞生以后，数据量开始增长，在移动互联网时代，传统数据库已无法承载数量如此庞大的数据，于是诞生了大数据平台。伴随着技术的发展和架构的演进，数据中台和MPP数据库开始兴起。

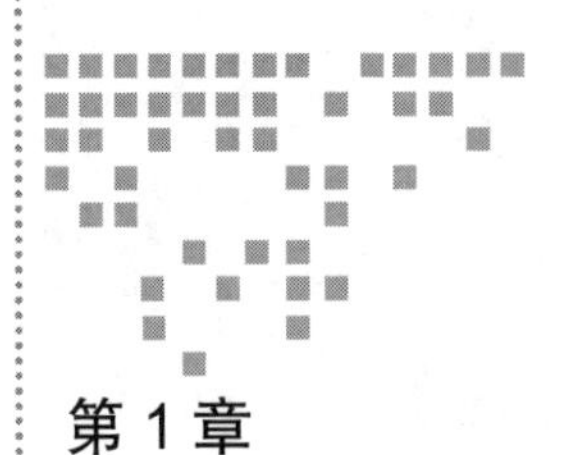

Chapter 1 第1章

大数据平台技术的演进

大数据平台是数据库的一个分支，主要是指可以作为数据仓库和数据分析的平台。大数据平台是在传统数据库的基础上演进而来的，是指新一代的分布式数据库。传统数据经历了理论爆炸期、系统实现期、市场选择期，最后以 Oracle、DB2、SQL Server 为代表的关系型数据库占据大部分市场，纵横数据库江湖十余年。

随着互联网时代的到来，数据库软件加硬件的升级赶不上业务的需求，于是以 Hadoop 为核心的分布式“大数据平台”（因为和传统数据库差异较大，所以不能称之为数据库）和以 Greenplum 为代表的 MPP 架构数据库先后崛起并走向成熟。Hadoop 以其扩展性强、成本低、开源生态等优势迅速抢占数据库的市场，同时也出现了兼容性差、查询性能不足、架构复杂的问题。MPP 架构数据库随后登上舞台，既继承了传统数据库的 ACID 特性和 Hadoop 的分布式特性，又避免了 Hadoop 的复杂性，具有后发优势，被市场广泛看好。

1.1 关系型数据库

说到大数据平台，我们必须从数据库的发展历史说起。数据库管理系统诞生于 20 世纪 60 年代，早期是各种数据模型“野蛮生长”，到 20 世纪 90 年代变成关系型数据库一统天下。SQL 语言也伴随着关系型数据库的推广，成为一种重要的开发语言。

1.1.1 数据库发展历程

“数据库”一词诞生于 1964 年前后，由美国军事情报系统的工作人员提出，表示分时共享计算机系统中的多用户共享数据集合。现在维基百科对数据库的定义是按照一定方式组织起来的数据集合，通常使用数据库管理系统访问这些数据。

数据库管理系统的发展经历了很多阶段，早期很多数据库管理系统都消失在历史进程中，有些仍在不断迭代演进。

由于早期的数据模型衍生自打孔卡技术，因此比较简单，通常是由文件组成的。一个文件代表一个类型的数据，文件中的行代表一条记录，行由固定长度的列组成。随后衍生出层次模型的数据，层次模型主要用来表示实体之间的关联问题。基于层次模型的数据库由连接在一起的记录集合组成，一个记录包含多个字段，每个字段只有一个数据值，通过链接（Link）将两个记录关联在一起。层次模型适合表示一对一关系和一对多关系，无法表示多对多关系。IBM 的 IMS 数据库就是一种层次模型数据库，也是最古老的数据库系统之一，至今仍然被一些企业使用。

为了解决多对多的关系，20 世纪 60 年代末出现了网状模型。网状模型是由不同类型的记录集合组成的，记录之间的关系通过链接表示，如图 1-1 所示。20 世纪 70 年代初，CODASYL 的数据库工作组基于网状模型的商业数据库对网状数据模型进行了标准化，这种结构沿用至今。

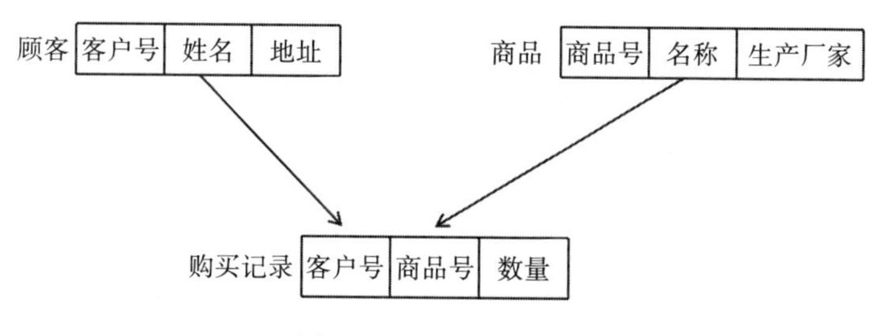

图 1-1　网状模型示例

20 世纪 60 年代后期，Edgar F. Codd 提出用集合论来表示实体集，其中实体集为域的集合，每一个域对应实体集中的一个属性。实体关联也用类似的方法表示，域对应实体的标识符。这个想法奠定了关系模型的理论基础。关系模型和层次模型、网状模型的最大区别在于，记录之间的关联关系不再使用指针表示，而是通过记录 ID 表示。还有一个区别是，层次模型、网状模型处理的基本单元是记录，而关系模型处理的基本单元是记录集合。从此，关系模型成为数据库领域的行业标准。

在关系模型之后，虽然业界也提出了对象数据模型和关系对象模型的概念，但是始终未能超越关系模型。其中 PostgreSQL 就是对象关系数据库的典型代表，只是最新版本中已经淡化了对象关系模型，仅保留了抽象数据类型、自定义数据类型、自定义操作符和函数等对象关系模型的一些功能。这也为 PostgreSQL 的灵活性和可扩展性奠定了坚实的基础。

在笔者大学期间，学校曾有一次公开课，邀请了武汉达梦数据库的总经理做了一次面向对象数据库的分享。面向对象数据库曾被视为国产数据库弯道超车的机会，然而这并没有变成现实。

回顾近十年来数据库的发展历程，真正实现数据库弯道超车的革新技术并不是数据模型的变化，而是列式存储的引入。

1.1.2 关系型数据库独霸天下

数据独立性是早期数据库系统追求的一个主要目标，指的是应用程序代码和数据存储结构、访问策略相互独立。用户可以通过数据库提供的高级接口处理数据，不用考虑底层细节，例如二进制位、指针、数组、链表等。

Edgar F. Codd 提出的关系数据模型大大促进了数据独立性的发展。他认为传统数据库主要存储两种信息：数据库记录的内容和数据库之间的关系。不同的系统使用不同的方式存储记录之间的关系。

关系模型系统有 3 个重要的属性：提供一个和底层实现无关的数据模型或视图，所有信息都可以以数据值的方式表示，不存储任何连接信息；系统提供高级语言执行数据处理操作，而不用关心其他实现细节；高级语言以记录集合为操作单位，一次处理多个记录，层次数据库和网状数据库一次操作一个记录。基于这 3 个属性，关系数据模型可以更好地解决数据独立性问题。

正是凭借以上优势，关系模型数据库得以快速发展，并且称霸市场将近半个世纪。

1.1.3 结构化查询语言 SQL

SQL 语言也是助力关系模型数据库强势发展的伟大发明。SQL 衍生自 System R 的数据库子语言，这是对数据库发展极为重要的一种高级语言。

SQL 来自早期 IBM 对关系语言的研究。1972 年，在 Edgar F. Codd 组织的一个计算机研讨会上，SQL 的发明者 Raymond Boyce 和 Donald Chamberlin 接触到了关系数据模型。他们发现，用几行关系语言代码就可以实现复杂的 DBTG 语言程序才能实现的功能，于是被 Codd 关系语言的表达能力所震撼。不过，他们也感到该语言的门槛很高，需要具备一定的数学基础才能驾驭。于是 1973 年，他们设计了一种类似自然语言的查询语句——SEQUEL。该语言可以流畅地描述需要查询的信息，且不涉及任何实现细节，是一种声明式语言。1974 年，他们发表了论文“SEQUEL：A Structured English Query Language”。之后，SEQUEL 语言随着 System R 项目持续演进，根据早期用户的反馈，于 1967 年发布了更完整的 SEQUEL 语言设计。1977 年由于商标问题，SEQUEL 改为 SQL。

举个例子，解决“比部门管理者薪水高的员工”这个问题的 SQL 查询如下，可以看到，查询语句非常简洁易懂。

```
select a.emp_code,a.emp_name
From employee a,employee b
Where a.manger_code = b.emp_code and a.salary >b.salary;
```

SQL 的成功主要得益于关系模型的突破性创新，很好地抽象了用户和存储的数据库之间的交互，同时也推动了关系模型发展壮大。SQL 同时支持 DDL 和 DML，为用户提供了一个统一的接口来使用和管理数据库，从而提高了应用开发人员的工作效率。

1986年，ASNI和ISO标准工作组定义了SQL的标准。从此，SQL变成了一个完整的生态，不再被单个厂商锁定。此后，SQL发布了多个后续标准版本，包括1992、1996、1999、2003、2006、2008、2016。经过多年的发展，SQL标准逐渐修订了最初版本的不足，并增加了很多新的特性，包括外连接、表达式、递归、触发器、自定义类型和自定义函数、OLAP扩展、JSON等。

不过数据库市场被新兴的Oracle占了大头，导致SQL的后续版本变成指导方案，未能落地到产品中。Oracle的PLSQL随着Oracle数据库市场份额的膨胀，成为市场上功能最成熟的一个分支。

1.1.4　列存储的兴起

列存储（Column-based）是相对于行存储（Row-based）来说的。传统的数据库设计都是基于行存储，如Oracle、DB2、MySQL、SQL Server等，在基于行存储的数据库中，数据是以行数据为基础逻辑存储单元存储的，同一行的数据在存储介质中以连续存储的形式存在。

在实际应用中我们会发现，行式数据库在读取数据时存在一个固有的缺陷，比如，选择查询的目标虽然只涉及少数几个字段，但这些目标数据埋藏在各行数据单元中，而行单元往往又特别大，应用程序必须读取每一条完整的行记录，这使得读取效率大大降低。对此，行式数据库给出的优化方案是增加索引，在OLTP类型的应用中，通过索引机制或给表分区等手段简化查询操作步骤，提升查询效率。

针对海量数据背景的OLAP应用（例如分布式数据库、数据仓库等），行存储的数据库就有些力不从心了，因为行式数据库建立索引和物化视图需要花费大量时间和资源，所以还是不划算的，无法从根本上解决查询性能和维护成本的问题，也不适用于数据仓库等应用场景，因此后来出现了基于列存储的数据库。

对于数据仓库和分布式数据库来说，大部分情况下会先从各个数据源汇总数据，然后进行分析和反馈，大多数操作是围绕同一个字段（属性）进行的，而当查询某属性的数据记录时，列式数据库只需返回与列属性相关的值。在大数据量查询场景中，列式数据库可在内存中高效组装各列的值，最终形成关系记录集，可以显著减少I/O消耗并降低查询响应时间，非常适合数据仓库和分布式应用。

新兴的HBase、HP Vertica、SAP HANA、Pivotal Greenplum[㊀]、TiDB等分布式数据库均支持列存储。其中SAP HANA、Pivotal Greenplum、TiDB是同时支持行存储和列存储的数据库。在基于列存储的数据库中，数据是以列为基础逻辑存储单元存储的，同一列的数据在存储介质中以连续存储形式存在。行存储和列存储的差异如图1-2所示。

㊀　2019年底，Pivotal公司被Vmware收购。

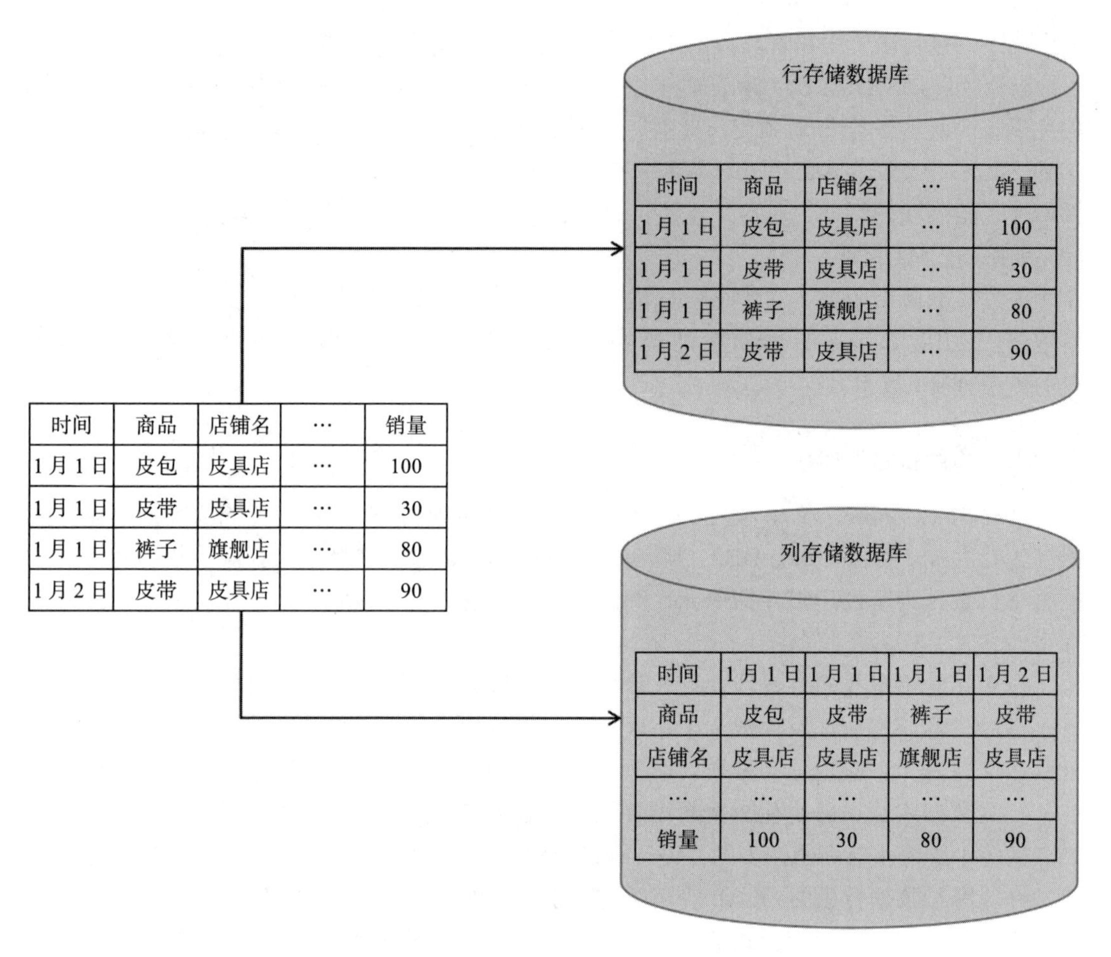

图 1-2 行存储和列存储对比示例

行存储和列存储各有各的优点，有不同的应用场景。因为列存储是新兴的数据库存储方式，所以支持的数据库还不是很多，行存储的适用场景如下。

1）需要随机地增、删、改、查操作。

2）需要在行中选取所有属性的查询操作。

3）需要频繁插入或更新的操作，其操作与索引和行的大小更为相关。

列存储的适用场景如下。

1）查询过程中，可针对各列的运算并发执行，在内存中聚合完整的记录集，降低查询响应时间。

2）在数据中高效查找数据，无须维护索引（任何列都能作为索引），查询过程中能够尽量减少无关 I/O，避免全表扫描。

3）因为各列独立存储，且数据类型已知，所以可以针对该列的数据类型、数据量大小等因素动态选择压缩算法，以提高物理存储利用率。如果某一列没有数据，在列存储时，就可以不存储该列的值，这比行存储更节省空间。

1.2　Hadoop 生态系统

Hadoop 是较早用于处理大数据集合的分布式存储计算基础架构，目前由 Apache 软件基金会管理。通过 Hadoop，用户可以在不了解分布式底层细节的情况下，开发分布式程序，充分利用集群的威力执行高速运算和存储。简单地说，Hadoop 是一个平台，在它之上可以更容易地开发和运行处理大规模数据的软件。

1.2.1　Hadoop 概述

Hadoop 体系也是一个计算框架，在这个框架下，可以使用一种简单的编程模式，通过多台计算机构成的集群，分布式处理大数据集。Hadoop 是可扩展的，它可以方便地从单一服务器扩展到数千台服务器，每台服务器进行本地计算和存储。除了依赖于硬件交付的高可用性，软件库本身也提供数据保护，并可以在应用层做失败处理，从而在计算机集群的顶层提供高可用服务。Hadoop 核心生态圈组件如图 1-3 所示。

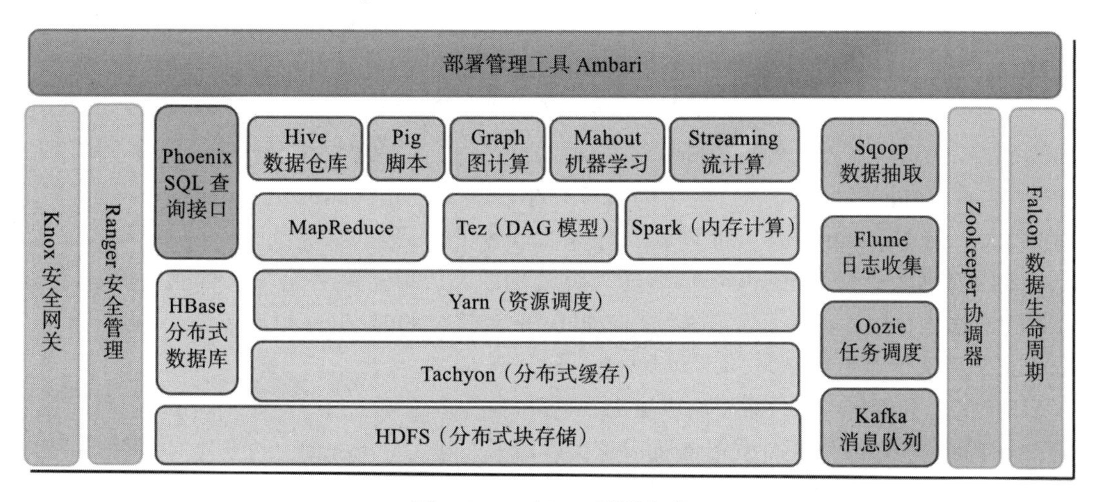

图 1-3　Haddoop 开源生态

1.2.2　Hadoop 生态圈

Hadoop 包括以下 4 个基本模块。

1）Hadoop 基础功能库：支持其他 Hadoop 模块的通用程序包。

2）HDFS：一个分布式文件系统，能够以高吞吐量访问应用中的数据。

3）YARN：一个作业调度和资源管理框架。

4）MapReduce：一个基于 YARN 的大数据并行处理程序。

除了基本模块，Hadoop 还包括以下项目。

1）Ambari：基于 Web，用于配置、管理和监控 Hadoop 集群。支持 HDFS、MapReduce、Hive、HCatalog、HBase、ZooKeeper、Oozie、Pig 和 Sqoop。Ambari 还提供显示集群健康状况的仪表盘，如热点图等。Ambari 以图形化的方式查看 MapReduce、Pig 和 Hive 应用程序的运行情况，因此可以通过对用户友好的方式诊断应用的性能问题。

2）Avro：数据序列化系统。

3）Cassandra：可扩展的、无单点故障的 NoSQL 多主数据库。

4）Chukwa：用于大型分布式系统的数据采集系统。

5）HBase：可扩展的分布式数据库，支持大表的结构化数据存储。

6）Hive：数据仓库基础架构，提供数据汇总和命令行即席查询功能。

7）Mahout：可扩展的机器学习和数据挖掘库。

8）Pig：用于并行计算的高级数据流语言和执行框架。

9）Spark：可高速处理 Hadoop 数据的通用计算引擎。Spark 提供了一种简单而富有表达能力的编程模式，支持 ETL、机器学习、数据流处理、图像计算等多种应用。

10）Tez：完整的数据流编程框架，基于 YARN 建立，提供强大而灵活的引擎，可执行任意有向无环图（DAG）数据处理任务，既支持批处理又支持交互式的用户场景。Tez 已经被 Hive、Pig 等 Hadoop 生态圈的组件所采用，用来替代 MapReduce 作为底层执行引擎。

11）ZooKeeper：用于分布式应用的高性能协调服务。

除了以上这些官方认可的 Hadoop 生态圈组件之外，还有很多十分优秀的组件这里没有介绍，这些组件的应用也非常广泛，例如基于 Hive 查询优化的 Presto、Impala、Kylin 等。

此外，在 Hadoop 生态圈的周边，还聚集了一群“伙伴”，它们虽然未曾深入融合 Hadoop 生态圈，但是和 Hadoop 有着千丝万缕的联系，并且在各自擅长的领域起到了不可替代的作用。图 1-4 是阿里云 E-MapReduce 平台整合的 Hadoop 生态体系中的组件，比 Apache 提供的组合更为强大。

下面简单介绍其中比较重要的成员。

1）Presto：开源分布式 SQL 查询引擎，适用于交互式分析查询，数据量支持 GB 到 PB 级。Presto 可以处理多数据源，是一款基于内存计算的 MPP 架构查询引擎。

2）Kudu：与 HBase 类似的列存储分布式数据库，能够提供快速更新和删除数据的功能，是一款既支持随机读写，又支持 OLAP 分析的大数据存储引擎。

3）Impala：高效的基于 MPP 架构的快速查询引擎，基于 Hive 并使用内存进行计算，兼顾 ETL 功能，具有实时、批处理、多并发等优点。

4）Kylin：开源分布式分析型数据仓库，提供 Hadoop/Spark 之上的 SQL 查询接口及多维分析（OLAP）能力，支持超大规模数据的压秒级查询。

5）Flink：一款高吞吐量、低延迟的针对流数据和批数据的分布式实时处理引擎，是实时处理领域的新星。

6）Hudi：Uber 开发并开源的数据湖解决方案，Hudi（Hadoop updates and incrementals）支持 HDFS 数据的修改和增量更新操作。

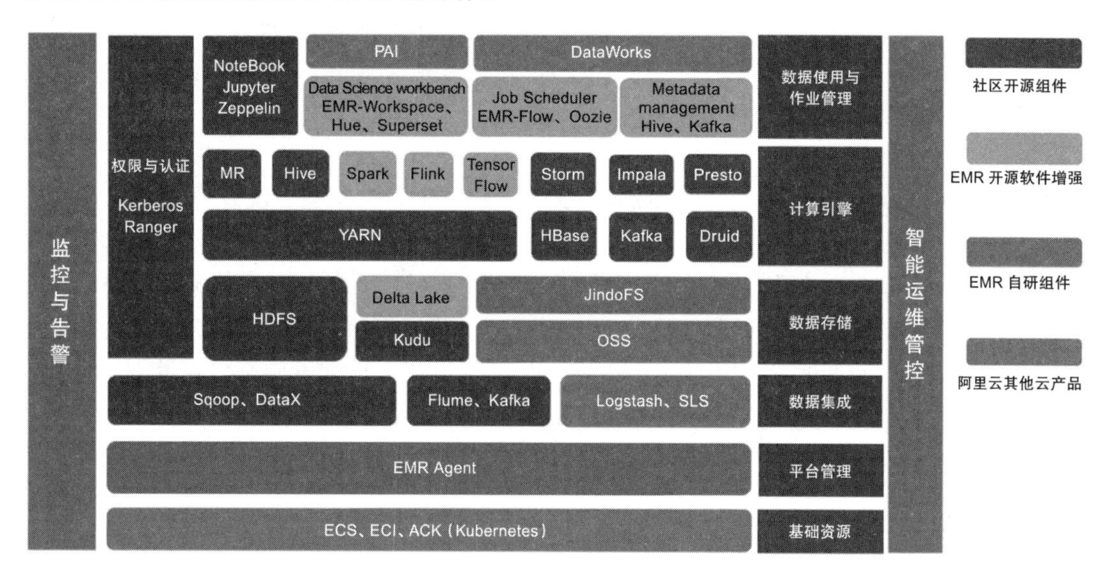

图 1-4　阿里云 E-MapReduce 的产品架构

1.2.3　Hadoop 的优缺点

如今，Hadoop 已经演化成了一个生态系统，系统内的组件千差万别，有的还是孵化阶段，有的风华正茂，有的垂垂老矣。其中，最经久不衰的当属 HDFS 和 Hive 两大组件，昙花一现的包括 HBase、MapReduce、Presto 等，风华正茂的当属 Spark 和 Flink。

古语有云，“成也萧何，败也萧何”。大数据成功最核心的原因是开源，但它存在的最大的问题也是开源。很多组件虽然依靠开源可以快速成熟，但是一旦成熟，就会出现生态紊乱和版本割裂的情况，其中最典型的就是 Hive。

Hive 1.*x* 之前的版本功能不完善，1.*x* 版和 2.*x* 版算是逐步优化到基本可用了，到了 3.*x* 版又出现了各种问题，并且大部分云平台 Hive 版本都停留在 2.*x* 版，新版本推广乏力。另外，Hive 的计算引擎也是饱受争议的，Hive 支持的计算引擎主要有 MapReduce、Tez、Spark、Presto。十多年来 MapReduce 的计算速度并没有提升；Tez 虽然计算速度快，但是安装需要定制化编译和部署；Spark 的计算速度最快，但是对 JDBC 支持不友好；Presto 计算速度快并且支持 JDBC，但是语法又和 Hive 不一致。申明一下，这里说的快只是相对 MapReduce 引擎而言的，跟传统数据库的速度相比仍然相差 1 到 2 个数量级。

总的来说，基于 Hadoop 开发出来的大数据平台，通常具有以下特点。

1）扩容能力：能够可靠地存储和处理 PB 级的数据。Hadoop 生态基本采用 HDFS 作为存储组件，吞吐量高、稳定可靠。

2）成本低：可以利用廉价、通用的机器组成的服务器群分发、处理数据。这些服务器群总计可达数千个节点。

3）高效率：通过分发数据，Hadoop 可以在数据所在节点上并行处理，处理速度非常快。

4）可靠性：Hadoop 能自动维护数据的多份备份，并且在任务失败后能自动重新部署计算任务。

Hadoop 生态同时也存在不少缺点。

1）因为 Hadoop 采用文件存储系统，所以读写时效性较差，至今没有一款既支持快速更新又支持高效查询的组件。

2）Hadoop 生态系统日趋复杂，组件之间的兼容性差，安装和维护比较困难。

3）Hadoop 各个组件功能相对单一，优点很明显，缺点也很明显。

4）云生态对 Hadoop 的冲击十分明显，云厂商定制化组件导致版本分歧进一步扩大，无法形成合力。

5）整体生态基于 Java 开发，容错性较差，可用性不高，组件容易挂掉。

1.3 NoSQL 的瓶颈和 SQL 数据库的回归

关系型数据库虽然很好地满足了结构化数据库的分析需求，但是对于存储非结构化的数据，则一直是业界面临的难题。为了解决非结构化数据的存储问题，各种 NoSQL 数据库纷纷涌现，并且逐渐赋能给传统数据库，大幅提升了 SQL 数据库的能力。

1.3.1 NoSQL 产品的发展

NoSQL 数据库最初是指不使用 SQL 标准的数据库，现在泛指非关系型数据库。NoSQL 一词最早出现于 1998 年，是 Carlo Strozzi 开发的一个轻量、开源、不提供 SQL 功能的数据库。该数据库使用文本文件存储数据，每个元组由制表键分隔的字段组成。使用 Shell 脚本访问数据，虽然不支持 SQL 接口，但是仍然是关系型数据库。

现在 NoSQL 被普遍理解为“Not Only SQL”，意为不仅仅是 SQL。NoSQL 和传统的关系型数据库在很多场景下是相辅相成的，谁也不能完全替代谁。一般认为，NoSQL 数据库是 SQL 数据库的一种补充，并不能完全替代关系型数据库。

2010 年前后，随着互联网的飞速发展，快速增长的数据量给年轻的互联网公司带来了巨大的技术挑战：现有的数据处理技术无法适应数据量的快速增长。传统企业（如银行）也有大量数据，因为其核心业务是交易，所以可以通过控制数据量（特别是历史数据量），使现有的数据处理技术满足其业务需求。可是对于互联网公司，网页和手机端用户飞速增长，用户数据是其核心资产，只能努力前进，解决其他人还未遇到的难题。

虽然自 20 世纪 80 年代，学术界和企业就开始对分布式数据库进行研究和开发，但是当时还没有可以很好支持集群的商用事务型关系数据库。Oracle RAC 和微软的 SQL Server 虽然支持集群，但是仍然基于共享磁盘，扩展能力有限。于是，互联网巨头不得不考虑其他存储方案。这些研究和技术为 NoSQL 的发展奠定了基础。许多知名的 NoSQL 产品也是从这一时期开始研发或者发布的，包括 CouchDB（2005）、MongoDB（2007）、HyperTable（2008）、Redis（2009）、ElasticSearch（2010）等。图 1-5 所示是 NoSQL 具有代表性的产品。

图 1-5 NoSQL 的主要产品

NoSQL 数据库的出现，解决了数据处理领域自关系模型出现以来就存在的对象和关系模型不匹配的问题。很多 NoSQL 数据库不再需要将数据转换成扁平的二维数据结构，而是可以直接以对象或者序列化字符串的形式进行存储。例如，文档数据库使用支持嵌套的 JSON 格式存储数据，而键值对数据库则忽略数据的内部格式，把内存中的数据序列化成二进制字符串存储，读取的时候再进行反序列化。

1.3.2 NoSQL 的共性

NoSQL 产品众多，出现的时机和原因各不相同，应用场景也多种多样，这些产品之间存在如下共性。

1）NoSQL 数据库（开始时）不提供 SQL 接口，某些 NoSQL 数据库虽然提供了类 SQL 接口，但是都没有实现 SQL 标准的能力。

2）集群基因。NoSQL 数据库大多具备良好的集群管理能力，有的 NoSQL 最初就是为了集群而设计的，具备很好的线性扩展能力和高可用性。

3）追求高性能和高吞吐量。由于 NoSQL 数据库大多以追求高性能、高吞吐量和高可用性为目标，因此放弃了某些关系型数据库的特性。

4）NoSQL 数据库的数据模型都是非关系型的，常见的数据模型有键值、列族、文档类型和图类型，如表 1-1 所示。

5）由于 NoSQL 数据库只使用灵活的模式来管理数据，因此 NoSQL 数据库不需要事先设计完整的模式即可操作数据，给编程人员提供了灵活性和便利性。

6）大多数 NoSQL 数据库以不同的协议开放源码。

表 1-1 NoSQL 数据模型介绍

类型	部分代表	特点
类存储	HBase、Cassandra、Hyper-Table	按列存储数据，最大的特点是方便存储结构化和半结构化的数据，方便对数据进行压缩，针对某一列或者某几列查询有非常大的 I/O 优势
文档存储	MongoDB、CouchDB	文档一般存储 JSON 等格式的数据，存储的内容是文档型。这样也就有机会对某些字段建立索引，实现关系型数据库的某些功能
Key-Value 存储	Tokyo Cabinet/Tyrant、Ber-keleyDB、MemcacheDB、Redis	可以通过键快速查询对应的值。一般来说，可以存储任何类型的值（Redis 包含了其他功能）
图存储	Neo4J、FlockDB	图形关系的最佳存储，使用传统关系型数据库的性能较低，而且使用不方便
对象存储	db4o、FlockDB	通过类似面向对象语言的方法操作数据库，通过对象的方式存储和读取数据
XML 数据库	Berkeley DB、XML、BaseX	高效存储 XML 数据，支持 XML 的内部查询语句，例如 XQuert.Xpath

NoSQL 的产品还在继续演进，其中一个趋势就是支持更多关系型数据库的优秀特征，如 SQL 标准。目前 Apache 社区有多个 SQL-on-Hadoop 项目，包括 HAWQ、Presto、Impala、Kylin、Phoenix（SQL On HBase）等。此外，Kafka 也开始提供 SQL 接口 KSQL，Flink 和 Spark 更是把 SQL 放在优先发展的位置。

传统的关系型数据库也开始支持越来越多的 NoSQL 特性，例如 PostgreSQL 9.2 开始支持 JSON，MySQL 从 5.7 版开始支持相对完整的 JSON 和相关函数，Oracle 12C 引入了对 JSON 的支持等。

1.3.3 SQL 数据库的回归

新一轮的数据库开发风潮展现出了向 SQL 回归的趋势，只不过这种趋势并非体现在更大、更好的硬件上（甚至不是在分片的架构上）运行传统的关系型数据库，而是通过 NewSQL 解决方案来实现数据库性能的提升。

NewSQL 是各种新的可扩展 / 高性能数据库的简称，这类数据库不仅具有 NoSQL 对海量数据的存储管理能力，还保持了传统数据库支持 ACID 和 SQL 的特性。NewSQL 数据库针对 OLTP（读 – 写）工作负载，提供和 NoSQL 系统相同的扩展性能，且仍然保持 ACID 和 SQL 等特性，其中被广泛使用的一个解决方案就是数据分片。

Google（NoSQL 最初的支持者之一）构建了分布式关系型数据库 F1，将 BigTable 的高可用性和可伸缩性与 SQL 的“一致性和可用性”结合起来。Google 在白皮书 *F1: A Distributed SQL Database That Scales* 中是这样介绍 F1 的。

这是由 Google 构建的一个容错、分布式的 OLTP 与 OLAP 数据库，作为新的存储系统，用于 Google 的 AdWords 系统。设计它的目标旨在替换分片的 MySQL 实现，因为后者已经无法满足日益增长的可伸缩性与可靠性需求了。

在 F1 之后，Google 又研发出了更强大的数据库 Spanner。Spanner 是 Google 的全球级分布式数据库。Spanner 的扩展性达到了令人咋舌的全球级，可以扩展到数百万台服务器、数以百计的数据中心、上万亿行记录。除了夸张的扩展性之外，Spanner 还能通过同步复制和多版本满足外部一致性，可用性也是很好的。Spanner 冲破了 CAP 的枷锁，在三者之间达到完美平衡。

其后，各种模仿 Spanner 架构的数据库纷纷涌现，包括 TiDB、Doris 等都在一定程度上借鉴了 Spanner 的设计。

NewSQL 提供了与 NoSQL 相同的可扩展性，而且仍基于关系模型，并保留了极其成熟的 SQL 作为查询语言，保证了 ACID 事务特性。简单来讲，NewSQL 就是在传统的关系型数据库上集成了 NoSQL 强大的可扩展性。传统的 SQL 架构设计基因中是没有分布式的，而 NewSQL 生于云时代，天生就是分布式架构。表 1-2 针对传统数据库（Old SQL）、NoSQL、NewSQL 数据库之间的差异做了对比。

表 1-2　Old SQL、NoSQL、NewSQL 三者对比

	Old SQL	NoSQL	NewSQL
关系模型	Yes	No	Yes
SQL 语句	Yes	No	Yes
ACID	Yes	No	Yes
水平扩展	No	Yes	Yes
大数据	No	Yes	Yes
非结构化数据	No	Yes	No

NewSQL 的主要特性如下。

1）分布式架构。NewSQL 系统是全新的数据库平台，采取分布式架构，每个节点拥有一个数据子集。SQL 查询语句被分成查询片段发送给自己所在的数据节点上执行。这些数据库可以通过添加额外的节点进行线性扩展。

2）SQL 引擎支持。高度优化的 SQL 存储引擎，支持复杂查询和大数据分析。

3）透明分片。NewSQL 数据库支持弹性伸缩，扩容缩容对于业务层完全透明。

4）自动容灾。由于 NewSQL 数据库支持的集群规模大，因此必须支持自动容灾以满足高可用要求。目前只有主备自动切换和失败自动重启两种模式。

1.4 MPP 架构的兴起

大数据解决方案中，在 Hadoop 分布式架构之外，还有一种流行的并行处理架构 MPP。

1.4.1 什么是 MPP 架构

MPP（Massively Parallel Processing，大规模并行处理）是在数据库非共享集群中（传统的单节点不属于集群，双机热备或 Oracle RAC 等，均是基于共享存储的），每个节点都有独立的磁盘存储系统和内存系统，业务数据根据数据库模型和应用特点划分到各个节点上，每台数据节点通过专用网络或者商业通用网络互相连接，彼此协同计算，提供数据库服务。非共享数据库集群具备可伸缩性、高可用、高性能、高性价比、资源共享等优势。

简单来说，MPP 架构是将任务并行地分散到多个服务器和节点上，在每个节点的计算完成后，将结果汇总在一起得到最终的结果。

从数据库技术架构的角度来说，分布式数据库架构分为 Shared Everything、Shared Nothing 和 Shared Disk。Shared Everything 一般是针对单个主机，完全透明共享 CPU、内存、I/O，并行处理能力是最差的，典型代表是 SQL Server。Shared Disk 的代表是 Oracle RAC，用户访问 RAC 就像访问一个数据库，而这背后是一个集群，RAC 保证这个集群的数据一致性。Shared Nothing 的典型代表就是 Hadoop 和 Greenplum，二者在实现上有很大的不同。三者的架构差异如图 1-6 所示。

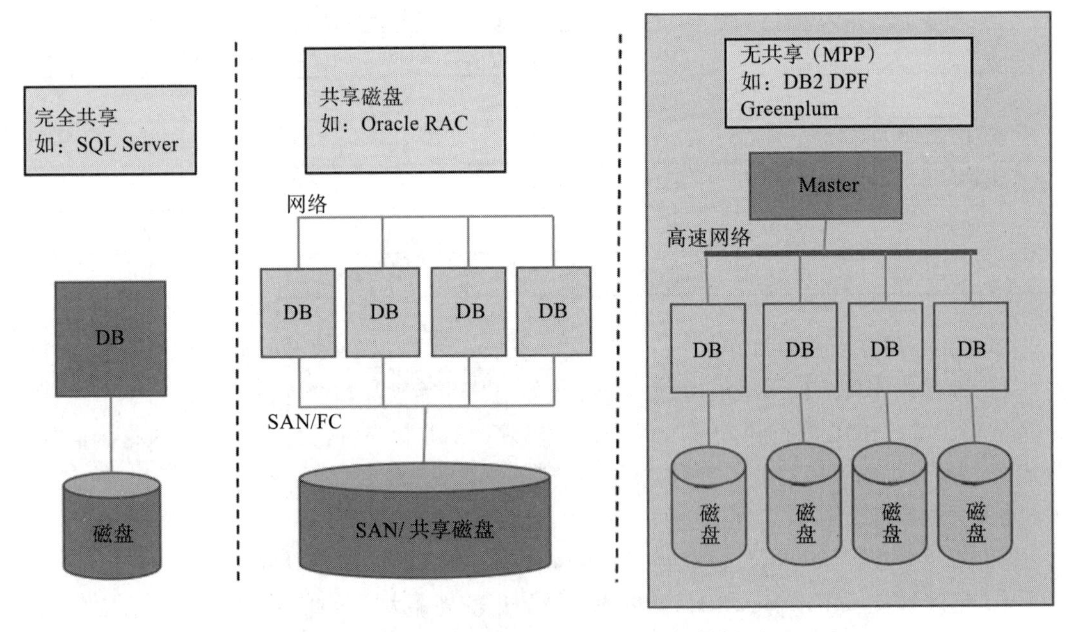

图 1-6 完全共享、共享磁盘和 MPP 架构的对比

谈到 MPP 架构，就不得不和 Hadoop 架构进行对比。MPPDB 与 Hadoop 都是将运算分

布到节点中独立运算后进行结果合并（分布式计算），因依据的理论和采用的技术路线不同而有各自的优缺点和适用范围。二者主要是在资源管理上存在差异。与 MPP 架构相比，由于 Hadoop 资源管理器（YARN）可以提供更细粒度的资源管理，MapReduce 作业也不需要并行运行所有计算任务，因此可以同时处理大量任务。实际上，Hadoop 比 MPP 资源管理器慢，有时在管理并发性方面的效果并不好。表 1-3 所示是传统数据库、Hadoop 和 MPP 数据库多个维度的对比。

表 1-3　传统数据库、Hadoop 和 MPP 数据库的对比

特征	传统数据库	Hadoop	MPP 数据库
平台开放性	低	高	低
运维复杂度	中	高	中
扩展能力	低	高	中
软硬件成本	高	低	低
应用开发难度	中	高	中
集群规模	一般是单台，少数突破 10 台	一般几十到数百个节点	一般几个到几十个节点
数据规模	TB 级别	PB 级别	部分 PB 级别
计算性能	低	高	中
数据结构	结构化数据	结构化、半结构化和非结构化数据	结构化数据
SQL 支持	高	中（低）	高
查询性能	中	低	高
平均查询延迟	1 分钟左右	1 ~ 3 分钟	1 ~ 10 秒
查询优化	支持	不支持（优先支持）	支持

表 1-3 从侧面解释了为什么 Hadoop 不能完全替代传统企业数据仓库，而基于 MPP 架构的数据库可以在一定程度上替代 Hadoop 平台。Facebook 虽然安装了 300PB Hadoop，但仍然使用小型 50TB Vertica 群集，LinkedIn 虽然拥有庞大的 Hadoop 群集，但仍然使用 Aster Data 群集（Teradata 购买的 MPP 架构）。

1.4.2　MPP 架构的蓬勃发展

近年来，MPP 架构数据库蓬勃发展，MPP（Shared Nothing）架构已经变为分布式数据库的事实标准。基于 MPP 架构的 Shared Nothing 特性，数据库的扩展能力大大加强，将数据分而治之，从而提高数据库的插入、删除、查询性能。

MPP 架构通常采用成熟的 MySQL 或者 PostgreSQL 作为底层数据存储和查询引擎，在中间层封装了管理、数据分发和数据共享功能，以实现多节点对用户透明的效果。一个服务节点上可以有多个 MySQL 或者 PostgreSQL 实例，以提高 CPU 的利用率。目前，最大的

MySQL 集群有上万台节点。表 1-4 所示是笔者整理的主流 MPP 架构数据库介绍。

表 1-4 主流 MPP 架构数据库介绍

母公司	数据库	产品介绍
Pivotal	Greenplum	基于 PostgreSQL，第一款大规模流行的基于 MPP 架构的开源数据库，也是业界最成熟的分布式 OLAP 数据库
Facebook	Presto	基于 Hadoop 的 MPP 架构查询引擎，支持多种异构数据源，包括 Hive 和 JDBC 数据源
Cloudera	Impala	Impala 是架构于 Hadoop 之上的开源、高并发 MPP 查询引擎，和 CDH 深度集成，查询速度快
腾讯	Tbase	腾讯自主研发的分布式数据库系统（基于 PostgreSQL），集高扩展性、高 SQL 兼容度、完整分布式事务支持、多级容灾以及多维度资源隔离等能力于一身
腾讯	TDSQL	腾讯云数据库团队维护的金融级分布式架构 MySQL/MariaDB 内核分支，腾讯 90% 的金融、计费、交易类业务核心系统承载在 TDSQL 中
华为	GaussDB	企业级 AI-Native 分布式数据库。GaussDB 采用 MPP 架构，支持行存储与列存储，提供 PB 级数据量的处理能力。GaussDB 100（面向 OLTP）基于 MySQL 研发，GaussDB 200（面向 OLAP）/300（面向 HTAP）都是基于开源数据库 PostgreSQL 研发
中兴	GoldenDB	针对 OLTP 业务场景，提供高可用、高可靠、资源调度灵活的数据库服务，支持金融行业已有业务升级及创新业务快速部署的需求，是基于 MySQL 的 MPP 架构集群
阿里巴巴	AnalyticDB	阿里云自主研发的一款实时分析数据库，针对千亿级数据实现了毫秒级即时多维分析透视，也分为 PostgreSQL 和 MySQL 两个版本。PostgreSQL 版本基于 Greenplum 构建
阿里巴巴	PolarDB	阿里云自研的新一代关系型云数据库，有 3 个独立的引擎，分别可以 100% 兼容 MySQL、100% 兼容 PostgreSQL、高度兼容 Oracle 语法，存储容量最高可达 100TB，单库最多可扩展到 16 个节点，适用于企业多样化的数据库应用场景
阿里巴巴	OceanBase	阿里巴巴和蚂蚁金服 100% 自主研发的金融级分布式关系数据库，在普通硬件上实现金融级高可用，在金融行业首创“三地五中心”城市级故障自动无损容灾新标准，同时具备在线水平扩展能力，创造了 7.07 亿 TPM-C 处理峰值的业内纪录，在功能、稳定性、可扩展性、性能方面都经历过严格的检验
巨杉	SequoiaDB	金融级分布式关系型数据库，支持 MySQL、PostgreSQL 和 SparkSQL 三种关系型数据库实例、类 MongoDB 的 JSON 文档类数据库实例以及 S3 对象存储与 POSIX 文件系统的非结构化数据实例
PingCAP	TiDB	TiDB 是一款定位于 HTAP 的融合型数据库产品，实现了一键水平伸缩，强一致性的多副本数据安全，分布式事务，实时 OLAP 等重要特性。同时兼容 MySQL 协议和生态，迁移便捷，运维成本极低
南大通用	GBase	一款具有高效复杂统计和分析能力的列存储关系型数据库管理系统，能够管理 TB 级数据。现在已经很久没有发布新版本了

列举了这么多 MPP 数据库，其中大部分是国产开源或者国产商业化的，一方面是想告诉读者，MPP 架构真的很火，在 MySQL/PostgreSQL 集群上面加一个 MPP 的壳（包括管理

功能、数据分发功能、查询优化功能等），就可以衍生出一款新的高并发、易扩展、PB 级容量的数据库；另一方面，也是想让大家了解这个趋势，这些数据库大多和云厂商绑定了，并且在特定的场景下接受过严酷的考验，可以满足大多数应用需求。

大家也不要被各厂商的“自主研发”“100% 自助知识产权”所吓倒，大部分数据库还是基于 MySQL 或者 PostgreSQL 研发的，“虽然是基于开源数据库，但已经对开源代码进行了大量修改，在很大程度上接近于自研”（引用华为的介绍）。不过在笔者看来，这也不是坏事，遍地开花的数据库，结合云生态，可以大幅降低企业的 IT 成本，帮助企业实现去 IOE，并且满足未来的业务发展需求。

1.4.3　MPP 数据库代表——TBase

本节以腾讯 TBase 为例，详细介绍 MPP 数据库的架构原理。以下内容整理自 TBase 官网文档。

TBase 是腾讯数据平台团队在开源的 PostgreSQL 基础上研发的企业级分布式 HTAP 数据库管理系统。TBase 在提供 NewSQL 便利性的同时，完整支持分布式事务并保持 SQL 兼容性，支持 RR、RC、SSI 三种隔离级别，同时兼容 Oracle 语法。对于日益多元化的企业客户，TBase 满足了他们对业务融合、场景融合、管理融合的更高诉求。强大的安全和容灾能力，让 TBase 成功应用于腾讯内部的微信支付，以及外部众多金融、政府、电信、医疗等行业的核心业务系统。2020 年 7 月 13 日，TBase 发布了开源版本 2.1.0，该版本在多活分布式能力、性能、安全性、可维护性等多个关键领域得到全面的增强和升级，复杂查询性能提升了 10 倍以上。

集群有 3 种节点类型，各自承担不同的功能，通过网络连接成为一个系统。系统架构如图 1-7 所示。

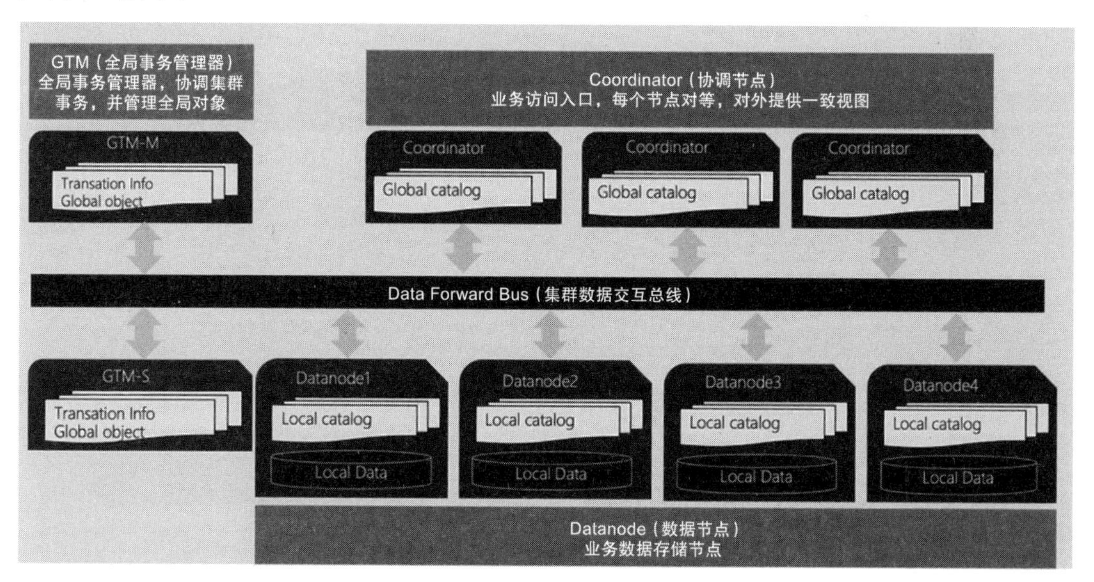

图 1-7　腾讯 TBase 物理架构

这 3 种节点类型如下。

1）Coordinator：协调节点对外提供接口，负责数据的分发和查询规划，多个节点位置对等，每个节点都提供相同的数据库视图，协调节点存储系统的全局元数据。

2）Datanode：数据节点处理存储本节点相关的元数据，每个节点还存储数据的一个分片。在功能上，Datanode 负责完成执行协调节点分发的请求。

3）GTM：全局事务管理器（Global Transaction Manager）负责管理集群事务信息，同时管理集群的全局对象，比如序列。除此之外，GTM 不提供其他的功能。

TBase 主要实现功能如下。

1）分布式事务全局一致性能力：通过拥有自主知识产权的分布式事务一致性技术，包括两阶段提交以及全局时钟的策略来保证在全分布式环境下的事务一致性。

2）SQL 兼容能力：支持 SQL2003 标准、PostgreSQL 语法、常用 Oracle 函数及数据类型、UDF/UDAF、常见窗口函数、JSON/JSONB/XML/ 数组等多种 NoSQL 类型、递归 WITH、无锁 DDL 操作、扩展插件等。

3）HTAP 能力：提供 OLTP 及 OLAP 两个平面视角，OLTP 业务运行在 Datanode 主节点上，OLAP 业务运行在 Datanode 节点的备份节点上，二者的数据同步采用流复制的方式进行。

4）读写分离能力：提供了读写和只读两个平面视角，读写流量请求由主节点处理，只读流量请求由备份节点处理，主备节点的数据同步采用流复制的方式进行。

5）卓越的数据安全保障能力：通过三权分立体系，将传统数据库系统 DBA 的角色分解为 3 个相互独立的角色，即安全管理员、审计管理员和数据管理员。基于此提出的安全策略，主要细分为 3 个部分，即数据加密、数据脱敏访问、强制访问控制，三者组合后提供多个层级的数据安全保障能力，如图 1-8 所示。

图 1-8 TBase 数据安全体系

6）高效的数据治理能力：数据倾斜治理可以解决数据分布不均带来的存储以及性能压力；冷热数据分级存储可以降低业务的存储成本、提升热数据的性能。

7）多核并行计算能力：节点内部采用并行计算，根据表的大小同时启动多个进程来协同完成一个查询任务。

8）多租户能力：基于节点组的集群内多租户解决方案，实现数据库集群内部的业务和资源隔离，多个业务在 TBase 内部相互隔离运行。

9）多级容灾能力：采用强同步复制机制保证主从数据完全一致，保障主节点故障时数据不会丢失；提供基于任意时间点的恢复特性以防止误操作带来的数据丢失。

10）在线扩容能力：通过引入 shard map 层（用于存储 shardid 和 Datanode 的映射关系），在新加节点时，只需要把一些 shard map 中的 shardid 映射到新加的节点上，并把对应的数据迁移过去，大大缩短了扩容时间。

11）丰富的周边生态能力：PostGIS、异构数据复制、LVS 负载均衡、FDW 联邦能力等。

1.4.4　浅谈 HTAP

在数据库中，数据处理可分为两类——联机事务处理（OLTP）和联机分析处理（OLAP）。联机事务处理是传统关系型数据库的主要应用，用来执行一些基本的、日常的事务，比如数据库增、删、改、查等，而联机分析处理则是分布式数据库的主要应用，虽然它对实时性要求不高，但处理的数据量大，通常应用于复杂的动态报表系统上。二者的主要区别如表 1-5 所示。

表 1-5　OLTP 和 OLAP 对比

数据处理类型	OLTP	OLAP
主要的系统用户	业务人员	分析决策人员
功能实现	日常事务处理	定期分析决策
数据模型	关系模型	多维模型
处理的数据量	通常一次处理几条或者几十条记录	通常达到百万千万条记录
操作类型	查询、插入、更新、删除	查询为主

同时维护 OLTP 和 OLAP 两套系统，不仅会造成数据冗余存储，而且成倍增加了系统的运维成本。同时，由于 OLAP 系统的数据依赖于 ETL 通过数据复制功能从 OLTP 系统同步数据，因此时效性受到了很大的影响。于是业界提出了在线事务处理 / 在线分析处理（Hybrid Transactional/Analytical Processing，HTAP）的概念。

从单个数据库的能力上看，HTAP 确实是未来的趋势，即 OLTP 和 OLAP 需要在一定程度上进行融合。早期的 Oracle、DB2 数据库都是同时具有 OLTP 和 OLAP 功能的。

从 Hadoop 时代开始，为了提高 OLAP 的性能，衍生出了 MapReduce 和 Hive。为了提高 OLTP 的性能，衍生出了 HBase，从此 OLTP 和 OLAP 分道扬镳。从实际应用的角度看，Hive 广泛用于数据仓库的批处理平台，但是完全不支持 OLTP 功能，在某些场景下也是很不方便的，而 HBase 则无法满足批量查询要求。

从 OLTP 和 OLAP 的能力维度评价各主流数据库如图 1-9 所示。

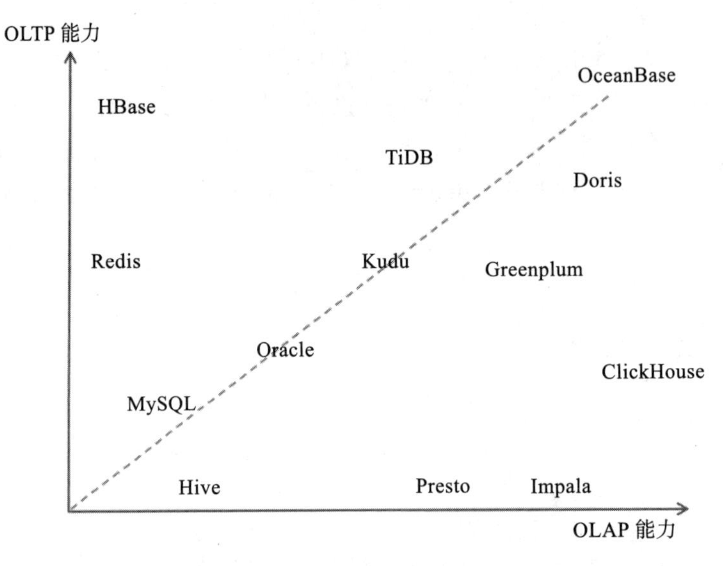

图 1-9 从 OLAP 和 OLTP 的角度看主流数据库

近年来，虽然实时数仓非常火热，但是实现起来只是差强人意。如果有一款用于批处理的 OLAP 数据平台，同时又具备较好的 OLTP 性能，可以满足当日数据通过 Kafka 源源不断地写入，并且高效地被前端应用查询到，那么我们是不是就能很好地实现流批一体、流批结合了呢。

从实际情况来看，还没有这样一款成熟并且广泛应用的数据库出现。这种应用场景要求数据平台以 OLAP 为主，兼顾 OLTP 的需求，目前做得比较好的有 Doris、Greenplum、Impala+Kudu 组合。

大型交易数据也会有一些批量查询需求，从目前的情况看，这类需求并没有被很好地满足，也是一个需要技术突破的地方。目前大多数号称已经是 HTAP 数据库的厂商都是在满足 OLTP 性能的基础上，增强 OLAP 查询能力。例如腾讯的 TBase、PingCAP 的 TiDB、SAP 的 HANA、阿里的 OceanBase 等。

OceanBase 是由蚂蚁金服、阿里巴巴完全自主研发的金融级分布式关系型数据库，始创于 2010 年。OceanBase 具有数据强一致、高可用、高性能、在线扩展、高度兼容 SQL 标准和主流关系数据库、低成本等特点。OceanBase 至今已成功应用于支付宝全部核心业务：交易、支付、会员、账务等系统以及阿里巴巴淘宝收藏夹、P4P 广告报表等。除在蚂蚁金服和阿里巴巴业务系统中广泛应用外，从2017年开始，OceanBase开始服务外部客户。

值得称赞的是，2020年5月，OceanBase以7.07亿的TPM-C评测成绩再次夺冠，将自己之前创造的纪录提升了近11倍。2021年5月，OceanBase再次以1526万QphH的性能总分夺冠数据分析型基准测试（TPC-H）30000GB级。这意味着，OceanBase成为唯一在OLTP和OLAP两个领域性能测试中都获得第一的中国自研数据库。

第二部分 Part 2

Greenplum 入门

在第一部分，我们介绍了数据仓库的发展历程，数据库是数据仓库的核心组成部分，随着数据量骤增，数据库也走过了从传统数据库到 NoSQL 的阶段，正在迈向基于 MPP 架构的 NewSQL。这其中最具代表性，也最成熟的 MPP 数据库就是 Greenplum。

Greenplum 数据库作为一款半商业半开源的数据库，在 OLAP 应用领域具有绝对的优势，是我们搭建数据仓库、数据中台、数据集市的最佳选择。接下来我将从 Greenplum 的历史和安装部署入手，带领读者认识 Greenplum 数据库，掌握 Greenplum 数据库的基本用法。

Chapter 2 第2章

Greenplum概述

本章将重点介绍Greenplum数据库的发展历程和现状，以及选择Greenplum作为数据中台承载平台的优势。

2.1 Greenplum的前世今生

Greenplum数据库是基于MPP架构的开源大数据平台，具有良好的弹性和线性扩展能力，内置并行存储、并行通信、并行计算和并行优化功能，兼容SQL标准，具有强大、高效的PB级数据存储、处理和实时分析能力，同时支持涵盖OLTP型业务的混合负载，可部署于企业裸机、容器、私有云和公有云中，已为全球金融、电信、制造等行业核心生产系统提供支撑。

Greenplum出现于2002年左右，和Hadoop是同一时期的产物。（Hadoop诞生于2004年前后，早期的Nutch项目可追溯到2002年。）当时，互联网大潮刚刚兴起，数据呈爆发式增长，企业迫切需要一种海量数据的解决方案。业界认识到通过纵向扩展机器性能已经到达了瓶颈，横向扩展的分布式并行计算技术成为了业内共识。

当时，开放的x86服务器技术已经可以很好地支持商用，借助高速网络（当时是千兆以太网）组建的x86集群在整体上提供的计算能力已大幅高于传统SMP主机，并且成本明显低于SMP主机，横向扩展还给系统带来了良好的成长性。于是衍生出了两种基于x86集群实现的并行计算框架，即后来的MapReduce计算框架和MPP计算框架。Greenplum正是在这一背景下基于MPP计算框架（包括分布式存储和并行计算）的软件实现。

和其他计算机专有名称一样，Greenplum这个名字背后也有一个故事：Greenplum创始人的家门口有一棵青梅树（greenplum）。Greenplum的创始团队聚集了十几位业界大咖（来自Google、Yahoo、IBM和Teradata)。他们耗费一年多的时间完成了最初版本的设计和开发，用软件实现了在开放x86平台上的分布式并行计算。Greenplum不依赖于任何专有硬件，性能却远远超过传统造价高昂的专有系统。

Greenplum数据库最核心的组件就是Interconnect，它使得Greenplum实现了对同一个集群中多个PostgreSQL实例的高效协同和并行计算。Interconnect承载了并行查询计划的生成和分发、协调数据节点上查询引擎的并行工作，以及数据分布、Pipeline计算、镜像复制、健康探测等任务。

Greenplum的数据库引擎基于著名的开源数据库PostgreSQL。我们先简单介绍一下PostgreSQL的发展历程，这有助于我们理解为什么60%以上的MPP架构都选择PostgreSQL作为底座。

PostgreSQL是一个功能强大、源代码完全开放的客户/服务器关系型数据库管理系统（RDBMS)。Postgres DBMS的实现始于1986年，当时被叫作Berkley Postgres Project，由Michael Stonebraker教授领导。该项目一直到1994年都处于演进和修改中，直到开发人员Andrew Yu和Jolly Chen为其添加了一个SQL翻译程序，该版本为Postgres95，在开源社区发布。1996年，开源团队再次对Postgres95做了较大的改动，并作为PostgreSQL 6.0版发布。该版本提高了数据库的读写速度，包括增强型SQL92标准以及重要的后端特性（包括子选择、默认值、约束和触发器)。此后，PostgreSQL开始持续稳定地发布新版本，在新版本中做了很多改进。2005年1月19日，PostgreSQL 8.0发布，从这个版本开始，PostgreSQL以原生的方式（即不需要模拟中间层的支持）支持Windows操作系统。

自Michael Stonebraker教授开始，越来越多的数据库专家和优秀的黑客为PostgreSQL的发展做出了杰出的贡献，使PostgreSQL项目充满活力，不断发展成为如今最好的开源数据库管理系统之一。图2-1所示是PostgreSQL发展的里程碑事件。

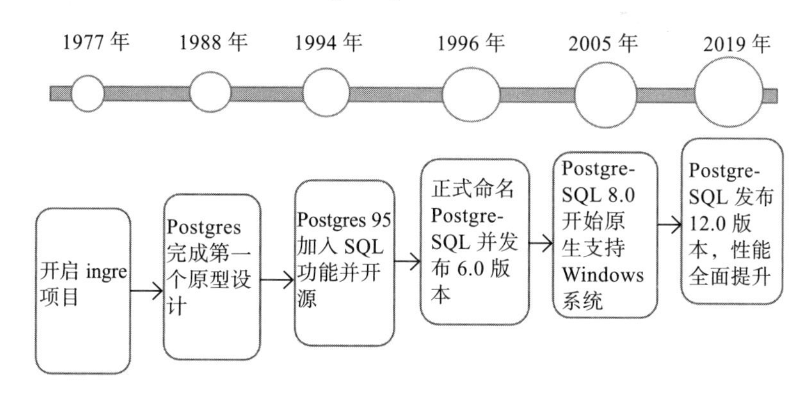

图2-1　PostgreSQL发展的里程碑事件

PostgreSQL是与MySQL齐名的开源数据库，虽然早期PostgreSQL性能明显优于MySQL，但是市场份额一直落后于MySQL。MySQL自2015年发布5.7版后，性能大幅提升，才勉强可以和 PostgreSQL 一决高下。同时，PostgreSQL 生态非常好，具备非常强大的 SQL 功能，还拥有出色的扩展能力，支持 Python、C、Perl、TCL、PLSQL 等语言来扩展功能，并且 PostgreSQL 许可是仿照 BSD 许可模式的，没有被大公司控制，版本和路线控制得非常好，基于 PostgreSQL，用户可以拥有更多自主性。

正是基于以上原因，Greenplum 创始团队选择 PostgreSQL 作为数据库引擎。Greenplum 公司成立于 2003 年，于 2008 年正式发布了 Greenplum 数据库产品。2010 年 Greenplum 的创始团队被存储领域巨头 EMC 公司收购。同年，EMC 在中国组建了 Greenplum 研发团队，致力于 Greenplum 数据库产品的升级迭代和推广使用。2014 年，Greenplum 数据库从 EMC 公司独立出来，成为 Pivotal 公司的产品。

2015 年 10 月，Pivotal 公司正式把投资超过 10 年的 Greenplum 产品开源，Greenplum 成为世界上第一款成熟的开源 MPP 数据库。开源之后，Greenplum 社区非常活跃，短短两年时间，在全球已有来自美国、中国、俄罗斯、日本、英国、德国等国家的大批贡献者，获得了广泛的关注。其中，Greenplum 中文社区尤为活跃，不仅有来自阿里云、中国移动等大公司的社区贡献者，也包括诸多中小公司的数据库爱好者。

开源以后，Greenplum 团队把敏捷软件开发方法引入分布式数据库的开发中，高效快速地完成产品功能迭代和用户建议反馈，极大地提高了产品质量和用户满意度。2017 年 3 月，Greenplum 发布 5.0 版。Greenplum 5.0 是开源之后发布的第一个稳定版本，Greenplum 5.*x* 保持大约 1.5 个月一个版本的迭代速度。图 2-2 所示是 Greenplum 数据库发展的关键历程。

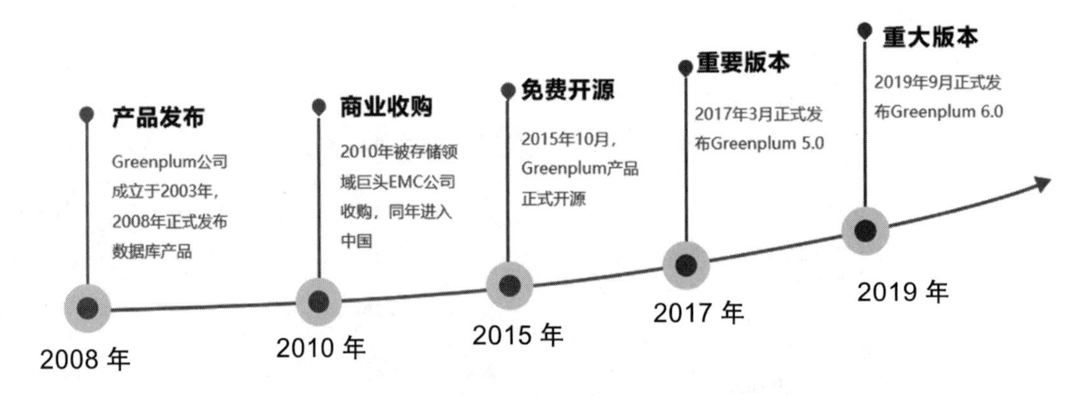

图 2-2 Greenplum 数据库发展关键历程

Greenplum 6.0 于 2019 年 9 月正式发布，包含诸多重要特性。例如，Greenplum 6.0 的内核升级到 PostgreSQL 9.4.20，大幅提升了 HTAP（OLAP+OLTP）性能，支持复制表、Zstandard 压缩算法、灵活数据分布、基于流复制的全新高可用机制等。此后，Greenplum 继续保持高效、快速迭代的方式，陆续发布了多个版本。Greenplum 6.16 于 2021 年 5 月发布，Greenplum 7.0 将于 2022 年第一季度发布。

2.2 Greenplum数据库架构

Greenplum数据库是典型的主从架构，一个Greenplum集群通常由一个Master节点、一个Standby Master节点以及多个Segment实例组成，节点之间通过高速网络互连，如图2-3所示。Standby Master节点为Master节点提供高可用支持，Mirror Segment实例为Segment实例提供高可用支持。当Master节点出现故障时，数据库管理系统可以快速切换到Standby Master节点继续提供服务。

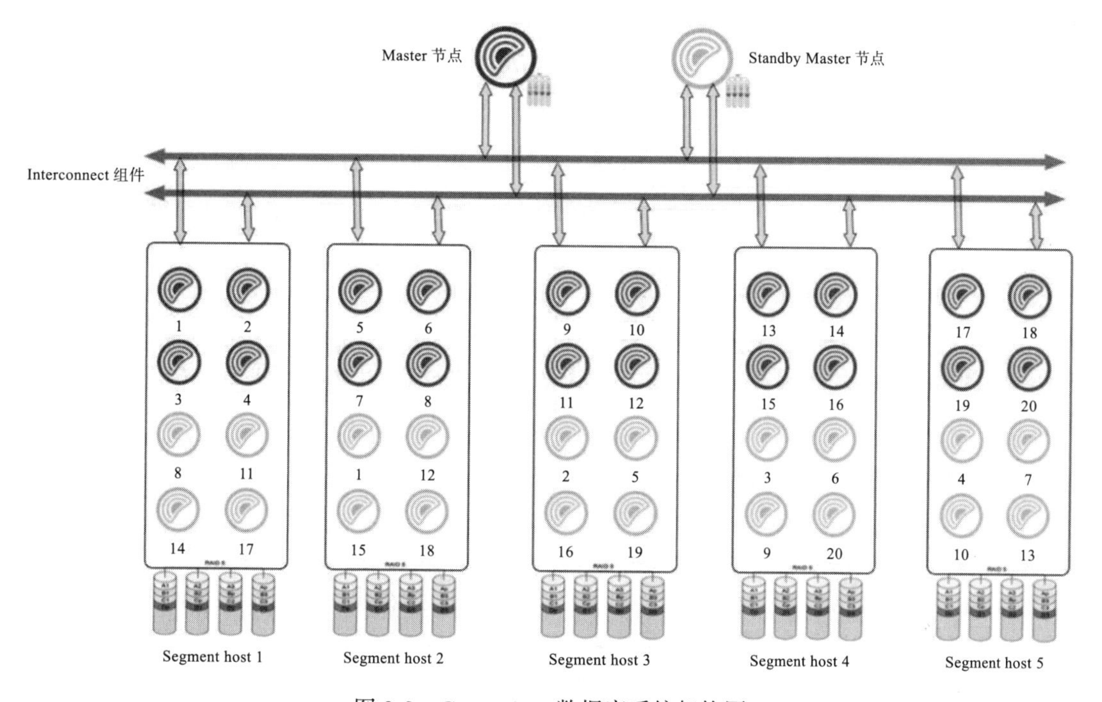

图2-3 Greenplum数据库系统架构图

从软件的角度看，Greenplum数据库由Master节点、Segment实例和Interconnect组件三部分组成，各个功能模块在系统中承载不同的角色。

Master节点是Greenplum数据库的主节点，也是数据库的入口，主要负责接收用户的SQL请求，将其生成并行查询计划并优化，然后将查询计划分配给所有的Segment实例进行处理，协调集群的各个Segment实例按照查询计划一步一步地并行处理，最后获取Segment实例的计算结果并汇总后返回给客户端。

从用户的角度看Greenplum集群，看到的只是Master节点，无须关心集群内部机制，所有的并行处理都是在Master节点控制下自动完成的。Master节点一般只存储系统数据，不存储用户数据。为了提高系统可用性，我们通常会在Greenplum集群的最后一个数据节点上增加一个Standby Master节点。

Segment 是 Greenplum 实际存储数据和进行数据读取计算的节点，每个 Segment 都可以视为一个独立的 PostgreSQL 实例，上面存放着一部分用户数据，同时参与 SQL 执行工作。Greenplum Datanode 通常是指 Segment 实例所在的主机，用户可以根据 Datanode 的 CPU 数、内存大小、网络宽带等来确定其上面的 Segment 实例个数。官方建议一个 Datanode 上面部署 2 ~ 8 个 Segment 实例。Segment 实例越多，单个实例上面的数据越少(平均分配的情况下)，单个 Datanode 的资源使用越充分，查询执行速度就越快。Datanode 服务器的数量根据集群的数据量来确定，最大可以支持上千台。另外，为了提高数据的安全性，我们有时候会在生产环境中创建 Mirror Segment 实例作为备份镜像。

Interconnect 是 Master 节点与 Segment 实例、Segment 实例与 Segment 实例之间进行数据传输的组件，它基于千兆交换机或者万兆交换机实现数据在节点之间的高速传输。默认情况下，Interconnect 组件使用 UDP 在集群网络节点之间传输数据，因为 UDP 无法保证服务质量，所以 Interconnect 组件在应用层实现了数据包验证功能，从而达到和 TCP 一样的可靠性。

Greenplum 执行查询语句的过程如下：当 GP Server 收到用户发起的查询语句时，会对查询语句进行编译、优化等操作，生成并行执行计划，分发给 Segment 实例执行；Segment 实例通过 Interconnect 组件和 Master 节点、其他 Segment 实例交换数据，然后执行查询语句，执行完毕后，会将数据发回给 Master 节点，最后 Master 节点汇总返回的数据并将其反馈给查询终端。

2.3 Greenplum 数据库的特点

本节简单介绍 Greenplum 具备的特性。

1. 开放源代码

Greenplum 数据库于 2015 年由 Pivotal 公司开源，遵循 Apache Licence 2.0 协议，官方网站为 http://greenplum.org。代码托管在 GitHub 上，链接为 https://github.com/greenplum-db/gpdb。开放源码一方面可以为数据库用户和开发人员提供 Greenplum 数据库源码级的实现参考，另一方面可以吸引更多的数据库开发者参与到 Greenplum 社区维护中。

2. 高扩展性

Greenplum 数据库采用大规模无共享架构，将多台服务器组装成强大的计算平台，实现高效的海量并行运算。Greenplum 数据库可以支持 1000 个以上的集群，管理的数据规模从 TB 级到 PB 级，可以满足多数企业的数据处理需求。

3. 高查询性能

Greenplum 的高性能不仅来自高效的并行处理框架，还有查询引擎的优化。Greenplum 数据库除了支持基于 PostgreSQL 的查询优化之外，还专门开发了一个新的查询优化器

ORCA。ORCA 是一款自顶向下的基于 Cascades 框架的查询优化器，目前已经成为企业版 Greenplum 数据库的默认优化器。相比基于 PostgreSQL 的查询优化器，ORCA 查询优化器能使部分查询的性能提升 10 ~ 1000 倍。

4. 高可用

Greenplum 提供多级容错机制，确保整个系统的高可用性。Master 节点通过 Standby Master 节点进行备份，每个数据节点的 Primary Segment 实例分别配置一个 Mirror Segment 实例作为备份，同时确保同一组 Primary Segment 实例和 Mirror Segment 实例不在同一物理机上，从而降低因为宕机而导致数据丢失的风险。

5. 高效资源管理

Greenplum 提供了高效的资源管理机制，根据用户的业务逻辑将资源合理地分配给查询任务，避免查询任务因查询资源不足而得不到响应。Greenplum 资源管理主要包括对并发查询数量的限制，查询执行时内存、CPU 资源使用的限制等。Greenplum 数据库提供了资源队列（Resource Queue）和资源组（Resource Group）两种资源管理方式，一般使用场景下采用默认配置即可。

6. 多态存储

用户可以根据数据热度或者访问模式的不同使用不同的存储方式，以获得更好的查询性能。用户可以为一张表按照一定的规则（比如日期、月份）创建分区表，一张表的各个子分区表可以使用不同的物理存储方式。支持的存储方式包括：行存储，数据以行的形式存储在数据页里，适合频繁更新的查询；列存储，数据以列的形式存储在数据页里，适合 OLAP 分析型查询；外部表，数据保存在其他文件系中，如 HDFS、S3，数据库只保留元数据信息。

7. 生态完整

Greenplum 数据库拥有完善的 SQL 标准支持，包括 SQL92、SQL99、SQL2003 以及 OLAP 扩展，是对 SQL 标准支持最好的开源商用数据库系统之一。同时，由于 Greenplum 数据库基于 PostgreSQL，因此也继承了 PostgreSQL 对于 JDBC、ODBC、C、Python API 等接口的支持。

8. 高效数据加载

Greenplum 还有一个非常神奇的功能——GPload 并行加载数据，即允许数据从多个文件系统通过多个主机上的多个网卡加载数据，从而达到非常高的数据传输率。笔者曾经在 3 个节点的集群上并行加载 50GB、2 亿行记录的数据，仅用时 90s。此外，Greenplum 数据库可以读取和写入多种类型的外部数据源，包括文本文件、XML 文件、S3 平台文件、Gemfire、Web 服务器以及 Hadoop 生态系统中的 HDFS、Hive、HBase、Kafka、Spark 等，同时支持数据压缩以及字符集间的自动转换。

9. 高级数据分析功能

Greenplum 数据库支持各种过程化编程语言，包括 PL/PostgreSQL、PL/R、PL/Python、PL/Java、PL/Perl 等语言扩展。在高级数据分析方面，通过 Greenplum 数据库的 MADlib 扩展模块，用户可以很方便地利用 MPP 架构完成大规模并行分析。

10. 良好的监控管理和运维体验

Greenplum 数据库提供基于 Web 的可视化工具——Greenplum Command Center（简称 GPCC）。GPCC 可以监控 Greenplum 数据库系统的性能、集群健康状态、查询执行及系统资源使用情况，如图 2-4 所示。

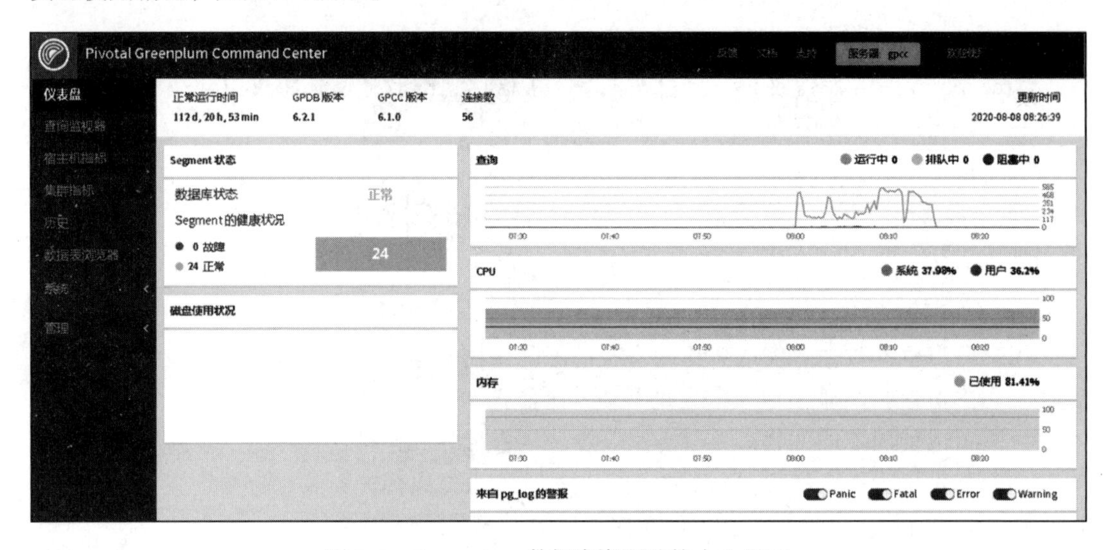

图 2-4 Greenplum 数据库资源监控中心界面

2.4 Greenplum 新特性及展望

Greenplum 6.0 于 2019 年 9 月 4 日正式发布，内核版本从 PostgreSQL 8.3 升级到 PostgreSQL 9.4，数据库的功能和性能得到了巨大的提升，HTAP 能力也得到了进一步加强。除了内核版本升级，还增加了大量新特性，包括基于 WAL 日志的 mirror 同步、分布式死锁检测、复制表、在线扩容、磁盘限额、自动 Master 切换、Zstandard 压缩、GP-GP 集群间高效查询等。

下面重点介绍 Greenplum 6.0 的新特性。

1. Postgre SQL 版本升级

Greenplum 基于 PostgreSQL 8.3（开发时的最新版本）已经有近 10 年的时间（PostgreSQL 8.3 版本发布于 2008 年）。在此期间，PostgreSQL 的演进速度是非常快的，尤其是在 2015

年之后，每年一个大版本的迭代更新，在性能和功能上都有重要的提升，各种特性层出不穷。而这些特性却无法在 Greenplum 上直接体现，原因在于，Greenplum 是在 PostgreSQL 8.3 内核的基础上修改代码实现的，而不是类似 CitusDB 等采取了插件的方式。

Greenplum 这样设计的好处是，能够充分修改优化器、执行器、事务、存储等各个模块，达到最优的效果。坏处也很明显：与 PostgreSQL 社区长期脱节，无法充分利用社区红利。

基于上述原因，在 Greenplum 中升级 PostgreSQL 版本是一件非常痛苦的事。随着 Greenplum 的开源和越来越多 PostgreSQL 社区资深贡献者的参与，Greenplum 终于在 6.0 版本中完成了 PostgreSQL 内核的升级。升级 PostgreSQL 内核，让 Greenplum 实现了安全性、权限管理增强、JSONB、GIN 索引、SP-GiST 索引、并行 Vacuum、CTE 等用户比较期待的功能。

2. HTAP 性能大幅提升

这里所说的性能提升主要是 PostgreSQL 升级带来的好处，PostgreSQL 从 8.3 版到 9.4 版本积累了非常多的性能优化经验，在 OLAP 和 OLTP 方面都有成倍的提升。特别是原来比较弱势的 OLTP 功能得到了大幅提升，单节点查询达到 80000TPS（Transactions Per Second，数据库每秒处理事务数），插入操作达到 18000TPS，更新操作约 7000TPS（来自 Greenplum 官方测试数据）。

3. 支持复制表

这是一个很实用的功能，可以用空间换时间。一个典型的应用场景就是维度表。这类数据表的特点是，数据量不大、很多查询 / 分析都会与此关联，导致这类表在查询时经常被分发到各个节点中去。而采用复制表功能就不需要进行数据的移动和交换了，减少了网络开销和 CPU 开销，显著提高了查询效率。

4. 引入了在线扩容和一致性哈希

一致性哈希的引入，在一定程度上缓解了数据倾斜问题，更大的好处在于扩容更方便了。新版本的 Greenplum 在进行扩容时，无须停止数据库服务，扩容不影响正在执行的查询，扩容时只移动部分数据，扩容速度得到了大幅提升。

5. 支持 Zstandard 压缩算法

Zstandard 是 Facebook 开源的压缩算法，压缩效率高，在性能和压缩率之间取得了较好的平衡。

6. 基于流复制的全新高可用机制

复制是 PostgreSQL 连续研发多年的功能，在高可用、备份、恢复（到时间点）等诸多场景中必不可少，提供了非常高的灵活度。

除了上述影响比较大的新特性之外，Greenplum 6.0 还支持 Kubernetes、磁盘配额管理、

Master 节点自动 Fail-Over 机制等新开发或者持续完善中的功能。

总结完 Greenplum 6.0 的新特性，我们对 Greenplum 7.0 充满了期待。Greenplum 7.0 会将 PostgreSQL 升级到 PostgreSQL 12，在查询优化器增强、向量执行引擎、多核性能提升等方面都会有较大的提升。

Greenplum 7.0 最重要的特性就是向量执行引擎，这也是用户最期待的特性。向量化执行已经在 ClickHouse 和 DorisDB 中实现，展现了强大的性能优势。向量化执行可以提高 CPU 的利用率，提升 Greenplum 单个 Segment 实例的查询性能，对并发较低、低延迟要求高的查询场景有较明显的提升。除此之外，多阶段聚合、支持复制多副本、支持 Upsert（更新与插入的合并操作）等功能也将进一步增加 Greenplum 数据库的 HTAP 性能。

2.5 Greenplum 的优势

前文介绍了大数据平台的发展趋势和 Greenplum 的架构和特点，但是这些不足以说明我们为什么要用 Greenplum 数据库作为数据中台的基础平台。本节将重点介绍 Greenplum 的优势。

首先，与传统数据库相比，Greenplum 作为分布式数据库，本身具有高性能优势。对各行各业来说，OLTP 系统最重要的是在保证 ACID 事务管理属性的前提下满足业务的并发需求，对于大多数非核心应用场景，MySQL、SQL Server、DB2、Oracle 都可以满足系统要求，并且随着 MySQL 性能的优化和云原生数据库的发展，基于 MySQL 或者 PostgreSQL 商业化的数据库会越来越普及。数据中台的定位是一个 OLAP 系统，上述数据库就很难满足海量数据并发查询的要求了。上述数据库的横向扩展能力有限，并且软硬件成本高昂，不适合作为 OLAP 系统的数据库。Greenplum 作为一款基于 MPP 架构的数据库，具有开源、易于扩展、高查询性能的特点，性价比碾压 DB2、Oracle、Teradata 等传统数据库。

其次，Greenplum 作为分布式数据库，和同为分布式数据库的 Hive 相比，优势也非常明显。早期 Hadoop 的无模式数据已经让开发者饱受痛苦，后面兴起的 Hive、Presto、Spark SQL 虽然支持简单的 SQL，但是查询性能仍然是分钟级别的，很难满足 OLAP 的实时分析需求。后期虽有 Impala+Kudu，但是查询性能仍然弱于同为 MPP 架构的 Greenplum。除此之外，Hadoop 生态圈非常复杂，安装和维护的工作量都很大，没有专业的运维团队很难支撑系统运行。而 Greenplum 支持的 SQL 标准最全面，查询性能在毫秒级，不仅能很好地支持数据 ETL 处理和 OLAP 查询，还支持增删改等操作，是一款综合实力非常强的数据库。相对于 Hadoop 多个组件组成的庞大系统，Greenplum 数据库在易用性、可靠性、稳定性、开发效率等方面都有非常明显的优势。

最后，Greenplum 作为 MPP 数据库中的一员，相对于其他 MPP 架构数据库，也具有非常明显的优势。Greenplum 研发历史长、应用范围广、开源稳定、生态系统完善。生态系统完善是指 Greenplum 的工具箱非常多：GPload 可满足高速加载需求，PXF 可满足外置表和文件存储需求，MADlib可满足数据挖掘需求，GPCC可满足系统监控运维需求。相对于TiDB、TBase、GaussDB等新兴数据库来说，Greenplum的应用案例最多，生态系统最完善，并且Bug更少。同时，TiDB、TBase、GaussDB等数据库都定位于优先满足OLTP的同时提高OLAP的性能，而Greenplum是以OLAP优先的。虽然前者也有优势，但是将OLAP和OLTP合并实现起来存在以下困难：数据分布在不同的系统已经是行业现实，没有办法将数据集中到同一个数据库；数据中台天然就是一个OLAP系统，没有办法按照OLTP模式设计。综上，作为分布式关系型数据库，Greenplum是搭建数据中台的首选数据库。

图2-5是阿里巴巴大数据平台进化历程。2010年前后，阿里巴巴曾经使用Greenplum来替换Oracle集群，将其作为数据分析平台。从数量上说，Greenplum在2010年实现了Oracle 10倍数据量的管理，即1000TB。但Oracle的架构这些年没有太大变化，而Greenplum数据库已有翻天覆地的革新。在阿里巴巴应用的时代，Greenplum还是EMC旗下的商用数据库，平台尚在发育期，功能也不太完善。而如今的Greenplum已经是社区开源的产品，内核PostgreSQL也已完成了多个版本的升级迭代，现在更是轻轻松松支持上千台服务器的集群，因此承载PB级的数据自不在话下。

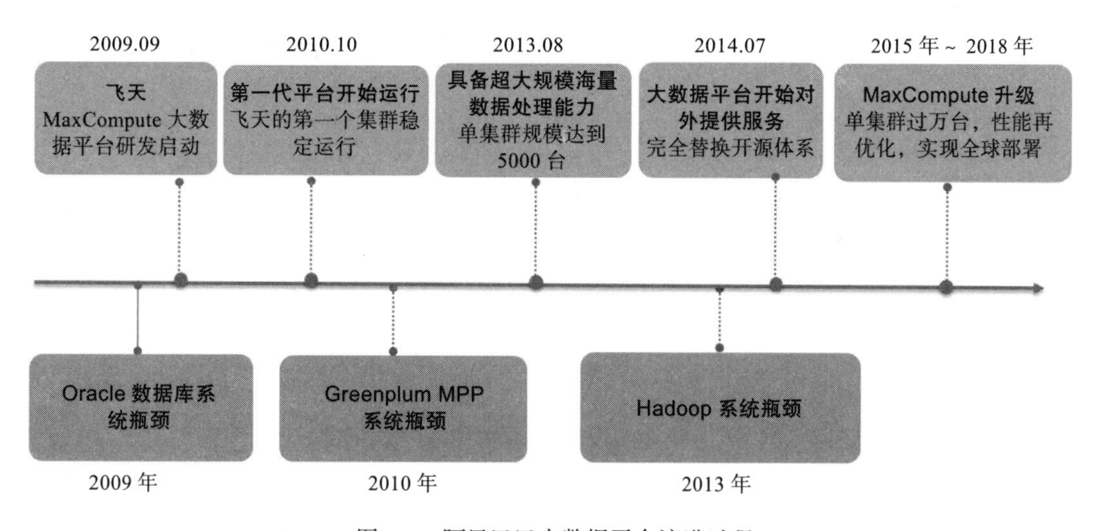

图2-5 阿里巴巴大数据平台演进过程

对于大多数有构建数据中台需求的企业，1000TB已经是一个无法企及的高度。大多数据企业的数据都在数TB到100TB的范围内，这个规模的数据正是Greenplum的主要战场。100TB以下规模的数据仓库或者数据中台，Hive发挥不了架构上的优势，反而影响开发速度和运维工作，实在是得不偿失。

在查询性能方面，Greenplum自然不是第一，虽然业界尚无定论，但是据笔者了解，目前ClickHouse是当之无愧的OLAP冠军。相对于ClickHouse，Greenplum胜在高性能的GPload插件、强大的ETL功能、不算太弱的增删改性能。目前，数据中台在稳步向实时流处理迈进，由于不擅长单条更新和删除，因此 ClickHouse 只适合执行离线数据查询任务，可以作为超大规模数据中台的 OLAP 查询引擎。

综上所述，虽然 Greenplum 某些方面不是最优秀的，但仍是最适合搭建数据中台的分布式数据平台，并且以 Greenplum 现有的性能和管理的数据规模，可以满足绝大多数中小企业的数据中台需求。

第 3 章 Chapter 3

Greenplum 的安装与部署

第 2 章介绍了 Greenplum 的诞生背景和使用 Greenplum 作为数据中台底座的巨大优势，本章主要介绍 Greenplum 的安装与部署。

3.1 Greenplum 数据库安装过程

本节主要介绍如何以二进制或者 RPM 包的方式在 Linux 系统上安装和部署 Greenplum 数据库。数据库开发者也可以下载 Greenplum 源码进行编译和安装。

下面以目前最常用的 CentOS 为例，展示如何部署 Greenplum 集群。安装和部署 Greenplum 数据库主要有 4 个步骤：常规的准备工作，比如修改系统参数等；安装 Master 节点；复制安装包到其他节点；初始化数据库。

3.1.1 准备工作

安装之前的准备工作主要包括选择合适的软硬件系统以及对系统参数进行配置。安装 Greenplum 对软硬件的要求如表 3-1 所示。

表 3-1 安装 Greenplum 对软硬件系统的要求

软硬件	配置要求
CPU	兼容 Intel Pentium Pro、P3 以上处理器、AMD Athlon 以上处理器
内存	每个节点的 RAM 至少 16GB
操作系统	• SUSE Linux Enterprise Server 64-bit 12 SP2 及以上版本 • CentOS 64bit 6.*x* 或者 7.*x* • Red Hat Enterprise Linux（RHEL）64bit 6.*x* 或者 7.*x*

（续）

软硬件	配置要求
文件系统	SUSE 和 Red Hat 需要 XFS 文件系统，根文件系统需要支持 ext3
网络	节点间使用 10GB 以太网卡
磁盘	Greenplum 安装需要每个节点 150MB 口径，每个节点的元数据约占 300MB。另外，磁盘读写性能对系统查询速度影响很大

注意　表 3-1 所示的要求是针对生产环境的。在非生产环境下，Greenplum 对软硬件系统并没有严格的要求，如果读者想在自己的电脑或者 VMware 上安装 Greenplum 也是可以的。

部署 Greenplum 数据库，需要对各个节点的操作系统参数进行修改。详细过程如下。

第一步：添加 Greenplum 管理用户，一般命名为 gpadmin，代码如下所示。通常情况下，不建议用 root 用户运行 Greenplum 软件。

```
groupadd -g 520 gpadmin
useradd -g 520 -u 520 -m -d /home/gpadmin -s /bin/bash gpadmin
chown -R gpadmin:gpadmin /data/greenplum/
passwd gpadmin
Changing password for user root.
New password:
Retype new password:
```

第二步：修改网络映射。检查 /etc/hosts 文件夹，确保该文件夹包含 Greenplum 集群所有主机的别名的网络 IP 地址映射。这里的别名可以是主机名，也可以是适合表示节点用途的名字，代码如下。

```
#查看/etc/hosts主机映射信息
127.0.0.1 localhost.localdomain localhost
127.0.0.1 localhost4.localdomain4 localhost4

192.168.8.101    gp-master
192.168.8.102    gp-datanode01
192.168.8.103    gp-datanode02
192.168.8.104    gp-datanode03
```

第三步：修改系统参数。编辑 /etc/sysctl.config 文件，添加以下内容并执行 sysctl -p 命令让其生效。

```
kernel.shmmax = 500000000
kernel.shmmni = 4096
kernel.shmall = 4000000000
kernel.sem = 1000 10240000 400 10240
kernel.sysrq = 1
kernel.core_uses_pid = 1
kernel.msgmnb = 65536
kernel.msgmax = 65536
kernel.msgmni = 2048
kernel.pid_max = 655360
```

```
net.ipv4.tcp_syncookies = 1
net.ipv4.conf.default.accept_source_route = 0
net.ipv4.tcp_tw_recycle = 1
net.ipv4.tcp_max_syn_backlog = 4096
net.ipv4.conf.all.arp_filter = 1
net.ipv4.ip_local_port_range = 10000 65535
net.core.netdev_max_backlog = 10000
net.core.rmem_max = 2097152
net.core.wmem_max = 2097152
vm.overcommit_memory = 2
vm.overcommit_ratio = 90
vm.swappiness = 10
```

系统控制参数含义如表 3-2 所示。

表 3-2　系统控制参数解释说明

参数名称	设置值	参数说明
kernel.shmmax	500000000	表示单个共享内存段的最大值，以字节为单位，此值一般为物理内存的一半，不过大一点也没关系，这里设定为 500MB，即 "500000000/1024/1024=500M"
kernel.shmmni	8092	表示单个共享内存段的最小值，一般为 4KB，即 4096bit，也可适当调大，一般为 4096 的 2 ~ 3 倍
kernel.shmall	4000000000	表示可用共享内存的总量，单位是页
kernel.sem	1000 10240000 400 10240	该文件用于控制内核信号量，信号量是 System VIPC 用于进程间的通信，建议设置为 250 32000 100 128，第一列表示每个信号集中的最大信号量数目，第二列表示系统范围内的最大信号量数目，第三列表示每个信号发生时的最大系统操作数目，第四列表示系统范围内的最大信号集总数目。(第一列) × (第四列) = (第二列)
kernel.sysrq	1	内核系统请求调试功能控制，0 表示禁用、1 表示启用
kernel.core_uses_pid	1	有利于多线程调试，0 表示禁用、1 表示启用
kernel.msgmnb	65536	该文件指定一个消息队列的最大长度。默认为 16384 字节
kernel.msgmax	65536	该文件指定了从一个进程发送到另一个进程的消息的最大长度。进程间的消息传递是在内核的内存中进行的，不会交换到磁盘上，如果增加该值，则将增加操作系统所使用的内存数量。默认为 8192 字节
kernel.msgmni	2048	该文件指定消息队列标识的最大数目，即系统范围内最大多少个消息队列
kernel.pid_max	655360	用户打开最大进程数，全局配置的参数
net.ipv4.tcp_syncookies	1	表示开启 SYN cookies，当 SYN 等待队列溢出时，启用 cookies 来处理，可以防范少量的 SYN 攻击，默认为 0，表示关闭、1 表示启用
net.ipv4.ip_forward	0	该文件表示是否打开 IP 转发。0 表示禁止、1 表示转发，默认设置为 0

（续）

参数名称	设置值	参数说明
net.ipv4.conf.default.accept_source_route	0	是否允许源地址经过路由。0 表示禁止、1 表示打开，默认设置为 0
net.ipv4.tcp_tw_recycle	1	允许将 TIME_WAIT sockets 快速回收以便利用。0 表示禁止、1 表示打开
net.ipv4.tcp_max_syn_backlog	4096	增加 TCP SYN 队列长度，使系统可以处理更多的并发连接。一般为 4096 字节，可以调大，必须是 4096 的倍数，建议是 2 ~ 3 倍
net.ipv4.conf.all.arp_filter	1	控制具体应该由哪块网卡来回应 ARP 包，默认设置为 0，建议设置为 1
net.ipv4.ip_local_port_range	10000 65535	用于指定端口范围，默认是 32768 61000，可调整为 10000 65535
net.core.netdev_max_backlog	10000	进入包的最大设备队列，默认是 1000，对重负载服务器而言，该值太低，可调整到 16384、32768 或 65535
net.core.rmem_max	2097152	最大 socket 读缓存参数，可参考的优化值为 1746400、3492800 或 6985600
net.core.wmem_max	2097152	最大 socket 写缓存参数，可参考的优化值为 1746400、3492800 或 6985600
vm.overcommit_memory	2	Linux 系统下进行 overcommit 操作有 3 种策略：0，启发式策略；1，任何 overcommit 操作都会被接受；2，当系统分配的内存超过 swap+N%× 物理 RAM（N% 由 vm.overcommit_ratio 决定）时，会拒绝该操作。一般设置为 2
vm.overcommit_ratio	90	操作系统可以分配全部物理内存的 90%+SWAP，和 vm.overcommit_ memory 配合使用
vm.swappiness	1	当物理内存超过设置的值时，使用 swap 的内存空间，计算公式为 100%–1%=99%，表示物理内存使用到 99% 时开始交换分区使用

第四步：修改文件打开限制。编辑 /etc/security/limits.conf 文件并添加以下内容。

```
* soft nofile 65536
* hard nofile 65536
* soft nproc 131072
* hard nproc 131072
```

第五步：创建安装目录并赋权限，代码如下。

```
mkdir /data/greenplum
chown -R gpadmin:gpadmin /data/greenplum/
```

以上修改需要在所有 Greenplum 集群上逐个执行。除了对操作系统进行修改之外，可能需要更新一些常用软件或者工具，比如 sed、tar、perl 等，大部分 CentOS 版本已经默认安装，在此不一一列举。如果在配置安装过程中缺失某些软件，用户可以根据错误提示信息自行安装。

3.1.2　安装 Master 节点

在完成准备工作之后，就可以安装 Greenplum 软件了。通常先在一个节点（一般是在 Master 节点）上安装，然后通过脚本将安装包复制到其他节点上。安装 Greenplum 数据库可以选择 RPM 包或者 BIN 包安装。由于 BIN 安装包在 Greenplum 6.*x* 及以后版本不再提供，因此我们选择 RPM 包的安装方式。

1. RPM 包安装

可以从 Greenplum 的 GitHub 页面（https://github.com/greenplum-db/gpdb/releases）下载 RPM 包，或注册并登录到 Pivotal 公司官网（https://network.pivotal.io/products/pivotal-gpdb）进行下载。如果需要二次开发，建议使用 GitHub 的版本，如果需要集成 GPCC 等组件，建议下载 Pivotal 官网版本，命令如下所示。

```
#通过wget命令下载Greenplum安装包
cd /home/pgadmin
wget  https://github.com/greenplum-db/gpdb/releases/download/6.10.1/greenplum-db-
    6.10.1-rhel7-x86_64.rpm
#先安装Greenplum相关依赖包
yum install apr apr-util krb5-devel libyaml rsync zip libevent
#RPM安装需要以root用户身份执行，并安装到指定目录/data/greenplum目录下
rpm -ivh --prefix=/data/greenplum/ greenplum-db-6.10.1-rhel7-x86_64.rpm
```

常见安装报错如图 3-1 所示。这个错误提示我们，安装 Greenplum 之前需要先安装 apr、apr-util、krb5-devel、libyaml、rsync、zip、libevent 等依赖包。

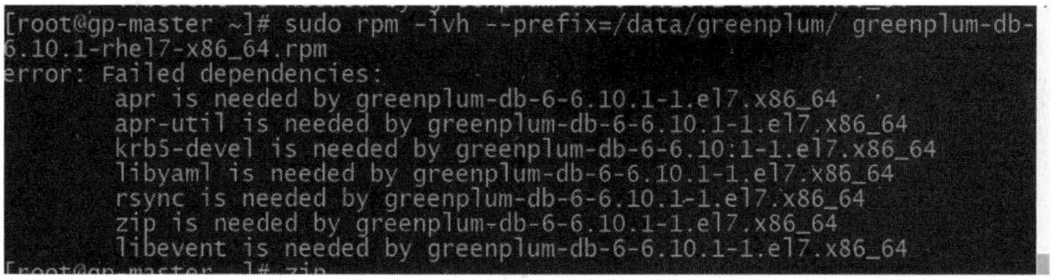

```
[root@gp-master ~]# sudo rpm -ivh --prefix=/data/greenplum/ greenplum-db-
6.10.1-rhel7-x86_64.rpm
error: Failed dependencies:
        apr is needed by greenplum-db-6-6.10.1-1.el7.x86_64
        apr-util is needed by greenplum-db-6-6.10.1-1.el7.x86_64
        krb5-devel is needed by greenplum-db-6-6.10:1-1.el7.x86_64
        libyaml is needed by greenplum-db-6-6.10.1-1.el7.x86_64
        rsync is needed by greenplum-db-6-6.10.1-1.el7.x86_64
        zip is needed by greenplum-db-6-6.10.1-1.el7.x86_64
        libevent is needed by greenplum-db-6-6.10.1-1.el7.x86_64
```

图 3-1　Greenplum 缺少依赖包报错

执行安装的过程如图 3-2 所示。

```
[root@localhost greenplum]# rpm -ivh --prefix=/data/greenplum/ greenplum-db-6.10.1-rhel7-x86_64.rpm
准备中...                          ################################# [100%]
正在升级/安装...
   1:greenplum-db-6-6.10.1-1.el7      ##########################          ( 75%)
################################# [100%]
[root@localhost greenplum]#
```

图 3-2　Greenplum 安装过程截图

2. Greenplum 文件结构

Greenplum 安装完成后，需要设置 Greenplum 的安装目录到环境变量中。

```
#添加环境变量到/etc/profile
export GP_HOME=/data/greenplum/greenplum-db
```

Greenplum 安装成功后，目录结果如图 3-3 所示。

```
[root@gp-master greenplum-db]# ll
total 5252
-rw-r--r-- 1 gpadmin gpadmin      85 Aug 27 15:15 all_hosts
drwxr-xr-x 7 gpadmin gpadmin    4096 Aug 27 15:01
-rw-r--r-- 1 gpadmin gpadmin    1547 Aug 27 15:15 COPYRIGHT
drwxr-xr-x 3 gpadmin gpadmin    4096 Aug 27 15:01
drwxr-xr-x 2 gpadmin gpadmin    4096 Aug 27 15:01
drwxr-xr-x 3 gpadmin gpadmin    4096 Aug 27 15:01
-rw-rw-r-- 1 gpadmin gpadmin    2982 Aug 29 14:34 gpinitsystem_config
-rwxr-xr-x 1 gpadmin gpadmin     513 Aug 27 15:01 greenplum_path.sh
drwxr-xr-x 5 gpadmin gpadmin    4096 Aug 27 15:01
drwxr-xr-x 6 gpadmin gpadmin    4096 Dec 17  2019
drwxr-xr-x 2 gpadmin gpadmin    4096 Aug 27 15:01
-rw-r--r-- 1 gpadmin gpadmin   11358 Aug 27 15:16 LICENSE
-rw-r--r-- 1 gpadmin gpadmin     480 Aug 27 15:16 NOTICE
-rw-r--r-- 1 gpadmin gpadmin  133210 Aug 27 15:16 open_source_license_greenplum_database.txt
-rw-r--r-- 1 gpadmin gpadmin 5162047 Aug 13 12:18 open_source_licenses.txt
drwxr-xr-x 8 gpadmin gpadmin    4096 Aug 27 15:01
drwxr-xr-x 2 gpadmin gpadmin    4096 Aug 27 15:01
-rw-r--r-- 1 gpadmin gpadmin      76 Aug 27 15:16 seg_hosts
drwxr-xr-x 6 gpadmin gpadmin    4096 Dec 17  2019
```

图 3-3 Greenplum 根目录截图

从上往下看，各个文件夹或者文件的内容（不同版本的安装文件可能会略有不同）如下。

1）all_hosts 在安装 Segment 实例时创建，存放 Greenplum 所有节点的 host 信息。

2）bin 主要存放 Greenplum 客户端和服务器端的可执行程序。

3）COPYRIGHT 存放 Pivotal 的著作权声明。

4）docs 存放 Greenplum 的帮助文档和一些参数配置模板。

5）etc 存放 Greenplum 的配置文件。

6）ext 存放 Greenplum 工具类使用的一些程序。

7）gpinitsystem_config 是创建 Segment 实例时用户定义的文件。

8）greenplum_path.sh 保存的是 Greenplum 的环境变量，用户在使用 Greenplum 的各种命令前应该先执行 source $GP_HOME/greenplum_path.sh 命令。

9）include 包含 Greenplum 的一些 C 语言文件。

10）lib 和 libexec 存放 Greenplum 和 PostgreSQL 的部分库文件。

11）LICENSE 存放 Apache 的开源协议。

12）NOTICE 存放 Greenplum 遵守 Apache 开源协议的声明。

13）open_source_license_greenplum_database.txt 和 open_source_licenses.txt 存放 VMware 的许可声明。

14）pxf 存放 Greenplum 的 PXF 组件，用于用户访问外部数据。

15）sbin 存放一些为 Greenplum 提供支持的脚本。

16）seg_hosts 在安装 Segment 实例时创建，存放数据节点的 host 信息。

17）share 存放 Greenplum 数据库的共享文件。

3.1.3 复制安装包到其他节点

1. 创建节点信息配置文件

创建节点的配置文件，包含 all_hosts 和 seg_hosts 文件，分别存放全部节点和数据节点的主机信息，代码如下所示。

```
[gpadmin@gp-master ~]$ cat /home/gpadmin/all_hosts
gp-master
gp-datanode01
gp-datanode02
gp-datanode03
[gpadmin@gp-master ~]$ cat /home/gpadmin/seg_hosts
gp-datanode01
gp-datanode02
gp-datanode03
```

2. 打通不同节点之间的 ssh 验证

第一步：在各个节点服务器上生成 ssh 密钥，代码如下所示。

```
[gpadmin@gp-master ~]# ssh-keygen
Generating public/private rsa key pair.
Enter file in which to save the key (/root/.ssh/id_rsa):
Enter passphrase (empty for no passphrase):
Enter same passphrase again:
Your identification has been saved in /root/.ssh/id_rsa.
Your public key has been saved in /root/.ssh/id_rsa.pub.
The key fingerprint is:
88:c0:be:87:6a:c2:40:ed:fd:ab:34:f0:35:60:47:0f root@mdw
The key's randomart image is:
+--[ RSA 2048]----+
|       E         |
| .    . o        |
|  +  o . .       |
| o o..o.         |
|. o.o .oS        |
|.  +o.. .        |
|o o .+.          |
|.+ .. ..         |
|+    ....        |
+-----------------+
```

第二步：交换密钥，将本机的公钥复制到各个集群服务器的 authorized_keys 文件中。

```
[gpadmin@gp-master ~]# ssh-copy-id gp-master
[gpadmin@gp-master ~]# ssh-copy-id gp-datanode01
[gpadmin@gp-master ~]# ssh-copy-id gp-datanode02
[gpadmin@gp-master ~]# ssh-copy-id gp-datanode03
```

第三步：验证节点之间的 ssh 是否全部打通，即服务器间免密码登录是否成功，代码如下所示。

```
#ssh打通后就可以使用gpssh命令对所有节点进行批量操作了
```

```
[gpadmin@gp-master ~]$ gpssh -f all_hosts=> pwd
[gp-datanode01] /home/gpadmin
[gp-master]     /home/gpadmin
[gp-datanode02] /home/gpadmin
[gp-datanode03] /home/gpadmin
```

注意 较大规模的集群建议直接通过 Greenplum 数据库安装包提供的 gpssh-exkeys 工具实现 ssh 密钥的生成和分发。具体命令为 gpssh-exkeys -f /home/gpadmin/all_hosts。

3. 复制 Greenplum 安装包并分发至其他节点

单机版本的 Greenplum 安装以后，直接把 Greenplum 安装包复制并分发至其他节点再解压缩，代码如下所示。

```
#把主节点安装好的程序压缩后分发至每个子节点
tar -cf gpdb6.10.1.tar greenplum-db-6.10.1/ #压缩
gpscp -f /home/gpadmin/all_hosts gpdb6.10.1.tar =:/data/greenplum/ #分发
#批量解压文件
gpssh -f seg_hosts=>
=> tar -xf gpdb6.10.1.tar
=>ln -s /data/greenplum/greenplum-db-6.10.1 /data/greenplum/greenplum-db #建立软链接
```

3.1.4 初始化 Greenplum 数据库

分别创建数据目录和管理节点目录，代码如下所示。

```
#在主节点创建master目录
MASTER=> mkdir -p /data/greenplum/gpdata/master
#在从节点分布创建primary目录和mirror目录
[gpadmin@gp-master ~]$ gpssh -f seg_hosts=>
=> mkdir -p /data/greenplum/gpdata/primary
=> mkdir -p /data/greenplum/gpdata/mirror
```

修改并生成配置文件，配置 .bash_profile 环境变量，代码如下所示。

```
#向gpadmin用户的.bash_profile文件中添加以下信息
vi ~/.bash_profile
source /data/greenplum/greenplum-db/greenplum_path.sh
export MASTER_DATA_DIRECTORY=/data/greenplum/gpdata/gpmaster/gpseg-1
export PGPORT=5432
source .bash_profile
```

生成初始化配置文件模板 gpinitsystem_config 并修改参数，本示例保存的配置模板如下。

```
ARRAY_NAME="Greenplum"
SEG_PREFIX=gpseg
PORT_BASE=40000
declare -a DATA_DIRECTORY=(/data/greenplum/gpdata/primary /data/greenplum/gpdata/
    primary /data/greenplum/gpdata/primary /data/greenplum/gpdata/primary)
    #以每个数据节点上面创建4个Segment实例为例
MASTER_HOSTNAME=gp-master
MASTER_DIRECTORY=/data/greenplum/gpdata/gpmaster
MASTER_PORT=5432
```

```
TRUSTED_SHELL=/usr/bin/ssh
CHECK_POINT_SEGMENTS=8
ENCODING=UNICODE
MIRROR_PORT_BASE=50000
REPLICATION_PORT_BASE=41000
MIRROR_REPLICATION_PORT_BASE=51000
declare -a MIRROR_DATA_DIRECTORY=(/data/greenplum/gpdata/mirror /data/greenplum/
    gpdata/mirror /data/greenplum/gpdata/mirror /data/greenplum/gpdata/mirror)
    #对应的镜像实例数量要和主实例一致；如果不创建镜像则留空
MACHINE_LIST_FILE=/home/gpadmin/seg_hosts
```

初始化数据库代码如下。

```
gpinitsystem -c /home/gpadmin/gpinit_config -s gp-datanode03 -h /home/gpadmin/
    seg_hosts
```

注意　-s gp-datanode03 是指 Standby Master 节点安装的主机，一些资料中将备份放在最后一个节点上，是约定俗成的做法。

初始化数据库时根据脚本的提示操作即可，如果配置有问题，gpinitsystem 命令就不能运行成功，错误日志存储在 /home/gpadmin/gpAdminLogs 中，需要认真查看日志报错信息，修改正确后再重新安装。

注意　虽然 Greenplum 配置 Mirror 节点的目的是做数据备份，但是我认为其起到的备份作用十分有限，建议根据硬件资源是否充足来决定是否安装数据库。如果系统批处理数据是全量更新的，建议做好离线备份，忽略 Mirror 节点，以提高系统资源使用率，加快查询速度。

测试数据库，登录默认的数据库 postgres，代码如下所示。

```
[gpadmin@gp-master ~]$  psql -d postgres
psql (9.4.20)
Type "help" for help.
postgres=#
```

至此，Greenplum 数据库集群就安装成功了。如果想通过 Docker 安装 Greenplum，可以参考网上教程，过程相差不大。

3.2　安装 GPCC

GPCC 是 Greenplum 数据库的可视化监控工具。GPCC 是商业软件，用户可以免费试用 90 天。GPCC 在数据库查询优化方面优势显著，是 DBA 不可或缺的工具。即使只有 90 天的试用期，也建议读者安装一下，它可以在生产环境安装初期帮助我们做好数据库调优工作。

GPCC 需要在官网下载（https://network.pivotal.io/products/pivotal-gpdb#/releases/93896/

file_groups/966），并且不是每个Greenplum升级版本都会发布GPCC。以GP6为例，只有6.1和6.2.1两个版本有带GPCC安装包。图3-4所示是GPCC下载页面截图，这里以GPCC 6.1为例进行安装。

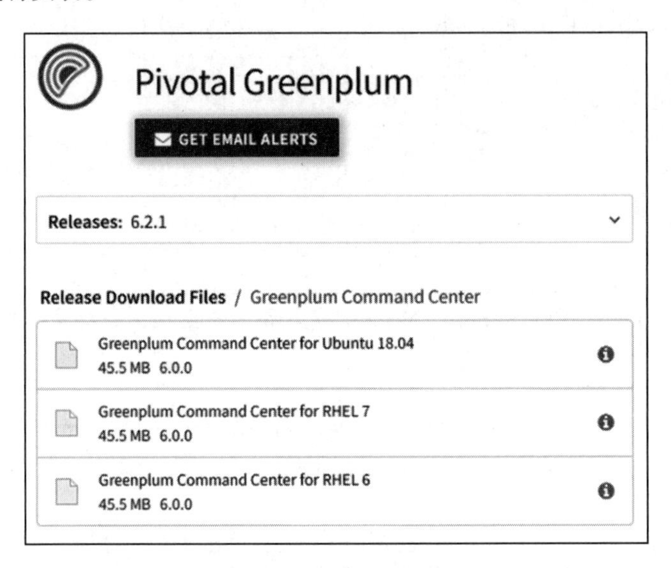

图3-4 GPCC下载页面

安装GPCC首先需要配置pg_hba.conf文件和.pgpass文件，代码如下所示。

```
#向Master节点的pg_hba.conf文件添加以下信息
host all gpmon <IP_of_host>/32 md5
#向Master节点gpadmin用户的~/.pgpass文件添加管理员用户登录信息
[gpadmin@gp-master ~]$ vi ~/.pgpass
*:5432:gpperfmon:gpmon:gpmon
#给.pgpass文件授予600权限（文件权限必须也只能是600）
[gpadmin@mdw gpadmin]$chmod 600 ~/.pgpass
```

解压安装包并安装GPCC软件，代码如下所示。

```
#重启数据库
gpstop -u
#先激活greenplum环境变量
source /home/greenplum/greenplum-db/greenplum_path.sh
#然后解压并安装GPCC
unzip greenplum-cc-web-6.1.0-gp6-rhel7-x86_64.zip
#最后执行安装命令
./gpccinstall-6.1.0 -W
```

安装过程可能需要输入一些参数，也可以通过配置文件实现，代码如下所示。

```
path =/home/greenplum
# 设置GPCC UI页面上的展示名，默认为gpcc
# display_name = gpcc
master_port = 5432
web_port = 28080
rpc_port = 8899
```

```
enable_ssl = false
# 如果要设置HTTPS访问网页，则需要指定ssl_cert_file
# ssl_cert_file = /etc/certs/mycert
enable_kerberos = false
# 非必须，只有基础kerberos权限认证时需要
# webserver_url = <webserver_service_url>
# krb_mode = 1
# keytab = <path_to_keytab>
# krb_service_name = postgres
# 设置页面展示语言：1=英语，2=中文，3=韩语，4=意大利语，5=日语
language = 2
```

安装完成后配置环境变量，就可以正常启动 GPCC 了，代码如下所示。

```
#安装完成以后，执行gpcc_path.sh生效环境变量
source <install-dir>/greenplum-cc/gpcc_path.sh
#启动GPCC
gpcc start
#关闭GPCC
gpcc stop
#查看GPCC状态
gpcc status
```

安装过程中，GPCC 可能会提示需要 metrics_collector 插件，如图 3-5 所示。

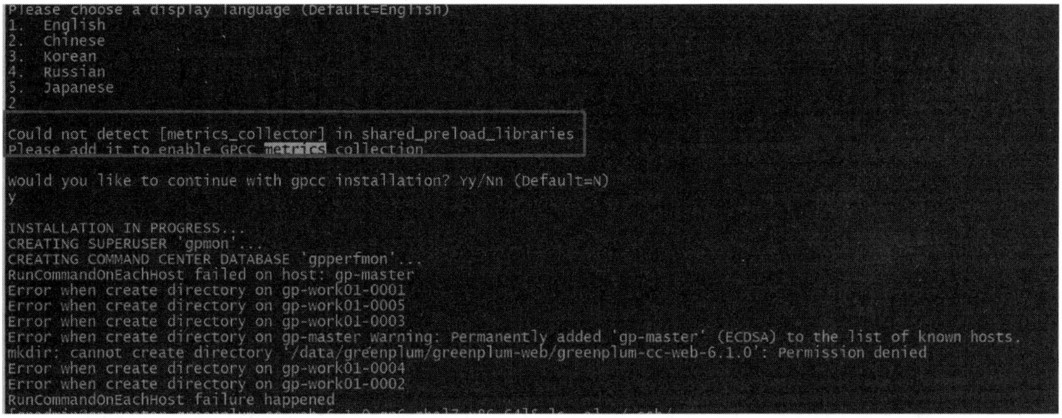

```
Please choose a display language (Default=English)
1.  English
2.  Chinese
3.  Korean
4.  Russian
5.  Japanese
2

Could not detect [metrics_collector] in shared_preload_libraries
Please add it to enable GPCC metrics collection

Would you like to continue with gpcc installation? Yy/Nn (Default=N)
y

INSTALLATION IN PROGRESS...
CREATING SUPERUSER 'gpmon'...
CREATING COMMAND CENTER DATABASE 'gpperfmon'...
RunCommandOnEachHost failed on host: gp-master
Error when create directory on gp-work01-0001
Error when create directory on gp-work01-0005
Error when create directory on gp-work01-0003
Error when create directory on gp-master warning: Permanently added 'gp-master' (ECDSA) to the list of known hosts.
mkdir: cannot create directory '/data/greenplum/greenplum-web/greenplum-cc-web-6.1.0': Permission denied
Error when create directory on gp-work01-0004
Error when create directory on gp-work01-0002
RunCommandOnEachHost failure happened
```

图 3-5 GPCC 安装过程提示需要 metrics_collector 插件

metrics_collector 插件安装方法如下。

```
#切换目录到GPCC的安装目录下
cd /home/greenplum/greenplum-cc-6.2.0/gppkg
#先停止GPCC
gpcc stop
#然后初始化MetricsCollector包
gppkg -i MetricsCollector-6.2.0_gp_6.7.0-<OS>-<ARCH>.gppkg
#修改Greenplum数据库配置参数
gpconfig -c shared_preload_libraries -v 'metrics_collector'
gpconfig -c gp_enable_query_metrics -v on
#重启GPCC
gpstop  -M fast
gpstsrt
```

```
#启动GPCC
gpcc start
```

安装完成后，通过 http://gp-master:28080 地址即可登录 GPCC 并查看相关监控数据了。默认的登录用户名为 gpmon，密码为 gpmon。

注意 我在使用 GPCC 的过程中遇到了一个问题，即查询监控器中的 SQL 语句显示不完整。后来几经搜索，得知这是因为 track_activity_query_size 参数默认为 1024，操作 SQL 语句被截断。安装完成 GPCC 后，应执行 gpconfig -c track_activity_query_size -v 102400 命令，将该参数设置为最大值。

3.3 Greenplum 访问接口

Greenplum 数据库采用和 PostgreSQL 相同的数据访问方式，并且可以完全复用 PostgreSQL 的客户端工具。Greenplum 支持通过 CLI、JDBC、ODBC 等多种方式访问数据。Greenplum 数据库默认的端口是 5432。

说到客户端访问，这里需要介绍一下 Greenplum 的访问控制策略。Greenplum 的外部访问控制是通过主节点 Master 实例下面的 pg_hba.conf 文件控制的。一般情况下该文件位于 $GP_DATA/gpmaster/gpseg-1/pg_hba.conf。在文件后面添加规则实现访问控制。

例如允许 gpadmin 用户在 192.168.1.*x* 网段访问所有数据库，使用 md5 验证方式访问，则配置如下。

```
host      all          gpadmin        192.168.1.0/24        md5
```

3.3.1 CLI

CLI（Command Line Interface，命令行接口）底层是基于 TCP 进行通信的，通过 psql 命令运行。只需要在对应的服务器上安装 PostgreSQL，并配置好环境变量，即可通过 psql 访问 Greenplum 数据库。访问方式和我们常用的 MySQL 命令类似。

建立数据库连接的命令格式如下。

```
psql -h 服务器 -U 用户名  -d 数据库 -p 端口号
```

输入上述命令后，继续输入密码，随后进入交互访问模式。

在一些特殊的场景下，例如通过 shell 脚本执行 Greenplum 数据库的存储过程，需要提前配置好 Greenplum 数据库的用户名和密码，这样命令行模式就可以跳过用户名和密码验证了。

Greenplum 数据库的访问控制是通过执行用户的 ~/.pgpass 文件实现的，配置文件必须是 600 权限，配置格式如下。

```
服务器:端口号:数据库:用户名:密码
```

命令行的常见命令如下。

1）列举数据库：\l。

2）选择数据库：\c 数据库名。

3）查看该某个库中的所有表：\dt。

4）切换数据库：\c interface。

5）查看某个库中的某个表结构：\d 表名。

6）查看某个库中某个表的记录：select * from apps limit 1。

7）将 aaa.sql 导入当前数据库：\i aaa.sql。

8）显示字符集：\encoding。

9）退出 psgl：\q。

3.3.2　JDBC

Greenplum 数据库同时支持 PostgreSQL 和 Greenplum 两种 JDBC 驱动。

PostgreSQL 模式的 maven 配置如下。

```
<!-- https://mvnrepository.com/artifact/org.postgresql/postgresql -->
<dependency>
    <groupId>org.postgresql</groupId>
    <artifactId>postgresql</artifactId>
    <version>42.1.4</version>
</dependency>
```

PostgreSQL 模式的 JDBC 连接字符串配置如下。

```
jdbc.posgresql.driver=org.postgresql.Driver
jdbc.Posgresql.url=jdbc:postgresql://192.168.xx.xx:5432/数据库名称(即dbname)
jdbc.posgresql.user=账号
jdbc.posgresql.password=密码
```

Greenplum 模式的 maven 配置如下。

```
<!-- greenplum -->
    <dependency>
      <groupId>com.huicai</groupId>
      <artifactId>greenplum</artifactId>
      <version>1.0</version>
    </dependency>
```

Greenplum 模式的 JDBC 连接字符串配置如下。

```
jdbc.greenPlum.driver=com.pivotal.jdbc.GreenplumDriver
jdbc.greenPlum.url=jdbc:pivotal:greenplum://10.10.10.10:5432;DatabaseName=数据库
jdbc.greenPlum.username=gpadmin
jdbc.greenPlum.password=gpadmin
```

3.3.3 ODBC

在一些特殊的场景下，我们也会使用更加稳定高效的 ODBC 驱动来访问数据库，例如 Tableau 推荐使用 ODBC。下面以 Linux 系统为例安装 ODBC 驱动。

```
#初始化ODBC管理器
yum install -y unixODBC.x86_64
#安装PostgreSQL的ODBC驱动
yum install -y postgresql-odbc.x86_64
```

配置 ODBC 驱动文件，在 /etc/odbcinst.ini 中加入如下代码。

```
# 设置unixODBC程序安装位置
[PostgreSQL]
Description     = ODBC for PostgreSQL
Driver          = /usr/lib/psqlodbcw.so
Setup           = /usr/lib/libodbcpsqlS.so
Driver64        = /usr/lib64/psqlodbcw.so
Setup64         = /usr/lib64/libodbcpsqlS.so
FileUsage       = 1
```

还需要在 ODBC 的连接信息文件 /etc/odbc.ini 中加入数据库连接信息，代码如下所示。

```
[Greenplum]
Description = Test to gp
Driver = PostgreSQL
Database = demoDB
Servername = gp-master
UserName = xxxx
Password = xxxx
Port = 5432
ReadOnly = 0
```

3.4 Greenplum 数据库常用命令

3.4.1 启动和停止

gpstart 命令用于启动数据库，常用的命令如下。

```
#查看gpstart参数说明
gpstart --help
#普通模式启动Greenplum
gpstart
#直接启动Greenplum，不提示终端用户输入确认
gpstart -a
#只启动master实例，主要在故障处理时使用
gpstart -m PGOPTIONS='-c gp_session_role=utility' psql
#限制模式，只有超级管理员可以连接
gpstart -R
```

gpstop 命令用于关闭数据库，常用的命令如下。

```
#查看gpstop命令参数
gpstop --help
```

```
#正常关闭，需要用户输入y|n确认
gpstop
#直接关闭，不需要用户输入y|n确认
gpstop -a
#3种关闭模式
#快速关闭。正在进行的任何事务都被中断，然后回滚
gpstop -M fast
#立即关闭。正在进行的任何事务都被中止。不推荐使用这种关闭模式，在某些情况下可能会导致数据库损坏，
需要手动恢复
gpstop -M immediate
#智能关闭。如果存在活动连接，则此命令发出警告并等待连接关闭，这是默认的关机模式
gpstop -M smart
#只停止master实例，进入维护模式
gpstop -m
#重新加载配置文件postgresql.conf 和pg_hba.conf，不停止数据库
gpstop -u
#重启所有egment实例
gpstop -r
```

gpstate 命令用于查看数据库运行状态，常用的命令如下。

```
#gpstate查看参数信息
gpstate --help
#显示详细信息
gpstate -s
#显示Primary Segment和Mirror Segment实例的对应关系
gpstate -c
#显示 Standby Master节点的详细信息
gpstate -f
#显示镜像实例的状态和配置信息
gpstate -m
#显示状态综合信息
gpstate -Q
#显示版本信息
gpstate -i
```

3.4.2　修改参数

gpconfig 命令用于修改系统参数，是最常用的管理命令之一。

```
#查看参数max_connections的值
gpconfig --show max_connections
#修改配置参数<parameter name>的值为<parameter value>
#比如: gpconfig-c log_statement -v DDL
gpconfig-c <parameter name> -v <parameter value>
#删除配置项
gpconfig -r <parameter name>
```

在日常数据库运维中，我们通常会调整以下参数，现逐一说明用途。

1）work_mem：全局参数，一般设置为物理内存的 2% ~ 4%，用于限制 Segment 实例在进行 sort、hash 等操作时可用的内存大小。当 PostgreSQL 对大表进行排序时，数据库会按照此参数指定大小进行分片排序，将中间结果存放在临时文件中。这些中间结果的临时文件最终会再次合并排序，增加此参数可以减少临时文件的数量，进而提升排序效率。当然如果设置得过大，会导致 swap（内存不足以交换数据到磁盘的现象）的发生，设置此参

数时须谨慎。

2）mainteance_work_mem：全局参数，表示 Segment 实例用于 VACUUM、CREATE INDEX 等操作的可用内存大小，默认为 16MB。因为在一个数据库会话里，任意时刻只能执行一个这样的操作，并且一个数据库通常不会有太多工作并发执行，所以把这个数值设置得和 work_mem 一致是比较合理的。设置更大的值可以加快数据清理和数据库恢复的速度。

3）max_statement_mem：设置每个查询任务的最大使用内存量，该参数可以防止 statement_mem 参数设置的内存过大导致内存溢出。

4）statement_mem：设置每个查询任务在 Segment 主机中可用的内存，该参数设置的值不能超过 max_statement_mem 的值，如果配置了资源队列，则不能超过资源队列设置的值。

5）gp_vmem_protect_limit：控制每个 Segment 主机为所有运行中的查询任务分配的内存总量。如果查询需要的内存超过此值，则会失败。

6）gp_workfile_limit_files_per_query：SQL 查询任务分配的内存不足，Greenplum 数据库会创建溢出文件（也称为工作文件）。在默认情况下，一个 SQL 查询最多可以创建 100000 个溢出文件，这足以满足大多数查询需求。该参数决定了一个查询任务最多可以创建多少个溢出文件，0 意味着没有限制。限制溢出文件数据可以防止失控的查询任务破坏整个系统。

7）gp_statement_mem：服务器配置参数 gp_statement_mem 控制数据库上单个查询任务可以使用的内存总量。如果语句需要更多内存，则会溢出数据到磁盘中。

8）effective_cache_size：这个参数仅用于 Master 节点，可以设为物理内存的 85%，告诉 Greenplum 的优化器有多少内存可以被用来缓存数据，以及帮助数据库决定是否应该使用索引。数值越大，优化器使用索引的可能性就越高。这个数值应该设置为 shared_buffers 和可用操作系统缓存的总量。通常这个数值会超过系统内存总量的 50% 以上。

9）gp_resqueue_priority_cpucores_per_segment：用于限制 Master 节点和每个 Segment 实例可以使用的 CPU 个数以及每个 Segment 实例可分配的线程数。

10）max_connections：用于设置 Master 节点和每个 Segment 实例的最大连接数，Segment 实例建议设置成 Master 节点的 5 ~ 10 倍。

11）max_prepared_transactions：这个参数只有在启动数据库时才能被设置，它决定了能够同时处于 prepared 状态的事务的最大数目（参考 PREPARE TRANSACTION 命令）。如果它的值设为 0，则数据库将关闭 prepared 事务的特性。该值通常应该和 max_connections 的值一致。每个事务消耗 600 字节共享内存。

12）max_files_per_process：设置每个服务器进程允许同时打开的最大文件数，默认为 1000。如果操作系统内核强制将其设置为一个合理的数目，则不需要再进行设置。在一些平台上（特别是大多数 BSD 系统），内核允许独立进程打开比系统真正可以支持的数目多得多的文件数。如果发现有“Too many open files”这样的失败提示，可以尝试缩小这个值。这个值只能在数据库启动时设置。

13）shared_buffers：只能配置Segment实例，用作磁盘读写的内存缓冲区，开始时可以设置为一个较小的值，比如总内存的15%，然后逐渐增加，在此过程中监控性能提升和内存交换的情况。

14）temp_buffers：即临时缓冲区，存储数据库访问的临时数据，默认值为1MB，在访问比较到大的临时表时，对性能提升有很大帮助。

15）gp_fts_probe_threadcount：用于设置ftsprobe线程数，此参数建议大于、等于每台服务器Segment实例的数目。

3.4.3 其他常用命令

通过gpstate或gp_segement_configuration命令发现有实例宕机后，使用如下命令进行恢复。

```
#生成需要恢复服务的信息到指定文件中
gprecoverseg -o ./recov
#指定一个配置文件，该配置文件描述了需要修复的Segment实例和修复后的存放位置
gprecoverseg -i ./recov
#强制恢复，指定后，gprecoverseg会将-i中指定的或标记为d的实例删除，并从正常的Mirror节点中复制一个完整的备份到目标位置
gprecoverseg -F
#如果FTS(Fault Tolerance Serve, Greenplum中的故障检测服务)发现有Primary节点宕机并进行主备切换，在gprecoverseg修复后，担当Primary节点的Mirror角色并不会立即切换回来，就会导致部分主机上活跃的Segment实例过多，从而引起性能瓶颈，需要恢复Segment原先的角色，称为re-balance
gprecoverseg -r
#快速恢复
gprecoverseg -a
```

数据库备份命令如下。

```
#备份testdb数据库中的member表，命令格式为-t表名，-U用户，-W密码 -f输出的备份文件名字
$ pg_dump testdb -t member -Ugpadmin -W -f /gpbackup/member_table.dmp
# 备份数据库，只导出对象定义(表结构、函数、视图)等
$ pg_dump testdb -s -Ugpadmin -W -f /gpbackup/testdb.dmp
# 备份数据库中的模式，命令中-n表示模式，public是所有数据库中默认的模式，这里要备份testdb数据库中的temp模式
$ pg_dump testdb -n temp -Ugpadmin -W -f /gpbackup/temp_schema.dmp
```

数据恢复命令如下。

```
#恢复整个数据
pg_restore -C -d postgres /gpbackup/testdb.dump
#恢复其中一个模式并加-n参数
pg_restore -l -n public /gpbackup/testdb.dump
#恢复其中一个模式并加-t参数，只恢复数据并加-a参数
pg_restore -l -t member -a /gpbackup/testdb.dump
```

3.5 Greenplum 性能测试

gpcheckperf 是 Greenplum 数据库自带的性能测试工具，在指定的主机上启动会话并进行以下性能测试。

1）磁盘 I/O 测试（dd 测试）：测试逻辑磁盘或文件系统的顺序吞吐性能，该工具使用 dd 命令。dd 命令是一个标准的 UNIX 工具，记录了在磁盘上读写一个大文件需要花费的时间，以 MB/s 为单位计算磁盘 I/O 性能。默认情况下，用于测试的文件尺寸按照主机上随机访问内存（RAM）的两倍计算。这样确保了测试是真正地测试磁盘 I/O 而不是使用内存缓存。

2）内存带宽测试：为了测试内存带宽，该工具使用 STREAM 基准程序来测量可持续的内存带宽（以 MB/s 为单位）。本项测试内容是检验操作系统在不涉及 CPU 计算性能的情况下是否受系统内存带宽的限制。在数据集较大的应用程序中（如在 Greenplum 数据库中），低内存带宽是一个主要的性能问题。如果内存带宽明显低于 CPU 的理论带宽，则会导致 CPU 花费大量的时间等待数据从系统内存传递过来。

3）网络性能测试：为了测试网络性能以及 Greenplum 数据库 Interconnect 组件的性能，该工具运行一种网络基准测试程序，该程序在当前主机连续发送 5s 的数据流到测试包含的每台远程主机上。数据被并行传输到每台远程主机，并以 MB/s 为单位，分别报告最小、最大、平均和中位网络传输速率。如果汇总的传输速率比预期慢（小于 100MB/s），可以使用 -r N 选项串行运行该网络测试以获取每台主机的结果。要运行全矩阵带宽测试，用户可以指定 -r M 选项，这将导致每台主机都发送和接收来自指定的其他主机的数据。该测试适用于验证交换结构是否可以承受全矩阵负载。

gpcheckperf 命令应用举例如下。

```
#使用/data1和/data2作为测试目录在文件host_file中的所有主机上运行磁盘I/O和内存带宽测试
gpcheckperf -f hostfile_gpcheckperf -d /data1 -d /data2 -r ds
#在名为sdw1和sdw2的主机上只使用测试目录/data1运行磁盘I/O测试。显示单个主机结果并以详细模式运行
gpcheckperf -h sdw1 -h sdw2 -d /data1 -r d -D -v
#使用测试目录/tmp运行并行网络测试，其中hostfile_gpcheck_ic*指定同一Interconnect子网内的所有网络接口的主机地址名称
gpcheckperf -f hostfile_gpchecknet_ic1 -r N -d /tmp
gpcheckperf -f hostfile_gpchecknet_ic2 -r N -d /tmp
```

性能测试时间通常较长，为了进行完整的测试，我一般会创建如下测试脚本，在后台执行性能测试任务。

```
#创建如下shell脚本
[gpadmin@gp-master ~]$ cat gpcheckperf-test.sh
#!bin/bash
echo "--------- start ----------- "
a=`date +"%Y-%m-%d %H:%M:%S"`
echo $a
gpcheckperf -f /data/greenplum/greenplum-db/all_hosts -d /data/greenplum/ -v
echo "------------- end ----------"
b=`date +"%Y-%m-%d %H:%M:%S"`
```

```
echo $b
```

性能测试后台执行 nohup sh gpcheckperf-test.sh & 命令后，查看 nohup.out 的输出结果，如图 3-6 所示（每台服务器采用 10 块普通硬盘通过软件组成 Raid 5）。

```
====================
==  RESULT 2020-08-16T18:15:42.334812
====================

 disk write avg time (sec): 146.26
 disk write tot bytes: 808625897472
 disk write tot bandwidth (MB/s): 5464.56
 disk write min bandwidth (MB/s): 727.58 [gp-work01-0004]
 disk write max bandwidth (MB/s): 1109.62 [gp-work01-0001]


 disk read avg time (sec): 103.58
 disk read tot bytes: 808625897472
 disk read tot bandwidth (MB/s): 9330.91
 disk read min bandwidth (MB/s): 847.03 [gp-work01-0004]
 disk read max bandwidth (MB/s): 2289.82 [gp-work01-0003]


 stream tot bandwidth (MB/s): 65356.30
 stream min bandwidth (MB/s): 10769.30 [gp-work01-0005]
 stream max bandwidth (MB/s): 11069.50 [gp-work01-0002]

Netperf bisection bandwidth test
gp-master -> gp-work01-0001 = 1406.330000
gp-work01-0002 -> gp-work01-0003 = 1853.780000
gp-work01-0004 -> gp-work01-0005 = 1394.480000
gp-work01-0001 -> gp-master = 2182.310000
gp-work01-0003 -> gp-work01-0002 = 2261.660000
gp-work01-0005 -> gp-work01-0004 = 1242.320000

Summary:
sum = 10340.88 MB/sec
min = 1242.32 MB/sec
max = 2261.66 MB/sec
avg = 1723.48 MB/sec
```

图 3-6　Greenplum 集群性能测试结果

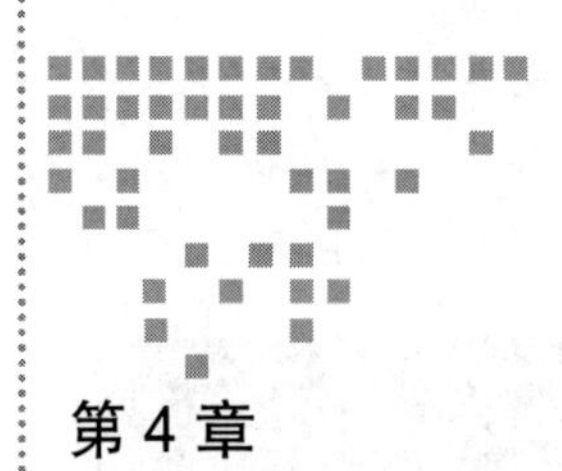

Chapter 4 第4章

Greenplum 使用入门

Greenplum 不仅连接方式和 PostgreSQL 一致，数据库相关操作也没有多大区别。本章带领读者快速熟悉 Greenplum 相关功能和操作。

4.1 数据类型详解

PostgreSQL 提供了丰富的数据类型，因为 Greenplum 是基于 PostgreSQL 实现的，所以继承了 PostgreSQL 全部的数据类型，支持绝大多数我们能想象到的数据类型。此外，用户还可以使用 CREATE TYPE 命令在数据库中创建新的数据类型。

4.1.1 基本数据类型

Greenplum 数据库最基本的数据类型包括数值类型、货币类型、字符类型、日期 / 时间类型、布尔类型。

1. 数值类型

数值类型由 2 字节、4 字节或 8 字节的整数以及 4 字节或 8 字节的浮点数和可选精度的十进制数组成。表 4-1 列出了数值类型的取值范围。

表 4-1　数值类型取值范围

名字	存储长度	描述	取值范围
smallint	2 字节	小范围整数	–32768 ~ +32767
integer	4 字节	常用的整数	–2147483648 ~ +2147483647

（续）

名字	存储长度	描述	取值范围
bigint	8 字节	大范围整数	–9223372036854775808 ~ +9223372036854775807
decimal	可变长	用户指定的精度，精确	小数点前 131072 位、小数点后 16383 位
numeric	可变长	用户指定的精度，精确	小数点前 131072 位、小数点后 16383 位
real	4 字节	可变精度，不精确	6 位十进制数字精度
double precision	8 字节	可变精度，不精确	15 位十进制数字精度
smallserial	2 字节	自增的小范围整数	1 ~ 32767
serial	4 字节	自增整数	1 ~ 2147483647
bigserial	8 字节	自增的大范围整数	1 ~ 9223372036854775807

2. 货币类型

货币（money）类型存储带有固定小数精度的货币金额。numeric、int 和 bigint 类型的值可以转换为货币类型，不建议使用浮点数来处理货币类型。货币类型的取值范围如表 4-2 所示。

表 4-2　货币类型取值范围

名字	存储长度	描述	取值范围
money	8 字节	货币金额	–92233720368547758.08 ~ +92233720368547758.07

3. 字符类型

字符类型用于存放字符串和文本内容，表 4-3 列出了 Greenplum 数据库支持的字符类型及其长度范围。

表 4-3　字符类型及其长度限制

名字	描述
character varying(n), varchar(n)	变长，有长度限制
character(n), char(n)	定长，不足补空白
text	变长，无长度限制

4. 日期 / 时间类型

日期 / 时间类型包括日期类型、时间类型和日期时间类型。日期类型用于存储日期，时间类型用于存储时间，日期时间类型用于存储时间戳。表 4-4 列出了 Greenplum 数据库支持的日期 / 时间类型及其精确度。

表 4-4 日期 / 时间类型及其精确度

名字	存储空间	描述	分辨率
timestamp [(p)] [without time zone]	8 字节	日期和时间（无时区）	1ms/14 位
timestamp [(p)] with time zone	8 字节	日期和时间，有时区	1ms/14 位
date	4 字节	只用于日期	1 天
time [(p)] [without time zone]	8 字节	只用于一日内时间	1ms/14 位
time [(p)] with time zone	12 字节	只用于一日内时间，带时区	1ms/ 14 位
interval [fields] [(p)]	12 字节	时间间隔	1ms/ 14 位

5. 布尔类型

Greenplum 数据库支持标准的布尔（boolean）类型。布尔类型有 true 和 false 两种状态，未知用 NULL 表示，布尔类型的存储格式和描述如表 4-5 所示。

表 4-5 布尔类型的存储格式和描述

名称	存储格式	描述
boolean	1 字节	true 和 false 两种状态，未知用 NULL 表示

4.1.2 特殊数据类型

特殊数据类型是指有特定用途的数据类型，主要包括枚举类型、几何类型、网络地址类型、位串类型、文本搜索类型、UUID 类型、范围类型、对象标识符类型、伪类型。这些特殊数据类型大大扩展了 Greenplum 数据库的应用范围，使其可以应用在 GIS、图计算、机器学习等多个扩展领域。特殊类型延续了 PostgreSQL 的强大功能，虽然在 OLAP 中的应用场景不多，但是可以拓宽我们对数据库的认识。

1. 枚举类型

枚举类型是一个可以设定字段可选值集合的数据类型，用于在表定义时限制某个字段的有效值清单。Greenplum 中的枚举类型类似 C 语言中的 enum 类型。

与其他类型不同的是，枚举类型需要使用 CREATE TYPE 命令创建。

```
CREATE TYPE mood AS ENUM ('sad', 'ok', 'happy');
```

例如创建一周中的几天，命令如下所示。

```
CREATE TYPE week AS ENUM ('Mon', 'Tue', 'Wed', 'Thu', 'Fri', 'Sat', 'Sun');
```

就像其他类型一样，一旦创建，枚举类型可以用于表和函数定义。

```
CREATE TYPE mood AS ENUM ('sad', 'ok', 'happy');
CREATE TABLE person (
    name text,
```

```
    current_mood mood);
INSERT INTO person VALUES ('Moe', 'happy');
SELECT * FROM person WHERE current_mood = 'happy';
 name | current_mood ------+--------------
 Moe  | happy(1 row)
```

2. 几何类型

几何数据类型表示二维的平面物体。表 4-6 列出了 Greenplum 支持的几何类型，最基本的几何类型是点，它是其他几何类型的基础。

表 4-6　几何类型及其表现形式

名字	存储空间	说明	表现形式
point	16 字节	平面中的点	(x,y)
line	32 字节	（无穷）直线（未完全实现）	((x1,y1),(x2,y2))
lseg	32 字节	（有限）线段	((x1,y1),(x2,y2))
box	32 字节	矩形	((x1,y1),(x2,y2))
path	16+16n 字节	闭合路径（与多边形类似）	((x1,y1),...)
path	16+16n 字节	开放路径	[(x1,y1),...]
polygon	40+16n 字节	多边形（与闭合路径相似）	((x1,y1),...)
circle	24 字节	圆	<(x,y),r>（圆心和半径）

3. 网络地址类型

网络地址类型用于存储 IPv4、IPv6、MAC 地址等数据类型。用这些数据类型存储网络地址比用纯文本类型好，因为这些类型提供输入错误检查和特殊的操作和功能。网络地址类型及其描述如表 4-7 所示。

表 4-7　网络地址类型及其描述

名字	存储空间	描述
cidr	7 或 19 字节	IPv4 或 IPv6 网络
inet	7 或 19 字节	IPv4 或 IPv6 主机和网络
macaddr	6 字节	MAC 地址

注意　在对 inet 或 cidr 数据类型进行排序的时候，IPv4 地址总是排在 IPv6 地址前面，包括那些封装或者是映射在 IPv6 地址里的 IPv4 地址，比如 ::10.2.3.4 或 ::ffff:10.4.3.2。

4. 位串类型

位串就是一串由 1 和 0 组成的字符串，可用于存储和直观化位掩码。SQL 位类型有两种：bit(*n*) 和 bit varying(*n*)，这里的 *n* 是一个正整数。

bit 类型的数据必须准确匹配长度 *n*，试图存储短一些或者长一些的数据都是错误的。bit varying 类型数据是位长度最大为 *n* 的变长类型；超长的位串会被拒绝写入。写一个没有长度的 bit 等效于 bit(1)，而没有长度的 bit varying 表示没有长度限制。

5. 文本搜索类型

文本搜索即通过自然语言文档的集合找到匹配某个查询的检索。Greenplum 提供了两种数据类型，用于支持文本搜索，如表 4-8 所示。

表 4-8 文本搜索类型

名字	描述
tsvector	tsvector 的值是一个无重复值的 lexemes 排序列表，即同一个词的不同变种的标准化
tsquery	tsquery 存储用于检索的词汇，并且使用布尔操作符 &（AND）、|（OR）和 !（NOT）来组合它们，括号用于强调操作符的分组

6. UUID 类型

UUID 类型用来存储 RFC 4122、ISO/IEF 9834-8:2005 以及相关标准定义的通用唯一标识符 UUID（我们可以认为这个数据类型为全球唯一标识符）。这是一个由算法产生的 128 位标识符，它不可能在已知使用相同算法的模块中和其他方式产生的标识符重复。对于分布式系统而言，这种标识符相比于序列能更好地提供唯一性保证，这是因为序列只能在单一数据库中保证唯一。

UUID 被写成一个由小写字母和十六进制数字组成的序列，由分字符分成几组，特别是 1 组 8 位数字 +3 组 4 位数字 +1 组 12 位数字，共 32 个数字代表 128 位标识符，标准的 UUID 示例如下。

```
a0eebc99-9c0b-4ef8-bb6d-6bb9bd380a11
```

7. 范围类型

范围数据类型代表着某一元素类型在一定范围内的值。例如，timestamp 范围可能用于代表一间会议室被预订的时间范围。

Greenplum 数据库内置的范围类型如下。

1）int4range：整数的取值范围。

2）int8range：bigint 类型数据的取值范围。

3）numrange：numeric 类型数据的取值范围。

4）tsrange：无指定时区的时间戳对应的范围。

5）tstzrange：有指定时区的时间戳对应的范围。

6）daterange：日期的取值范围。

此外，我们可以自定义范围类型，代码如下所示。

```
CREATE TABLE reservation (room int, during tsrange);
```

```
INSERT INTO reservation VALUES
    (1108, '[2010-01-01 14:30, 2010-01-01 15:30)');
-- 包含
SELECT int4range(10, 20) @> 3;
-- 重叠
SELECT numrange(11.1, 22.2) && numrange(20.0, 30.0);
-- 提取上边界
SELECT upper(int8range(15, 25));
-- 计算交叉
SELECT int4range(10, 20) * int4range(15, 25);
-- 范围是否为空
SELECT isempty(numrange(1, 5));
```

范围值必须遵循如下格式。

```
(下边界,上边界)(下边界,上边界][下边界,上边界)[下边界,上边界]空
```

方括号和圆括号表示是否包含下边界和上边界。注意最后的格式是空，代表一个空的范围（一个不含有值的范围）。

```
-- 包括3, 不包括7, 并且包括二者之间的所有点
SELECT '[3,7)'::int4range;
-- 不包括3和7, 包括二者之间所有点
SELECT '(3,7)'::int4range;
-- 只包括单一值4
SELECT '[4,4]'::int4range;
-- 不包括点(被标准化为‘空’)
SELECT '[4,4)'::int4range;
```

8. 对象标识符类型

Greenplum 在内部使用对象标识符 OID 作为各种系统表的主键。同时，系统不会给用户创建的表增加 OID 系统字段（除非在建表时声明了 WITH OIDS 或者配置参数 default_with_oids 设置为开启）。OID 类型代表一个对象标识符。除此之外，OID 还有几个别名——regproc、regprocedure、regoper、regoperator、regclass、regtype、regconfig 和 regdictionary。具体描述及示例如表 4-9 所示。

表 4-9　对象标识符类型及示例

名字	引用	描述	示例
oid	任意	数字化的对象标识符	564182
regproc	pg_proc	函数名字	sum
regprocedure	pg_proc	带参数类型的函数	sum(int4)
regoper	pg_operator	操作符名	+
regoperator	pg_operator	带参数类型的操作符	*(integer,integer) 或 -(NONE,integer)
regclass	pg_class	关系名	pg_type
regtype	pg_type	数据类型名	integer
regconfig	pg_ts_config	文本搜索配置	english
regdictionary	pg_ts_dict	文本搜索字典	simple

9. 伪类型

Greenplum 类型系统包含一系列特殊用途的条目，属于伪类型。伪类型虽然不能作为字段的数据类型，但是可以用于声明一个函数的参数或者结果类型。伪类型适用于函数不只是简单地接受并返回某种 SQL 数据类型的情况。所有的伪类型如表 4-10 所示。

表 4-10 伪类型及其描述

名字	描述
any	表示一个函数接受任意输入数据类型
anyelement	表示一个函数接受任意数据类型
anyarray	表示一个函数接受任意数组数据类型
anynonarray	表示一个函数接受任意非数组数据类型
anyenum	表示一个函数接受任意枚举数据类型
anyrange	表示一个函数接受任意范围数据类型
cstring	表示一个函数接受或者返回一个空结尾的 C 字符串
internal	表示一个函数接受或者返回一种服务器内部的数据类型
language_handler	一个过程语言调用处理器声明为返回 language_handler
fdw_handler	一个外部数据封装器声明为返回 fdw_handler
record	表示一个函数返回一个未声明的行类型
trigger	一个触发器函数声明为返回 trigger
void	表示一个函数不返回数值
opaque	一个已经过时的类型，以前用于所有上面这些用途

4.1.3 组合数据类型

组合数据类型是指由基本数据类型组合而成的复合数据，包括 XML 类型、JSON 类型和复合类型。

1. XML 类型

XML 类型用于存储 XML 数据。向 XML 类型的字段插入数据时，数据库会对其进行类型安全性检查，确保字段符合格式要求。有时我们也会将 XML 类型的数据保存在 TEXT 类型中，这样做可以提高数据插入速度。

XML 可以存储按 XML 标准定义的格式良好的文档，以及由 XML 标准中的 content 定义的内容片段。这意味着内容片段可以有多个顶级元素或字符节点。xmlvalue IS DOCUMENT 表达式可以用来判断一个特定的 XML 值是完整的文件还是内容片段。

使用函数 xmlparse() 解析字符数据产生 XML 类型的值，代码如下。

```
demoDB=# SELECT xmlparse(DOCUMENT '<?xml version="1.0"?><book><title>Manual
    </title><chapter>...</chapter></book>');
            xmlparse
---------------------------------------------------------------
 <book><title>Manual</title><chapter>...</chapter></book>
(1 row)

demoDB=# SELECT xmlparse(CONTENT 'abc<foo>bar</foo><bar>foo</bar>');
            xmlparse
---------------------------------
 abc<foo>bar</foo><bar>foo</bar>
(1 row)
```

2. JSON 类型

JSON 是当前最流行的数据类型。Greenplum 可以存储 JSON 数据，JSON 数据也可以存储为 TEXT 数据类型，使用 JSON 数据类型更有利于检查每个存储的数值是否是可用的 JSON 值。

Greenplum 有两个函数用于处理 JSON 数据，具体使用方法如下。

```
demoDB=# SELECT array_to_json('{{1,5},{99,100}}'::int[]);
  array_to_json
------------------
 [[1,5],[99,100]]
(1 row)

demoDB=# SELECT row_to_json(row(1,'foo'));
    row_to_json
---------------------
 {"f1":1,"f2":"foo"}
(1 row)
```

3. 数组类型

Greenplum 允许将字段定义成不定长度的多维数组。数组类型可以是任何基本类型、用户定义类型、枚举类型或复合类型。

我们可以在创建表的时候声明数组，方式如下。

```
CREATE TABLE sal_emp (
    name            text,
    pay_by_quarter  integer[],
    schedule        text[][]);
```

pay_by_quarter 为整型数组、schedule 为二维文本类型数组。

我们也可以使用 ARRAY 关键字来显式定义数组类型，如下所示。

```
CREATE TABLE sal_emp (
    name text,
    pay_by_quarter integer ARRAY[4],
    schedule text[][]);
```

4. 复合类型

复合类型表示一行或者一条记录的结构，实际上它只是一个字段名和它们的数据类型的列表。Greenplum 允许像简单数据类型那样使用复合类型。比如，一个表的某个字段可以声明为一个复合类型。下面是定义复合类型的简单示例。

```
CREATE TYPE inventory_item AS (
    name            text,
    supplier_id     integer,
    price           numeric);
```

定义复合类型的语法类似 CREATE TABLE，区别在于这里只可以声明字段名字和类型。定义类型之后，我们就可以用它来创建表了。

```
CREATE TABLE on_hand (
    item      inventory_item,
    count     integer);
INSERT INTO on_hand VALUES (ROW('fuzzy dice', 42, 1.99), 1000);
```

4.2 数据表的基本使用

数据表是基于数据类型的自由组合，可以包含多种不同的数据类型。数据类型确定一列值的类型，多个列组合起来就是数据表。数据表一般包含多条记录，也叫行记录。

4.2.1 表对象定义

Greenplum 使用 CREATE TABLE 语句来创建数据库表格。CREATE TABLE 语法格式如下。

```
CREATE TABLE table_name(
   column1 datatype,
   column2 datatype,
   column3 datatype,
   .....
   columnN datatype,
   PRIMARY KEY( 一个或多个列 ));
```

CREATE TABLE 是一个关键词，用于告诉数据库系统将创建一个数据表。表名不分大小写，且不能与同一模式中的其他表、序列、索引、视图或外部表等对象同名。

CREATE TABLE 在当前数据库中创建一个新的空白表，该表将由发出此命令的用户拥有。表格中的每个字段都会定义数据类型，如下所示。

```
--以下创建一个表，表名为COMPANY，主键为ID，NOT NULL表示字段不允许包含NULL值
CREATE TABLE COMPANY(
   ID INT PRIMARY KEY     NOT NULL,
   NAME           TEXT    NOT NULL,
   AGE            INT     NOT NULL,
   ADDRESS        CHAR(50),
   SALARY         REAL);
```

我们再创建一个表格，在后面章节会用到。

```
CREATE TABLE DEPARTMENT(
```

```
   ID INT PRIMARY KEY      NOT NULL,
   DEPT            CHAR(50) NOT NULL,
   EMP_ID          INT      NOT NULL);
```

我们可以使用\d命令查看表格是否创建成功，如下所示。

```
testdb=# \d
           List of relations
 Schema |    Name     | Type  |  Owner   --------+------------+-------+----------
 public | company     | table | postgres
 public | department  | table | postgres(2 rows)
```

使用\d tablename查看表格信息，如下所示。

```
testdb=# \d company
                  Table "public.company"
 Column   |      Type      | Collation | Nullable | Default ---------+-------------
--+-----------+----------+---------
 id       | integer        |           | not null |
 name     | text           |           | not null |
 age      | integer        |           | not null |
 address  | character(50)  |           |          |
 salary   | real           |           |          | Indexes:
    "company_pkey" PRIMARY KEY, btree (id)
```

4.2.2 表的基本操作

在Greenplum中，ALTER TABLE命令用于添加、修改、删除一张已经存在表的列，也可以用ALTER TABLE命令添加或删除约束。

用ALTER TABLE命令在一张已存在的表上添加列的语法如下。

```
ALTER TABLE table_name ADD column_name datatype;
```

在一张已存在的表上删除列，语法如下。

```
ALTER TABLE table_name DROP COLUMN column_name;
```

修改表中某列的数据类型，语法如下。

```
ALTER TABLE table_name ALTER COLUMN column_name TYPE datatype;
```

给表中某列添加NOT NULL约束，语法如下。

```
ALTER TABLE table_name MODIFY column_name datatype NOT NULL;
```

给表某列添加UNIQUE约束，语法如下。

```
ALTER TABLE table_name
ADD CONSTRAINT Unique_tablename UNIQUE(column1, column2...);
```

给表添加CHECK约束，语法如下。

```
ALTER TABLE table_name
ADD CONSTRAINT MyUniqueConstraint CHECK (CONDITION);
```

给表添加主键，语法如下。

```
ALTER TABLE table_name
ADD CONSTRAINT MyPrimaryKey PRIMARY KEY (column1, column2...);
```

删除约束，语法如下。

```
ALTER TABLE table_name DROP CONSTRAINT MyUniqueConstraint;
```

使用 CREATE TABLE AS 命令查询建表，语法如下。

```
CREATE TABLE table_name AS
SELECT * FROM XX WHERE xx
DISTRIBUTE BY(colname);
```

使用 SELECT INTO 命令查询建表，语法如下。

```
SELECT * INTO new_table FROM old_table
WHERE xx
```

使用 LIKE 命令复制表结构后建表，默认情况下分布键和原来的表一致，语句如下。

```
CREATE TABLE new_table (LIKE old_table);
```

注意 虽然 CREATE TABLE AS 和 SELECT INTO 命令有一样的效果，但是 SELECT INTO 不能手动指定分布键，数据库会按照查询的结果默认分布。

4.2.3 数据的基本操作

1. INSERT

Greenplum 中的 INSERT INTO 语句用于向表中插入新记录，我们可以只插入一行，也可以同时插入多行。

INSERT INTO 语句的语法格式如下。

```
INSERT INTO TABLE_NAME (column1, column2, column3,...columnN)
VALUES (value11, value12, value13,...value1N),(value21, value22, value23,...
    value2N),....;
```

其中 column1、column2、…、column*N* 为表中字段名，value1、value2、…、value*N* 为字段对应的值。

在使用 INSERT INTO 语句时，字段列必须和数据值数量相同，且顺序也要对应。如果我们向表中的所有字段插入值，则可以不需要指定字段，指定插入的值即可。

```
INSERT INTO TABLE_NAME VALUES (value1,value2,value3,...valueN);
```

2. DELETE

使用 DELETE 语句可以删除 Greenplum 表中的数据。以下是使用 DELETE 语句删除数据的通用语法。

```
DELETE FROM table_name WHERE [condition];
```

一般我们需要在 WHERE 子句中指定条件来删除对应的记录，可以使用 AND 或 OR 运算符来指定一个或多个条件语句。如果没有指定 WHERE 子句，Greenplum 表中的所有记录都将被删除。

注意 频繁地删除和更新会造成表存储内容不连续，导致较多碎片影响表的查询性能。VACUUM 操作用于释放、再利用更新 / 删除行所占据的磁盘空间。

3. UPDATE

UPDATE 语句用于更新 Greenplum 数据库中的数据，以下是使用 UPDATE 语句修改数据的通用 SQL 语法。

```
UPDATE table_name
SET column1 = value1, column2 = value2...., columnN = valueN
WHERE [condition];
```

使用 UPDATE 语句可以同时更新一个或多个字段，也可以在 WHERE 子句中指定任何条件。

更高级一点的用法是，我们可以用 UPDATE 实现类似 Oracle merge 的效果，即利用 table_b 表的数据去更新 table_a 表符合条件的值。需要注意的是，根据条件得到的 table_b 表必须是唯一的一条记录。

```
UPDATE table_a a
SET column1 = b.column1,
    column2 = b.column2
FROM table_b b
WHERE [condition];
```

4. TRUNCATE

Greenplum 中的 TRUNCATE TABLE 用于删除表的数据，不会删除表结构。如果用 DROP TABLE 命令删除表，则会连表的结构一起删除。如果想插入数据，则需要重新建立表。

虽然 TRUNCATE TABLE 和 DELETE 具有相同的效果，但是由于 TRUNCATE 实际上并不扫描表，因此执行速度更快。此外，TRUNCATE TABLE 命令可以立即释放表空间，无须后续执行 VACUUM 操作，这一点在大型表上非常有用。

TRUNCATE TABLE 的基础语法如下。

```
TRUNCATE TABLE  table_name;
```

4.3 数据表的高级应用

前文只是简单地介绍了数据库表的创建，作为数据库数据存储的核心，表还有很多扩展属性，例如分布键、压缩参数、分区等。参照 CSDN 博主 DataFlow 范式的文章

《Greenplum 或 DeepGreen 数据库对象的使用和管理》和 mavs41 的《Greenplum 中定义数据库对象之创建与管理表》，本节我们一起深入认识 Greenplum 表的高级属性。

执行 CREATETABLE 命令，如下所示。

```
Command:     CREATE TABLE
Description: define a new table
Syntax:
CREATE [[GLOBAL | LOCAL] {TEMPORARY | TEMP}] TABLE table_name (  -->指定表类型：全局
|本地临时
[ { column_name data_type [ DEFAULT default_expr ]     [column_constraint [ ... ]
[ ENCODING ( storage_directive [,...] ) ]                        -->指定表编码
]
   | table_constraint                                            -->指定表约束
   | LIKE other_table [{INCLUDING | EXCLUDING}
                      {DEFAULTS | CONSTRAINTS}] ...}
   [, ... ] ]
   [column_reference_storage_directive [, . ]
   )
   [ INHERITS ( parent_table [, ... ] ) ]                         -->指定表继承关系
   [ WITH ( storage_parameter=value [, ... ] ) ]                  -->指定存储空间
   [ ON COMMIT {PRESERVE ROWS | DELETE ROWS | DROP} ]
   [ TABLESPACE tablespace ]                                      -->指定表空间
   [ DISTRIBUTED BY (column, [ ... ] ) | DISTRIBUTED RANDOMLY ]    -->指定分布列
   [ PARTITION BY partition_type (column)                          -->指定分区列
       [ SUBPARTITION BY partition_type (column) ]                 -->指定子分区列
          [ SUBPARTITION TEMPLATE ( template_spec ) ]
       [...]
    ( partition_spec )
        | [ SUBPARTITION BY partition_type (column) ]
          [...]
    ( partition_spec
      [ ( subpartition_spec
           [(...)]
         ) ]
    )

where storage_parameter is:                                -->指定创建表存在的参数：
   APPENDONLY={TRUE|FALSE}                                   -->指定是否可以只追加文件
   BLOCKSIZE={8192-2097152}                                   -->指定表块大小
   ORIENTATION={COLUMN|ROW}                                   -->指定表旋转方式
   COMPRESSTYPE={ZLIB|QUICKLZ|RLE_TYPE|NONE}                  -->指定表的压缩方式
   COMPRESSLEVEL={0-9}                                        -->指定表的压缩级别
   FILLFACTOR={10-100}                                        -->指定表的占空因数
   OIDS[=TRUE|FALSE]                                          -->指定表的对象标识符

where column_constraint is:                                -->指定列约束如下：
   [CONSTRAINT constraint_name]                               -->约束名称
   NOT NULL | NULL                                            -->是否为空
   | UNIQUE [USING INDEX TABLESPACE tablespace]               -->唯一[使用索引表空间]
            [WITH ( FILLFACTOR = value )]
   | PRIMARY KEY [USING INDEX TABLESPACE tablespace]          -->主键
                 [WITH ( FILLFACTOR = value )]
   | CHECK ( expression )                                     -->其他表达式约束

and table_constraint is:                                     -->指定表约束如下：
   [CONSTRAINT constraint_name]                                 -->指定表约束名称
   UNIQUE ( column_name [, ... ] )                               -->指定唯一的列名等
```

```
         [USING INDEX TABLESPACE tablespace]           -->唯一[使用索引表空间]
         [WITH ( FILLFACTOR=value )]
   | PRIMARY KEY ( column_name [, ... ] )              -->主键
                [USING INDEX TABLESPACE tablespace]
                [WITH ( FILLFACTOR=value )]
   | CHECK ( expression )                              -->其他表达式约束

where partition_type is:                               -->指定分区类型：LIST|RANGE
    LIST
  | RANGE

where partition_specification is:                      -->指定分区说明：包含分区元素
partition_element [, ...]

and partition_element is:                              -->指定分区元素说明：
   DEFAULT PARTITION name                                 -->默认分区名称
  | [PARTITION name] VALUES (list_value [,...] )
  | [PARTITION name]
     START ([datatype] 'start_value') [INCLUSIVE | EXCLUSIVE]
     [ END ([datatype] 'end_value') [INCLUSIVE | EXCLUSIVE] ]
     [ EVERY ([datatype] [number | INTERVAL] 'interval_value') ]
  | [PARTITION name]
     END ([datatype] 'end_value') [INCLUSIVE | EXCLUSIVE]
     [ EVERY ([datatype] [number | INTERVAL] 'interval_value') ]
[ WITH ( partition_storage_parameter=value [, ... ] ) ]
[column_reference_storage_directive [, ...] ]

[ TABLESPACE tablespace ]

where subpartition_spec or template_spec is:       -->指定子分区说明或者模板分区说明
subpartition_element [, ...]
and subpartition_element is:
   DEFAULT SUBPARTITION name
  | [SUBPARTITION name] VALUES (list_value [,...] )
  | [SUBPARTITION name]
     START ([datatype] 'start_value') [INCLUSIVE | EXCLUSIVE]
     [ END ([datatype] 'end_value') [INCLUSIVE | EXCLUSIVE] ]
     [ EVERY ([datatype] [number | INTERVAL] 'interval_value') ]
  | [SUBPARTITION name]
     END ([datatype] 'end_value') [INCLUSIVE | EXCLUSIVE]
     [ EVERY ([datatype] [number | INTERVAL] 'interval_value') ]
[ WITH ( partition_storage_parameter=value [, ... ] ) ]
[column_reference_storage_directive [, ...] ]
[ TABLESPACE tablespace ]

where storage_directive is:                            -->指定存储策略
   COMPRESSTYPE={ZLIB | QUICKLZ | RLE_TYPE | NONE}
 | COMPRESSLEVEL={0-9}
 | BLOCKSIZE={8192-2097152}

Where column_reference_storage_directive is:           -->指定列参考存储策略

   COLUMN column_name ENCODING ( storage_directive [, ... ] ), ...
 | DEFAULT COLUMN ENCODING ( storage_directive [, ... ] )
```

总的来说，创建一张表，需要考虑如下因素。

1. 选择字段的数据类型

字段的数据类型决定了其可以储存什么类型的数据值。通常我们都希望用最小的空间储存尽可能多的数据，具体来说，选择字段的数据类型有以下几个原则。

1）对于字符串，在多数情况下，应该选择使用 TEXT 或者 varchar 类型，而不是 char 类型。

2）对于 numeric 类型的数据来说，应该尽量选择更小的数据类型来适应数据。比如，选择 bigint 类型来存储 smallint 类型范围内的数值，会造成存储空间的大量浪费。

3）对于打算用来做表关联的字段来说，应该考虑选择相同的数据类型。

2. 设置表和字段的约束

表的约束主要有检查约束、非空约束、唯一约束、主键约束 4 种，具体语句如下。

```
#检查约束
CREATE TABLE products ( product_no integer, name text, price numeric CHECK (price
    > 0) );
#非空约束
CREATE TABLE  products (product_no integer NOT NULL, name text NOT NULL, price
    numeric );
#唯一约束
CREATE TABLE products (product_no integer UNIQUE, name text, price numeric)
    DISTRIBUTED BY (product_no);
#主键约束
CREATE TABLE products (product_no integer PRIMARY KEY, name text, price numeric)
    DISTRIBUTED BY (product_no);
```

注意 主键约束是唯一约束的一种特殊情况。在 Greenplum 数据中使用唯一约束存在强制条件，即表必须是哈希分布的（不能是 DISTRIBUTED RANDOMLY 随机分布的），并且唯一约束的字段集合必须完整包含所有的分布键字段。

3. 声明分布键

在创建表时有一个子句用于指明分布策略。如果在创建表时没有指明 DISTRIBUTED BY 或者 DISTRIBUTED RANDOMLY 子句，Greenplum 数据库会依次考虑使用主键（如果该表存在主键）或者第一个字段作为哈希分布的分布键。

```
CREATE TABLE products (name varchar(40), prod_id integer, supplier_id integer)
    DISTRIBUTED BY (prod_id);
```

DISTRIBUTED RANDOMLY 表是随机均匀分布的，数据会平均分布到各个节点上。对于任何查询都需要全部扫描的大表，DISTRIBUTED RANDOMLY 是一种很合适的分布方式，可以保证数据分布绝对均匀。

```
CREATE TABLE random_stuff (things text, doodads text, etc text) DISTRIBUTED RANDOMLY;
```

4.3.1 数据表的存储特性

创建 Greenplum 数据库表对象，除了要考虑字段类型、约束和分布键，还需要考虑表的存储特性。

1. 堆存储和只追加存储

存储模式分为堆存储（Heap Storage）和只追加存储（Append-Optimized Storage）。

堆存储指的是默认情况下 Greenplum 数据库使用与 PostgreSQL 相同的存储模式。堆存储模式在 OLTP 类型工作负载的数据库中很常用，一般用于数据在初始装载后经常变化的场景。更新和删除操作需要对 ROW 级别做版本控制，以确保数据库事务处理的可靠性。堆存储更适合一些小表，比如维表，这种表可能在初始化装载后会经常更新数据。

需要经常进行更新、删除、单行插入操作或者并行更新、删除和插入操作的表，都适合堆存储。

行存堆表是默认的存储模式，如下所示。

```
CREATE TABLE test (id int, name text) DISTRIBUTED BY (id);
```

Greenplum 数据库还提供了一种存储模式叫作只追加存储。只追加存储模式适合数据仓库中非规范化的事实表，这些表通常都是系统中最大的表。只追加存储模式实现了更精简和优化的页面存储结构。该存储模式强化了批量数据装载的性能，不推荐一行一行地使用插入语句来装载数据。

当前版本的只追加存储模式支持删除和更新操作，适合需要进行初始数据导入、批量插入操作和不频繁更新的表。虽然也支持并行的批量插入操作，但是不能执行并行的批量更新或删除操作。原因是 AO 表进行更新或删除操作后的 row 操作占用的空间不能有效地回收和重用。

创建只追加表的语句如下。

```
CREATE TABLE test (id int, name text) WITH (appendonly=true);
```

2. 行存储和列存储

堆存储和只追加存储是规定数据的物理存储方式，而行存储（Row-based Storage）和列存储（Column-based Storage）则限定了数据的逻辑存储方式。使用列存储的表必须是只追加储存表。在执行 CREATE TABLE 命令时，使用 WITH 子句来指明表的存储模式。如果没有指明，该表默认为行存堆表。选择行存储的情况如下。

1）表数据的更新。如果表在装载完之后一定有更新操作，那么选择行存储。

2）经常进行插入操作。如果经常插入数据，可以选择行存储。列存储对于写操作不是最优的，因为每条数据都需要被写到磁盘的多个位置（列存表的每列数据存储于不同的磁盘文件中，而行存表是将所有数据存储在同一个磁盘文件中）。

3）查询列数量。如果在 SELECT 或者 WHERE 子句中涉及表的全部或多数列，则考虑选择行存储。行存储适合在 WHERE 或 HAVING 子句中对单列做聚合操作。

```
SELECT SUM(salary)...
SELECT AVG(salary)... WHERE salary > 10000
```

或者在 WHERE 子句中使用单个列条件返回相对少量的行。

```
SELECT salary, dept ... WHERE state='CA'
```

选择列存储的情况如下。

列存储对读操作进行优化，对写操作没有优化，同一行不同列的数据被放在磁盘的不同位置。列存储模式的表在只访问部分列的查询操作中会表现出更好的性能。同时，列存表的每列都存储相同格式的数据值，压缩效率高，占用磁盘空间少，减少磁盘 I/O。

```
CREATE TABLE test (id int, name text) WITH (appendonly=true, orientation=column)
    DISTRIBUTED BY (id);
```

3. 存储参数（只有 AO 表可以支持压缩参数）

在 CREATE TABLE、ALTER TABLE 和 CREATE TYPE 命令中包含对字段设置压缩类型、压缩级别和块尺寸（Block Size）的选项，这些参数统称为存储参数。存储参数只能用于行存储和列存储的 AO 表。AO 表有两种库内压缩方式可选——表级压缩和列级压缩。前者应用于整个表，后者应用于指定的列。

使用库内压缩要求 Datanode 操作系统具备强劲的 CPU 来压缩和解压缩数据。如果 Segment 数据目录是压缩文件系统，则不建议在数据库内部重复使用压缩存储。

压缩算法有很多，较为通用的有 zlib、QuickLZ、LZO、LZ4、Zstandard。前两者已经原生内嵌在 Greenplum 数据库系统中（因版权问题，QuickLZ 在最新的开源版本中已被移除），可直接调用接口使用，而 zlib 的实际使用效果并不理想。LZO 和 LZ4 凭借快速压缩解压的特点，广泛应用于 Hive、Spark、Lucene 等框架中，只是压缩率逊于 zlib。Facebook 在 LZ4 压缩算法的基础上发布并开源了 Zstandard（简称 Zstd），在资源占用和压缩效果方面都优于 zlib。Greenplum 从 6.0 版开始集成 Zstandard 算法，也是目前最推荐的算法。

表 4-11、表 4-12 是博客园网友 ArthurQin 给出两组 Zstd 和 LZ4 的 Benchmarks 比较。

表 4-11　对比组 A 实验结果

算法及版本	压缩率	压缩速度	解压速度
zstd 1.1.3 -1	2.877	430 MB/s	1110 MB/s
zlib 1.2.8 -1	2.743	110 MB/s	400 MB/s
quicklz 1.5.0 -1	2.238	550 MB/s	710 MB/s
lzo1x 2.09 -1	2.108	650 MB/s	830 MB/s
lz4 1.7.5	2.101	720 MB/s	3600 MB/s
snappy 1.1.3	2.091	500 MB/s	1650 MB/s

表 4-12 对比组 B 实验结果

算法及版本	压缩率	压缩速度	解压速度
memcpy	1.000	7300 MB/s	7300 MB/s
LZ4 fast 8 1.7.3 版	1.799	911 MB/s	3360 MB/s
LZ4 default 1.7.3 版	2.101	625 MB/s	3220 MB/s
LZO 2.09	2.108	620 MB/s	845 MB/s
QuickLZ 1.5.0	2.238	510 MB/s	600 MB/s
Snappy 1.1.3	2.091	450 MB/s	1550 MB/s
Zstandard 1.1.1 -1	2.876	330 MB/s	930 MB/s
Zstandard 1.1.1 -3	3.164	200 MB/s	810 MB/s
zlib deflate 1.2.8 -1	2.730	100 MB/s	370 MB/s
LZ4 HC -9 1.7.3 版	2.720	34 MB/s	3240 MB/s
zlib deflate 1.2.8 -6	3.099	33 MB/s	390 MB/s

通过比较发现，在常见的压缩算法中，Zstd 的压缩率最高，LZ4 的压缩和解压缩时间最短。通过性能分析我们知道了在 Greenplum 数据库中数据落盘对性能的影响最大，我们优先选用 Zstd 算法。

创建压缩表语句如下。

```
CREATE TABLE foo (a int, b text) WITH (appendonly=true, compresstype=zstd,
    compresslevel=5);
```

一般情况下，通过下面两个语句可以检查 AO 表的压缩与分布情况。

```
#查询并展示AO表的分布情况，每个Segment实例对应的行数量
SELECT get_ao_distribution(name);
#计算AO表的压缩率，即非压缩存储空间/压缩后存储空间的大小
SELECT get_ao_compression_ratio(name);
```

AO 表压缩存储有 3 个可选存储参数，具体取值范围和对应解释如表 4-13 所示。

表 4-13 AO 表存储参数取值范围

名称	含义	值	备注
compresstype	压缩类型	• zstd：ZStandard 算法 • zlib：缩小算法 • quicklz：快速算法 • RLE_TYPE：游程编码 • None：无压缩	值不区分大小写
compresslevel	压缩级别	zlib 压缩级别：1 ~ 9	• 默认值为 1，表示最快的方法，但压缩率最低 • 9 是最慢的方法，但压缩率最高

（续）

名称	含义	值	备注
compresslevel	压缩级别	zstd 压缩级别：1 ~ 19	• 默认值为 1，表示最快的方法，但压缩率最低。 • 19 是最慢的方法，但压缩率最高
		QuickLZ 压缩级别	默认值为 1，表示使用压缩
		RLE_TYPE 压缩级别：1 ~ 4	• 默认值为 1，表示最快的方法，但压缩率最低 • 4 是最慢的方法，但压缩率最高 • 1：只应用 RLE • 2：应用 RLE 然后应用 zlib 压缩级别 1 • 3：应用 RLE 然后应用 zlib 压缩级别 5 • 4：应用 RLE 然后应用 zlib 压缩级别 9
blocksize	表中每一块以字节为单位的尺寸	8192 ~ 2097152	该值必须是 8192 的倍数

注意 blocksize 的默认值为 32768，即 32KB，推荐设置为 65535，即 64KB。指定大的块尺寸可能会消耗大量的内存。块大小决定了存储层中的缓存，在面向列的表中，Greenplum 为每个分区的每个列维护了一个缓存。具有许多分区或列的表将占用大量内存。

压缩表建表示例如下。

```
CREATE TABLE T2 (
    c1 int ENCODING (compresstype=zlib,compresslevel=5),
    c2 char ENCODING (compresstype=quicklz, blocksize=65536),
    c3 varchar ENCODING (compresstype=zstd,compresslevel=10, blocksize=65536),
    C4 char, COLUMN c3 ENCODING (RLE_TYPE) )
WITH (appendonly=true, orientation=column);
```

4.3.2 分区表详解

分区表用于解决数据量特别大的表的查询和更新问题，比如业务事实表，解决办法就是将表分成很多小且更容易管理的部分。

在创建表时，使用 PARTITION BY 子句以及可选的 SUBPARTITION BY 子句进行分区。在 Greenplum 数据库中对一张表做分区，实际上是创建了一张顶层（父级）表和多个底层（子级）表。Greenplum 数据库在顶层表与底层表之间创建了继承关系，类似于 PostgreSQL 中的继承功能。

Greenplum 数据库支持范围分区（根据数值型的范围分割数据，比如日期或价格）和列表分区（根据值列表分区，比如区域或生产线），也可以将两种类型结合使用。

表分区本身不会改变数据在 Segment 实例上的分布，数据分布依然取决于分布键字段。决定表是否分区的因素：表是否足够大；对目前的性能是否满意；查询条件是否匹配分区条件；数据仓库是否需要滚动历史数据；按照某个规则数据是否可以被均匀地分拆。

下面分几种情况详细介绍分区规则。

1）定义日期范围分区表。日期范围分区表使用单个 date 字段或者 timestamp 字段作为分区键，可以通过 START 值、END 值和 EVERY 子句定义分区增量，让 Greenplum 数据库自动产生分区。默认情况下，START 值总是被包含而 END 值总是被排除。

```
CREATE TABLE sales (id int, date date, amt decimal(10,2))
DISTRIBUTED BY (id)
PARTITION BY RANGE (date)
( START (date '2018-01-01') INCLUSIVE
END (date '2019-01-01') EXCLUSIVE
EVERY (INTERVAL '1 day') );
```

也可以为每个分区单独指定名称，如下所示。

```
CREATE TABLE sales (id int, date date, amt decimal(10,2))
DISTRIBUTED BY (id)
PARTITION BY RANGE (date)
(   PARTITION Jan08 START (date '2018-01-01') INCLUSIVE ,
    PARTITION Feb08 START (date '2018-02-01') INCLUSIVE ,
    PARTITION Mar08 START (date '2018-03-01') INCLUSIVE ,
    PARTITION Apr08 START (date '2018-04-01') INCLUSIVE ,
    PARTITION May08 START (date '2018-05-01') INCLUSIVE ,
    PARTITION Jun08 START (date '2018-06-01') INCLUSIVE ,
    PARTITION Jul08 START (date '2018-07-01') INCLUSIVE ,
    PARTITION Aug08 START (date '2018-08-01') INCLUSIVE ,
    PARTITION Sep08 START (date '2018-09-01') INCLUSIVE ,
    PARTITION Oct08 START (date '2018-10-01') INCLUSIVE ,
    PARTITION Nov08 START (date '2018-11-01') INCLUSIVE ,
    PARTITION Dec08 START (date '2018-12-01') INCLUSIVE END (date '2019-01-01')
        EXCLUSIVE
);
```

上述分区范围是连续的，如果不希望连续，就需要指定 END 值。

2）定义数字范围分区表。数字范围分区表使用单个数字列作为分区键，示例如下。

```
CREATE TABLE rank (id int, rank int, year int, gender char(1), count int)
DISTRIBUTED BY (id)
PARTITION BY RANGE (year)
( START (2011) END (2020) EVERY (1),
  DEFAULT PARTITION extra
);
```

3）定义列表分区表。列表分区表可以使用任何数据类型的列作为分区键，分区规则使用等值进行比较。列表分区可以使用多个列（组合起来）作为分区键，而范围分区只允许使用单独列作为分区键。对于列表分区，必须为每个分区指定相应的值。

```
CREATE TABLE rank (id int, rank int, year int, gender char(1), count int )
DISTRIBUTED BY (id)
```

```
PARTITION BY LIST (gender)
( PARTITION girls VALUES ('F'),
PARTITION boys VALUES ('M'),
DEFAULT PARTITION other );
```

4）定义多级分区表。使用 SUBPARTITION TEMPLATE 命令确保每个分区具有相同的子分区结构，尤其是那些后增加的分区。

```
CREATE TABLE sales (trans_id int, date date, amount decimal(9,2), region text)
DISTRIBUTED BY (trans_id)
PARTITION BY RANGE (date)
SUBPARTITION BY LIST (region)
  SUBPARTITION TEMPLATE
  (
    SUBPARTITION usa VALUES ('usa'),
    SUBPARTITION asia VALUES ('asia'),
    SUBPARTITION europe VALUES ('europe'),
    DEFAULT SUBPARTITION other_regions
  )
( START (date '2008-01-01') INCLUSIVE END (date '2009-01-01') EXCLUSIVE
  EVERY (INTERVAL '1 month'),
  DEFAULT PARTITION outlying_dates
);
```

下面是一个 3 级分区表的例子，表 sales 被分为年、月、区域。通过 SUBPARTITION TEMPLATE 子句确保每个年分区有相同的子分区结构。另外，每个级别的分区都有一个默认分区，代码如下。

```
CREATE TABLE sales (id int, year int, month int, day int, region text) DISTRIBUTED BY (id)
PARTITION BY RANGE (year)
SUBPARTITION BY RANGE (month)
  SUBPARTITION TEMPLATE
  (
    START (1) END (13) EVERY (1),
    DEFAULT SUBPARTITION other_months
  )
SUBPARTITION BY LIST (region)
  SUBPARTITION TEMPLATE
  (
    SUBPARTITION usa VALUES ('usa'),
    SUBPARTITION europe VALUES ('europe'),
    SUBPARTITION asia VALUES ('asia'),
    DEFAULT SUBPARTITION other_regions
  )
( START (2002) END (2010) EVERY (1),
  DEFAULT PARTITION outlying_years
);
```

对已经创建的表是不能进行分区的，只能在创建表的时候分区。要想对现有的表做分区，只能重新创建一个分区表，然后重新装载数据到新的分区表中，删掉旧表后把新的分区表改为旧表的名称，还必须重新对表进行授权。

主键和唯一约束必须包含表上的所有分区键，虽然唯一索引可以不包含分区键，但是只对一个分区强制有效，并不是对整个分区表都有效。

一旦创建了分区表，顶层表总是空的。数据值储存在底层表中。在多级分区表中，仅在层级最低的子分区中有数据。在运行期间，查询规划器会扫描整个表的层级结构并使用CHECK 子句约束适配查询条件来决定哪些子表需要被扫描。默认分区（只要该层级中存在）总是会被扫描的。如果默认分区中包含数据，就会延长整体的扫表时间。

如果有必要，可以直接把数据装载到子表中，也可以先创建一个中间表用于装载数据，然后与分区表进行分区交换。这种分区交换的性能高于直接复制和插入数据。

```
--通过pg_partitions视图查看分区表的设计情况
SELECT partitionboundary, partitiontablename, partitionname, partitionlevel,
    partitionrank
FROM pg_partitions WHERE tablename='sales2';
```

必须使用 ALTER TABLE 命令从顶层表开始维护分区。最常见的场景是根据日期范围维护数据时，删除旧的分区并添加一个新的分区，或者把旧的分区交换为压缩 AO 表以节省空间。若在父表中存在默认分区，添加分区的操作只能是从默认分区拆分出一个新的分区。

1）添加新分区。如果在创建表时使用了 SUBPARTITION TEMPLATE 子句，那么新增的分区将根据该模板创建子分区，如下所示。

```
ALTER TABLE sales ADD PARTITION START (date '2009-02-01') INCLUSIVE END
    (date '2009-03-01') EXCLUSIVE;
```

如果在创建表时没有使用 SUBPARTITION TEMPLATE 子句，那么在新增分区时需要定义子分区。

```
ALTER TABLE sales ADD PARTITION START (date '2009-02-01') INCLUSIVE END
    (date '2009-03-01') EXCLUSIVE ( SUBPARTITION usa VALUES ('usa'), SUBPARTITION
    asia VALUES ('asia'), SUBPARTITION europe VALUES ('europe') );
```

子表的名称虽然不能通过直接执行 ALTER 表名来创建，但是修改顶层表的名称，是会影响所有相关分区表的。

```
--添加默认分区
ALTER TABLE sales ADD DEFAULT PARTITION other;
--如果是多级分区表，同一层次中的每个分区都需要一个默认分区
ALTER TABLE sales ALTER PARTITION FOR (RANK(1)) ADD DEFAULT PARTITION other;
ALTER TABLE sales ALTER PARTITION FOR (RANK(2)) ADD DEFAULT PARTITION other;
ALTER TABLE sales ALTER PARTITION FOR (RANK(3)) ADD DEFAULT PARTITION other;
```

2）删除分区的语句如下。

```
ALTER TABLE sales DROP PARTITION FOR (RANK(1));
```

注意 在将 RANK(1) 的分区删除后，其余分区的 PARTITION RANK 值仍然从 1 开始按照分区字段的值由小到大开始排序。

3）清空分区数据。在清空一个包含子分区的分区时，所有相关子分区的数据都自动被清空。

```
ALTER TABLE sales TRUNCATE PARTITION FOR (RANK(1));
```

4）交换分区。交换分区是指将分区和另外一个分区或者表交换命名。

```
CREATE TABLE jan08 (LIKE sales) WITH (appendonly=true);
INSERT INTO jan08 SELECT * FROM sales_1_prt_1 ;
ALTER TABLE sales EXCHANGE PARTITION FOR (DATE '2008-01-01') WITH TABLE jan08
```

5）拆分分区。拆分分区是将现有的一个分区分成两个分区。使用 ALTER TABLE 命令来拆分分区，只能拆分最低层级的分区表（只有包含数据的分区可以拆分）。指定的分割值对应的数据将进入后面一个分区（就是 START 值为 INCLUSIVE 的情况）。

```
ALTER TABLE sales SPLIT PARTITION FOR ('2008-01-01')
AT ('2008-01-16') INTO (PARTITION jan081to15, PARTITION jan0816to31);
```

如果分区表有默认分区，要添加新的分区只能从默认分区开始拆分，而且只能拆分最低层级分区的默认分区。在使用 INTO 子句时，第 2 个分区名称必须是已经存在的默认分区。

```
ALTER TABLE sales SPLIT DEFAULT PARTITION
START ('2009-01-01') INCLUSIVE
END ('2009-02-01') EXCLUSIVE
INTO (PARTITION jan09, default partition);
```

6）修改子分区模版。使用 ALTER TABLE SET SUBPARTITION TEMPLATE 命令来修改现有分区表的子分区模板。修改子分区模板之后添加的分区，其子分区将按照新的模板产生，已经存在的分区不会被修改。

```
ALTER TABLE sales SET SUBPARTITION TEMPLATE
(   SUBPARTITION usa VALUES ('usa'),
    SUBPARTITION asia VALUES ('asia'),
    SUBPARTITION europe VALUES ('europe'),
    SUBPARTITION africa VALUES ('africa')
    DEFAULT SUBPARTITION other
);
ALTER TABLE sales ADD PARTITION sales_prt_3
START ('2009-03-01') INCLUSIVE END ('2009-04-01') EXCLUSIVE;
```

4.3.3 外部表

所谓外部表，就是在数据库中只有表定义、没有数据的表，数据都存放在数据库之外的数据文件中。Greenplum 可以对外部表执行正常的 DML 操作，当读取数据的时候，数据库从数据文件中加载数据。外部表支持在 Segment 实例上并发地高速从 gpfdist 中导入数据，效率很高。

Greenplum 外部表架构如图 4-1 所示。

外部表需要指定 gpfdist 的 IP 和端口，还要有详细的目录地址，文件名支持通配符匹配。可以编写多个 gpfdist 地址，总数不能超过 Segment 实例的数量，否则会报错。Greenplum 数据库提供了两种外部表：可读外部表用于数据装载、可写外部表用于数据卸载。外部表可基于文件，亦可基于网页，这两种方式都能实现可读、可写。

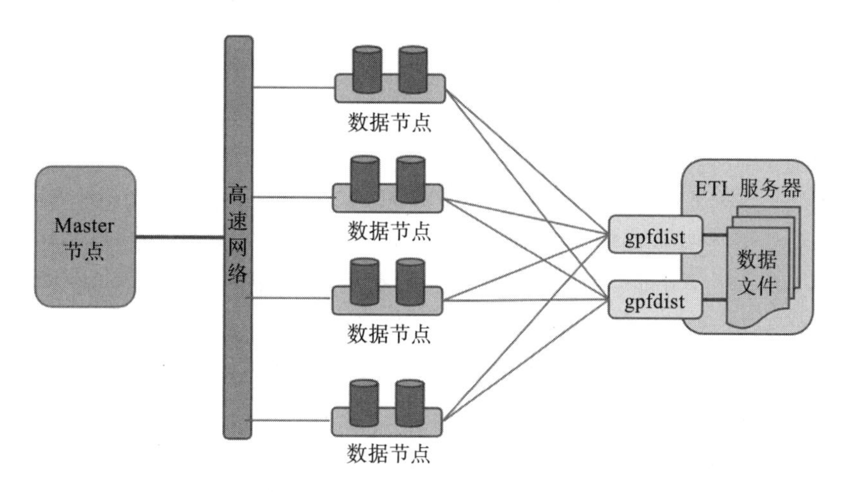

图 4-1 Greenplum 外部表架构图

如果一个查询任务使用了常规的外部表，则该外部表被认为是可重读的，这是因为在查询期间数据是静态的。而对于网页外部表，数据是不可重读的，因为在该查询的执行期间，数据可能会发生变化。

可写外部表用于从数据库表中选择记录并输出到文件、命名管道或其他可执行程序中。比如，可以从 Greenplum 中卸载数据并发送给可执行程序，该程序连接到其他数据库或者 ETL 工具并装载数据到其他地方。可写外部表被定义后，即可从数据库表中选择并插入数据到该可写外部表中。可写外部表还可以输出数据到可执行程序中，该程序要能够接受流输入数据。

在创建外部表的时候，可以指定分隔符、err 表、允许出错的数据条数，以及源文件的编码等信息。

1. 外部表的创建和使用

Greenplum 数据库在创建一个外部表时，需要声明外部数据的 LOCATION 字段和 FORMAT 字段。LOCATION 字段指定外部数据 URL，包含外部数据读写协议；FORMAT 字段指定外部数据格式，如 TEXT、CSV 等，Greenplum 会根据指定的格式，实现外部数据和数据库内部数组的转换。

创建外部表之后，可以与操作普通表一样，对其进行 SELECT、INSERT 等操作。外部表分为可读外部表和可写外部表，可读外部表可以执行 SELECT 操作，对可写外部表只能执行 INSERT 操作，不能对其进行 SELECT、UPDATE、DELETE 或 TRUNCATE 等操作。

（1）可读外部表

创建可读外部表时需要声明 READABLE（可读），或者直接使用默认值。数据源可以是文件、gpfdist 进程，或者可执行程序。

```
CREATE [READABLE] EXTERNAL TABLE ext_expenses (name text,  date date,  amount
```

```
    float4, category text, desc1 text )
LOCATION ('file://filehost/data/international/*',
          'file://filehost/data/regional/*',
          'file://filehost/data/supplement/*.csv')
FORMAT 'CSV';
```

上面的例子从多个位置的文件创建一个可读外部表 ext_expenses。LOCATION 指定外部数据 URL，数据源地址是 file://filehost/data/international/*、file://filehost/data/regional/*、file://filehost/data/supplement/ *.csv（其中 file 是外部数据读写协议，filehost 是文件所在的机器 hostname）。FORMAT 指定外部数据格式为 CSV。

可读外部表创建成功后，可以使用 SELECT 命令进行查询。比如通过外部表 ext_expenses 查询上述外部数据源（文件）中所有 amount 值大于 10000 的记录，代码如下。

```
select * from ext_expenses where amount>10000;
```

（2）可写外部表

创建可写外部表时需要声明 WRITABLE（可写）。数据可以写入 gpfdist 或者可执行程序，不支持写入本地文件。

```
CREATE WRITABLE EXTERNAL TABLE sales_out (LIKE sales)
LOCATION ('gpfdist://etl1:8081/sales.out')
FORMAT 'TEXT' ( DELIMITER '|' NULL ' ')
DISTRIBUTED BY (txn_id);
```

上面的代码创建了一个输出到 gpflist 的可写外部表 sales_out。sales 是 Greenplum 数据库中的一个普通表，作为外部表 sales_out 的内部数据源。LOCATION 字段指定外部数据 URL，通过 gpfdist 进程将数据写入 sales.out 文件。FORMAT 字段指定外部数据格式为 TEXT。

可写外部表创建成功后，可以使用 INSERT 命令从 greenplum 数据库中导出数据。比如将 sales 表中 customer_id=123 的数据写入上述 sales.out 文件，代码如下所示。

```
INSERT INTO sales_out SELECT * FROM sales WHERE customer_id=123;
```

2. 外部数据表读写实现机制

外部表的数据源分为如下 4 类。

1）file：本地文件。

2）execute：外部可执行程序。

3）gpfdist：实现了 gp_proto 协议的 HTTP Server。

4）custom：预留的用于扩展外部表的存储类型接口。

Greenplum 实现了在 src/backend/access/external 目录下读写各种类型数据源的代码。其中 url.c 是外部表数据读写的入口，url_file.c、url_execute.c、url_curl.c、url_custom.c 实现了 url.c 中的接口，分别读写本地文件、外部可执行程序、gpfdist 进程（HTTP Server）、扩展的外部数据存储类型的数据。

4.4 数据库函数

基于 PostgreSQL 数据库实现的 Greenplum 也内置了很多系统函数，用于处理字符串或数字数据。这些系统函数是 SQL 语句的重要组成部分，可以大大简化运行逻辑，提升查询效率。

按照函数来源，数据库函数可以分为系统函数和自定义函数。系统函数在任何地方使用都不需要带模式名，而自定义函数则需要在函数前加上模式名，以便于程序定位到对应的函数。按照函数类型，系统函数又可以分为数学函数、三角函数、字符串函数、类型转换函数和系统函数。

4.4.1 数学函数

表 4-14 是 Greenplum 中提供的数学函数列表。需要说明的是，其中许多函数存在多种形式，区别只是参数类型不同。除非特别指明，任何特定形式的函数都返回和它的参数相同的数据类型。

表 4-14　Greenplum 数学函数

函数	返回类型	描述	示例	结果
abs（x）		绝对值	abs（-17.4）	17.4
cbrt（double）		立方根	cbrt（27.0）	3
ceil（double/numeric）		不小于参数的最小整数	ceil（-42.8）	-42
degrees（double）		把弧度转化为角度	degrees（0.5）	28.6478897565412
exp（double/numeric）		自然指数	exp（1.0）	2.71828182845905
floor（double/numeric）		不大于参数的最大整数	floor（-42.8）	-43
ln（double/numeric）		自然对数	ln（2.0）	0.693147180559945
log（double/numeric）		10 为底的对数	log（100.0）	2
log（*b* numeric,*x* numeric）	numeric	指定底数的对数	log（2.0, 64.0）	6.0000000000
mod（*y*, *x*）		取余数	mod（9,4）1	
pi()	double	π 常量	pi()	3.14159265358979
power（*a* double, *b* double）	double	求 *a* 的 *b* 次幂	power（9.0, 3.0）	729
power（*a* numeric, *b* numeric）	numeric	求 *a* 的 *b* 次幂	power（9.0, 3.0）	729
radians（double）	double	把角度转为弧度	radians（45.0）	0.785398163397448
random()	double	0.0	random()	
		~ 1.0 之间的随机数		
round（double/numeric）		四舍五入为最接近的整数	round（42.4）	42
round（*v* numeric, *s* int）	numeric	四舍五入为 *s* 位小数数字	round（42.438,2）	42.44

（续）

函数	返回类型	描述	示例	结果
sign（double/numeric）		参数的符号（-1,0,+1）	sign（-8.4）	-1
sqrt（double/numeric）		平方根	sqrt（2.0）	1.4142135623731
trunc（double/numeric）		截断小数位，取整数	trunc(42.8)	42
trunc（*v* numeric, *s* int）	numeric	截断为 *s* 小数位置的数字	trunc(42.438,2)	42.43

4.4.2 三角函数列表

三角函数是PostgreSQL的一个亮点，是PostgreSQL数据用于GIS领域的利器。Greenplum同样继承了这些函数和这一优势，表4-15是三角函数列表。

表 4-15 三角函数列表

函数	描述
acos(*x*)	反余弦
asin(*x*)	反正弦
atan(*x*)	反正切
atan2(*x*, *y*)	正切 *y*/*x* 的反函数
cos(*x*)	余弦
cot(*x*)	余切
sin(*x*)	正弦
tan(*x*)	正切

4.4.3 字符串函数和操作符

Greenplum数据库也继承了PostgreSQL数据库丰富的字符串处理函数和操作符函数，具体用法如表4-16所示。

表 4-16 字符串函数和操作符函数用法

函数	返回类型	描述	示例	结果
string ｜｜ string	text	字符串连接	'Post' ｜｜ 'greSQL'	PostgreSQL
bit_length(string)	int	字符串里二进制位的个数	bit_length('jose')	32
char_length(string)	int	字符串中的字符个数	char_length('jose')	4
convert(string using conversion_name)	text	使用指定的转换名字改变编码	convert('PostgreSQL' using iso_8859_1_to_utf8)	'PostgreSQL'

（续）

函数	返回类型	描述	示例	结果
lower(string)	text	把字符串转化为小写	lower('TOM')	tom
octet_length(string)	int	字符串中的字节数	octet_length('jose')	4
overlay(string placing string from int [for int])	text	替换子字符串	overlay('Txxxxas' placing 'hom' from 2 for 4)	Thomas
position(substring in string)	int	指定子字符串的位置	position('om' in 'Thomas')	3
substring(string [from int] [for int])	text	抽取子字符串	substring('Thomas' from 2 for 3)	hom
substring(string from pattern)	text	抽取匹配 POSIX 正则表达式的子字符串	substring('Thomas' from '…$')	mas
substring(string from pattern for escape)	text	抽取匹配 SQL 正则表达式的子字符串	substring('Thomas' from '%#"o_a#"_' for '#')	oma
trim([leading|trailing | both] [characters] from string)	text	从字串 string 的开头 / 结尾 / 两边 / 删除只包含 characters（默认是一个空白）的最长的字符串	trim(both 'x' from 'xTomxx')	Tom
upper(string)	text	把字符串转化为大写	upper('tom')	TOM
ascii(text)	int	参数第一个字符的 ASCII 码	ascii('x')	120
btrim(string text [, characters text])	text	从 string 开头和结尾删除只包含在 characters 里（默认是空白）的字符的最长字符串	btrim('xyxtrimyyx','xy')	trim
chr(int)	text	给出 ASCII 码的字符	chr(65)	A
convert(string text, [src_encoding name,] dest_encoding name)	text	把字符串转换为 dest_encoding	convert('text_in_utf8', 'UTF8', 'LATIN1')	以 ISO 8859-1 编码表示的 text_in_utf8
initcap(text)	text	把每个单词的第一个字母转换为大写，其他保持小写。单词是一系列字母数字组成的字符，用非字母数字分隔	initcap('hi thomas')	Hi Thomas
length(string text)	int	string 中字符的数目	length('jose')	4
lpad(string text, length int [, fill text])	text	通过填充字符 fill（默认为空白），把 string 填充为长度 length。如果 string 已经比 length 长，则将其截断（从右边）	lpad('hi', 5, 'xy')	xyxhi

（续）

函数	返回类型	描述	示例	结果
ltrim(string text [, characters text])	text	从字串 string 的开头删除只包含 characters（默认是一个空白）的最长的字符串	ltrim('zzzytrim','xyz')	trim
md5(string text)	text	计算给出 string 的 MD5 散列，以十六进制返回结果	md5('abc')	
repeat(string text, number int)	text	重复 string number 次	repeat('Pg', 4)	PgPgPgPg
replace(string text, from text, to text)	text	把字串 string 里出现地所有子字符串 from 替换成子字符串 to	replace('abcdefabcdef', 'cd', 'XX')	abXXefabXXef
rpad(string text, length int [, fill text])	text	通过填充字符 fill（默认为空白），把 string 填充为长度 length。如果 string 已经比 length 长，则将其截断	rpad('hi', 5, 'xy')	hixyx
rtrim(string text [, character text])	text	从字符串 string 的结尾删除只包含 character（默认是个空白）的最长的字符串	rtrim('trimxxxx','x')	trim
split_part(string text, delimiter text, field int)	text	根据 delimiter 分隔 string 返回生成的第 field 个子字符串（1 Base）	split_part('abc~@~def~@~ghi', '~@~', 2)	def
strpos(string, substring)	text	声明的子字符串的位置	strpos('high','ig')	2
substr(string, from [, count])	text	抽取子字符串	substr('alphabet', 3, 2)	ph
to_ascii(text [, encoding])	text	把 text 从其他编码转换为 ASCII	to_ascii('Karel')	Karel
to_hex(number int/bigint)	text	把 number 转换成其对应的十六的进制的表现形式	to_hex(9223372036854775807)	7fffffffffffffff
translate(string text, from text, to text)	text	把在 string 中包含的任何匹配 from 中的字符转化为对应的在 to 中的字符	translate('12345', '14', 'ax')	a23x5

4.4.4 类型转换相关函数

Greenplum 是强类型数据库，不能自行转换数据类型，需要在代码中指定类型转换。最常用的方法是用双冒号强制类型转换，例如 ('2020'||'-01-01')::date 即可将拼接字符串强制转换为日期类型。此外，Greenplum 数据库也提供了很多类型的转换函数，具体用法如表 4-17 所示。

表 4-17　类型转换函数列表

函数	返回类型	描述	示例
to_char(timestamp, text)	text	将时间戳转换为字符串	to_char(current_timestamp, 'HH12:MI:SS')
to_char(interval, text)	text	将时间间隔转换为字符串	to_char(interval '15h 2m 12s', 'HH24:MI:SS')
to_char(int, text)	text	整型转换为字符串	to_char(125, '999')
to_char(double precision, text)	text	双精度转换为字符串	to_char(125.8::real, '999D9')
to_char(numeric, text)	text	数字转换为字符串	to_char(-125.8, '999D99S')
to_date(text, text)	date	字符串转换为日期	to_date('05 Dec 2000', 'DD Mon YYYY')
to_number(text, text)	numeric	转换字符串为数字	to_number('12,454.8-', '99G999D9S')
to_timestamp(text, text)	timestamp	转换为指定的时间格式	to_timestamp('05 Dec 2000', 'DD Mon YYYY')
to_timestamp(double precision)	timestamp	把 UNIX 纪元转换成时间戳	to_timestamp(1284352323)

4.4.5　自定义函数

虽然 Greenplum 已经提供了大量内置函数，但是在 ETL 开发过程中，我们还是会遇到很多需要自定义函数的场景。这里提到的自定义函数，是指有返回值的函数，区别于后文说的存储过程。Greenplum 数据库虽然没有存储过程这种对象类型，但是通过返回值为 pg_catalog.void 的函数，也可以实现存储过程的效果。

由于具有分布式数据的特点，Greenplum 数据库自定义函数（有返回值的）不支持在函数中查询赋值语句。

下面以计算支付日期为例进行说明。看上去这个逻辑是一个 CASE WHEN 判断语句就可以解决的，实际上，这个逻辑是嵌套在一个大的 CASE WHEN 语句里面的，并且存在多次复用的情况，为了保持代码简洁，我们创建如下自定义函数。

```
#根据传入的日期进行判断，如果这个日期小于、等于12日，则支付日期为12日；如果大于12日小于、等于25
日，则支付日期为25日；如果大于25日，则支付日期为下个月的12日
CREATE OR REPLACE FUNCTION "public"."get_paydate"("datadate" date)
  RETURNS "pg_catalog"."date" AS $BODY$
/*****************************************************************
程 序 名: public.get_paydate(datadate)
程序描述: 计算支付日期
创建时间: 2020-10-28
创 建 人: wcb
修改记录:
修改日期      修改人     修改原因说明
```

```
***************************************************************/
DECLARE
    v_date date;
    v_rst_date date;
begin
    v_date = datadate;

    select case when to_char(v_date,'dd') <='12' then (to_char(v_date,'yyyy-mm')
        ||'-12')::date
          when to_char(v_date,'dd') <='25' then (to_char(v_date,'yyyy-mm')||'-25')
              ::date
              else ((to_char(v_date,'yyyy-mm')||'-12')::date + interval '1 mon')
              ::date
        end  into v_rst_date;

    return v_rst_date;

end;
$BODY$
    LANGUAGE 'plpgsql' VOLATILE COST 100
;
```

PostgreSQL 没有提供类似 add_days 的函数，在需要对日期增加一个不确定的天数时，语法比较复杂，读者可能不会写，为此我整理了一个函数，如下所示。

```
CREATE OR REPLACE FUNCTION "public"."add_days"("datadate" date, "days" int4)
  RETURNS "pg_catalog"."date" AS $BODY$
/***************************************************************/
程 序 名: public.add_days(datadate,months)
程序描述: 计算加days天数
创建时间: 2019-12-01
创 建 人: wcb
修改记录:
修改日期     修改人    修改原因说明

***************************************************************/
DECLARE
    v_date date;
    v_days int;
    v_rst_date date;
begin
    v_date = datadate;
    v_days = days;

    v_rst_date := date(datadate + (v_days||' day'):: interval);

    return v_rst_date;

end;
$BODY$
  LANGUAGE 'plpgsql' VOLATILE COST 100
;
```

最后分享一个用 Python 语言定义的函数，Python 自定义函数主要用于处理字段级的数据。

```
CREATE OR REPLACE FUNCTION public.json_parse(data text) returns setof text
AS $$
   import json
   try:
       mydata=json.loads(data)
   except:
      return ['parse error']
   returndata=[]
   try:
      for people in mydata['a']:
    returndata.append(people['b'])
   except:
      return ['223']
   return returndata
$$ LANGUAGE plpythonu;
```

4.5 数据库的其他对象

毫无疑问，表和函数是 Greenplum 数据库最重要，也是最常用的对象。除此之外，我们还会用到视图、索引、序列、存储过程等。本节简单介绍一下视图、索引和序列，存储过程我们将在第 7 章详细介绍。

4.5.1 视图

视图是 Greenplum 数据库中除了表之外最常使用的对象。视图主要有以下特性。

1）对于使用频繁或比较复杂的查询任务，通过创建视图可以把其当作访问表，使用 SELECT 语句进行访问。

2）视图不占用任何物理存储，数据来自物理表。

3）视图会忽略 ORDER BY 语句或者排序操作。

我们使用 CREATE VIEW 命令将查询语句定义为一个视图。

```
CREATE VIEW view_name AS SELECT 查询语句;
```

根据一般的开发规范，我们会在视图名开始或者结尾增加一个 _v 标识用于区分视图和普通表。

使用 DROP VIEW 命令删除视图，可选参数 CASCADE 表示级联删除依赖此视图的其他视图，默认参数为 RESTRICT。

```
DROP VIEW [ IF EXISTS ] name [, ...] [ CASCADE | RESTRICT ]
```

4.5.2 索引

索引在关系型数据库中也是一个常用的对象，主要用于快速检索数据，以便于进行查询、修改或者删除操作。这里需要特别说明的是，因为 Greenplum 是一个分布式数据库，索引的效果有限，并且维护成本高，所以 Greenplum 仅支持索引，但是不推荐使用索引。

这一点上从 Oracle 转型过来的开发者需要特别注意。

在 Greenplum 数据库中，索引主要有以下特征。

1）作为分布式数据库，应保守使用索引。

2）在返回一定量结果的情况下，索引同样可以有效改善压缩 AO 表上的查询性能，索引本质上是随机的寻址操作，而数据仓库返回的数据量是海量级别的。

3）Greenplum 数据库会自动为主键建立主键索引，如果在父表中创建好索引了，则 Greenplum 默认会为分区表创建索引。在修改父表索引时不能默认修改分区表的索引。

4）须确保索引的创建在查询工作负载中真正被使用到，需要在实际环境中进行验证。

5）Greenplum 数据库中常用的两种索引是 B-tree 和 Bitmap，Greenplum 数据库中使用唯一索引时必须包含分布键，如果是分区表，则唯一索引的值还必须在每个分区中是唯一的。

Bitmap（位图）索引是 OLAP 数据库中最常见的索引。每个位图对应一组数据表中列值相同的字典记录。位图索引占用空间小，适合 DISTINCT 值在 100 ~ 100000 的字段，不适合唯一性列和 DISTINCT 值很高的列。

创建索引使用 CREATE INDEX 命令，语法和其他数据库没有区别。

```
CREATE INDEX bmidx_01 ON tb_cp_02 USING bitmap(count);  --创建位图索引
```

通过 EXPLAIN 命令来检查查询是否使用了索引。下面的结果中 Index Scan 关键字表明查询会使用对应的索引。

```
testdb=# explain select * from tb_cp_02 where count = 0;   再次执行tb_cp_02的查询计划
 QUERY PLAN
----------------------------------------------------------------------------------
--------------------------
--
 Gather Motion 2:1  (slice1; segments: 2)  (cost=0.00..1001.35 rows=3 width=24)
   ->  Append  (cost=0.00..1001.35 rows=3 width=24)
         ->  Index Scan using bmidx_01_1_prt_extra on tb_cp_02_1_prt_extra
             tb_cp_02  (cost=0.00..200.27 rows=1 width=24
)
               Index Cond: count = 0
         ->  Index Scan using bmidx_01_1_prt_2 on tb_cp_02_1_prt_2 tb_cp_02
             (cost=0.00..200.27 rows=1 width=24)
               Index Cond: count = 0
         ->  Index Scan using bmidx_01_1_prt_3 on tb_cp_02_1_prt_3 tb_cp_02
             (cost=0.00..200.27 rows=1 width=24)
               Index Cond: count = 0
         ->  Index Scan using bmidx_01_1_prt_4 on tb_cp_02_1_prt_4 tb_cp_02
             (cost=0.00..200.27 rows=1 width=24)
               Index Cond: count = 0
         ->  Index Scan using bmidx_01_1_prt_5 on tb_cp_02_1_prt_5 tb_cp_02
             (cost=0.00..200.27 rows=1 width=24)
               Index Cond: count = 0
 Settings:  enable_seqscan=off
(13 rows)
```

在某些情况下，性能变差可以通过 REINDEX 命令来重建索引，重建索引将使用存储在索引表中的数据建立新的索引，以取代旧的索引，更新和删除操作不会触发位图索引的更新。

```
REINDEX { INDEX | TABLE | DATABASE | SYSTEM } index_name [ FORCE ];
```

在装载数据时，通常先删除索引，然后装载数据，再重建索引，最后使用DROP INDEX 命令删除特定索引。

```
DROP INDEX idx_01;
```

4.5.3　序列

序列是自增长函数，也是数据库比较常用的对象，序列主要有以下特性。

1）可以使用 nextval() 函数对序列进行操作，例如获取序列的下一个值并插入表中。

2）重置一个序列计数器的值。当序列增长后，我们如果想倒回使用较小的值，就需要重置序列到某个值的位置。

3）使用 SELECT * FROM SEQ_NAME 命令可以检查序列当前的计数设置。

注意　如果启用了镜像功能，不允许在 UPDATE 和 DELETE 语句中使用 nextval() 函数。

创建序列，代码如下。

```
CREATE SEQUENCE myserial START 101;
```

使用序列，获取序列的下一个值并插入表中，代码如下。

```
INSERT INTO vendors VALUES (nextval('myserial'), 'acme');
```

可以使用 setval() 函数重置一个序列计数器的值，代码如下。

```
SELECT setval('myserial', 201);
```

注意　currval() 和 lastval() 函数目前未被 Greenplum 数据库支持。

检查序列当前的计数设置，可以直接查询该序列表，代码如下。

```
SELECT * FROM myserial;
```

修改序列代码如下。

```
ALTER SEQUENCE myserial RESTART WITH 105;
```

第三部分 Part 3

Greenplum 应用

在本书的第二部分，我们详细讲解了 Greenplum 数据库的安装和基本数据库对象的使用。其中重点介绍了表的数据类型、表的创建参数和系统内置函数。这些将为我们深入使用 Greenplum 数据库奠定基础。

接下来我们将从 Greenplum 数据的 SQL 语句开始，深入介绍 SQL 语法、GPLoad、PXF、高级编程接口、运维管理和性能优化思路等多个高阶应用。其中，SQL 语句应用是数据库开发必须认真学习和掌握的知识；数据库运维和监控是 DBA 管理数据库必须要了解的内容；数据库性能优化则是第三部分的重中之重，是读者用好 Greenplum 数据库的核心点。

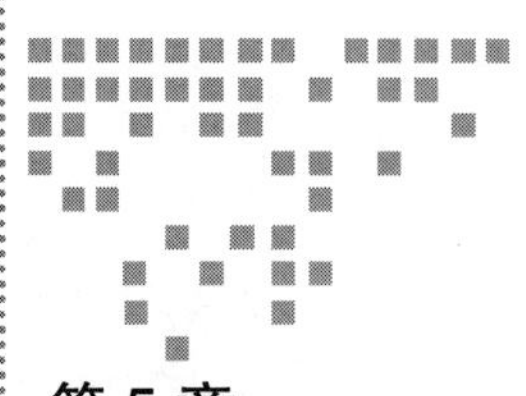

Chapter 5 第5章

Greenplum 查询详解

Greenplum 数据库兼容 SQL92 全部功能，兼容 SQL99 大部分的功能，兼容 SQL2003 的一部分功能（尤其是 OLAP 相关）。

为了方便读者理解，我先列出表 5-1、表 5-2，本章所有查询案例都基于这两个表展开。

表 5-1 员工信息表（emp_info）

emp_id	name	age	dept_id	salary
1	Paul	32	1000	200000
2	Allen	25	1100	150000
3	Teddy	23	1100	80000
4	Mark	25	1100	65000
5	King	27	1200	85000
6	Kim	22	1200	75000
7	James	26	1110	72000
8	David	26	1120	68000
9	Joe	30	1120	60000

表 5-2 部门信息表（dept_info）

dept_id	dept_name	dept_leader	parent_dept	dept_level
1000	总经办	1		1
1100	销售部	2	1000	2

（续）

dept_id	dept_name	dept_leader	parent_dept	dept_level
1200	研发部	5	1000	2
1110	销售一部	7	1100	3
1120	销售二部	8	1100	3
1300	人力资源部		1000	2

员工信息表建表语句如下。

```
CREATE TABLE emp_info(
emp_id   int,
emp_name varchar(40),
age      int,
dept_id  int,
salary   decimal(12,2),
PRIMARY KEY(emp_id)
)DISTRIBUTED BY(emp_id);

COMMENT ON TABLE emp_info IS '员工信息表';
COMMENT ON COLUMN emp_info.emp_id IS '员工编号';
COMMENT ON COLUMN emp_info.emp_name IS '员工姓名';
COMMENT ON COLUMN emp_info.age IS '年龄';
COMMENT ON COLUMN emp_info.dept_id IS '员工部门编号';
COMMENT ON COLUMN emp_info.salary IS '员工薪水';
```

部门信息表建表语句如下。

```
CREATE TABLE dept_info(
dept_id      int,
dept_name    varchar(20),
dept_leader  int,
parent_dept  int,
dept_level   int,
PRIMARY KEY(dept_id)
)DISTRIBUTED BY(dept_id);

COMMENT ON TABLE dept_id IS '部门信息表';
COMMENT ON COLUMN dept_id.dept_id IS '部门编号';
COMMENT ON COLUMN dept_id.dept_name IS '部门名称';
COMMENT ON COLUMN dept_id.dept_leader IS '部门主管编号';
COMMENT ON COLUMN dept_id.parent_dept IS '上级部门';
COMMENT ON COLUMN dept_id.dept_level IS '部门层级';
```

分别给两个表插入数据，SQL脚本如下。

```
INSERT INTO emp_info VALUES(1,'Paul',32,1000,200000);
INSERT INTO emp_info VALUES(2,'Allen',25,1100,150000);
INSERT INTO emp_info VALUES(3,'Teddy',23,1100,80000);
INSERT INTO emp_info VALUES(4,'Mark',25,1100,65000);
INSERT INTO emp_info VALUES(5,'King',27,1200,85000);
INSERT INTO emp_info VALUES(6,'Kim',22,1200,75000);
INSERT INTO emp_info VALUES(7,'James',26,1110,72000);
INSERT INTO emp_info VALUES(8,'David',26,1120,68000);
INSERT INTO emp_info VALUES(9,'Joe',30,1120,60000);
```

```
INSERT INTO dept_info VALUES(1000,'总经办',1,null,1);
INSERT INTO dept_info VALUES(1100,'销售部',2,1000,2);
INSERT INTO dept_info VALUES(1200,'研发部',5,1000,2);
INSERT INTO dept_info VALUES(1110,'销售一部',7,1100,3);
INSERT INTO dept_info VALUES(1120,'销售二部',8,1100,3);
INSERT INTO dept_info VALUES(1300,'人力资源部',null,1000,2);
```

插入数据以后，两个表的数据查询结果如图 5-1、图 5-2 所示。

71 select * from emp_info order by emp_id;

信息 结果1

emp_id	emp_name	age	dept_id	salary
1	Paul	32	1000	200000
2	Allen	25	1100	150000
3	Teddy	23	1100	80000
4	Mark	25	1100	65000
5	King	27	1200	85000
6	Kim	22	1200	75000
7	James	26	1110	72000
8	David	26	1120	68000
9	Joe	30	1120	60000

图 5-1 员工信息表查询结果

72 select * from dept_info order by dept_id;

信息 结果1

dept_id	dept_name	dept_leader	parent_dept	dept_level
1000	总经办	1	(Null)	1
1100	销售部	2	1000	2
1110	销售一部	7	1100	3
1120	销售二部	8	1100	3
1200	研发部	5	1000	2
1300	人力资源部	(Null)	1000	2

图 5-2 部门信息表查询结果

5.1 SQL 语法

SQL（Structured Query Language，结构化查询语言）是一种数据库查询和程序设计语言，用于存取数据以及查询、更新和管理关系数据库系统。SQL 语言主要包括数据定义语言（DDL）、数据操作语言（DML）和数据查询语言（DQL）三大类，其中 DDL 和 DML 在不同数据库中的应用大同小异，也不是 OLAP 系统的重点，本章重点介绍 DQL 语言。

5.1.1 简单 SQL 语法

1. GROUP BY 子句

在 Greenplum 中，GROUP BY 子句和 SELECT 语句一起使用，用来对相同的数据进行分组。GROUP BY 在 SELECT 语句中放在 WHRER 子句的后面、ORDER BY 子句的前面。

在 GROUP BY 子句中，可以对数据表的一列或者多列进行分组，前提是被分组的列必须存在于列清单中。

```
--按照部门编号查看部门员工的平均年龄和合计薪水
SELECT dept_id,avg(age) avg_age,sum(salary) total_salary FROM emp_info
GROUP BY dept_id;
```

GROUP BY 子句查询结果如图 5-3 所示。

dept_id	avg_age	total_salary
1200	24.5	160000
1120	28	128000
1110	26	72000
1000	32	200000
1100	24.3333333333333	295000

图 5-3　GROUP BY 子句查询结果

2. ORDER BY 子句

在 Greenplum 中，ORDER BY 子句用于对一列或者多列数据进行升序（ASC）或者降序（DESC）排列。

```
--按照部门升序、薪水降序查询员工信息
SELECT * FROM emp_info ORDER BY dept_id ASC,salary DESC;
```

ORDER BY 子句查询结果如图 5-4 所示。

emp_id	emp_name	age	dept_id	salary
1	Paul	32	1000	200000
2	Allen	25	1100	150000
3	Teddy	23	1100	80000
4	Mark	25	1100	65000
7	James	26	1110	72000
8	David	26	1120	68000
9	Joe	30	1120	60000
5	King	27	1200	85000
6	Kim	22	1200	75000

图 5-4　ORDER BY 子句查询结果

3. LIMIT 子句

Greenplum 数据库的 LIMIT 子句用于限制查询返回结果的条数，可以加在任何查询语句末尾。

```
--查询薪资排名前五的员工
SELECT * FROM emp_info ORDER BY salary DESC LIMIT 5;
```

LIMIT 子句查询结果如图 5-5 所示。

emp_id	emp_name	age	dept_id	salary
1	Paul	32	1000	200000
2	Allen	25	1100	150000
5	King	27	1200	85000
3	Teddy	23	1100	80000
6	Kim	22	1200	75000

图 5-5 LIMIT 子句查询结果

4. UNION ALL 子句

UNION ALL 子句用于关联两个子查询，两个子查询的字段列数、对应列的字段类型必须完全一致，查询结果的字段别名以第一个子查询的字段别名作为结果展示。

```
--查询全部的部门信息，按照部门层级展开
---一级部门查询
SELECT dept_id dept_lvl1_id,dept_name dept_lvl1_name,null dept_lvl2_id,
    null dept_lvl2_name,null dept_lvl3_id,null dept_lvl3_name
FROM dept_info
WHERE dept_level =1
UNION ALL --二级部门查询
SELECT b.dept_id dept_lvl1_id,b.dept_name dept_lvl1_name,t.dept_id dept_lvl2_id,
    t.dept_name dept_lvl2_name,null dept_lvl3_id,null dept_lvl3_name
FROM dept_info t
LEFT JOIN dept_info b
ON t.parent_dept = b.dept_id
WHERE t.dept_level =2
UNION ALL --三级部门查询
SELECT c.dept_id dept_lvl1_id,c.dept_name dept_lvl1_name,b.dept_id dept_lvl2_id,
    b.dept_name dept_lvl2_name,t.dept_id dept_lvl3_id,t.dept_name dept_lvl3_name
FROM dept_info t
LEFT JOIN dept_info b
on t.parent_dept = b.dept_id
LEFT JOIN dept_info c
ON b.parent_dept = c.dept_id
WHERE t.dept_level =3
```

UNION ALL 子句查询结果如图 5-6 所示。

dept_lvl1_id	dept_lvl1_name	dept_lvl2_id	dept_lvl2_name	dept_lvl3_id	dept_lvl3_name
1000	总经办	(Null)	(Null)	(Null)	(Null)
1000	总经办	1100	销售部	(Null)	(Null)
1000	总经办	1300	人力资源部	(Null)	(Null)
1000	总经办	1200	研发部	(Null)	(Null)
1000	总经办	1100	销售部	1120	销售二部
1000	总经办	1100	销售部	1110	销售一部

图 5-6 UNION ALL 子句查询结果

补充说明一下，UNION 子句会自动去重，UNION ALL 则是“诚实”地将两个查询合并起来，通常情况下我们会用 UNION ALL 子句。

```
--用UNION合并两个查询数据，结果自动进行去重处理，重复记录仅出现一次
SELECT dept_id dept_lvl1_id,dept_name dept_lvl1_name
```

```
FROM dept_info
WHERE dept_level = 1
UNION
SELECT dept_id dept_lvl1_id,dept_name dept_lvl1_name
FROM dept_info
WHERE dept_level = 1;
```

UNION 子句查询结果如图 5-7 所示。

5. HAVING 子句

HAVING 子句用于限制查询结果。HAVING 的查询限制和 WHERE 类似，不同的是 HAVING 是针对聚合结果进行限制。

```
--查询员工平均年龄大于25的部门编号、员工人数和薪水总和
SELECT dept_id,count(emp_id) emp_cnt,sum(salary) total_salary FROM emp_info
GROUP BY dept_id HAVING avg(age) >25
```

HAVING 子句查询结果如图 5-8 所示。

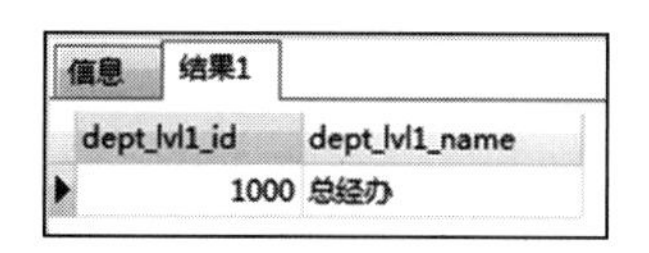

信息　结果1

dept_lvl1_id	dept_lvl1_name
1000	总经办

图 5-7　UNION 子句查询结果

dept_id	emp_cnt	total_salary
1120	2	128000
1110	1	72000
1000	1	200000

图 5-8　HAVING 子句查询结果

5.1.2　WITH 子句特性

使用 WITH 子句可以为子查询语句块定义名称，在查询语句的很多地方可以引用这个子查询。Greenplum 数据库像对待内联视图或临时表一样对待被引用的子查询名称，从而起到一定的优化作用。

我们可以在任何一个顶层的 SELECT 语句以及绝大多数类型的子查询语句前，使用子查询定义子句。被定义的子查询名称可以在主查询语句以及所有的子查询语句中引用，未定义前不能引用。和 Oracle 数据库不一样，Greenplum 数据库中 WITH 子句可以嵌套定义（即 WITH 子句中包含 WITH 子句），也可以将 WITH 子句嵌套在一个查询语句中（Oralce 的 WITH 子句定义必须在查询之外），使用非常灵活。

WITH 子句的一般语法如下。

```
WITH alias_name AS (SELECT1), --AS和SELECT中的括号都不能省略
alias_name2 AS (SELECT2),--后面的语句没有WITH子句，用逗号分隔，同一个主查询同级别地方，WITH
子查询只能定义一次
…
alias_namen AS (SELECT n) --与下面的实际查询语句之间没有逗号
SELECT …
```

使用 WITH 子句有以下几点需要注意。

1）使用 WITH 子句可以让子查询重用相同的 WITH 查询块，通过 SELECT 调用

（WITH 子句只能被 SELECT 查询块引用），一般用于多次使用 WITH 子句查询的情况。WITH 子句应在引用的 SELECT 语句之前定义，同级只能定义 WITH 关键字且只能使用一次，多个用逗号分隔。

2）WITH 子句的返回结果存到用户的临时表空间中，只做一次查询，可以反复使用，提高了效率。

3）在同级 SELECT 前有多个查询定义的时候，第 1 个查询定义使用 WITH 子句，后面的不用，并且用逗号分隔。

4）最后一个 WITH 子句与下面的查询语句之间不能有逗号，只通过右括号分隔，WITH 子句的查询必须用括号括起来。

5）前面 WITH 子句定义的查询在后面的 WITH 子句中可以使用。

6）当一个查询块名字和一个表名或其他的对象相同时，解析器从内向外搜索，优先使用子查询块名字。

WITH 子句使用示例如下。

```
--查询销售部的人数及对应的信息（按照员工号升序展示）
--先查询销售部的二级部门和三级部门
WITH sales_dept AS (
SELECT dept_id,dept_name
FROM dept_info
WHERE dept_name = '销售部'
UNION ALL
SELECT t.dept_id,t.dept_name
FROM dept_info t
INNER JOIN dept_info b
ON t.parent_dept = b.dept_id
AND b.dept_name = '销售部'
)--然后关联对应部门的员工信息
SELECT b.dept_name,t.*
FROM emp_info t,sales_dept b
WHERE t.dept_id = b.dept_id
ORDER BY emp_id
```

WITH 子句查询结果如图 5-9 所示。

dept_name	emp_id	emp_name	age	dept_id	salary
销售部	2	Allen	25	1100	150000
销售部	3	Teddy	23	1100	80000
销售部	4	Mark	25	1100	65000
销售一部	7	James	26	1110	72000
销售二部	8	David	26	1120	68000
销售二部	9	Joe	30	1120	60000

图 5-9 WITH 子句查询结果

使用 WITH 子句可以在复杂的查询中预先定义好一个结果集，然后在查询中反复使用，不使用就会报错。通过 WITH 子句获得的是一个临时表，如果在查询中使用 WITH 子句，必须采用 SELECT FROM WITH 查询名。即使 WITH 查询结果只有一个值，也要将其视为一个表格，而不能当成字段或者变量直接使用。这里举一个反例如下所示。

```
--查询部门号为1200的员工涨薪15%以后的工资
--下面的语句是错误的，执行失败
WITH salary_rst AS (
SELECT sum(salary) total_salary FROM emp_info WHERE dept_id ='1200' )
SELECT salary_rst * (1+0.15) ;

--下面是正确的查询语句
WITH salary_rst AS (
SELECT sum(salary) total_salary FROM emp_info WHERE dept_id ='1200' )
SELECT total_salary * (1+0.15) as new_total_salary
FROM salary_rst;
--执行结果为184000
```

子查询中可以引用前面已经定义的WITH子句，这里给出一个案例，下面查询sales_dept是第一个WITH子句定义的，可以在第二个WITH子句中直接当作表来使用。

```
--查询销售部及其下属部门
WITH  sales_dept AS (
SELECT dept_id,dept_name
FROM dept_info
WHERE dept_name = '销售部'),
lvl3_sales_dept AS (
SELECT t.dept_id,t.dept_name
FROM dept_info t ,sales_dept b
WHERE t.parent_dept = b.dept_id
) --合并查询结果
SELECT dept_id,dept_name
FROM sales_dept
UNION ALL
SELECT dept_id,dept_name
FROM lvl3_sales_dept
```

嵌套WITH子句查询结果如图5-10所示。

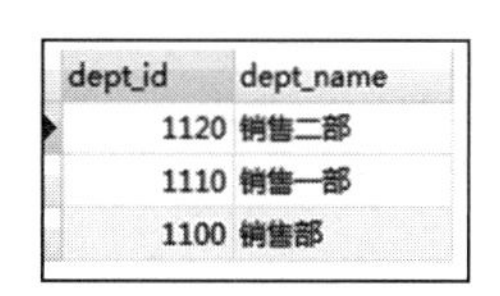

dept_id	dept_name
1120	销售二部
1110	销售一部
1100	销售部

图5-10 嵌套WITH子句查询结果

WITH子句是一个非常有用并且可以大幅提高代码复用率，减少代码复杂度的语法，广泛应用于BI报表数据加工。笔者在MySQL（MySQL数据库从8.0才开始支持WITH子句）上开发视图时就遇到了这个问题，导致不得不创建多个视图来实现代码复用和逻辑清晰的效果。

最后展示一个复杂一点的案例。

```
--查询部门中工资大于所有部门平均工资的员工信息及部门平均工资、公司平均工资
WITH dept_avg_salary AS ( --查询每个部门的平均工资
SELECT dept_id,avg(salary) as avg_salary
FROM emp_info
GROUP BY dept_id
),avg_salary AS ( --查询全公司的平均工资
SELECT avg(salary) as avg_salary
FROM emp_info
),dept_rst AS ( --查询平均工资大于公司平均工资的部门
SELECT t.dept_id,t.avg_salary as dept_avg_salary,b.avg_salary as comp_avg_salary
FROM dept_avg_salary t,avg_salary b
WHERE t.avg_salary > b.avg_salary
```

```
) --查询满足条件的部门信息和对应的平均工资
SELECT t.emp_id,t.emp_name,t.dept_id,t.salary,b.dept_avg_salary,b.comp_avg_salary
FROM emp_info t,dept_rst b
WHERE t.dept_id = b.dept_id
```

复杂 WITH 子句查询结果如图 5-11 所示。

emp_id	emp_name	dept_id	salary	dept_avg_salary	comp_avg_salary
1	Paul	1000	200000	200000	95000
2	Allen	1100	150000	98333.3333333333	95000
4	Mark	1100	65000	98333.3333333333	95000
3	Teddy	1100	80000	98333.3333333333	95000

图 5-11 复杂 WITH 子句查询结果

当然，对于上面的查询需求，经验丰富的开发者是不会这写的。在 6.3 节中，我们将介绍另一种更简洁的写法。

5.1.3 IN 语句和 EXISTS 语句

IN 和 EXISTS 是一对有着瑜亮情结的 SQL 语法，对于二者孰优孰劣，业界一直有不同的看法。

我们先看看 IN 语句的简单用法。IN 语句替代 OR 语句，用于从多个取值中筛选数据。下面两个语句是等同的，用 IN 语句明显更简洁。

```
--取部门编号为1100、1200、1300的员工明细
--OR语句的写法
SELECT * FROM emp_info
WHERE dept_id =1100 OR dept_id =1200 OR dept_id =1300;
--IN语句的写法
SELECT * FROM emp_info
WHERE dept_id IN (1100,1200,1300);
```

IN 语句查询结果如图 5-12 所示。

	emp_name	age	dept_id	salary
3	Teddy	23	1100	80000
4	Mark	25	1100	65000
5	King	27	1200	85000
6	Kim	22	1200	75000
2	Allen	25	1100	150000

图 5-12 IN 语句查询结果

在这个用法上，IN 和 EXISTS 没有竞争关系。当我们需要判断的内容是一个查询结果时，情况就不一样了。下面 3 种写法结果是一样的。

```
--查询部门名称为研发部的员工明细
--IN语句的写法
SELECT * FROM emp_info
```

```
WHERE dept_id IN (SELECT dept_id FROM dept_info b WHERE dept_name ='研发部');

--EXISTS语句的写法
SELECT * FROM emp_info t
WHERE EXISTS (SELECT 1 FROM dept_info b WHERE dept_name ='研发部'
AND t.dept_id = b.dept_id );

--JOIN语句的写法
SELECT t.* FROM emp_info t
INNER JOIN dept_info b
 ON b.dept_name ='研发部'
AND t.dept_id = b.dept_id;
```

EXISTS 语句查询结果如图 5-13 所示。

emp_id	emp_name	age	dept_id	salary
6	Kim	22	1200	75000
5	King	27	1200	85000

图 5-13　EXISTS 语句查询结果

一般来说，使用 IN 语句逻辑会更清晰，适合 b 表（关联查询的右表或者查询的从表）数量少的情况。用 EXISTS 和 JOIN 语句的写法虽然可读性会差一点，但是在数据量大的情况下执行效率更高。

与之相反的是 NOT IN 和 NOT EXISTS 语句，用于反向剔除满足某些条件的数据。我们同样用 3 个语句实现一个相同的需求。

```
--查询部门名称不包含“销售”字符串的员工明细
--NOT IN语句的写法
SELECT * FROM emp_info
WHERE dept_id NOT IN (SELECT dept_id FROM dept_info WHERE dept_name LIKE '%销售
%');

--NOT EXISTS语句的写法
SELECT * FROM emp_info t
WHERE NOT EXISTS (SELECT 1 FROM dept_info b WHERE dept_name like '%销售%'
AND t.dept_id = b.dept_id );

--JOIN语句的写法
SELECT T.* FROM emp_info t
LEFT JOIN dept_info b
 ON b.dept_name like '%销售%'
AND t.dept_id = b.dept_id
WHERE b.dept_id is null;
```

NOT EXISTS 语句查询结果如图 5-14 所示。

emp_id	emp_name	age	dept_id	salary
5	King	27	1200	85000
6	Kim	22	1200	75000
1	Paul	32	1000	200000

图 5-14　NOT EXISTS 语句查询结果

NOT IN 语句的执行顺序是从主表中逐条取出记录，然后去从表中匹配每一行数据，只有全部从表的记录都不满足匹配条件时，才将主表的记录返回给结果集。一旦从表的记录满足匹配条件，则跳出循环，继续取主表的下一条记录重新开始匹配从表数据，直到把主表中的所有记录遍历完。整个过程只会通过游标去循环遍历，不会通过索引快速查找。

如果主表中的记录少，从表中的记录多，并且两张表都有索引，则 NOT EXISTS 语句的执行顺序为：从主表和从表各取出符合条件的数据，按照索引字段进行匹配，如果匹配失败就返回 true，如果成功就返回 false，不会逐行遍历。这个时候，NOT EXISTS 语句的执行速度是快于 NOT IN 语句的。

总的来说，如果主表的记录多，从表的记录少，则应优先使用 NOT IN 语句；如果二者的记录差异不大或者主表的记录少而从表的记录多，则应该使用 NOT EXISTS 语句。通过索引提高匹配速度，可以大幅提高查询效率。

5.1.4 MERGE 子句的实现

深入使用过 Oracle 数据库的人，都会被其强大的语法功能折服，这其中最典型的就是 MERGE INTO 语句。简单地说，MERGE INTO 就是用一个表或查询的数据去更新另一个表。MERGE 子句可以实现传统 SQL 中需要通过游标或者循环才能实现的更新语法，在 ETL 开发中有比较多的应用场景。Greenplum 也支持 MERGE 的语法。

Greenplum 中的 MERGE 语法如下。

```
UPDATE tableA SET 赋值语句 FROM tableB WHERE 关联条件
```

下面我们举个例子，为了便于理解，我们需要暂时在员工表中新增一个部门名称的字段，然后用部门表的部门名称去更新员工表的部门名称。

```
--给员工表增加部门名称字段
ALTER TABLE emp_info ADD dept_name varchar(40);
--给字段加上描述信息
COMMENT ON COLUMN emp_info.dept_name IS '部门名称';
--用部门表的信息更新员工表
UPDATE emp_info t
SET dept_name = b.dept_name
FROM dept_info b
WHERE t.dept_id =b.dept_id;
```

这里有一个需要特别注意的地方，就是 SET 子句后面直接写字段名，不能加“t.”，否则会报错，错误写法如图 5-15 所示。这个问题应该是 Greenplum 语法解析器后期需要改进的地方。

正确写法执行完成后的结果如图 5-16 所示。

虽然 UPDATE 操作在 OLAP 系统中是不常见的，但是在某些场景下还是有应用需求的，这个语句是通过 Greenplum 构建 OLAP 系统需要掌握的一个知识点。

```
1  update emp_info t
2  set t.dept_name = b.dept_name
3  from dept_info b
4  where t.dept_id =b.dept_id;
```

信息

```
[SQL]update emp_info t
set t.dept_name = b.dept_name
from dept_info b
where t.dept_id =b.dept_id;

[Err] ERROR:  column "t" of relation "emp_info" does not exist
LINE 2: set t.dept_name = b.dept_name
            ^
```

图 5-15　UPDATE 错误写法

```
7  select * from emp_info;
```

信息　结果1

emp_id	emp_name	age	dept_id	salary	dept_name
9	Joe	30	1120	60000	销售二部
2	Allen	25	1100	150000	销售部
7	James	26	1110	72000	销售一部
8	David	26	1120	68000	销售二部
3	Teddy	23	1100	80000	销售部
4	Mark	25	1100	65000	销售部
1	Paul	32	1000	200000	总经办
10	Trump	35	(Null)	(Null)	(Null)
5	King	27	1200	85000	研发部
6	Kim	22	1200	75000	研发部

图 5-16　UPDATE 正确写法执行结果

5.2　JOIN 操作

JOIN 是数据库最常见的操作，基于表之间的共同字段，用于把来自两个或多个表的行结合起来。

一般来说，JOIN 有 5 种连接类型。

1）CROSS JOIN：交叉连接。

2）INNER JOIN：内连接。

3）LEFT OUTER JOIN：左外连接。

4）RIGHT OUTER JOIN：右外连接。

5）FULL OUTER JOIN：全外连接。

在这里，为了演示 JOIN 的效果，我们需要在员工表中插入一条部门为空的新数据。

```
--假设员工Trump已经离职，无部门信息，工资也为空
INSERT INTO emp_info VALUES(10,'Trump',35,null,null);
```

插入新数据以后，员工表数据查询结果如图 5-17 所示。

emp_id	emp_name	age	dept_id	salary
1	Paul	32	1000	200000
4	Mark	25	1100	65000
3	Teddy	23	1100	80000
2	Allen	25	1100	150000
7	James	26	1110	72000
8	David	26	1120	68000
9	Joe	30	1120	60000
6	Kim	22	1200	75000
5	King	27	1200	85000
10	Trump	35	(Null)	(Null)

图 5-17 员工表新数据查询结果

1. 交叉连接

交叉连接（CROSS JOIN，也叫笛卡儿连接）是把第一个表的每一行与第二个表的每一行进行匹配。如果两个输入表分别有 x 和 y 行，则结果表有 $x \times y$ 行。交叉连接有可能产生非常大的表，使用时必须谨慎，只在适当的时候使用它们。交叉连接是内连接的一种特殊形式，示例如下。

```
--交叉连接的写法
SELECT * FROM emp_info
CROSS JOIN dept_info;

--等同于下面的写法
SELECT * FROM emp_info,dept_info;
```

交叉连接查询结果如图 5-18 所示。

```
47 select * from emp_info
48 CROSS join dept_info;
```

信息 结果1

emp_id	emp_name	age	dept_id	salary	dept_id1	dept_name	dept_leader	parent_dept	dept_level
2	Allen	25	1100	150000	1000	总经办	1	(Null)	1
2	Allen	25	1100	150000	1110	销售一部	7	1100	3
2	Allen	25	1100	150000	1120	销售二部	8	1100	3
9	Joe	30	1120	60000	1000	总经办	1	(Null)	1
9	Joe	30	1120	60000	1110	销售一部	7	1100	3
9	Joe	30	1120	60000	1120	销售二部	8	1100	3
1	Paul	32	1000	200000	1000	总经办	1	(Null)	1
1	Paul	32	1000	200000	1110	销售一部	7	1100	3
1	Paul	32	1000	200000	1120	销售二部	8	1100	3
5	King	27	1200	85000	1000	总经办	1	(Null)	1
5	King	27	1200	85000	1110	销售一部	7	1100	3

select * from emp_info CROSS join dept_info; 只读 查询时间: 0.266s 第 1 条记录 (共 60 条)

图 5-18 交叉连接查询结果

交叉连接的使用场景非常少，大部分都是错误操作引发的，是我们在开发过程中必须要警惕的。

2. 内连接

内连接（INNER JOIN）是根据连接谓词结合两个表（table1 和 table2）的列值来创建一个新的结果表。查询会把 table1 中的每一行与 table2 中的每一行进行比较，找到所有满足连接谓词的行的匹配对。

当满足连接谓词时，A 行和 B 行的每个匹配对的列值会合并成一个结果行。内连接是最常见的连接类型，也是默认的连接类型。

```
--获取员工信息和部门信息可以完全匹配的数据
SELECT t.*,b.* FROM emp_info t
INNER JOIN dept_info b
ON t.dept_id = b.dept_id
ORDER BY t.emp_id;
```

内连接查询结果如图 5-19 所示。

emp_id	emp_name	age	dept_id	salary	dept_id1	dept_name	dept_leader	parent_dept	dept_level
1	Paul	32	1000	200000	1000	总经办	1	(Null)	1
2	Allen	25	1100	150000	1100	销售部	2	1000	2
3	Teddy	23	1100	80000	1100	销售部	2	1000	2
4	Mark	25	1100	65000	1100	销售部	2	1000	2
5	King	27	1200	85000	1200	研发部	5	1000	2
6	Kim	22	1200	75000	1200	研发部	5	1000	2
7	James	26	1110	72000	1110	销售一部	7	1100	3
8	David	26	1120	68000	1120	销售二部	8	1100	3
9	Joe	30	1120	60000	1120	销售二部	8	1100	3

图 5-19 内连接查询结果

10 号员工 Trump 因为部门编号为空，所以关联不出来。同样，因为 1300 人力资源部暂时没有员工，所以也关联不出来。

内连接是默认的 JOIN 方式，我们在做表关联时，如果不知道关联类型，默认就是内连接。

```
--等价于上面的写法，取员工信息和部门信息可以完全匹配的数据
SELECT t.*,b.* FROM emp_info t,dept_info b
WHERE t.dept_id = b.dept_id
ORDER BY t.emp_id;
```

不指定连接类型的查询结果如图 5-20 所示。

3. 左外连接

左外连接（LEFT OUTER JOIN）是内连接的扩展，也是我们在数据 ETL 开发过程中最常使用的连接方式。如果你不同意这个结论，认为内连接才是最常用的连接方式，那么只能说明，要么你还是新手，要么你的开发水平太差，缺乏总结。

emp_id	emp_name	age	dept_id	salary	dept_id1	dept_name	dept_leader	parent_dept	dept_level
1	Paul	32	1000	200000	1000	总经办	1	(Null)	1
2	Allen	25	1100	150000	1100	销售部	2	1000	2
3	Teddy	23	1100	80000	1100	销售部	2	1000	2
4	Mark	25	1100	65000	1100	销售部	2	1000	2
5	King	27	1200	85000	1200	研发部	5	1000	2
6	Kim	22	1200	75000	1200	研发部	5	1000	2
7	James	26	1110	72000	1110	销售一部	7	1100	3
8	David	26	1120	68000	1120	销售二部	8	1100	3
9	Joe	30	1120	60000	1120	销售二部	8	1100	3

图 5-20 不指定连接类型查询结果

我们在学校学习 SQL 知识的时候，通常是从内连接开始学习的，甚至很多时候直接忽略了其他的连接方式。在做交易系统开发（OLTP 类型）时，我们可能也最常使用内连接（尽管这是一种错误的做法，但是仍然很普遍），并且没有出现过太多问题。当我们作为数据工程师开发 ETL 程序的时候一定要谨记，左外连接和内连接的应用场景不同，在二者都可以的情况下我们优先使用左外连接。

左外连接（LEFT OUTER JOIN）在进行表关联时，是以左表作为主表的，即使右表出现数据缺失，也会展现出来，对应的字段会置空值。

```
--以员工表为主表，取员工对应的信息
SELECT t.*,b.* FROM emp_info t
LEFT JOIN dept_info b
ON t.dept_id = b.dept_id
ORDER BY t.emp_id;
```

左外连接查询结果如图 5-21 所示。

emp_id	emp_name	age	dept_id	salary	dept_id1	dept_name	dept_leader	parent_dept	dept_level
1	Paul	32	1000	200000	1000	总经办	1	(Null)	1
2	Allen	25	1100	150000	1100	销售部	2	1000	2
3	Teddy	23	1100	80000	1100	销售部	2	1000	2
4	Mark	25	1100	65000	1100	销售部	2	1000	2
5	King	27	1200	85000	1200	研发部	5	1000	2
6	Kim	22	1200	75000	1200	研发部	5	1000	2
7	James	26	1110	72000	1110	销售一部	7	1100	3
8	David	26	1120	68000	1120	销售二部	8	1100	3
9	Joe	30	1120	60000	1120	销售二部	8	1100	3
10	Trump	35	(Null)	(Null)	(Null)	(Null)	(Null)	(Null)	(Null)

图 5-21 左外连接查询结果

10 号员工 Trump 虽然部门编号为空，但是仍然可以显示出来，这是因为他存在于员工表中。由于 1300 人力资源部暂时没有员工，因此不会显示出来。

不管是从现实的业务逻辑，还是从数据库的设计来看，在大多数场景下，两个表的关系都不是对等的，一定是有一个表作为主表，另外一个表作为附表。在多表关联的情况下，更是必须要区分哪些表作为主表，哪些表作为附表，否则查询的结果一定是遗漏了某些记录的，最终给到业务的数据也是漏洞百出的。

4. 右外连接

右外连接（RIGHT OUT JOIN）是左外连接的一个反向操作，即以右表为主表，取左表可以关联上的数据，对于关联不上的数据，对应的字段值为空。

```
--取部门的所有信息和部门下的员工信息
SELECT t.*,b.* FROM emp_info t
RIGHT JOIN dept_info b
ON t.dept_id = b.dept_id
ORDER BY t.emp_id;
```

右外连接查询结果如图 5-22 所示。

emp_id	emp_name	age	dept_id	salary	dept_id1	dept_name	dept_leader	parent_dept	dept_level
1	Paul	32	1000	200000	1000	总经办	1	(Null)	1
2	Allen	25	1100	150000	1100	销售部	2	1000	2
3	Teddy	23	1100	80000	1100	销售部	2	1000	2
4	Mark	25	1100	65000	1100	销售部	2	1000	2
5	King	27	1200	85000	1200	研发部	5	1000	2
6	Kim	22	1200	75000	1200	研发部	5	1000	2
7	James	26	1110	72000	1110	销售一部	7	1100	3
8	David	26	1120	68000	1120	销售二部	8	1100	3
9	Joe	30	1120	60000	1120	销售二部	8	1100	3
(Null)	(Null)	(Null)	(Null)	(Null)	1300	人力资源部	(Null)	1000	2

图 5-22　右外连接查询结果

这个时候，因为部门信息表作为主表，所以没有员工的人力资源部可以查询出来，而已离职的员工 Trump 不会展现了。

虽然对于交换两个表的顺序来说，右外连接也可以实现左外连接的效果，但是我们通常不这样使用。习惯了用左外连接的思路，是很难切换到右外连接的，因此按照行业惯例，大家都优先使用左外连接。

5. 全外连接

在某些情况下，我们既想看到左表的完整信息，又想看到右表的完整信息，这个时候就要用到全外连接（FULL OUTER JOIN）了。

```
--查询员工表和部门表的全部信息
SELECT t.*,b.* FROM emp_info t
FULL JOIN dept_info b
ON t.dept_id = b.dept_id
ORDER BY t.emp_id;
```

全外连接查询结果如图 5-23 所示。

可以看到，全外连接会产生很多空值，在大多数情况下我们并不需要看到左表为空的数据，全外连接也是较少用到的。

emp_id	emp_name	age	dept_id	salary	dept_id1	dept_name	dept_leader	parent_dept	dept_level
1	Paul	32	1000	200000	1000	总经办	1	(Null)	1
2	Allen	25	1100	150000	1100	销售部	2	1000	2
3	Teddy	23	1100	80000	1100	销售部	2	1000	2
4	Mark	25	1100	65000	1100	销售部	2	1000	2
5	King	27	1200	85000	1200	研发部	5	1000	2
6	Kim	22	1200	75000	1200	研发部	5	1000	2
7	James	26	1110	72000	1110	销售一部	7	1100	3
8	David	26	1120	68000	1120	销售二部	8	1100	3
9	Joe	30	1120	60000	1120	销售二部	8	1100	3
10	Trump	35	(Null)	(Null)	(Null)	(Null)	(Null)	(Null)	(Null)
(Null)	(Null)	(Null)	(Null)	(Null)	1300	人力资源部	(Null)	1000	2

图 5-23 全外连接查询结果

注意 内连接和左外连接是我们必须掌握的连接方式，也是日常开发中最常使用的连接方式。对于交叉连接、右外连接、全外连接，我们只需要掌握其原理即可，日常开发中基本不会用到。

5.3 分析函数的妙用

Greenplum 作为一款定位于 OLAP 的数据库，对分析函数的支持必不可少。分析函数是 Greenplum 数据库管理系统自带函数中的一种专门解决具有复杂统计需求的函数，它可以对数据进行分组，然后基于组中数据进行分析统计，最后在每组数据集的每一行返回这个统计值。

分析函数不同于分组统计（GROUP BY），分组统计只能按照分组字段返回一个固定的统计值，不能在原来的数据行上附带这个统计值，而分析函数正是专门解决这类统计需求所开发出来的函数。分析函数已经逐步成为 SQL 标准的一部分，有越来越多的数据库系统开始支持分析函数。

分析函数具体查询语句结构如下。

```
--分析函数的语法结构如下
SELECT table.column,
analysis_function() OVER([PARTITION BY 字段] [ORDER BY 字段 [rows]]) as 统计值
FROM table
```

1）analysis_function()：指定分析函数名，常用的分析函数有 sum、max、first_value、last_value、lag、lead、rank、desn_rank、row_number 等。

2）OVER()：开窗函数名，PARTITION BY 指定进行数据分组的字段，ORDER BY 指定进行排序的字段，ROWS 指定数据窗口（即指定分析函数要操作的行数），语法形式为 OVER(PARTITION BY xxx ORDER BY yyy ROWS BETWEEN zzz)。

ROWS 有多个范围值（一般情况下省略），具体如下。

1）unbounded preceding：无限 / 不限定往前的范围。

2）n preceding：往前统计 *n* 行（*n* 为 1 则是往前 1 行，*n* 为 2 则是往前 2 行，以此类推）。

3）unbounded following：无限 / 不限定往后的范围。

4）n following：往后统计 *n* 行（*n* 为 1 则是往后 1 行，*n* 为 2 则是往后 2 行，以此类推）。

5）current row：当前行。

下面继续用员工表和部门表数据内连接的结果进行讲解，原始数据如图 5-24 所示。

```
1  select b.dept_id,b.dept_name,t.emp_id,t.emp_name,t.age,t.salary
2  from emp_info t,dept_info b
3  where t.dept_id = b.dept_id
```

信息 结果1

dept_id	dept_name	emp_id	emp_name	age	salary
1100	销售部	3	Teddy	23	80000
1100	销售部	4	Mark	25	65000
1100	销售部	2	Allen	25	150000
1200	研发部	5	King	27	85000
1200	研发部	6	Kim	22	75000
1110	销售一部	7	James	26	72000
1120	销售二部	8	David	26	68000
1000	总经办	1	Paul	32	200000
1120	销售二部	9	Joe	30	60000

图 5-24 内连接查询结果

案例 1： 利用 min()、max() 分析函数分别取出不同部门员工工资的最高值和最低值，附带在原始数据上。

```
--查询最大值和最小值的不同写法
SELECT b.dept_id,b.dept_name,t.emp_id,t.emp_name,t.age,t.salary,
       --获取组中工资最高值
       max(t.salary) OVER(PARTITION BY t.dept_id) AS salary_max,
       --获取组中工资最低值
       min(t.salary) OVER(PARTITION BY t.dept_id) AS salary_min,
       --分组窗口的第一个值 (指定窗口为组中第一行到末尾行)
       first_value(t.salary) OVER(PARTITION BY t.dept_id
       ORDER BY t.salary DESC ROWS BETWEEN UNBOUNDED PRECEDING AND UNBOUNDED
           FOLLOWING) AS salary_first,
       --分组窗口的最后一个值(指定窗口为组中第一行到末尾行)
       last_value(t.salary) OVER(PARTITION BY t.dept_id
       ORDER BY t.salary DESC ROWS BETWEEN UNBOUNDED PRECEDING AND UNBOUNDED
           FOLLOWING) AS salary_last,
       --分组窗口的第一个值 （不指定窗口）
       first_value(t.salary) OVER(PARTITION BY t.dept_id ORDER BY t.salary DESC)
           AS salary_first_1,
       --分组窗口的最后一个值（指定窗口才可以取到最低值，否则只能取到当前行）
       last_value(t.salary) OVER(PARTITION BY t.dept_id ORDER BY t.salary DESC
           ROWS BETWEEN UNBOUNDED PRECEDING AND UNBOUNDED FOLLOWING) AS salary_last_1
FROM emp_info t,dept_info b
WHERE t.dept_id = b.dept_id
ORDER BY t.dept_id,t.emp_id
```

开窗函数查询结果如图 5-25 所示。

信息 结果1

dept_id	dept_name	emp_id	emp_name	age	salary	salary_max	salary_min	salary_first	salary_last	salary_first_1	salary_last_1
1000	总经办	1	Paul	32	200000	200000	200000	200000	200000	200000	200000
1100	销售部	2	Allen	25	150000	150000	65000	150000	65000	150000	65000
1100	销售部	3	Teddy	23	80000	150000	65000	150000	65000	150000	65000
1100	销售部	4	Mark	25	65000	150000	65000	150000	65000	150000	65000
1110	销售一部	7	James	26	72000	72000	72000	72000	72000	72000	72000
1120	销售二部	8	David	26	68000	68000	60000	68000	60000	68000	60000
1120	销售二部	9	Joe	30	60000	68000	60000	68000	60000	68000	60000
1200	研发部	5	King	27	85000	85000	75000	85000	75000	85000	75000
1200	研发部	6	Kim	22	75000	85000	75000	85000	75000	85000	75000

图 5-25 开窗函数查询结果

通过查询结果可以看出以下信息。

1）min() 和 max() 分析函数直接获取组中的最小值和最大值。

2）first_value 和 last_value 返回窗口的第一行和最后一行数据，因为我们通过工资字段对分组内的数据进行了降序排序，所以也可以达到在一定的窗口内获取最大值和最小值的功能。

3）排序不指定窗口时，就按照组内的第一行到当前行作为窗口，然后取出窗口的第一行和最后一行。

4）窗口子语句当中的第一行是 UNBOUNDED PRECEDING，当前行是 CURRENT ROW，最后一行是 UNBOUNDED FOLLOWING，正是利用窗口范围是第一行到最后一行，得到同一部门内的最高工资和最低工资。Rows 窗口默认值是 BETWEEN UNBOUNDED PRECEDING AND CURRENT ROW。

案例 2：利用 rank()、dense_rank()、row_number() 函数对员工的年龄进行排序，比较 3 个不同关键字的差异。

```
--3个不同的排名规则对比
SELECT t.emp_id,t.emp_name,t.age,
     row_number() OVER(ORDER BY t.age) AS "row_number排名",
     rank() OVER(ORDER BY t.age) AS "rank排名",
     dense_rank() OVER(ORDER BY t.age) AS "dense_rank排名"
FROM emp_info t
ORDER BY t.age
```

开窗函数查询结果如图 5-26 所示。

通过查询结果可以看出以下信息。

1）row_number() 函数排名返回唯一值，当遇到相同数据时，排名按照记录集中记录的顺序依次递增。

2）rank() 函数返回唯一值，当遇到相同的数据时，所有相同数据的排名是一样的，同时会在最后一条相同记录和下一条不同记录的排名之间空出排名。比如年龄都是 26 岁的两个人并列第 5 名，27 岁的 King 直接是第 7 名。

3）dense_rank() 函数返回唯一值，当遇到相同的数据时，所有相同数据的排名是一样的，同时在最后一条相同记录和下一条不同记录的排名之间不空出排名。比如年龄都是 26 岁的两个人并列第 4 名，27 岁的 King 是第 5 名。

4）我们经常会利用 row_number() 函数的排名机制（排名的唯一性）来过滤重复数据，即按照某一个特定的排序条件，通过获取排名为 1 的数据来获取重复数据当中最新的数据值。

emp_id	emp_name	age	row_number排名	rank排名	dense_rank排名
6	Kim	22	1	1	1
3	Teddy	23	2	2	2
4	Mark	25	3	3	3
2	Allen	25	4	3	3
7	James	26	5	5	4
8	David	26	6	5	4
5	King	27	7	7	5
9	Joe	30	8	8	6
1	Paul	32	9	9	7
10	Trump	35	10	10	8

图 5-26 开窗函数查询结果

案例 3：利用开窗函数对员工工资进行不同条件的汇总，以便对比 ORDER BY 和 PARTITION BY 的作用。

```
--通过对比看ORDER BY和PARITION BY的作用
SELECT t.emp_id,t.emp_name,t.age,t.salary,
     sum(t.salary) OVER() AS "全局汇总",
     sum(t.salary) OVER(ORDER BY t.emp_id) AS "逐行累加",
     sum(t.salary) OVER(PARTITION BY t.dept_id) AS "分组汇总",
     sum(t.salary) OVER(PARTITION BY t.dept_id ORDER BY t.emp_id) AS "分组逐行累加"
FROM emp_info t
ORDER BY t.emp_id
```

开窗函数查询结果如图 5-27 所示。

信息 结果1

emp_id	emp_name	age	salary	全局汇总	逐行累加	分组汇总	分组逐行累加
1	Paul	32	200000	855000	200000	200000	200000
2	Allen	25	150000	855000	350000	295000	150000
3	Teddy	23	80000	855000	430000	295000	230000
4	Mark	25	65000	855000	495000	295000	295000
5	King	27	85000	855000	580000	160000	85000
6	Kim	22	75000	855000	655000	160000	160000
7	James	26	72000	855000	727000	72000	72000
8	David	26	68000	855000	795000	128000	68000
9	Joe	30	60000	855000	855000	128000	128000
10	Trump	35	(Null)	855000	855000	(Null)	(Null)

图 5-27 开窗函数查询结果

通过查询结果可以看出如下信息。

1）OVER() 默认是全局汇总，即所有可以查到的行数指标合集，可用于计算占比。

2）OVER+ORDER BY 用于根据条件逐行相加汇总，可用于计算类似于“工资占前80% 的员工明细”之类的需求。

3）OVER+PARTITION BY 用于分组汇总，可以计算分组的合计、分组的占比、分组的最大值和最小值等。

4）OVER+PARTITION BY+ORDER BY 用于分组逐行汇总，可用于计算分组的排名，可以满足例如“取每一个组的前五名”之类的需求。

总之，融会贯通地使用分析函数，可以大大简化代码，提升代码执行效率。灵活使用分组函数是特别能体现一个人 SQL 开发水平的地方。

最后，针对 5.1.2 节的案例，提供一个使用分析函数的高级写法。

```
--查询部门的总工资大于所有部门平均总工资的部门员工信息及部门平均工资、公司平均工资
SELECT * FROM (
SELECT emp_id,emp_name,dept_id,salary,
avg(salary) OVER (PARTITION BY dept_id) dept_avg_salary,
avg(salary) Over () As comp_avg_salary
From emp_info ) t
WHERE t.dept_avg_salary > t.comp_avg_salary;
```

开窗函数改写 SQL 查询结果如图 5-28 所示。

emp_id	emp_name	dept_id	salary	dept_avg_salary	comp_avg_salary
1	Paul	1000	200000	200000	95000
3	Teddy	1100	80000	98333.3333333333	95000
4	Mark	1100	65000	98333.3333333333	95000
2	Allen	1100	150000	98333.3333333333	95000

图 5-28 开窗函数改写 SQL 查询结果

5.4 高级函数精选

这里所谓的高级函数，是笔者个人的叫法，因为这里提到的函数与传统的函数有很大的差异。传统的函数，传入一个值，返回一个值，而这里说到的函数，可以传入一个值，返回多个值。

1. 序列生成函数

序列生成函数 generate_series() 用于根据传入的条件生成连续序列。下面我们来看一个神奇的效果。

```
--生成5和10之间的数，默认按增量1递归
SELECT  generate_series(5,10);
--生成1和10之间的数，默认按增量1递归
SELECT  generate_series(1,10,2);
```

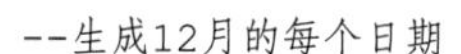

```
--生成12月的每个日期
SELECT generate_series('2020-12-01'::date,'2020-12-31'::date,'1 day') month_day;
--生成12个月每月1日对应的日期
SELECT generate_series('2020-01-01'::date,'2020-12-31'::date,'1 month') month_startday;
```

序列生成函数查询结果如图 5-29 所示。

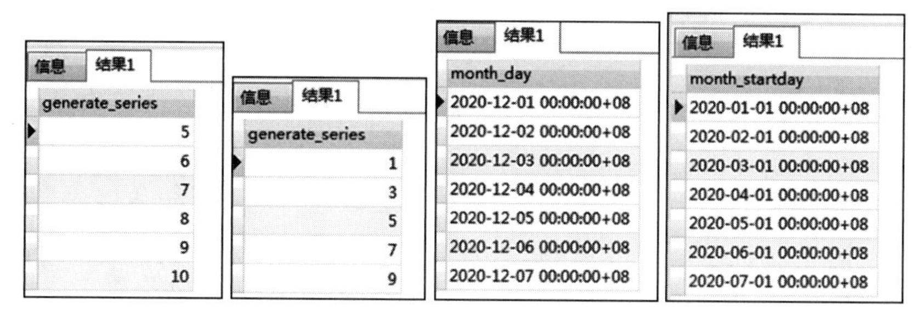

generate_series
5
6
7
8
9
10

generate_series
1
3
5
7
9

month_day
2020-12-01 00:00:00+08
2020-12-02 00:00:00+08
2020-12-03 00:00:00+08
2020-12-04 00:00:00+08
2020-12-05 00:00:00+08
2020-12-06 00:00:00+08
2020-12-07 00:00:00+08

month_startday
2020-01-01 00:00:00+08
2020-02-01 00:00:00+08
2020-03-01 00:00:00+08
2020-04-01 00:00:00+08
2020-05-01 00:00:00+08
2020-06-01 00:00:00+08
2020-07-01 00:00:00+08

图 5-29　序列生成函数查询结果

读者可以注意下这个案例中字符串强转日期的写法。

下面分享一个应用场景。在计算某些指标未来一年的走势时，传统的做法是关联一张月份维度表，取得当前日期对应的月份及之后 11 个月的字符串。笔者是用序列生成函数，省去了有争议的月份维度表，直接生成未来 12 个月的字符串。

```
--根据传入的日期生成对应月份及之后11个月份的字符串
SELECT to_char(month_date,'yyyy-mm') fcst_month,to_char(month_date,'yyyy') fcst_year
 FROM (SELECT generate_series(('2020-12' || '-01') ::date,
            ('2020-12' || '-01') ::date + interval '11 mon',
            '1 month') month_date) t
```

未来 12 个月查询结果如图 5-30 所示。

fcst_month	fcst_year
2020-12	2020
2021-01	2021
2021-02	2021
2021-03	2021
2021-04	2021
2021-05	2021
2021-06	2021
2021-07	2021
2021-08	2021
2021-09	2021
2021-10	2021
2021-11	2021

图 5-30　未来 12 个月查询结果

2. 字符串列转行函数

字符串列转行函数 string_agg() 用于聚合字符串，使用格式是 string_agg(str,symbol [order by col])，将 str 列转行，以 symbol 分隔，按照 col 字段排序。

```
--查询部门对应的员工姓名，员工按照工号排序合并字符串
SELECT dept_id,dept_name,
          string_agg(emp_name,',' ORDER BY emp_id)
emp_str
FROM emp_info
GROUP BY dept_id,dept_name
```

字符串列转行查询结果如图 5-31 所示。

本函数的用法一目了然，不再展开讲解。

信息	结果1	
dept_id	dept_name	emp_str
1000	总经办	Paul
1110	销售一部	James
1120	销售二部	David,Joe
1100	销售部	Allen,Teddy,Mark
1200	研发部	King,Kim
(Null)	(Null)	Trump

图 5-31 字符串列转行查询结果

3. 字符串拆分函数

regexp_split_to_table() 和 regexp_split_to_array() 都是字符串分隔函数，可通过指定的表达式进行分隔。区别是 regexp_split_to_table() 将分隔出的数据转成行，regexp_split_to_array() 是将分隔的数据转成数组。

```
--和string_agg()函数相反，regexp_split_to_table()函数是将字符串拆分成多行
SELECT dept_id,dept_name,regexp_split_to_table(emp_str,',')
FROM (SELECT dept_id,dept_name,
    string_agg(emp_name,',' order by emp_id) emp_str
FROM emp_info
GROUP BY dept_id,dept_name) x
```

字符串拆分函数查询结果如图 5-32 所示。

dept_id	dept_name	regexp_split_to_table
1100	销售部	Allen
1100	销售部	Teddy
1100	销售部	Mark
1200	研发部	King
1200	研发部	Kim
(Null)	(Null)	Trump
1110	销售一部	James
1120	销售二部	David
1120	销售二部	Joe
1000	总经办	Paul

图 5-32 字符串拆分函数查询结果

```
--regexp_split_to_array()函数是将字符串拆分成数组
SELECT dept_id,dept_name,regexp_split_to_array(emp_str,',')
FROM (SELECT dept_id,dept_name,
    string_agg(emp_name,',' order by emp_id) emp_str
FROM emp_info
GROUP BY dept_id,dept_name) x
```

字符串拆分成数组函数查询结果如图 5-33 所示。

下面分享一个很特别的场景，用 regexp_split_to_table() 函数解决一个令人头疼的难题。

在卡宾服饰数据中台项目中，我们用到的报表工具是目前全球市场份额第一的自助分析工具——Tableau。Tableau 的查询参数是拼接在 URL 上再传递给后台服务的，几经测

试，在下拉框多选传入参数时，如果参数是 &provcode=01,02,03,Tableau 在二次请求查询结果时会丢弃后面 02 和 03，只能将 01 传递给报表查询语句里面的变量 provcode。这个问题当时困扰了我们很久，咨询 Tableau 官方售后也无法解决。最后我们找到了 regexp_split_to_table() 函数，才解决了问题。首先从页面传入的参数通过 Java 拼接成 &provcode=01or02or03，查询 SQL 获取到变量值为“01or02or03”的字符串，然后通过 regexp_split_to_table() 函数对字符串进行拆分，放入 IN 子查询中，就完美地解决了多选传参的问题。此方案解决了整个项目的固定报表查询问题，用户在多选和有下拉值权限限制的条件下依然可以将参数传递给查询 SQL，从而起到数据过滤的效果。

信息　结果1

dept_id	dept_name	regexp_split_to_array
1000	总经办	{Paul}
1110	销售一部	{James}
1120	销售二部	{David,Joe}
1100	销售部	{Allen,Teddy,Mark}
1200	研发部	{King,Kim}
(Null)	(Null)	{Trump}

图 5-33　字符串拆分成数组查询结果

后来在另一个项目中，Tableau 需要和 Kylin 做集成，也遇到了权限问题，我们发现 Greenplum 和 Kylin 都有的 position 函数也可以实现相同的效果，即在 where 后面增加条件 position(字段 in’ 传入的拼接字符串变量 ')>0。

4. 哈希函数

Greenpum 数据库中内置了很多哈希函数，下面以最常用的 md5() 和 hashbpchar() 函数为例进行说明，其他函数的用法大同小异，只需要按照不同的数据类型执行哈希算法。

md5 是最常见哈希算法，可以将任意字符串或者文本转换为 32 位字符串。

```
postgres=# SELECT md5('Hello World!');
+----------------------------------+
| md5                              |
+----------------------------------+
| ed076287532e86365e841e92bfc50d8c |
+----------------------------------+
1 row in set
```

hashbpchar() 函数的作用是将任意字符串转换成一个 integer 类型。

```
postgres=# SELECT hashbpchar('Hello World!');
+------------+
| hashbpchar |
+------------+
| -861158870 |
+------------+
1 row in set
```

Chapter 6 第6章

ETL 工具箱

第5章介绍了 Greenplum 常用的查询语法，帮助读者快速入门 Greenplum 数据开发，本章重点介绍 Greenplum 用于数据 ETL 的工具。Greenplum 作为一款定位于 OLAP 系统的数据库平台，具有非常强大的 ETL 功能，主要包括高效并行加载工具 GPLoad、用于同构数据库之间数据迁移的 DBLink、强大的外部表功能 PXF，以及类似 Oracle 的存储过程和函数功能。其中，存储过程和 GPLoad 是读者必须掌握的数据仓库开发工具。

6.1 数据加载王者 GPLoad

GPLoad 是数据加载界的王者，其数据加载速度远超其他数据库，是我们在做数据 ETL 处理时爱不释手的工具。GPLoad 主要用于把数据从文件加载到数据库，完成数据的加载操作。

6.1.1 GPLoad 简介

类似于 Oracle SQL*Loader，GPLoad 是 Greenplum 数据库提供的用于并行数据装载的工具。GPLoad 的实现原理是 Greenplum 数据库使用可读外部表和并行文件服务 gpfdist 装载数据的一个命令集合，允许使用配置文件设置数据格式、文件位置等参数来创建外部表。GPLoad 要求用户按照 YAML 格式定义数据装置配置文件，然后执行 INSERT、UPDATE、MERGE 操作，将数据装载到目标数据库表中。

GPLoad 既可以运行在 Greenplum 集群上，也可以安装在远程的 ETL 服务器上。要使用这个工具，必须先在对应的服务器上安装 Python 2.6.2 或者以上版本、pygresql 插件和 pyyaml 插件（数据库服务端已经安装了 Python 和需要的 Python 库文件），必须安装 gpfdist

程序，并把它设置到环境变量 PATH 中（可以从数据库服务器端安装目录的子目录 bin 中复制该工具），并且确保使用 GPLoad 工具的 ETL 服务器与 Greenplum 集群所有服务器的联通性，以及主机名解析正确。

通过执行 GPLoad 命令输出日志，可以看出 GPLoad 实际上是通过 gpfdist 来实现的。

```
$ gpload -f /home/gpadmin/script/my_load.yml
2020-12-24 17:24:10|INFO|gpload session started 2020-12-24 17:24:10
2020-12-24 17:24:10|INFO|started gpfdist -p 8081 -P 8082 -f "/home/gpadmin/script/
    member.txt" -t 30
2020-12-24 17:24:10|WARN|2 bad rows
2020-12-24 17:24:10|INFO|running time: 0.21 seconds
2020-12-24 17:24:10|INFO|rows Inserted          = 20
2020-12-24 17:24:10|INFO|rows Updated           = 0
2020-12-24 17:24:10|INFO|data formatting errors = 2
2020-12-24 17:24:10|INFO|gpload succeeded with warnings
```

gpfdist 是 Greenplum 数据库并行文件分发程序，对于可读外部表和 GPLoad 数据导入，将外部文件并行提供给所有 Greenplum 数据节点。可写外部表利用它并行接受 Greenplum 数据库段的输出流并将其写出到文件中。使用 gpfdist 的好处是确保在读取或写入外部表时具有最大的并行度，充分利用资源，从而提供最佳读写性能。

gpfdist 的工作流程如下。

1）启动 gpfdist，在 Greenplum 数据库上创建外部表。建好后并没有任何数据流动，只是定义了外部表的原始数据信息。

2）将外部表插入到一张 Greenplum 的物理表中，开始导入数据。

3）Segment 实例根据建表时定义的 gpfdist URL 个数，启动相同数量的并发任务到 gpfdist 中获取数据，其中每个 Segment 实例都会连接到 gpfdist 上获取数据。

4）gpfdist 收到 Segment 实例的连接并接收数据时，开始顺序读取文件，然后将文件拆分成多个块，随机抛给 Segment 实例。

5）由于 gpfdist 并不知道数据库中有多少个 Segment 实例、数据是按照哪个分布键拆分的，因此数据是随机发送到每个 Segment 实例上的，数据到达 Segment 实例的时间基本是随机的。可以将外部表看作一张随机分布的表，将数据插入到物理表的时候，需要进行一次重新分布。

6）为了提高性能，数据读取与重新分布是同时进行的，当数据重新分布后，整个数据导入流程结束。

Greenplum 集群默认安装了 GPLoad 和 gpfdist，这里就不展开说明安装过程了。对于 ETL 服务器，最简单的安装方法是直接复制 Greenplum 安装包到对应的服务器上，也可以单独安装 greenplum-loaders 组件。

由于 GPLoad 需要写入数据到 Greenplum，因此配置用户登录必不可少。主要有两种配置方式：一种是通过定义环境变量，指定连接目标数据库的密码，比如 export PGPASSWORD=passwd；另一种是我们推荐的，通过 .pgpass 文件存放密码实现免密登录。

6.1.2 GPLoad 配置详解

GPLoad 通过控制文件指定装载的细节信息，编写控制文件是用好 GPLoad 的关键。由于 GPLoad 的控制文件采用 YAML1.1 文档格式编写，因此它必须是有效的 YAML 格式。

YAML 配置文件格式要求如下。

```
VERSION: 1.0.0.1
DATABASE: ops
USER: gpadmin
HOST: mdw-1
PORT: 5432
GPLOAD:
   INPUT:
    - SOURCE:
         LOCAL_HOSTNAME:
           - etl1-1
           - etl1-2
           - etl1-3
           - etl1-4
         PORT: 8081
         FILE:
           - /var/load/data/*
    - COLUMNS:
           - name: text
           - amount: float4
           - category: text
           - descr: text
           - date: date
    - FORMAT: text
    - DELIMITER: '|'
    - ERROR_LIMIT: 25
    - LOG_ERRORS: True
   OUTPUT:
    - TABLE: payables.expenses
    - MODE: INSERT
   SQL:
   - BEFORE: "INSERT INTO load_log VALUES('start', current_timestamp)"
   - AFTER: "INSERT INTO load_log VALUES('end', current_timestamp)"
```

网友 LEE_CHAO 对具体配置项进行了非常详细的解释[㊀]，摘录如下。

VERSION: 1.0.0.1 --指定控制文件模式的版本

DATABASE: db_name --指定连接数据库的名字，如果没有指定，由环境变量 $PGDATABASE 或者通过 gpload 参数 -d 指定

USER: db_username --指定连接目标数据库的用户名，如果不使用超级管理员，服务参数 gp_external_grant_privileges 必须设置成 on

HOST: master_hostname --指定 Master 节点主机名，也可以通过 gpload 的 -h 选项或者环境变量 $PGHOST 指定

PORT: master_port --指定 Master 节点的连接端口号，默认是 5432，也可

㊀ 以下内容整理自 ITPUB 博客园，作者是 LEE_CHAO，链接为 http://blog.itpub.net/25548387/viewspace-693775/。

以通过 gpload 命令的 -p 选项或者环境变量 $PGPORT 指定
GPLOAD: -- 必须指定，表示装载设置部分在 GPLOAD 关键字下面必须定义 INPUT: 和 OUTPUT: 两个部分。
INPUT: -- 必须指定，这部分指定装载数据的格式和位置
- SOURCE: -- 必须指定，定义源文件的位置，每个输入部分可以定义多个 source 文件，Windows 系统路径的指定比较特别，比如 c:\ 要写成 c:/
LOCAL_HOSTNAME: -- 指定 gpload 运行的主机名称和 IP，如果有多块网卡，可以同时使用它们，提高装载速度，默认只使用首选主机名和 IP
- hostname_or_ip
PORT: http_port -- 指定 gpfdist 使用的端口，也可以选择端口范围，由系统选择，如果同时指定，port 设置优先级高
| PORT_RANGE: [start_port_range, end_port_range]
FILE: -- 指定装载数据文件的位置、目录或者命名管道。如果文件使用 gpzip 或者 bzip2 进行了压缩，它可以自动解压。可以使用通配符 * 和 C 语言风格的关系匹配模式指定多个文件
- /path/to/input_file
- COLUMNS: -- 指定数据源的数据格式，如果没有指定这部分，source 表的列顺序、数量，以及数据类型必须与目标表一致
- field_name: data_type- FORMAT: text | csv -- 指定文件格式是 text 还是 csv
- DELIMITER: 'delimiter_character' -- 指定文本数据域（列）之间的分隔符，默认是 |
- ESCAPE: 'escape_character' | 'OFF' --text 定义转义字符，text 格式默认是 \，在 text 格式中可以选择 off 关掉转义字符（web log 处理时比较有用）
- NULL_AS: 'null_string' -- 指定描述空值的字符串，text 格式默认是 \N，csv 格式不使用转义符号的空值
- FORCE_NOT_NULL: true | false --csv 格式，强制所有字符默认都用 “” 括起，不能有空值，如果两个分隔符之间没有值，会被当作 0 长度字符串，认为值已经丢失
- QUOTE: 'csv_quote_character' --csv 指定转义字符，默认是 "
- HEADER: true | false -- 是否跳过数据文件第一行，当作表头
- ENCODING: database_encoding -- 指定数据源的字符集
- ERROR_LIMIT: integer -- 指定不符合格式数据记录的上限，如果超过该上限，gpload 停止装载，正确记录可以被装载，错误记录会被抛出写入错误表。仅支

```
持数据格式错误，不支持违背约束的问题
    - ERROR_TABLE: schema.table_name  -- 指定不符合格式要求记录的错误
表，如果指定的表不存在，系统会自动创建
    OUTPUT:- TABLE: schema.table_name  -- 指定装载的目标表
    - MODE: insert | update | merge  -- 指定操作模式，默认是 insert，
merge 操作不支持使用随机分布策略的表
    - MATCH_COLUMNS:  -- 为 update 操作和 merge 操作指定匹配条件
        - target_column_name
    - UPDATE_COLUMNS:  -- 为 update 操作和 merge 操作指定更新的列
        - target_column_name
    - UPDATE_CONDITION: 'boolean_condition'  -- 指定 where 条件，目
标表中只有满足条件的记录才能更改，(merge 状态下，只有满足条件的记录才能插入)
    - MAPPING:  -- 指定 source 列和目标列的映射关系
    target_column_name: source_column_name | 'expression'
    PRELOAD:  -- 指定加载之前的操作
    - TRUNCATE: true | false  -- 如果设置为 true，装载之前先删除目标表
中的所有记录，再装载
    - REUSE_TABLES: true | false  -- 设置为 true，不会删除外部表对象，
从而提升性能
    SQL:
    - BEFORE: "sql_command"  -- 装载操作开始前执行的 SQL，比如写日志表
    - AFTER: "sql_command"  -- 装载操作之后执行的 SQL
```

6.1.3 GPLoad 实战

本节分享两个实战案例。

案例一：通过 GPload 配合 sqluldr2 实现数据无落地加载

使用 GPLoad，一方面我们可以实现 Greenplum 中不能直接实现的 merge 操作，另一方面，通过结合命名管道，我们可以实现无落地文件的并行快速加载，从而提高海量数据加载效率，避免使用传统落地文件方式加载导致过大存储开销，以及超大文件落地过程导致加载性能瓶颈。

下面举一个通过命名管道和 GPLoad 结合 sqluldr2（用于 Oracle 快速卸载数据的软件），实现从 Oracle 到 Greenplum 数据库无落地文件快速加载的示例。具体场景是要把 Oracle 中用户 sh 下 sales 表中的数据，加载到 Greenplum 数据库 sales_history 的 sales 表中。

首先定义 gpload 的控制文件，代码如下所示。

```
VERSION: 1.0.0.1
DATABASE: sales_history
USER: sh
HOST: mdw
PORT: 5432
GPLOAD:
   INPUT:
    - SOURCE:
         LOCAL_HOSTNAME:
           - mdw
         PORT: 8082
         FILE:
           - /tmp/mypipe
    - FORMAT: csv
    - DELIMITER: ','
    - QUOTE: '"'
    - HEADER: true
    - ERROR_LIMIT: 25
    - ERROR_TABLE: err_sales_ext
   OUTPUT:
    - TABLE: sales_history.sales
    - MODE: INSERT
```

接下来编写一个 Shell 脚本，创建命名管道，把 Oracle 数据通过 sqluldr2 写入命名管道，并调用 gpload 进行装载。

```
vi load_data.sh
#!/bin/bash
mknod /tmp/mypipe p
sqluldr2 user=sh/sh query=sh.sales field=0x7c file=/tmp/mypipe charset=utf8
text=CSV safe=yes &
gpload -f gpload.ctl -V -l gpload.log
rm -rf /tmp/mypipe
```

案例二：通过脚本将 Hive 数据快速同步到 Greenplum

编写一个 Shell 脚本，自动将 Hive 中的数据加载到 Greenplum 数据库中。前提条件是，Hive 的表数据存储为 text 格式，并且 Hive 的表结构和 Greenplum 完全一致，字段顺序也一样，核心命令如下。

```
hdfs dfs -get hdfs://hdp01:8020/apps/hive/warehouse/${dbname}.db/$tablename
    $shellpath/tempdata/${dbname}.${tablename}
/data/greenplum/greenplum-db/bin/gpload -f $yml_file -U ${dbuser} -l ${logdir}/
    ${dbname}_${tablename}_$(date +"%Y-%m-%d-%H-%M-%S").log
```

最后展示一下 YAML 文件的配置。

```
[root@hdsp-prd gpload_yml]# more gpload_cfg_template.yml
VERSION: 1.0.0.1
DATABASE: {dbname}
USER: {dbuser}
HOST: 192.168.5.30
PORT: 5432
GPLOAD:
INPUT:
- SOURCE:
LOCAL_HOSTNAME:
- 192.168.5.10
```

```
PORT: 12000
PORT_RANGE: [12000,13000]
FILE:
- /data/ETL_HOME/shell/tempdata/{dbname}.{table}/*
- FORMAT: text
- HEADER: false
- DELIMITER: '\001'
- NULL_AS: '\N'
OUTPUT:
- TABLE: {dbname}.{table}
- MODE: INSERT
PRELOAD:
- TRUNCATE: true
SQL:
```

6.2 自定义存储过程

Greenplum 的自定义存储过程其实是函数对象，只是我们习惯称之为存储过程。本节我们一起见证自定义存储过程功能的强大。

6.2.1 存储过程介绍

由于在 PostgreSQL 中没有严格区分函数和存储过程，因此本节讨论的存储过程是指数据库的函数对象。做过 Oracle 开发的人都知道，Oracle 是严格区分函数和存储过程的，函数可以执行查询和赋值操作，但是不能进行 INSERT 和 UPDATE 操作；存储过程既可以执行查询、赋值操作，也可以执行 INSERT、UPDATE、DELETE、TRUNCATE 操作，可以说存储过程包含了函数的功能。基于 Oracle 倡导的标准，本节把有 INSERT、UPDATE、DELETE、TRUNCATE 操作的函数命名为存储过程，在实际开发中，用 FUNC_ 和 PROC_ 两个不同的前缀加以区分。

早期，由于数据库的性能聚焦于 OLTP，在处理大表关联时性能较弱，因此以 IBM 为主的大型应用厂商推出了 Datastage 工具，通过把数据库的数据抽取到应用服务器的内存中进行大表关联，极大地减轻了数据库的压力，实现了更高效的数据 ETL 处理。由于性能上的突出表现，加上可视化页面便于管理 ETL 程序逻辑和跨库数据的抽取、关联功能，因此早期银行业数据仓库都是基于 ETL 工具实现的。

这种 ETL 工具随着应用的全面铺开，也遇到了很多问题。其中一个突出的问题就是，程序调试特别烦琐，移交运维以后查找问题特别困难。图 6-1 所示的 Datastage Job 中，一个作业抽取了两个不同数据库来源的数据，一步关联并插入第三个数据库 DB2，开发时很轻松，可是测试和运维起来却极为麻烦，如果关联结果缺失数据，很难确定是文件没有读取成功还是关联字段失败，或者数据写入失败。

说了这么多，只是想说明利用 SQL 进行数据 ETL 的优势。Greenplum 支持 PgSQL、C、Perl、Python 等多种编程语言进行函数开发（包括自定义存储过程）。从各种语言的特点来说，只有 PgSQL 最适合进行数据 ETL 处理，其他语言更适合用来定义一些特殊函数。关于自定义函数功能的使用可以参考4.4.5节的介绍。

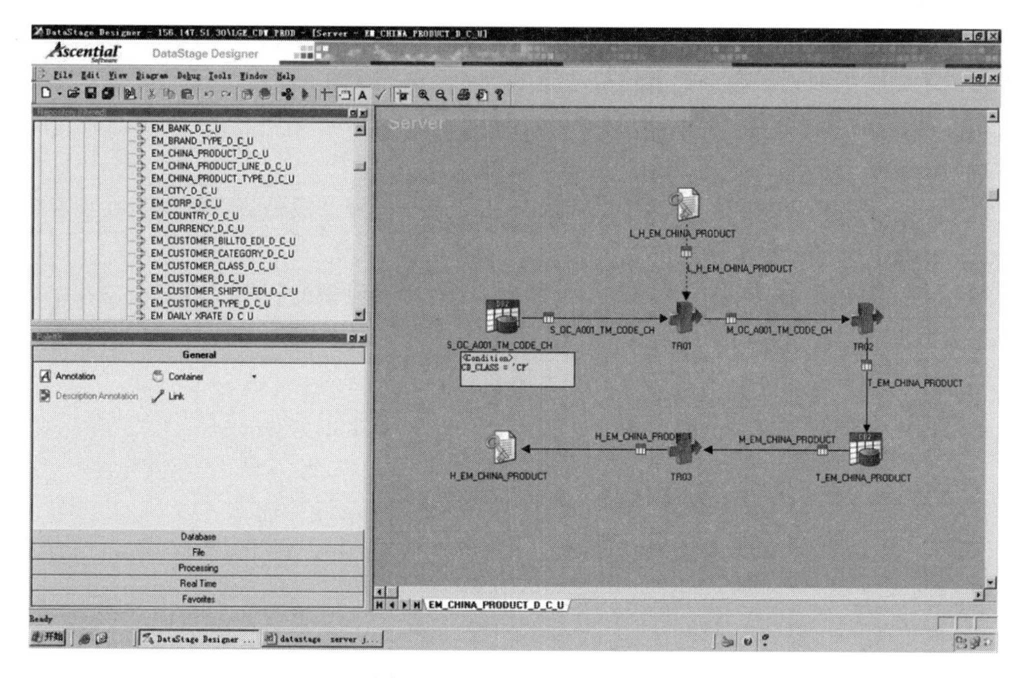

图 6-1　Datastage 开发界面

6.2.2　存储过程应用模板

以PgSQL为例，最常见的存储过程定义如下。

```
CREATE OR REPLACE FUNCTION "dm"."proc_dm_demo"()
  RETURNS "pg_catalog"."void" AS $BODY$
/*********************************************************************
程 序 名: dm.proc_dm_demo()
程序描述: 存储过程模板，仅供参考
创建时间: 2020-03-01
创 建 人: wcb
修改记录:
修改日期     修改人    修改原因说明
2020-05-19  wcb      由于XX提出的需求变更，修改/删除了XX逻辑
*********************************************************************/
DECLARE
BEGIN

TRUNCATE TABLE dm.dm_demo;
INSERT INTO dm.dm_demo
WITH RST1 AS
   (SELECT xx)
     SELECT xxx FROM RST1;

END;
$BODY$
  LANGUAGE 'plpgsql' VOLATILE COST 100
;
```

6.2.3 存储过程精选案例

存储过程还可以实现一些复杂的逻辑，譬如根据游标进行循环，拼接动态SQL实现某些重复的逻辑。下面列举两个笔者比较自豪的程序代码案例，用不到两百行代码和参数配置表，实现了数万行代码都难以实现的逻辑。

案例一：基于EBS系统的财务报表指标口径统计

说到财务报表指标，我们最熟悉的有财务三张表——资产负债表、利润表、现金流量表。这三张报表的逻辑都十分复杂。

第一步：根据业务逻辑来配置规则表。我们先看看最典型的利润表行间汇总关系。虽然都是指标，但是行间相加减比较复杂。利润表通用计算逻辑如下。

营业利润 = 营业总收入 – 营业总成本 + 其他经营收入

利润总额 = 营业利润 + 营业外收入 – 营业外支出

净利润 = 利润总额 – 所得税费用

根据利润表的财务科目汇总逻辑，我们配置口径配置如图6-2所示。

rep_code	rep_desc	index_code	index_name	derivative_fla	subject_rule	index_logic
REP_FIN_07	利润表	F10	营业总收入	Y		F1001
REP_FIN_07	利润表	F1001	营业收入	N	6001	
REP_FIN_07	利润表	F11	营业总成本	Y		F1101+F1102+F1103+F1104+F1105+F1106+F1107
REP_FIN_07	利润表	F1101	营业成本	N	6401	
REP_FIN_07	利润表	F1102	税金及附加	N	6403	
REP_FIN_07	利润表	F1103	销售费用	N	6601	
REP_FIN_07	利润表	F1104	管理费用	N	6602	
REP_FIN_07	利润表	F1105	研发费用	N	6605	
REP_FIN_07	利润表	F1106	财务费用	N	6603	
REP_FIN_07	利润表	F1107	资产减值损失	N	6701	
REP_FIN_07	利润表	F12	其他经营收益	Y		F1201+F1202+F1203+F1204
REP_FIN_07	利润表	F1201	公允价值变动收益	N	待定	
REP_FIN_07	利润表	F1202	投资收益	N	6111	
REP_FIN_07	利润表	F1203	资产处置收益	N	6302	
REP_FIN_07	利润表	F1204	其他收益	N	6201	
REP_FIN_07	利润表	F13	营业利润	Y	(Null)	F10-F11+F12
REP_FIN_07	利润表	F1301	加:营业外收入	N	6301	
REP_FIN_07	利润表	F1302	减:营业外支出	N	6711	
REP_FIN_07	利润表	F14	利润总额	Y		F13+F1301-F1302
REP_FIN_07	利润表	F1401	所得税费用	N	6801	
REP_FIN_07	利润表	F15	净利润	Y		F14-F1401

图6-2 利润表参数配置

第二步：通过存储过程解析规则。本次项目实现了一个突破，就是让程序智能切割加减运算，代码如下。

```
CREATE OR REPLACE FUNCTION "cfg"."proc_cfg_dm_index_rule_parse"()
  RETURNS "pg_catalog"."void" AS $BODY$
/*****************************************************************
程 序 名：cfg.proc_cfg_dm_index_rule_parse()
程序描述：解析规则，生成数据到解析表中
创建时间：2020-09-09
```

```
创 建 人: wcb
修改记录:
修改日期     修改人     修改原因说明
2020-05-19   wcb        创建程序

*******************************************************************/
DECLARE
    row1 record;
    row2 record;
    rulestr varchar;
    substr varchar;
    temp_i int;
BEGIN

    TRUNCATE TABLE cfg.cfg_dm_index_rule_parse;
    --插入单规则的指标计算逻辑,即加工逻辑不包含加减符号的科目指标和行间汇总指标
    INSERT INTO cfg.cfg_dm_index_rule_parse(rep_code,rep_desc,index_code,
        index_name,rule_str,add_sign,derivative_flag,calculation_level)
    SELECT rep_code,rep_desc,index_code,index_name,subject_rule rule_code,
        '+'::text add_sign,derivative_flag,0 calculation_level
      FROM cfg.cfg_dm_index_rule t
     WHERE length(subject_rule) <= 8
       AND derivative_flag ='N'
     UNION ALL
    SELECT rep_code,rep_desc,index_code,index_name,index_logic rule_code,'+'::text
        add_sign,derivative_flag,0 calculation_level
      FROM cfg.cfg_dm_index_rule t
     WHERE index_logic !~* '[A-Z]\d+[+/-][A-Z].+' --通过正则表达式找出不匹配的情况
       AND derivative_flag ='Y';

--针对多科目或者多指标字段进行单独加工(给每一个加减符号前面加一个逗号)
FOR row1 IN (SELECT rep_code,rep_desc,index_code,index_name,'+'||replace(replace(
subject_rule,'+',',+'),'-',',-') rule_str,derivative_flag
     FROM cfg.cfg_dm_index_rule t
    WHERE derivative_flag ='N'
      AND length(subject_rule) > 8
    UNION ALL
    SELECT rep_code,rep_desc,index_code,index_name,'+'||replace(replace(index_logic,
        '+',',+'),'-',',-') rule_str,derivative_flag
     FROM cfg.cfg_dm_index_rule t
    WHERE derivative_flag ='Y'
      AND index_logic ~* '[A-Z]\d+[+/-][A-Z].+') --通过正则表达式找出匹配的情况

   LOOP
  BEGIN
   rulestr:= row1.rule_str;
     --利用regexp_split_to_table()函数,将每一条记录切分成多行规则,插入规则表
     FOR row2 IN (SELECT regexp_split_to_table(rulestr,',') sub_rule)
     LOOP
         substr:= row2.sub_rule;
         INSERT INTO cfg.cfg_dm_index_rule_parse (rep_code,rep_desc,index_code,
             index_name,rule_str,add_sign,derivative_flag,calculation_level)
         SELECT row1.rep_code,row1.rep_desc,row1.index_code,row1.index_name,substr
            (substr,2,length(substr)-1) rule_code,substr(substr,1,1) add_sign,
            row1.derivative_flag,0 calculation_level;
     END LOOP;
   EXCEPTION
        WHEN others THEN
```

```
        RAISE EXCEPTION  'Parse error,please check data!The error rule is %', rulestr;
   END;

  END LOOP;

  --加工指标汇总层级
    UPDATE cfg.cfg_dm_index_rule_parse SET calculation_level = 1 WHERE derivative_
        flag='N';
    --设置最大汇总层级为10
  --循环更新汇总层级
    temp_i = 2;
    WHILE temp_i <= 10 LOOP
    --更新子指标为temp_i -1 级别并且没有子指标层级为空的明细，设置汇总层级为temp_i
    UPDATE cfg.cfg_dm_index_rule_parse
        SET calculation_level = temp_i
    WHERE derivative_flag = 'Y'
    AND index_code IN
        (SELECT distinct index_code FROM cfg.cfg_dm_index_rule_parse
        WHERE rule_str IN (SELECT index_code from cfg.cfg_dm_index_rule_parse
            WHERE calculation_level = temp_i -1))
        AND index_code NOT IN
            (SELECT DISTINCT index_code FROM cfg.cfg_dm_index_rule_parse
        WHERE derivative_flag = 'Y'
            AND rule_str IN (SELECT index_code FROM cfg.cfg_dm_index_rule_parse
        WHERE calculation_level = 0));
    temp_i = temp_i + 1;
   END LOOP;

END;
$BODY$
  LANGUAGE plpgsql VOLATILE
  COST 100
```

这段存储过程主要分为两部分——前面部分循环主要是将业务口径解析为逐行的形式，通过“+”“-”符号来定义行间汇总关系；后面部分通过循环来更新 calculation_level 字段，calculation_level 用于定义第几次循环才汇总计算该指标。

最终程序的解析结果如表 6-1 所示。

表 6-1 利润表口径解析结果

rep_code	rep_desc	index_code	index_name	rule_str	add_sign	derivative_flag	calculation_level
REP_FIN_07	利润表	F10	营业总收入	F1001	+	Y	2
REP_FIN_07	利润表	F1001	营业收入	6001	+	N	1
REP_FIN_07	利润表	F11	营业总成本	F1104	+	Y	2
REP_FIN_07	利润表	F11	营业总成本	F1102	+	Y	2
REP_FIN_07	利润表	F11	营业总成本	F1106	+	Y	2
REP_FIN_07	利润表	F11	营业总成本	F1103	+	Y	2
REP_FIN_07	利润表	F11	营业总成本	F1105	+	Y	2
REP_FIN_07	利润表	F11	营业总成本	F1101	+	Y	2

（续）

rep_code	rep_desc	index_code	index_name	rule_str	add_sign	derivative_flag	calculation_level
REP_FIN_07	利润表	F11	营业总成本	F1107	+	Y	2
REP_FIN_07	利润表	F1101	营业成本	6401	+	N	1
REP_FIN_07	利润表	F1102	税金及附加	6403	+	N	1
REP_FIN_07	利润表	F1103	销售费用	6601	+	N	1
REP_FIN_07	利润表	F1104	管理费用	6602	+	N	1
REP_FIN_07	利润表	F1105	研发费用	6605	+	N	1
REP_FIN_07	利润表	F1106	财务费用	6603	+	N	1
REP_FIN_07	利润表	F1107	资产减值损失	6701	+	N	1
REP_FIN_07	利润表	F12	其他经营收益	F1201	+	Y	2
REP_FIN_07	利润表	F12	其他经营收益	F1204	+	Y	2
REP_FIN_07	利润表	F12	其他经营收益	F1202	+	Y	2
REP_FIN_07	利润表	F12	其他经营收益	F1203	+	Y	2
REP_FIN_07	利润表	F1201	公允价值变动收益	待定	+	N	1
REP_FIN_07	利润表	F1202	投资收益	6111	+	N	1
REP_FIN_07	利润表	F1203	资产处置收益	6302	+	N	1
REP_FIN_07	利润表	F1204	其他收益	6201	+	N	1
REP_FIN_07	利润表	F13	营业利润	F12	+	Y	3
REP_FIN_07	利润表	F13	营业利润	F11	-	Y	3
REP_FIN_07	利润表	F13	营业利润	F10	+	Y	3
REP_FIN_07	利润表	F1301	加：营业外收入	6301	+	N	1
REP_FIN_07	利润表	F1302	减：营业外支出	6711	+	N	1
REP_FIN_07	利润表	F14	利润总额	F1301	+	Y	4
REP_FIN_07	利润表	F14	利润总额	F13	+	Y	4
REP_FIN_07	利润表	F14	利润总额	F1302	-	Y	4
REP_FIN_07	利润表	F1401	所得税费用	6801	+	N	1
REP_FIN_07	利润表	F15	净利润	F14	+	Y	5
REP_FIN_07	利润表	F15	净利润	F1401	-	Y	5

第三步：根据科目口径先关联财务总账表，计算科目口径的指标规则，然后循环取行间汇总指标的计算规则，汇总计算上层指标，最后统一进行汇率转换。这里汇率转换也是一个亮点。

```
CREATE OR REPLACE FUNCTION "dm"."proc_dm_fin_tg_rep_result"()
  RETURNS "pg_catalog"."void" AS $BODY$
/*****************************************************************
程 序 名: dm.proc_dm_fin_tg_rep_result()
程序描述: 加工指标计算结果
创建时间: 2020-09-09
创 建 人: wcb
修改记录:
修改日期     修改人    修改原因说明
2020-05-19  wcb       创建程序

*****************************************************************/
DECLARE
    max_level int;
    temp_i int;
BEGIN
    --清空数据
    TRUNCATE TABLE dm.dm_fin_tg_rep_result_tmp;

    --先关联科目规则数据，然后关联指标项目，汇总数据插入表格
    INSERT INTO dm.dm_fin_tg_rep_result_tmp
    SELECT t.data_year,
           t.data_month,
           t.currency_code,
           t.company_code,
           t.department_code,
           t.project_code,
           t.subject_code,
           b.rep_code,
           b.rep_desc,
           b.index_code,
           b.index_name,
           sum(t.month_amount * case when b.add_sign = '+' then 1 else -1 end) AS mtd,
           sum(t.quarter_amount * case when b.add_sign = '+' then 1 else -1 end) AS qtd,
           sum(t.end_balance * case when b.add_sign = '+' then 1 else -1 end) AS ytd
      FROM dw.dw_fin_gl_balance t,
           cfg.cfg_dm_index_rule_parse b
     WHERE substr(t.subject_code,1,length(b.rule_str)) = b.rule_str
     GROUP BY t.data_year,
              t.data_month,
              t.currency_code,
              t.company_code,
              t.department_code,
              t.project_code,
              t.subject_code,
              b.rep_code,
              b.rep_desc,
              b.index_code,
              b.index_name;

    SELECT max(calculation_level) into max_level FROM cfg.cfg_dm_index_rule_parse;
    temp_i = 2;
    --循环往上层汇总指标
    WHILE temp_i <= max_level LOOP
       INSERT INTO dm.dm_fin_tg_rep_result_tmp
       SELECT t.data_year,
              t.data_month,
              t.currency_code,
```

```
            t.company_code,
            t.department_code,
            t.project_code,
            t.subject_code,
            b.rep_code,
            b.rep_desc,
            b.index_code,
            b.index_name,
            sum(t.mtd * case when b.add_sign = '+' then 1 else -1 end) AS mtd,
            sum(t.qtd * case when b.add_sign = '+' then 1 else -1 end) AS qtd,
            sum(t.ytd * case when b.add_sign = '+' then 1 else -1 end) AS ytd
       FROM dm.dm_fin_tg_rep_result_tmp    t,
            cfg.cfg_dm_index_rule_parse    b
      WHERE b.calculation_level = temp_i
        AND t.index_code = b.rule_str
      GROUP BY t.data_year,
               t.data_month,
               t.currency_code,
               t.company_code,
               t.department_code,
               t.project_code,
               t.subject_code,
               b.rep_code,
               b.rep_desc,
               b.index_code,
               b.index_name;

   temp_i = temp_i + 1;
END LOOP;

--按照初始指标计算综合人民币的数据(乘以汇率)
INSERT INTO dm.dm_fin_tg_rep_result_tmp
SELECT t.data_year,
       t.data_month,
       '折CNY' as currency_code,
       t.company_code,
       t.department_code,
       t.project_code,
       t.subject_code,
       t.rep_code,
       t.rep_desc,
       t.index_code,
       t.index_name,
       sum(t.mtd * COALESCE(b.exc_rate,1)) AS mtd,
       sum(t.qtd * COALESCE(b.exc_rate,1)) AS qtd,
       sum(t.ytd * COALESCE(b.exc_rate,1)) AS ytd
  FROM dm.dm_fin_tg_rep_result_tmp t
  LEFT JOIN md.dim_exchange_rate_m b
    ON t.data_month = b.data_month
   AND t.currency_code =  b.from_currency
   AND b.to_currency = 'CNY'
 GROUP BY t.data_year,
          t.data_month,
          t.company_code,
          t.department_code,
          t.project_code,
          t.subject_code,
          t.rep_code,
```

```
                t.rep_desc,
                t.index_code,
                t.index_name ;
END;
$BODY$
  LANGUAGE plpgsql VOLATILE
  COST 100
```

案例二：基于金蝶 EAS 系统 301 报表的财务指标加工

图 6-3 所示是业务指标规则定义表，定义了整个财务模块全部业务指标的统计规则，例如指标名、指标的基本属性、指标计算字段、指标数据来源、指标的过滤逻辑。其中有些指标是比例，在指标编码上加 A 表示分子，加 B 表示分母，在后面报表展现时按照规则进行汇总以后相除。

rep_code	index_code	index_name	index_typ	index_logic	index_filter	lc	index_sour	index_srctable
FIN01	FIN01I003	省区净利润(不含新货补贴	利润	cfprovincemangernetprofit	ffrontbackground<>'事业部'	3	金蝶301	dw.dw_fin_base301
FIN01	FIN01I004A	正价折扣率(流水)	折扣	cfsaleflow	ffrontbackground<>'不考核' ar	流	金蝶301	dw.dw_fin_base301
FIN01	FIN01I008B	前台其他费用率(含税收入	占比	cfmainicomenetworth	cfbusinessingmode ='自营' and	其	金蝶301	dw.dw_fin_base301
FIN01	FIN01I003	省区净利润(不含新货补贴	利润	cfinterestpay	ffrontbackground='后台'	3	金蝶301	dw.dw_fin_base301
FIN01	FIN01I015A	Q3售罄率（销售收入）	零售	q3_sales_tagbal	cfdatatype ='实际'	销	流水结果表	dw.dw_fin_sales_index
FIN01	FIN01I016B	Q4售罄率（到货数量）	零售	q4_arrival_tagbal	cfdatatype ='实际'	销	流水结果表	dw.dw_fin_sales_index
FIN01	FIN01I005B	整体毛利率(含税收入)	利润	cfmainicomenetworth	ffrontbackground<>'不考核'	毛	金蝶301	dw.dw_fin_base301
FIN01	FIN01I002	收入	收入	cfmainicomenetworth	ffrontbackground<>'不考核'	3	金蝶301	dw.dw_fin_base301
FIN01	FIN01I010B	后台其他费用率(含税收入	占比	cfmainicomenetworth	ffrontbackground<>'不考核'	其	金蝶301	dw.dw_fin_base301
FIN01	FIN01I010A	后台其他费用率(其他费用	占比	cfdealingfee - cfinterestpay	ffrontbackground='后台'	其	金蝶301	dw.dw_fin_base301
FIN01	FIN01I007A	前台人工费用率(人工成本	占比	cflablecostsubtotal	cfbusinessingmode ='自营' and	人	金蝶301	dw.dw_fin_base301
FIN01	FIN01I011A	原店同比(本年可比额)	同比	cy_amt	cfdatatype ='实际'		流水结果表	dw.dw_fin_sales_index
FIN01	FIN01I011B	原店同比(上年可比额)	同比	ly_amt	cfdatatype ='实际'		流水结果表	dw.dw_fin_sales_index
FIN01	FIN01I014A	Q2售罄率（销售收入）	零售	q2_sales_tagbal	cfdatatype ='实际'	销	流水结果表	dw.dw_fin_sales_index
FIN01	FIN01I007B	前台人工费用率(含税收入	占比	cfmainicomenetworth	cfbusinessingmode ='自营' and	人	金蝶301	dw.dw_fin_base301
FIN01	FIN01I005A	整体毛利率(毛利)	利润	cfmainicomenetworth + cfo	ffrontbackground<>'不考核'	考	金蝶301	dw.dw_fin_base301
FIN01	FIN01I003	省区净利润(不含新货补贴	利润	cfnewproductsubsity * -1		3	金蝶301	dw.dw_fin_base301
FIN01	FIN01I005A	整体毛利率(毛利)	利润	cfmaincost1 * -1	ffrontbackground<>'不考核'	考	金蝶301	dw.dw_fin_base301
FIN01	FIN01I008A	前台其他费用率(其他费用	占比	cfotherfeesubtotal	cfbusinessingmode ='自营' and	其	金蝶301	dw.dw_fin_base301
FIN01	FIN01I009B	后台人工费用率(含税收入	占比	cfmainicomenetworth	ffrontbackground<>'不考核'	人	金蝶301	dw.dw_fin_base301
FIN01	FIN01I006A	前台租金费用率(租金物业	占比	cfrentfee	cfbusinessingmode ='自营' and	租	金蝶301	dw.dw_fin_base301
FIN01	FIN01I012B	单产（累计店数）单产（	零售	allstore	cfdatatype ='实际'		流水结果表	dw.dw_fin_sales_index
FIN01	FIN01I017	投资回收期	财务	cfpayback	source_table = 'input_fin_payba	临	补录	dw.dw_fin_input_data
FIN01	FIN01I013A	Q1售罄率（销售收入）	零售	q1_sales_tagbal	cfdatatype ='实际'	销	流水结果表	dw.dw_fin_sales_index
FIN01	FIN01I012A	单产（累计流水）	零售	cfsaleflow_ef	cfdatatype ='实际'		流水结果表	dw.dw_fin_sales_index
FIN01	FIN01I004B	正价折扣率(吊牌)	折扣	cfsaletag	ffrontbackground<>'不考核' ar	流	金蝶301	dw.dw_fin_base301
FIN01	FIN01I006B	前台租金费用率(含税收入	占比	cfmainicomenetworth	cfbusinessingmode ='自营' and	租	金蝶301	dw.dw_fin_base301
FIN01	FIN01I014B	Q2售罄率（到货数量）	零售	q2_arrival_tagbal	cfdatatype ='实际'	销	流水结果表	dw.dw_fin_sales_index

图 6-3 零售财务报表口径截图

图 6-4 所示是报表汇总规则定义表，存放的是每个报表的代码、名称以及报表需要汇总的维度字段信息。数据来源表 base301 的维度字段和指标字段加起来有 130 多个，而不同的报表则需要根据不同的维度来汇总数据，必须给每张报表的所有指标定义一个相同的维度组合，对应本表的 group_column。

rep_code	rep_name	rep_showname	group_column	group_desc
SOM01	SOM接口（省区经	SOM接口（省区经营表）	cfyear,cfmonth,cfmanagerprovince	管理省区，年份、
FIN12	未满年店分析	F10 未满年店分析	cfmanagerprovince,cfformat,cfsapstorename,cfbu	管理省区，年份、
FIN16	城市损益对照	F14 城市损益对照	cfyear,cfmonth,cfmanagerprovince,cfprovince,cfar	管理省区，年份、
FIN05	客户分析	F04 客户损益分析	cfyear,cfmonth,cfmanagerprovince,cfcustomernar	省份\管理省份、
FIN06	流水及利润同比趋	F06 流水趋势分析	cfyear,cfmonth,cfmanagerprovince,cfdatatype	管理省区，年份、
FIN14	费用对照表	F11 费用对照表	cfyear,cfmonth,cfmanagerprovince,cfdatatype	管理省区，年份、
FIN10	分品牌分析	F07 分品牌分析	cfyear,cfmonth,cfmanagerprovince,cfbrank,cfstore	管理省区，年份、
FIN15	风险热力地图	B02 绩效热力风险	cfyear,cfmonth,cfmanagerprovince	管理省区，年份、
FIN13	未满年整改店	F13 未满年整改店	cfyear,cfmonth,cfmanagerprovince,cfdatatype,cfs	管理省区，年份、
FIN01	预警地图	B01 绩效热力风险	cfyear,cfmonth,cfmanagerprovince,cfdatatype	管理省区，年份、
FIN02	经营损益表	F01 经营损益分析	cfyear,cfmonth,cfmanagerprovince,cfdatatype	管理省区，年份、
FIN04	省区月趋势	F03 省区损益趋势	cfyear,cfmonth,cfmanagerprovince,cfdatatype	管理省区、年份、
FIN09	自营单店三年	F12 自营单店三年	cfyear,cfmonth,cfmanagerprovince,cfprovince,cfar	管理省区，年份、
FIN08	业务模式分析	F08 业务模式分析	cfyear,cfmonth,cfmanagerprovince,cfdatatype,cfb	管理省区，年份、
FIN03	省区损益	F02 省区损益分析	cfyear,cfmonth,cfmanagerprovince,cfdatatype	管理省区，年份、
FIN11	城市前台损益	F09 城市前台损益	cfyear,cfmonth,cfmanagerprovince,cfdatatype,cfa	管理省区，年份、
SOM02	SOM接口（单店经	SOM接口（单店经营表）	cfyear,cfmonth,cfmanagerprovince,cfsaplifecode,c	管理省区，年份、
FIN07	体系损益分析	F05 体系损益分析	cfyear,cfmonth,cfmanagerprovince,cfdatatype,cfn	管理省区，年份、

图 6-4　零售财务报表汇总维度截图

接下来是组合逻辑的存储过程，主要是根据业务指标规则定义表、报表汇总规则定义表的信息关联拼接动态 SQL，并将拼接好的 SQL 逐行通过游标赋值给 V_SQL，最后执行 V_SQL 并记录到日志表中。

```
CREATE OR REPLACE FUNCTION "dm"."proc_dm_tg_fin_rep_index_all"()
  RETURNS "pg_catalog"."void" AS $BODY$
/*****************************************************************
程 序 名: dm.proc_dm_tg_fin_rep_index_all()
程序描述: 根据财务指标逻辑配置表cfg_fin_index_rule来加工全部财务指标逻辑并写入dm_tg_fin_rep_
index_all表
创建时间: 2019-9-10
创 建 人: wcb
修改记录:
修改日期     修改人    修改原因说明

*****************************************************************/
DECLARE
    V_SQL VARCHAR;
    row record;
    ex_result    integer default 0;
begin

TRUNCATE TABLE dm.dm_tg_fin_rep_index_all ;
FOR row IN
  SELECT 'INSERT INTO dm.dm_tg_fin_rep_index_all('||group_column||',data_month,rep_
code,index_code, index_vaule)
  SELECT '||group_column||',data_month,'''||t.rep_code||''' as rep_code,'''||t.
      index_code||''' AS index_code,sum('||t.index_logic||') AS index_vaule
  FROM '|| t.index_srctable ||' WHERE '|| CASE WHEN t.index_filter = '' OR t.index_
      filter IS NULL THEN ' 1=1 ' ELSE t.index_filter END ||'
  GROUP BY '||group_column||',data_month;' sql_str
  FROM cfg.cfg_fin_index_rule t ,cfg.cfg_fin_report_rule b
  WHERE t.rep_code = b.rep_code
   LOOP
  begin
    V_SQL := row.sql_str;
```

```
    execute V_SQL;
    GET DIAGNOSTICS ex_result:= ROW_COUNT;

    INSERT INTO cfg.ST_PROCESS_LOG (SQLSTR,SYSTIME,row_cnt) select V_SQL,now(),ex_result;

    EXCEPTION
        WHEN OTHERS THEN
    END;

    END LOOP;
    ANALYSE dm.dm_tg_fin_rep_index_all;
end;
$BODY$
    LANGUAGE plpgsql VOLATILE
    COST 100
```

本程序的参数表一共配置了 508 条规则，相应地生成了 508 条动态 SQL。这里展示一个拼接完以后执行的 SQL 代码。

```
INSERT INTO dm.dm_tg_fin_rep_index_all(cfyear,cfmonth,cfmanagerprovince,cfprovince,
    cfdatatype,data_month,rep_code,index_code, index_vaule)
    SELECT cfyear,cfmonth,cfmanagerprovince,cfprovince,cfdatatype,data_month,
        'FIN01' AS rep_code,'FIN01I004B' AS index_code,sum(cfsaletag) AS index_vaule
    FROM dw.dw_fin_base301 WHERE ffrontbackground<>'不考核'  AND cfbusinessingmode
        NOT IN ('退电商','特卖','后台','星际')
    GROUP BY cfyear,cfmonth,cfmanagerprovince,cfprovince,cfdatatype,data_month;
```

最后是加工结果。针对不同的报表，会有不同粒度的汇总数据，如图 6-5 所示。从图中可以看出，很多维度字段为空，这是因为不同的报表有不同的汇总维度，所以结果表是所有报表汇总维度的大集合，所有指标只针对各自报表需要的维度进行汇总和赋值。

data_month	rep_code	cfyear	cfmont	cfmanage	cfprovi	cfarea	cfdatatype	cfbrank	ffrontba	cfsaplif	cfcusto	cfbusin	cfdiscount	cfstore	cfmercha	index_code	index_vaule
2020-09	FIN03	2020	9	苏皖	(Null)	(Null)	预算	(Null)	(Null)	(Null)	(Null)	(Null)	(Null)	(Null)	(Null)	FIN03I006	136130.60039605
2018-06	FIN03	2018	6	广西	(Null)	(Null)	预算	(Null)	(Null)	(Null)	(Null)	(Null)	(Null)	(Null)	(Null)	FIN03I006	127930.09945210
2019-05	FIN03	2019	5	四川	(Null)	(Null)	实际	(Null)	(Null)	(Null)	(Null)	(Null)	(Null)	(Null)	(Null)	FIN03I006	188787.55000000
2020-12	FIN03	2020	12	广东	(Null)	(Null)	预算	(Null)	(Null)	(Null)	(Null)	(Null)	(Null)	(Null)	(Null)	FIN03I006	534012.74772712
2018-10	FIN03	2018	10	河南	(Null)	(Null)	预算	(Null)	(Null)	(Null)	(Null)	(Null)	(Null)	(Null)	(Null)	FIN03I006	462001.86638225
2020-04	FIN03	2020	4	浙江	(Null)	(Null)	预算	(Null)	(Null)	(Null)	(Null)	(Null)	(Null)	(Null)	(Null)	FIN03I006	63562.06254091
2019-07	FIN03	2019	7	西北	(Null)	(Null)	实际	(Null)	(Null)	(Null)	(Null)	(Null)	(Null)	(Null)	(Null)	FIN03I006	97617.38000000
2020-08	FIN03	2020	8	西北	(Null)	(Null)	预算	(Null)	(Null)	(Null)	(Null)	(Null)	(Null)	(Null)	(Null)	FIN03I006	64363.01355013
2019-01	FIN03	2019	1	海南	(Null)	(Null)	预算	(Null)	(Null)	(Null)	(Null)	(Null)	(Null)	(Null)	(Null)	FIN03I006	654128.84422784
2018-03	FIN03	2018	3	山东	(Null)	(Null)	实际	(Null)	(Null)	(Null)	(Null)	(Null)	(Null)	(Null)	(Null)	FIN03I006	207562.69000000
2020-08	FIN03	2020	8	江西	(Null)	(Null)	预算	(Null)	(Null)	(Null)	(Null)	(Null)	(Null)	(Null)	(Null)	FIN03I006	212134.95640545
2020-07	FIN03	2020	7	苏皖	(Null)	(Null)	实际	(Null)	(Null)	(Null)	(Null)	(Null)	(Null)	(Null)	(Null)	FIN03I006	107487.66000000
2018-01	FIN03	2018	1	西北	(Null)	(Null)	预算	(Null)	(Null)	(Null)	(Null)	(Null)	(Null)	(Null)	(Null)	FIN03I006	728881.17666446
2020-12	FIN03	2020	12	广西	(Null)	(Null)	实际	(Null)	(Null)	(Null)	(Null)	(Null)	(Null)	(Null)	(Null)	FIN03I006	219238.83000000
2018-03	FIN03	2018	3	广东	(Null)	(Null)	预算	(Null)	(Null)	(Null)	(Null)	(Null)	(Null)	(Null)	(Null)	FIN03I006	379899.56170218
2019-07	FIN03	2019	7	河南	(Null)	(Null)	实际	(Null)	(Null)	(Null)	(Null)	(Null)	(Null)	(Null)	(Null)	FIN03I006	94428.69000000
2019-09	FIN03	2019	9	贵州	(Null)	(Null)	实际	(Null)	(Null)	(Null)	(Null)	(Null)	(Null)	(Null)	(Null)	FIN03I006	133973.79000000
2020-12	FIN03	2020	12	江西	(Null)	(Null)	预算	(Null)	(Null)	(Null)	(Null)	(Null)	(Null)	(Null)	(Null)	FIN03I006	477484.92129122
2019-03	FIN03	2019	3	贵州	(Null)	(Null)	实际	(Null)	(Null)	(Null)	(Null)	(Null)	(Null)	(Null)	(Null)	FIN03I006	111793.17000000
2018-05	FIN03	2018	5	广东	(Null)	(Null)	预算	(Null)	(Null)	(Null)	(Null)	(Null)	(Null)	(Null)	(Null)	FIN03I006	506996.74895506
2018-07	FIN03	2018	7	河南	(Null)	(Null)	实际	(Null)	(Null)	(Null)	(Null)	(Null)	(Null)	(Null)	(Null)	FIN03I006	51544.71000000
2018-11	FIN03	2018	11	海南	(Null)	(Null)	预算	(Null)	(Null)	(Null)	(Null)	(Null)	(Null)	(Null)	(Null)	FIN03I006	62883.06196519
2019-01	FIN03	2019	1	浙江	(Null)	(Null)	预算	(Null)	(Null)	(Null)	(Null)	(Null)	(Null)	(Null)	(Null)	FIN03I006	168833.10000000
2019-01	FIN03	2019	1	西北	(Null)	(Null)	实际	(Null)	(Null)	(Null)	(Null)	(Null)	(Null)	(Null)	(Null)	FIN03I006	467195.82000000
2019-07	FIN03	2019	7	苏皖	(Null)	(Null)	实际	(Null)	(Null)	(Null)	(Null)	(Null)	(Null)	(Null)	(Null)	FIN03I006	41376.93000000
2020-01	FIN03	2020	1	河南	(Null)	(Null)	预算	(Null)	(Null)	(Null)	(Null)	(Null)	(Null)	(Null)	(Null)	FIN03I006	241908.14954293
2020-05	FIN03	2020	5	山东	(Null)	(Null)	实际	(Null)	(Null)	(Null)	(Null)	(Null)	(Null)	(Null)	(Null)	FIN03I006	123448.25000000
2020-07	FIN03	2020	7	海南	(Null)	(Null)	实际	(Null)	(Null)	(Null)	(Null)	(Null)	(Null)	(Null)	(Null)	FIN03I006	79033.57000000

图 6-5 零售财务报表计算结果截图

以上两个案例利用灵活的配置和简洁的代码实现了复杂的业务逻辑，提高了程序可读性，降低了运维成本。虽然读者不一定会遇到相同的情况，但是只要有了动态 SQL 的思想，这个基于业务规则配置的表就可以应用于很多场景。

6.3 PXF 插件

PXF 是 Greenplum 提供的一个外部插件，虽然既可以完成数据抽取（Extract）也可以完成数据加载（Load），但是我们通常只用 PXF 插件读取 Hadoop 体系的数据，很少用在 ETL 处理流程中。

6.3.1 PXF 简介

PXF 提供的连接器可用于访问存储在 Greenplum 数据库外部源中的数据。这些连接器将外部数据源映射到 Greenplum 数据库的外部表（external table）中。创建 Greenplum 数据库外部表时，可以通过在命令中提供服务器名称和配置文件名称来表示外部数据存储和数据格式。

PXF 通过内置连接器提供跨异构数据源的并行、高吞吐量的数据访问和联合跨异构数据源的查询，该连接器将 Greenplum 数据库外部表定义并映射到外部数据源。PXF 源于 Apache HAWQ 项目，后移植到 Greenplum 中。用户可以通过 Greenplum 数据库查询外部表引用的数据，也可以使用外部表将数据加载到 Greenplum 数据库中以获得更高的性能。

PXF 支持多种数据源，包括 text、Avro、JSON、RCFile、ParquetSequenceFile 和 ORC 数据格式以及 JDBC 协议。通过 JDBC 协议可以支持 Oracle、MySQL、DB2、SQL Server 等多种异构数据源。PXF 还可以访问 Hadoop、S3 等外部存储服务器上的数据，也是目前官方推荐的用于与 Hadoop 体系应用进行数据交换的模块。

PXF 外部表支持可读和可写两种模式，Greenplum 数据库不支持直接查询可写外部表。如果需要查询可写外部表中的数据，则需要另外创建一张可读外部表指向相同的文件。

下面以 PXF 访问 Hadoop 为例，介绍 PXF 的工作流程。

整个 PXF 框架由内置在 Greenplum 中的外部表协议和运行在每个 Segment 物理主机上的 Java 服务组成。当 Greenplum 通过 Segment 向 PXF 服务进程发送请求时，Segment 上的 PXF 进程（也叫 PXF Agent）会为每个 Segment 的连接创建新的线程来提供外部表服务。每个 Segment 与 PXF 进程之间通过 REST 的方式并行通信，每个主机上的 PXF 进程也会并行访问 HDFS 文件系统。

Pivotal 官方提供的 PXF 系统架构如图 6-6 所示。

当用户执行 PXF 外部表查询时，主节点将查询任务直接发送给每个 Segment 实例。Segment 实例通过 REST 方式通知 PXF 进程，PXF 进程负责与 HDFS 的 NameNode 通信，获取数据的元信息，并将其返回给每个 Segment 实例。Segment 实例再根据自己的 gp_ segment_id 以及元数据，向 PXF 进程获取自己的查询数据。PXF 进程则根据 Segment 实例提供的信息，通过 HDFS 的 API，获取数据并返回给 Segment 实例。整个过程以 Segment 实例为单位并行执行。

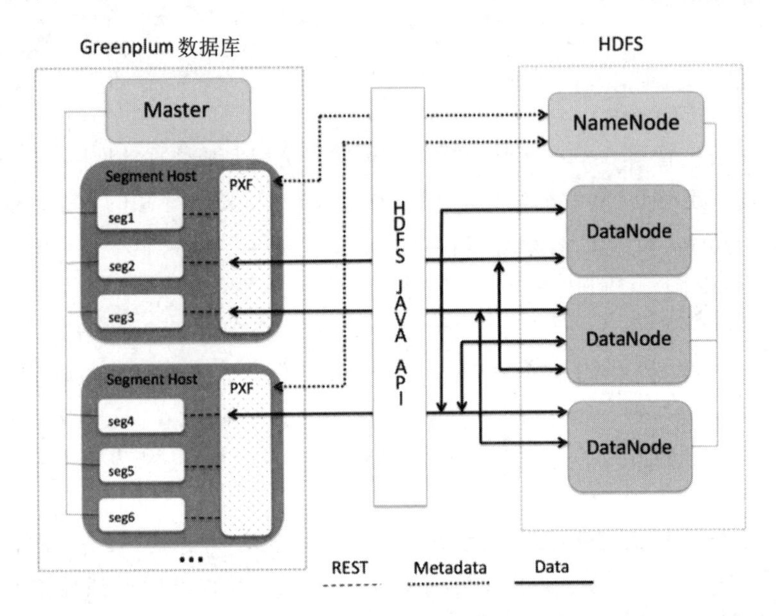

图 6-6 PXF 系统架构图

6.3.2 安装 PXF

默认情况下 Greenplum 没有初始化 PXF。PXF 安装步骤如下。

第一步：给集群所有节点安装 JDK。因为 PXF 是依赖于 Java 的，所以要使用 PXF 必须先安装 JDK。主节点上初始化 JDK 并配置环境变量，用 root 用户的或者给 gpadmin 用户的 sudo 权限执行，JAVA_HOME 需要根据实际安装的版本号进行调整。

```
yum -y install java-1.8.0-openjdk-1.8.0*
echo 'export JAVA_HOME=/usr/lib/jvm/java-1.8.0-openjdk-1.8.0.282.b08-1.el7_9.
    x86_64/jre' >> /home/gpadmin/.bashrc
```

同时给所有 DataNode 安装 JDK。

```
gpssh -e -v -f seg_hosts sudo yum -y install java-1.8.0-openjdk-1.8.0*
gpssh -e -v -f gphostfile "echo 'export JAVA_HOME=/usr/lib/jvm/java-1.8.0-
    openjdk-1.8.0.282.b08-1.el7_9.x86_64/jre' >> /home/gpadmin/.bashrc"
```

第二步：初始化 PXF。运行 pxf cluster init 命令会在主节点和所有的 Segment 实例主机上初始化 PXF 服务。如下命令指定 $GPHOME/pxf/conf 作为 PDF 初始化的用户配置目录。

```
PXF_CONF=$GPHOME/pxf/pxf_conf $GPHOME/pxf/bin/pxf cluster init
```

PXF 服务只运行在 Segment 主机上，然而 pxf cluster init 命令也会在 GPDB 的 Master

和 Standby 主机上创建 PXF 用户配置目录。PXF 安装成功如图 6-7 所示。

```
[gpadmin@gpmaster pxf]$ PXF_CONF=$GPHOME/pxf/pxf_conf $GPHOME/pxf/bin/pxf cluster init
Initializing PXF on master host and 2 segment hosts...
PXF initialized successfully on 3 out of 3 hosts
```

图 6-7　PXF 安装成功

第三步：启动 PXF。PXF 提供了两个管理命令。

1）pxf cluster：管理 Greenplum 数据库集群中的所有 PXF 服务实例。

2）pxf：在特定的 Greenplum 数据库主机上管理 PXF 服务实例。

pxf 和 pxf cluster 命令支持 init、start、status、stop、sync 子命令。在 Greenplum 数据库 Master 主机上运行 pxf cluster 命令时，将会在 Greenplum 数据库集群的所有 DataNode 主机上执行该操作。PXF 还会在 Standby 主机上运行 init 和 sync 命令。

执行 $GPHOME/pxf/bin/pxf cluster start 命令启动 PXF，运行结果如图 6-8 所示。

```
[gpadmin@gpmaster pxf]$ $GPHOME/pxf/bin/pxf cluster start
Starting PXF on 3 segment hosts...
PXF started successfully on 3 out of 3 hosts
```

图 6-8　PXF 启动成功

第四步：给数据库安装 PXF 扩展。在数据库中执行 CREATE EXTENSION pxf 命令，给数据库安装 PXF 扩展，安装成功如图 6-9 所示。

```
[gpadmin@gpmaster ~]$ psql -d demoDB
psql (9.4.24)
Type "help" for help.

demoDB=# CREATE EXTENSION pxf;
CREATE EXTENSION
demoDB=#
```

图 6-9　安装 PXF 扩展

安装完成以后还要对指定用户进行授权，命令如下。

```
GRANT SELECT ON PROTOCOL pxf TO gpadmin;
GRANT insert ON PROTOCOL pxf TO gpadmin;
```

第五步：配置 PXF 文件。PXF 初始化完成以后，在 $PXF_CONF/templates 下，默认提供了各种数据连接的模板，如图 6-10 所示。

接下来我们以 MySQL 为例配置 PXF 连接。

首先上传 MySQL 的 JDBC 驱动包 mysql-connector-java.jar 到 $PXF_CONF/lib 下，然后复制 jdbc-site.xml 到 $PXF_CONF/servers/ 下。在 PXF 初始化以后，默认创建了 $PXF_CONF/servers/default 文件夹，此文件夹为空。如果在 CREATE EXTERNAL TABLE 命令的 LOCATION 子句中省略了 SERVER=<server_name> 设置，则 PXF 将自动使用 default 服务器进行配置。我们在 $PXF_CONF/servers/ 下面新建 pxf_mysql 文件夹，并将 jdbc-site.xml

复制到这个目录下。

```
cp $PXF_CONF/templates/jdbc-site.xml $PXF_CONF/servers/pxf_mysql/
```

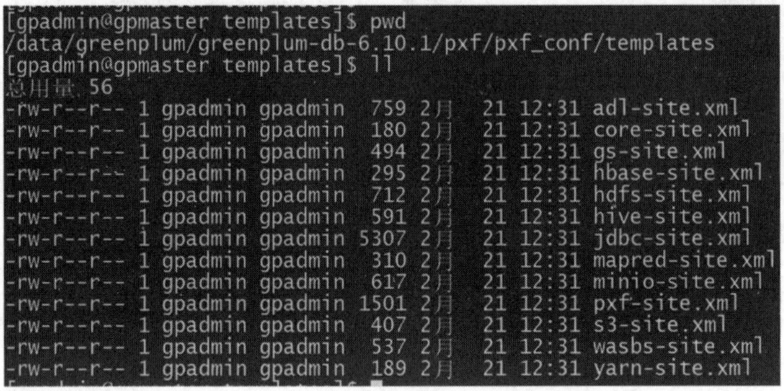

```
[gpadmin@gpmaster templates]$ pwd
/data/greenplum/greenplum-db-6.10.1/pxf/pxf_conf/templates
[gpadmin@gpmaster templates]$ ll
总用量 56
-rw-r--r-- 1 gpadmin gpadmin  759 2月  21 12:31 adl-site.xml
-rw-r--r-- 1 gpadmin gpadmin  180 2月  21 12:31 core-site.xml
-rw-r--r-- 1 gpadmin gpadmin  494 2月  21 12:31 gs-site.xml
-rw-r--r-- 1 gpadmin gpadmin  295 2月  21 12:31 hbase-site.xml
-rw-r--r-- 1 gpadmin gpadmin  712 2月  21 12:31 hdfs-site.xml
-rw-r--r-- 1 gpadmin gpadmin  591 2月  21 12:31 hive-site.xml
-rw-r--r-- 1 gpadmin gpadmin 5307 2月  21 12:31 jdbc-site.xml
-rw-r--r-- 1 gpadmin gpadmin  310 2月  21 12:31 mapred-site.xml
-rw-r--r-- 1 gpadmin gpadmin  617 2月  21 12:31 minio-site.xml
-rw-r--r-- 1 gpadmin gpadmin 1501 2月  21 12:31 pxf-site.xml
-rw-r--r-- 1 gpadmin gpadmin  407 2月  21 12:31 s3-site.xml
-rw-r--r-- 1 gpadmin gpadmin  537 2月  21 12:31 wasbs-site.xml
-rw-r--r-- 1 gpadmin gpadmin  189 2月  21 12:31 yarn-site.xml
```

图 6-10 PXF 连接模板

接着修改配置文件 jdbc-site.xml 中的 jdbc 连接信息，正常情况只需要修改 jdbc.driver、jdbc.url、jdbc.user、jdbc.password 四项基本参数。

```
<?xml version="1.0" encoding="UTF-8"?>
<configuration>
    <property>
        <name>jdbc.driver</name>
        <value>com.mysql.jdbc.Driver</value>
        <description>Class name of the JDBC driver (e.g. org.postgresql.Driver)
            </description>
    </property>
    <property>
        <name>jdbc.url</name>
        <value>jdbc:mysql://10.102.5.60:3306/dcp</value>
        <description>The URL that the JDBC driver can use to connect to the database
            (e.g. jdbc:postgresql://localhost/postgres)</description>
    </property>
    <property>
        <name>jdbc.user</name>
        <value>dcp</value>
        <description>User name for connecting to the database (e.g. postgres)
            </description>
    </property>
    <property>
        <name>jdbc.password</name>
        <value>dcp123</value>
        <description>Password for connecting to the database (e.g. postgres)
            </description>
    </property>
</configuration>
```

连接 Hadoop、Hive、HBase 需要分别安装 Hadoop-client hive hbase 等 YUM 包。执行命令为 gpssh -e -v -f seg_hosts yum -y install Hadoop-client hive hbase。

如果使用 Hadoop，则需要分别从集群复制 core-site.xml、hdfs-site.xml、mapred-site.

xml、yarn-site.xml 四个文件到 PXF 的服务目录。如果需要使用 Hive，则复制 Hive-site.xml；如果需要连接 HBase，则复制 hbase-site.xm 到对应的服务目录，如图 6-11 所示。

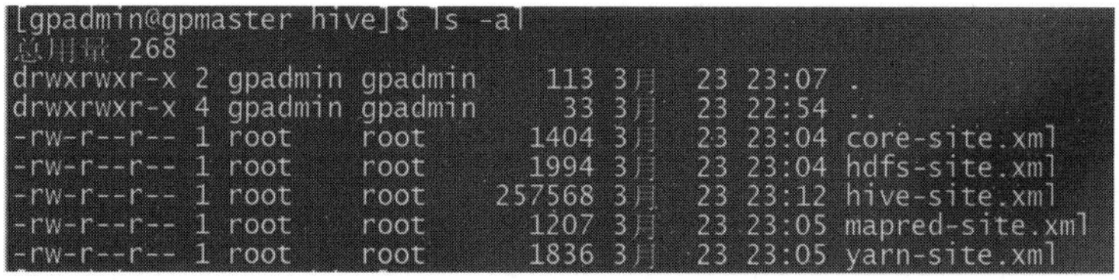

```
[gpadmin@gpmaster hive]$ ls -al
总用量 268
drwxrwxr-x 2 gpadmin gpadmin    113 3月  23 23:07 .
drwxrwxr-x 4 gpadmin gpadmin     33 3月  23 22:54 ..
-rw-r--r-- 1 root    root      1404 3月  23 23:04 core-site.xml
-rw-r--r-- 1 root    root      1994 3月  23 23:04 hdfs-site.xml
-rw-r--r-- 1 root    root    257568 3月  23 23:12 hive-site.xml
-rw-r--r-- 1 root    root      1207 3月  23 23:05 mapred-site.xml
-rw-r--r-- 1 root    root      1836 3月  23 23:05 yarn-site.xml
```

图 6-11　Hadoop 连接模板

配置完成后，执行 SYSC 同步参数并重启。

```
# 同步配置
$GPHOME/pxf/bin/pxf cluster sync
# 启动服务
$GPHOME/pxf/bin/pxf cluster restart
```

同步 PXF 配置文件的命令执行过程如图 6-12 所示。

```
[gpadmin@gpmaster ~]$ $GPHOME/pxf/bin/pxf cluster sync
Syncing PXF configuration files from master host to 1 segment host...
PXF configs synced successfully on 1 out of 1 host
[gpadmin@gpmaster ~]$ $GPHOME/pxf/bin/pxf cluster restart
Restarting PXF on 1 segment host...
PXF restarted successfully on 1 out of 1 host
[gpadmin@gpmaster ~]$
```

图 6-12　同步 PXF 配置文件

6.3.3　PXF 实战

要使用 PXF 将数据写入外部数据存储，请使用 CREATE WRITABLE EXTERNAL TABLE 命令创建一个可写外部表，该命令指定 PXF 协议。创建 MySQL 外部表的语句如下。

```
CREATE EXTERNAL TABLE pxf_dcp_role
(id int, code varchar(32),
 name varchar(50),
 createTime TIMESTAMP,
 updateTime TIMESTAMP)
LOCATION ('pxf://dcp.sys_role?PROFILE=Jdbc&SERVER=pxf_mysql')
FORMAT 'CUSTOM' (FORMATTER='pxfwritable_import');
```

查询 PXF 外部表数据的命令如下。

```
demoDB=# SELECT * FROM pxf_dcp_role;
 id | code  |   name   |      createtime       |      updatetime
----+-------+----------+---------------------+---------------------
  1 | ADMIN | 管理员   | 2017-11-17 16:56:59 | 2017-11-17 16:56:59
  3 | 002   | 普通用户 | 2019-03-27 02:52:00 | 2019-03-27 02:52:00
(2 rows)
```

当查询或者插入数据报错时，需要查看 $PXF_CONF/log/localhost.yyyy-mm-dd.log 文

件中的报错信息。

创建可写外部表，代码如下。

```
CREATE WRITABLE EXTERNAL TABLE pxf_dcp_role2
(id int, code varchar(32),
 name varchar(50),
 createTime TIMESTAMP,
 updateTime TIMESTAMP)
LOCATION ('pxf://dcp.sys_role?PROFILE=Jdbc')
FORMAT 'CUSTOM' (FORMATTER='pxfwritable_export');
```

插入数据，代码如下。

```
INSERT INTO pxf_dcp_role2
VALUES(2,'test','测试','2020-11-17 16:56:59','2020-11-17 16:56:59')
```

再次查询，代码如下。

```
demoDB=# SELECT * FROM pxf_dcp_role;
 id | code  |   name    |      createtime       |      updatetime
----+-------+-----------+---------------------+---------------------
  1 | ADMIN | 管理员    | 2017-11-17 16:56:59 | 2017-11-17 16:56:59
  2 | test  | 测试      | 2020-11-17 16:56:59 | 2020-11-17 16:56:59
  3 | 002   | 普通用户  | 2019-03-27 02:52:00 | 2019-03-27 02:52:00
(3 rows)
```

注意，可写外部表不能读，可读外部表不能写。

6.4 DBLink

PXF 主要解决了异构数据库之间数据库的读写问题，而 DBLink 则聚焦于同构数据库，提供了一个同构数据库之间数据交换的通道。DBLink 常用于不同 Greenplum 集群之间进行数据交换。

6.4.1 DBLink 简介

类似于 Oracle 的 DBLink，PostgreSQL 也提供不同数据库实例之间进行数据交互的工具，也叫作 DBLink。Greenplum 继承了这个功能。

DBLink 是从 PostgreSQL 8.3 开始引入的扩展模块 ,Greenplum 从 5.0 版开始提供对 DBLink 模块的支持。在 PostgreSQL 中，DBLink 允许一个 PostgreSQL 数据库实例通过 libpq 协议连接到另外一个远程 PostgreSQL 实例，在同一个会话里（Session）通过 UDF 的方式对远程数据库进行查询、更新等操作。

因为 DBLink 是通过 libpq 连接远程数据库的，所以任何兼容当前数据库使用的 libpq 协议版本的远程数据库，都可以作为 DBLink 的目标数据库。对于 PostgreSQL，高版本的客户端能够兼容低版本的服务器端，也就是说 PostgreSQL 10 中的 DBLink 可以正常访问 PostgreSQL 8.3 的数据库，反之不一定成立。Greenplum 5.*x* 和 Greenplum 6.*x* 的 DBLink 只可以连接 Greenplum 数据库，无法连接 PostgreSQL 数据库。

对于 Greenplum 的 DBLink，所有的数据库连接和请求都是通过主节点完成的，各个 Segment 实例不直接参与 DBLink 的工作。由于所有的工作都由主节点完成，可能会导致占用资源过多，影响其他任务的运行，且单节点的执行效率也不高，因此 DBLink 适合对大量小表进行操作，例如维度表的迁移等。使用 DBLink 迁移小表的好处是可以避免远程数据的导出操作以及采用外部表引起的 catalog 膨胀。

由于 Greenplum 的 MPP 架构和 PostgreSQL 在工作机制上有很大的区别，因此不是所有的 DBLink 函数都能在 Greenplum 上正常工作。Greenplum 中的 DBLink 不支持下列异步函数。

- dblink_send_query()
- dblink_is_busy()
- dblink_get_result()

6.4.2 安装 DBLink

在 Greenplum 中 DBLink 的使用方法与 PostgreSQL 类似。因为 Greenplum 是基于 PostgreSQL 开发的，所以先要查看 PostgreSQL 的版本。

可以在命令行执行 psql -V，也可以在数据库执行 select version() 命令查看 PostgreSQL 的版本。Greenplum 6.10.1 版是基于 PostgreSQL-9.4.24 开发的。查看过程如图 6-13 所示，下载地址为 https://www.postgresql.org/ftp/source/v9.4.24/。

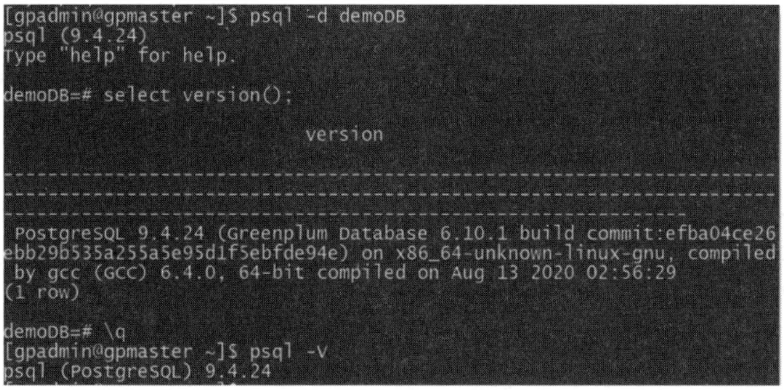

```
[gpadmin@gpmaster ~]$ psql -d demoDB
psql (9.4.24)
Type "help" for help.

demoDB=# select version();
                                   version
--------------------------------------------------------------------------------
--------------------------------------------------------------------------------
-----------------------------------------------------------------------
 PostgreSQL 9.4.24 (Greenplum Database 6.10.1 build commit:efba04ce26
ebb29b535a255a5e95d1f5ebfde94e) on x86_64-unknown-linux-gnu, compiled
 by gcc (GCC) 6.4.0, 64-bit compiled on Aug 13 2020 02:56:29
(1 row)

demoDB=# \q
[gpadmin@gpmaster ~]$ psql -V
psql (PostgreSQL) 9.4.24
```

图 6-13　查看 Greenplum 对象 PostgreSQL 版本

第一步：编译前的准备工作。在 Greenplum 的主节点上，下载并解压安装文件，然后修改 Makefile 文件，增加 -w 参数，如图 6-14 所示。

```
#进入gpadmin用户根目录
cd /home/gpadmin
#下载对应版本的postgresql安装包
wget  https://ftp.postgresql.org/pub/source/v9.4.24/postgresql-9.4.24.tar.gz
#解压安装包
```

```
tar -zxvf postgresql-9.4.24.tar.gz
#进入dblink目录
cd /home/gpadmin/postgresql-9.4.24/contrib/dblink
#修改Makefile，修改flags，增加-w参数
PG_CPPFLAGS = -I$(libpq_srcdir) -w
```

```
[gpadmin@gpmaster dblink]$ vi Makefile
# contrib/dblink/Makefile

MODULE_big = dblink
OBJS    = dblink.o
PG_CPPFLAGS = -I$(libpq_srcdir) -w
SHLIB_LINK_INTERNAL = $(libpq)

EXTENSION = dblink
DATA = dblink--1.1.sql dblink--1.0--1.1.sql dblink--unpackaged--1.0.sql

REGRESS = paths dblink
REGRESS_OPTS = --dlpath=$(top_builddir)/src/test/regress \
        --create-role=dblink_regression_test
EXTRA_CLEAN = sql/paths.sql expected/paths.out
```

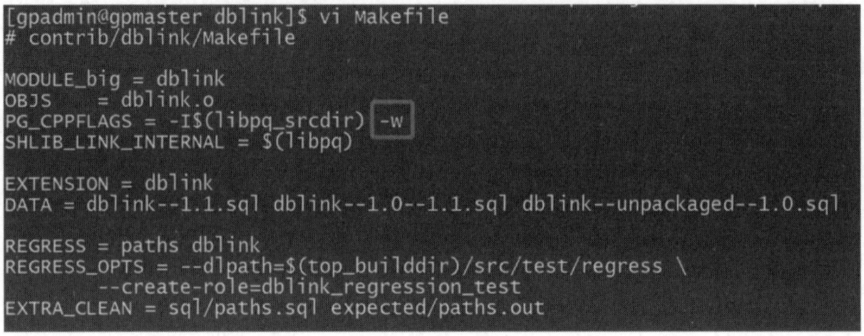

图 6-14　修改配置文件 Makefile

第二步：编译并生成 DBLink 文件。编译建议使用 root 用户，实际操作中也可以使用 gpadmin 命令。

```
#先使Greenplum环境变量生效
source /data/greenplum/greenplum-db/greenplum_path.sh
#然后到指定目录
cd /home/gpadmin/postgresql-9.4.24/contrib/dblink
#执行编译命令
make USE_PGXS=1 install
```

编译过程如图 6-15 所示。

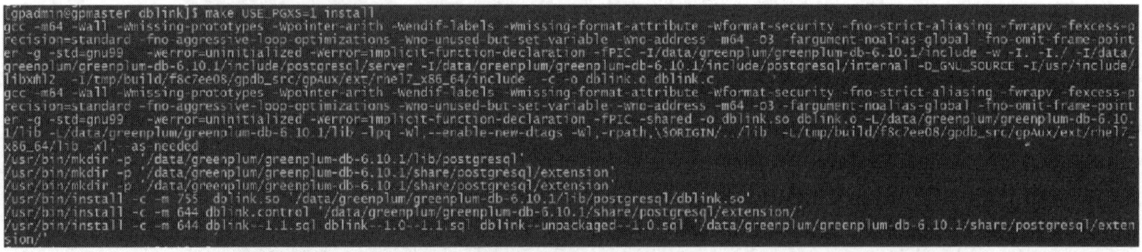

```
[gpadmin@gpmaster dblink]$ make USE_PGXS=1 install
gcc -m64 -Wall -Wmissing-prototypes -Wpointer-arith -Wendif-labels -Wmissing-format-attribute -Wformat-security -fno-strict-aliasing -fwrapv -fexcess-precision=standard -fno-aggressive-loop-optimizations -Wno-unused-but-set-variable -Wno-address -m64 -O3 -fargument-noalias-global -fno-omit-frame-pointer -g -std=gnu99  -Werror=uninitialized -Werror=implicit-function-declaration -fPIC -I/data/greenplum/greenplum-db-6.10.1/include -w -I. -I./ -I/data/greenplum/greenplum-db-6.10.1/include/postgresql/server -I/data/greenplum/greenplum-db-6.10.1/include/postgresql/internal -D_GNU_SOURCE -I/usr/include/libxml2  -I/tmp/build/f8c7ee08/gpdb_src/gpAux/ext/rhel7_x86_64/include  -c -o dblink.o dblink.c
gcc -m64 -Wall -Wmissing-prototypes -Wpointer-arith -Wendif-labels -Wmissing-format-attribute -Wformat-security -fno-strict-aliasing -fwrapv -fexcess-precision=standard -fno-aggressive-loop-optimizations -Wno-unused-but-set-variable -Wno-address -m64 -O3 -fargument-noalias-global -fno-omit-frame-pointer -g -std=gnu99  -Werror=uninitialized -Werror=implicit-function-declaration -fPIC -shared -o dblink.so dblink.o -L/data/greenplum/greenplum-db-6.10.1/lib -L/data/greenplum/greenplum-db-6.10.1/lib -lpq -Wl,--enable-new-dtags -Wl,-rpath,\$ORIGIN/../lib  -L/tmp/build/f8c7ee08/gpdb_src/gpAux/ext/rhel7_x86_64/lib -Wl,--as-needed
/usr/bin/mkdir -p '/data/greenplum/greenplum-db-6.10.1/lib/postgresql'
/usr/bin/mkdir -p '/data/greenplum/greenplum-db-6.10.1/share/postgresql/extension'
/usr/bin/mkdir -p '/data/greenplum/greenplum-db-6.10.1/share/postgresql/extension'
/usr/bin/install -c -m 755  dblink.so '/data/greenplum/greenplum-db-6.10.1/lib/postgresql/dblink.so'
/usr/bin/install -c -m 644 dblink.control '/data/greenplum/greenplum-db-6.10.1/share/postgresql/extension/'
/usr/bin/install -c -m 644 dblink--1.1.sql dblink--1.0--1.1.sql dblink--unpackaged--1.0.sql '/data/greenplum/greenplum-db-6.10.1/share/postgresql/extension/'
```

图 6-15　DBLink 编译过程

执行编译操作，在 /home/gpadmin/postgresql-9.4.24/contrib/dblink 目录下会生成 DBLink 需要用的文件 dblink.so，如图 6-16 所示。

第三步：复制文件到 Segment 实例上。将 dblink.so 文件复制到 Greenplum 集群所有机器的 $GPHOME/lib/postgresql/ 目录下，注意执行赋权语句 chown gpadmin:gpadmin dblink.so。

根据 DBLink 编译过程中的输出结果可以看出，主节点已经自动部署了 dblink.so 文件并进行了权限赋值。

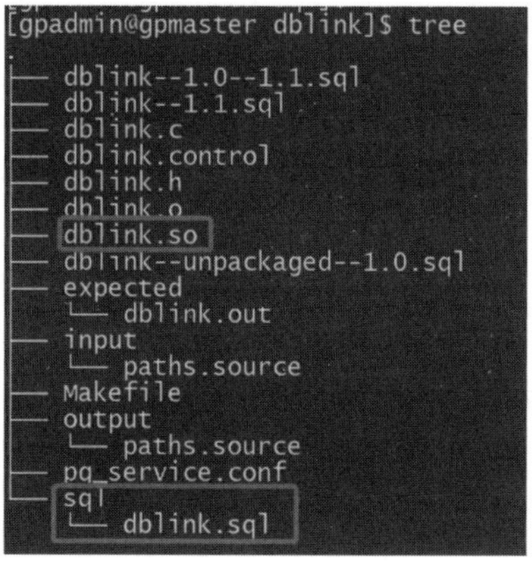

```
[gpadmin@gpmaster dblink]$ tree
.
├── dblink--1.0--1.1.sql
├── dblink--1.1.sql
├── dblink.c
├── dblink.control
├── dblink.h
├── dblink.o
├── dblink.so
├── dblink--unpackaged--1.0.sql
├── expected
│   └── dblink.out
├── input
│   └── paths.source
├── Makefile
├── output
│   └── paths.source
├── pg_service.conf
└── sql
    └── dblink.sql
```

图 6-16　DBLink 编译产生核心文件

第四步：安装 DBLink 扩展到对应的数据库。在对应的数据库中执行 create extension dblink 命令扩展 DBLink 功能（其实这个操作是创建 dblink 的相关函数），安装过程如图 6-17 所示。

```
test=# create extension dblink;
CREATE EXTENSION
```

图 6-17　DBLink 扩展安装

6.4.3　DBlink 实战

DBlink 安装以后，就可以使用 DBLink 函数访问其他 Greenplum 数据库了。下面举几个简单的应用示例。

操作一：查询其他 Greenplum 数据库中的数据。

```
SELECT * FROM
dblink('hostaddr=10.102.5.62 port=5432 dbname=test user=dbuser password=
    dbpass'::text,'SELECT * FROM public.dept_info'::text) t (dept_id integer,
    dept_name character varying,dept_leader int,parent_dept int,dept_level int);
```

查询结果如图 6-18 所示。

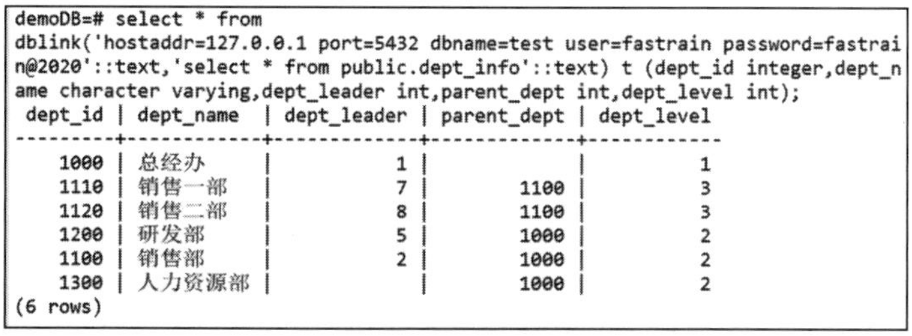

```
demoDB=# select * from
dblink('hostaddr=127.0.0.1 port=5432 dbname=test user=fastrain password=fastrai
n@2020'::text,'select * from public.dept_info'::text) t (dept_id integer,dept_n
ame character varying,dept_leader int,parent_dept int,dept_level int);
 dept_id | dept_name   | dept_leader | parent_dept | dept_level
---------+-------------+-------------+-------------+------------
    1000 | 总经办      |           1 |             |          1
    1110 | 销售一部    |           7 |        1100 |          3
    1120 | 销售二部    |           8 |        1100 |          3
    1200 | 研发部      |           5 |        1000 |          2
    1100 | 销售部      |           2 |        1000 |          2
    1300 | 人力资源部  |             |        1000 |          2
(6 rows)
```

图 6-18　DBLink 查询结果

操作二：创建基于其他 Greenplum 数据库表的视图，便于重复使用。

```
CREATE VIEW dblink_dept_info_v
AS
SELECT * FROM
dblink('hostaddr=10.102.5.62 port=5432 dbname=test user=dbuser password=
    dbpass'::text,'SELECT * FROM public.dept_info'::text) t (dept_id integer,
    dept_name character varying,dept_leader int,parent_dept int,dept_level int);
```

创建基于 DBLink 的视图，查询结果如图 6-19 所示。

```
demoDB=# create view dblink_dept_info_v
as
select * from
dblink('hostaddr=127.0.0.1 port=5432 dbname=test user=fastrain password=fastrai
n@2020'::text,'select * from public.dept_info'::text) t (dept_id integer,dept_n
ame character varying,dept_leader int,parent_dept int,dept_level int);
CREATE VIEW
demoDB=# select * from dblink_dept_info_v;
 dept_id | dept_name  | dept_leader | parent_dept | dept_level
---------+------------+-------------+-------------+------------
    1100 | 销售部     |           2 |        1000 |          2
    1300 | 人力资源部 |             |        1000 |          2
    1000 | 总经办     |           1 |             |          1
    1110 | 销售一部   |           7 |        1100 |          3
    1120 | 销售二部   |           8 |        1100 |          3
    1200 | 研发部     |           5 |        1000 |          2
(6 rows)
```

图 6-19 基于 DBLink 创建视图并查询

操作三：对其他数据库表进行数据修改。

```
#创建其他数据库的连接
SELECT dblink_connect('mycoon','hostaddr=10.102.5.62 port=5432 dbname=test user=
    dbuser password=dbpass');
#执行BEGIN命令
SELECT dblink_exec('mycoon', 'BEGIN');
#执行数据操作（UPDATE、INSERT、CREATE等命令）
SELECT dblink_exec('mycoon', 'INSERT INTO public.dept_info values
    (1400,null,2,1000,2)');
#执行事务提交
SELECT dblink_exec('mycoon', 'COMMIT');
#解除连接
SELECT dblink_disconnect('mycoon');
```

基于 DBLink 也可以修改其他数据库中的数据，操作过程如图 6-20 所示。

操作四：抽取远程表的数据到本地数据库。

```
SELECT * INTO public.dept_info_local FROM
dblink('hostaddr=10.102.5.62 port=5432 dbname=test user=dbuser password=
    dbpass'::text,'SELECT * FROM public.dept_info'::text) t (dept_id integer,
    dept_name character varying,dept_leader int,parent_dept int,dept_level int);
```

基于 DBLink 的数据抽取如图 6-21 所示。

虽然 DBlink 提供了 Greenplum 数据库之间同步的功能，但是因为查询需要定义查询结果数据结构（个人认为应该可以自动识别，建议 PostgreSQL 后期进行改进），所以用起来并不是很方便。另外，由于 DBLink 与普通的用户自定义函数类似，并没有和 Greenplum 的 MPP 架构进行适配，因此它们会在主节点被调用，如果 DBLink 返回的结果集较大，主节点很容易成为瓶颈，我们较少使用这个功能。

```
demoDB=# SELECT dblink_connect('mycoon','hostaddr=127.0.0.1 port=5432 dbname=te
st user=fastrain password=fastrain@2020');
 dblink_connect
----------------
 OK
(1 row)

demoDB=# SELECT dblink_exec('mycoon', 'BEGIN');
 dblink_exec
-------------
 BEGIN
(1 row)

demoDB=# SELECT dblink_exec('mycoon', 'insert into public.dept_info values (140
0,null,2,1000,2)');
 dblink_exec
-------------
 INSERT 0 1
(1 row)

demoDB=# SELECT dblink_exec('mycoon', 'COMMIT');
 dblink_exec
-------------
 COMMIT
(1 row)

demoDB=# select * from dblink_dept_info_v;
 dept_id | dept_name   | dept_leader | parent_dept | dept_level
---------+-------------+-------------+-------------+------------
    1200 | 研发部      |           5 |        1000 |          2
    1100 | 销售部      |           2 |        1000 |          2
    1300 | 人力资源部  |             |        1000 |          2
    1400 |             |           2 |        1000 |          2
    1000 | 总经办      |           1 |             |          1
    1110 | 销售一部    |           7 |        1100 |          3
    1120 | 销售二部    |           8 |        1100 |          3
(7 rows)

demoDB=# SELECT dblink_disconnect('mycoon');
 dblink_disconnect
-------------------
 OK
(1 row)
```

图 6-20　基于 DBLink 修改其他数据库中的数据

```
demoDB=# select * into public.dept_info_local from
dblink('hostaddr=127.0.0.1 port=5432 dbname=test user=fastrain password=fastrai
n@2020'::text,'select * from public.dept_info'::text) t (dept_id integer,dept_n
ame character varying,dept_leader int,parent_dept int,dept_level int);
NOTICE:  Table doesn't have 'DISTRIBUTED BY' clause -- Using column(s) named 'd
ept_id' as the Greenplum Database data distribution key for this table.
HINT:  The 'DISTRIBUTED BY' clause determines the distribution of data. Make su
re column(s) chosen are the optimal data distribution key to minimize skew.
SELECT 7
demoDB=# select * from public.dept_info_local;
 dept_id | dept_name   | dept_leader | parent_dept | dept_level
---------+-------------+-------------+-------------+------------
    1000 | 总经办      |           1 |             |          1
    1110 | 销售一部    |           7 |        1100 |          3
    1120 | 销售二部    |           8 |        1100 |          3
    1200 | 研发部      |           5 |        1000 |          2
    1100 | 销售部      |           2 |        1000 |          2
    1300 | 人力资源部  |             |        1000 |          2
    1400 |             |           2 |        1000 |          2
(7 rows)
```

图 6-21　基于 DBLink 的数据抽取

6.5 拉链表

拉链表是在数据仓库中经常用到的一种数据存储方式，虽然不好用，但有些业务场景又不得不用。笔者较早就接触到了拉链表，早期银行的数据仓库保存客户每日的账户余额查询，就是采用的拉链表的方式。

拉链表适合存储每日全量数据较大，但是其中变动较少的业务数据，例如银行账户余额、零售行业的商品信息表、会员等级变化、员工职级变迁等。这类业务的特点是时点明细数据特别多，如果按天保存历史记录，数据量会特别大。虽然每日变动的明细数据比例较低，但是每一次的变化都是很重要的业务过程。

下面以零售行业的商品信息表为例介绍拉链表的创建过程。商品信息表是零售仓库层非常重要的主数据表，由于字段过多会占用太多篇幅，这里仅裁剪十余个关键字段进行拉链表构建过程说明。

首先定义 3 张表，分别是增量商品信息表，用于存放批处理日期新增或者修改的数据，如表 6-2 所示；商品信息表，用于存放最新状态的商品信息，如表 6-3 所示；商品信息历史表，用于存放上线以来商品的变动情况，采用拉链结构存储，如表 6-4 所示。

表 6-2 dim_merchandise_incr 增量商品信息表

字段名	字段类型	表描述
sku_code	varchar(40)	商品代码
style_code	varchar(40)	款号
skc_code	varchar(40)	款色（SKC）
category	varchar(40)	品类代码
category_desc	varchar(200)	品类描述
major_class	varchar(40)	大类
major_class_desc	varchar(200)	大类描述
medium_class	varchar(40)	中类
medium_class_desc	varchar(200)	中类描述
medium_group	varchar(40)	中类组别
medium_group_desc	varchar(200)	中类组别描述
small_class	varchar(40)	小类
small_class_desc	varchar(200)	小类描述
brand	varchar(40)	品牌
brand_desc	varchar(200)	品牌描述
batch	varchar(40)	批次
batch_desc	varchar(200)	批次描述

（续）

字段名	字段类型	表描述
listing_month	varchar(40)	上市月份
listed_batch	varchar(40)	上市批次
listed_batch_desc	varchar(200)	上市批次描述
me_colour	varchar(40)	颜色
me_size	varchar(40)	尺码
product_year_season	varchar(40)	产品年季
product_season_desc	varchar(200)	产品季节描述
last_update_time	timestamp	最近修改时间
data_date	date	数据日期

表 6-3　dim_merchandise 商品信息表

字段名	字段类型	表描述
sku_code	varchar(40)	商品代码
style_code	varchar(40)	款号
skc_code	varchar(40)	款色（SKC）
category	varchar(40)	品类代码
category_desc	varchar(200)	品类描述
major_class	varchar(40)	大类
major_class_desc	varchar(200)	大类描述
medium_class	varchar(40)	中类
medium_class_desc	varchar(200)	中类描述
medium_group	varchar(40)	中类组别
medium_group_desc	varchar(200)	中类组别描述
small_class	varchar(40)	小类
small_class_desc	varchar(200)	小类描述
brand	varchar(40)	品牌
brand_desc	varchar(200)	品牌描述
batch	varchar(40)	批次
batch_desc	varchar(200)	批次描述
listing_month	varchar(40)	上市月份
listed_batch	varchar(40)	上市批次

（续）

字段名	字段类型	表描述
listed_batch_desc	varchar(200)	上市批次描述
me_colour	varchar(40)	颜色
me_size	varchar(40)	尺码
product_year_season	varchar(40)	产品年季
product_season_desc	varchar(200)	产品季节描述
last_update_time	timestamp	最近修改时间

表 6-4 dim_merchandise_hist 商品信息历史表

字段名	字段类型	表描述
sku_code	varchar(40)	商品代码
style_code	varchar(40)	款号
skc_code	varchar(40)	款色（SKC）
category	varchar(40)	品类代码
category_desc	varchar(200)	品类描述
major_class	varchar(40)	大类
major_class_desc	varchar(200)	大类描述
medium_class	varchar(40)	中类
medium_class_desc	varchar(200)	中类描述
medium_group	varchar(40)	中类组别
medium_group_desc	varchar(200)	中类组别描述
small_class	varchar(40)	小类
small_class_desc	varchar(200)	小类描述
brand	varchar(40)	品牌
brand_desc	varchar(200)	品牌描述
batch	varchar(40)	批次
batch_desc	varchar(200)	批次描述
listing_month	varchar(40)	上市月份
listed_batch	varchar(40)	上市批次
listed_batch_desc	varchar(200)	上市批次描述
me_colour	varchar(40)	颜色
me_size	varchar(40)	尺码

（续）

字段名	字段类型	表描述
product_year_season	varchar(40)	产品年季
product_season_desc	varchar(200)	产品季节描述
begin_date	date	开始日期
end_date	date	结束日期

dim_merchandise_incr是ETL程序抽取的上一日商品新增或者修改的记录。以此作为基础，更新dim_merchandise表和dim_merchandise_hist表。

首先更新dim_merchandise表中的数据，推荐先删除后插入的方式。

```
#首先删除当天更新的商品明细数据
DELETE FROM dim_merchandise t
WHERE EXISTS (SELECT 1 FROM dim_merchandise_incr b
WHERE t.sku_code = b.sku_code);
#然后查询更新的和新增的商品明细，并保证新插入的数据不会重复
INSERT INTO dim_merchandise
SELECT sku_code,style_code,skc_code,category,category_desc,major_class,
    major_class_desc,medium_class,medium_class_desc,medium_group,medium_group_desc,
    small_class,small_class_desc,brand,brand_desc,batch,batch_desc,listing_month,
    listed_batch,listed_batch_desc,me_colour,me_size,product_year_season,
    product_season_desc,last_update_time
FROM (
SELECT *,row_number() OVER(PARTITION BY sku_code ORDER BY last_update_time DESC) rn
FROM dim_merchandise_incr ) t
WHERE t.rn = 1;
```

然后更新商品变动历史表。商品变动历史表是一张拉链表，可以精确到秒，也可以精确到天。一般来说，精确到天即可，对于一天内的多次变动，只记录最后一次变动结果。

```
CREATE OR REPLACE FUNCTION "public"."proc_dim_merchandise_chain"("etl_date" date)
  RETURNS "pg_catalog"."void" AS $BODY$
/*****************************************************************
程 序 名: public.proc_dim_merchandise_chain()
程序描述: 根据商品信息更新数据，加工拉链表数据到商品历史表中
创建时间: 2021-02-19
创 建 人: wcb
修改记录:
修改日期     修改人     修改原因说明
2021-02-19   wcb        创建程序

*****************************************************************/
DECLARE
BEGIN
    --第一步: 判断是否是第一天，如果是，则全量初始化数据。开始日期设置为2000-01-01，结束日期设置
       为2099-12-31
    IF etl_date <= '2021-01-01'::date THEN
        --先删除数据后插入数据
        TRUNCATE TABLE dim_merchandise_hist;
        INSERT INTO dim_merchandise_hist
        SELECT sku_code,style_code,skc_code,category,category_desc,major_class,
        major_class_desc,medium_class,medium_class_desc,medium_group,medium_group_desc,
```

```
        small_class,small_class_desc,brand,brand_desc,batch,batch_desc,listing_month,
        listed_batch,listed_batch_desc,me_colour,me_size,product_year_season,
        product_season_desc,'2000-01-01'::date begin_date,'2099-12-31'::date end_date
              FROM (
                SELECT *,row_number() OVER(PARTITION BY sku_code ORDER BY last_update_
                    time DESC) rn
                  FROM dim_merchandise_incr
                  WHERE data_date = '2021-01-01') t
            WHERE t.rn = 1;

          RETURN;
        END IF;

        --第二步：根据当天收到的更新数据，结束日期为2099-12-31并且最近一天有过更新的数据，结束日期
            修改为更新日期的前一天
        UPDATE dim_merchandise_hist t
           SET end_date = etl_date + interval '-1 day'
         WHERE EXISTS (SELECT 1 FROM dim_merchandise_incr b
                 WHERE t.sku_code = b.sku_code
                   AND b.data_date = etl_date)
           AND t.end_date ='2099-12-31'::date;

        --第三步：插入全部前一日新生成的数据，同样进行去除处理
        INSERT INTO dim_merchandise_hist
        SELECT sku_code,style_code,skc_code,category,category_desc,major_class,major_
            class_desc,medium_class,medium_class_desc,medium_group,medium_group_desc,
            small_class,small_class_desc,brand,brand_desc,batch,batch_desc,listing_month,
            listed_batch,listed_batch_desc,me_colour,me_size,product_year_season,
            product_season_desc,etl_date::date begin_date,'2099-12-31'::date end_date
          FROM (
            SELECT *,row_number() OVER(PARTITION BY sku_code ORDER BY last_update_
                time DESC) rn
             FROM dim_merchandise_incr
             WHERE data_date = etl_date ) t
        WHERE t.rn = 1;
    END;

    $BODY$
      LANGUAGE plpgsql VOLATILE
      COST 100
```

模拟了几条数据，并执行程序以后，运行结果如图 6-22 所示。通过这几条数据，可以很好地看出我们要实现的拉链表效果。

listing_month	listed_batch	listed_batch_desc	me_colour	me_size	product_year_sea	product_season_	sku_code	begin_date	end_date
01	01	第一批	煤黑01	38	2021Q1	春	22112020020138	2000-01-01	2099-12-31
11	01	第一批	煤黑01	38	2021Q1	春	32112042210138	2021-01-02	2021-01-02
11	01	第一批	煤黑01	38	2021Q1	春	32112042210138	2021-01-03	2099-12-31
12	01	第一批	浅灰16	43	2021Q1	春	32112042491643	2021-01-03	2099-12-31
11	01	第一批	煤黑01	44	2021Q1	春	32112052280144	2000-01-01	2021-01-01
11	01	第一批	煤黑01	44	2021Q1	春	32112052280144	2021-01-02	2099-12-31
11	01	第一批	漂白02	39	2021Q1	春	32112052300239	2000-01-01	2021-01-01
11	01	第一批	漂白02	39	2021Q1	春	32112052300239	2021-01-02	2021-01-02
11	01	第一批	漂白02	39	2021Q1	春	32112052300239	2021-01-03	2099-12-31

图 6-22 拉链表实现效果截图

拉链表的好处是节省存储空间，而拉链表的维护特别麻烦，一般不推荐使用。

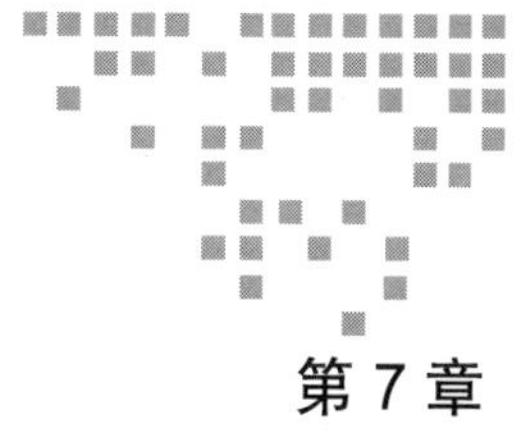

第7章 Chapter 7

Greenplum高级应用

Greenplum数据库提供了非常丰富的高级功能，包括开放并且使用简单的编程接口、MADlib机器学习库、半结构化数据分析、地理空间数据应用和图计算等。这些功能在一些专业领域可以发挥很大的商业价值，极大地节约开发成本，提高应用效率。

7.1 开放的编程接口

PostgreSQL支持过程化的编程语言，用户通过在psql客户端上运行create language（早期版本）或者create extension（PostgreSQL 9.1及以后版本）命令，可以在数据库中创建过程化编程语言。

过程化编程语言在本质上也可以视为一种扩展，支持用户自主使用某种熟悉的编程语言（例如Python、R、Java等）进行开发，以此实现所需功能的函数，并由数据库管理软件协调数据和程序在同一个进程中高效执行。用户使用扩展编程语言编写的自定义功能函数（即用户自定义函数，英文缩写为UDF）可以在SQL中执行。PostgreSQL支持多种过程化的编程语言，Greenplum对其中主流的几种过程化编程语言都实现了无缝使用。

具体来说，PostgreSQL/Greenplum支持用户使用非C语言的编程语言来编写UDF，PostgreSQL/Greenplum需要不同的嵌入式解释器或者执行器运行基于这些编程语言的函数，每种语言的解释器经过编译生成动态连接库，在需要的时候被当前会话动态装载。

Greenplum支持PostgreSQL中常见的PL/Python、PL/R、PL/pgSQL、PL/Java、PL/Perl等过程化编程语言，功能和对应PostgreSQL版本的功能基本一致（只有极少数功能暂不支持）。除此之外，Greenplum也支持一种特殊的过程化编程语言PL/Container。PL/Container不对应某一种编程语言，而是通过对处理代码容器化来实现与Greenplum集群计算的隔离，使过程化编程语言的执行具有更高的安全性，保证了Greenplum集群的稳定性。PL/Container目前支持R和Python这两种大数据分析领域使用最广泛的语言。

相比于PostgreSQL，分布式数据库Greenplum可以在所有的机器上并行地用过程化编程语言进行查询计算，然后汇总输出，从而满足大数据快速分析处理的需求。

Pivotal的Greenplum发行版提供了两个数据科学包集合，一个针对R语言，另一个针对Python语言。它们包含了数据科学领域常用的包和依赖库，用户可以使用Greenplum自带的gppkg工具在整个集群中安装和删除这两个包集合。下面主要介绍PL/Python和PL/R两种过程化编程语言。

7.1.1 PL/Python

Python是一种优秀的面向对象的编程语言，简单易学，应用库非常丰富。随着人工智能（包括机器学习）的广泛应用，Python越来越流行。如果希望通过Python语言丰富的机器学习库快速实现一些原型来对数据库中的数据进行计算，PL/Python就是一个很好的选择。

因为Greenplum PL/Python继承自PostgreSQL PL/Python，所以也支持PostgreSQL PL/Python中的大部分功能，比如丰富的类型支持、各种内置的PL/Python函数、共享数据、内部事务等。不支持触发器等功能。

要在数据库上使用PL/Python，首先要创建对应的过程化编程语言。我们可以使用SQL命令CREATE EXTENSION注册PL/Python语言。

```
$ psql -d demoDB -c 'CREATE EXTENSION plpythonu;'
```

PL/Python函数定义语法如下。

```
CREATE FUNCTION funcname (argument-list)
  RETURNS return-type
AS $$
  #PL/Python functionbody
$$ LANGUAGE plpythonu;
```

需要特别注意函数入口和函数出口中Python类型和SQL类型之间的映射。比如，在入口参数中，SQL的boolean类型转换为Python的bool对象，int类型转换为int对象，数组转换为列表，等等。在函数返回的时候，PL/Python也会把Python对象转换成各种SQL类型。下面我们举一个函数的例子。

```
CREATE OR REPLACE FUNCTION pylog(a integer,b integer)
RETURNS double precision
AS $$
  import math
  return math.log(a,b)
$$ LANGUAGE plpythonu;
```

PL/Python可以直接在数据库中调用。

```
demoDB=# SELECT a,b,pylog(a,b) FROM tb1;
 a  | b  |       pylog
```

```
----+----+-------------------
  3 |  7 |  0.56457503405358
  4 | 30 | 0.407590094181012
  4 |  8 | 0.666666666666667
 21 | 43 |  0.80945505266263
  2 |  4 |               0.5
  1 |  5 |                 0
(6 rows)
```

上面这个函数的功能是计算 tb1 表中每一行 a 字段和 b 字段的 log 值。其中用到了 math 这个 Python 包。Greenplum 执行器在处理 tb1 表的每一行时都会运行 pylog 函数，而每次运行都要导入 math 包，这样会影响性能。PL/Python 支持函数级别和会话级别的共享函数，即允许在调用函数时把一些数据保存在内存中，供函数调用。函数级别的数据共享是通过 SD 词典实现的，而会话级别的数据共享是通过 GD 词典实现的。使用这两个词典可以大幅提升性能。

上述函数可以改写为如下内容。

```
CREATE OR REPLACE FUNCTION pylog(a integer,b integer)
RETURNS double precision
AS $$
If 'math' not in GD:
  import math
  GD['math'] =math
  return GD['math'].log(a,b)
$$ LANGUAGE plpythonu;
```

math 包在会话中只需要进行一次 import 操作，即可多次重复使用这个全局词典 GD，后续其他函数也可以使用这个词典项。当然，如果不考虑其他函数的使用，这里也可以使用 SD 词典，SD 词典是函数级别的，只能在函数的多次调用中被共享使用。

PL/Python 使用查询字符串和可选的限制参数，调用 plpy.execute() 方法会执行数据库查询操作，并在 Python 结果对象中返回结果。结果对象模拟列表或字典对象，可以通过行号和列名访问结果对象中返回的行。结果集行编号从 0 开始，可以修改结果对象，结果对象具有以下附加方法。

1）nrows：返回查询返回的行数。

2）status：SPI_execute() 方法的返回值。

例如，PL/Python 用户定义函数中如下 Python 语句执行查询任务。

```
rv = plpy.execute("SELECT * FROM my_table", 5)
```

plpy.execute() 函数最多可从 my_table 中返回 5 行数据，结果集存储在 rv 对象中。如果 my_table 有一个列 my_column，我们可以通过如下方式获取对应的列值。

```
my_col_data = rv[i]["my_column"]
```

由于函数最多返回 5 行，因此索引 *i* 可以是 0 到 4 之间的整数。

函数 plpy.prepare() 为查询准备执行计划。如果在查询中有参数引用，则使用查询字符串和参数类型列表进行调用，如下所示。

```
plan = plpy.prepare("SELECT last_name FROM my_users
    WHERE first_name = $1", [ "text" ])
```

字符串 text 是变量 $1 传递的变量的数据类型。准备好语句后，使用 plpy.execute() 函数运行，如下所示。

```
rv = plpy.execute(plan, [ "Fred" ], 5)
```

第三个参数 5 是返回的行数限制，是可选的。

PL/Python 还提供了多种级别的信息日志功能函数，如 plpy.debug(msg)、plpy.log(msg)、plpy.info(msg)、plpy.notice(msg)、plpy.warning(msg)、plpy.error(msg)、plpy.fatal(msg)。

7.1.2 PL/R

R 语言是一个开源的、专注于统计分析的程序设计语言，具有丰富的统计分析扩展。在大数据浪潮中，R 语言也应用于大数据分析中，各大数据平台都加强了对 R 语言的支持。

Greenplum R 的基本原理是把标准的 R 语言程序转换为 R 语言编写的 UDF，从而在 Greenplum 平台上并行执行。Greenplum R library 提供了两个重要的方法 gpapply 和 gptapply，这两个方法可以把 R 语言函数转换为 R 语言的 UDF，并且发送至 Greenplum 平台并行执行，然后将执行结果汇总并返回给调用方。使用 Greenplum 数据库 PL/R 扩展，我们可以通过 R 编程语言编写数据库函数，并使用包含 R 函数和数据集的 R 包。

1. R 语言安装和初始化

PL/R 和 PL/Python 一样，是一种不受信任的过程化编程语言。在创建 PL/R 之前，首先需要安装 R 语言安装包和 PL/R 安装包。

由于软件许可授权不一样（R 语言和 PL/R 是 GPL 协议，而 Greenplum 是 Apache 开源协议），因此 Greenplum PL/R 和 Greenplum 主代码库不在一起。Greenplum PL/R 的托管地址为 https://github.com/greenplum-db/GreenplumR。

这个代码库中包含了生成 R 和 PL/R 二进制文件的持续集成代码，读者可以部署 CI，然后生成 R 和 PL/R 的 gppkg 格式包。当然，也可以从 Pivotal 官方网站下载对应版本编译好的二进制 gppkg 安装包，下载页面如图 7-1 所示。

下面是使用 gppkg 命令在所有 Greenplum 节点上安装 R 和 PL/R 安装包的操作过程。

```
#生效主节点环境变量
$ export MASTER_DATA_DIRECTORY=/data/greenplum/greenplum-data/master/gpseg-1
#生效的路径和响应的环境变量
$ source /data/greenplum/greenplum-db/greenplum_path.sh
#安装gppkg包
$ gppkg -i /data/software/plr-3.0.3-gp6-rhel7-x86_64.gppkg
#安装过程有新增和调整环境变量，需要重新生效环境变量
$ source /data/greenplum/greenplum-db/greenplum_path.sh
#生效新安装的plr包
$gpstop -arf
```

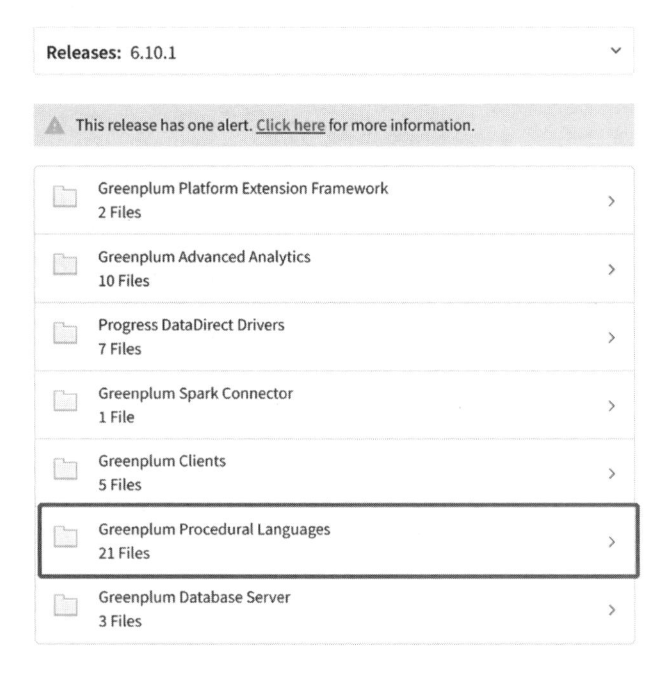

图 7-1　PL/R 语言安装包下载页面

安装过程如图 7-2 所示。

```
[gpadmin@gpmaster ~]$ export MASTER_DATA_DIRECTORY=/data/greenplum/greenplum-data/master/gpseg-1
[gpadmin@gpmaster ~]$ source /data/greenplum/greenplum-db/greenplum_path.sh
[gpadmin@gpmaster ~]$
[gpadmin@gpmaster ~]$ gppkg -i /data/software/plr-3.0.3-gp6-rhel7-x86_64.gppkg
20210313:09:16:48:007098 gppkg:gpmaster:gpadmin-[INFO]:-Starting gppkg with args: -i /data/software/plr-3.0.3-gp6-rhel7-x86_64.gppkg
20210313:09:16:48:007098 gppkg:gpmaster:gpadmin-[INFO]:-Installing package plr-3.0.3-gp6-rhel7-x86_64.gppkg
20210313:09:16:49:007098 gppkg:gpmaster:gpadmin-[INFO]:-Validating rpm installation cmdStr='rpm --test -i /data/greenplum/greenplum-db-6.10.1/.tmp/R-3.
3.3-1.x86_64.rpm /data/greenplum/greenplum-db-6.10.1/.tmp/plr-3.0-1.x86_64.rpm --dbpath /data/greenplum/greenplum-db-6.10.1/share/packages/database --p
refix /data/greenplum/greenplum-db-6.10.1'
20210313:09:16:49:007098 gppkg:gpmaster:gpadmin-[INFO]:-Installing plr-3.0.3-gp6-rhel7-x86_64.gppkg locally
20210313:09:16:49:007098 gppkg:gpmaster:gpadmin-[INFO]:-Validating rpm installation cmdStr='rpm --test -i /data/greenplum/greenplum-db-6.10.1/.tmp/R-3.
3.3-1.x86_64.rpm /data/greenplum/greenplum-db-6.10.1/.tmp/plr-3.0-1.x86_64.rpm --dbpath /data/greenplum/greenplum-db-6.10.1/share/packages/database --p
refix /data/greenplum/greenplum-db-6.10.1'
20210313:09:16:49:007098 gppkg:gpmaster:gpadmin-[INFO]:-Installing rpms cmdStr='rpm -i --force /data/greenplum/greenplum-db-6.10.1/.tmp/R-3.3.3-1.x86_6
4.rpm /data/greenplum/greenplum-db-6.10.1/.tmp/plr-3.0-1.x86_64.rpm --dbpath /data/greenplum/greenplum-db-6.10.1/share/packages/database --prefix=/data
/greenplum/greenplum-db-6.10.1'
20210313:09:16:53:007098 gppkg:gpmaster:gpadmin-[INFO]:-Completed local installation of plr-3.0.3-gp6-rhel7-x86_64.gppkg.
20210313:09:16:53:007098 gppkg:gpmaster:gpadmin-[INFO]:--
==========================================================================
PL/R installation is complete! To proceed, create PL/R language in the
target database with:
    "CREATE EXTENSION plr;"
--------------------------------------------------------------------------
        DEPRECATED
In an old way, you can enable PL/R helper functions by running
    "psql -f $GPHOME/share/postgresql/extension/plr.sql -d mydatabase"
==========================================================================
20210313:09:16:53:007098 gppkg:gpmaster:gpadmin-[INFO]:-plr-3.0.3-gp6-rhel7-x86_64.gppkg successfully installed.
[gpadmin@gpmaster ~]$
```

图 7-2　PL/R 语言包安装过程

同 PL/Pthon 一样，对于每一个需要使用 PL/R 的数据库，使用 SQL 命令 CREATE EXTENSION 注册 PL/R。由于 PL/R 是不可信语言，因此只有超级用户才能将 PL/R 注册到数据库。以 gpadmin 用户身份运行如下命令，以使用名为 demoDB 的数据库注册语言。

```
$ psql -d demoDB -c 'CREATE EXTENSION plr;'
```

PL/R 还提供了一些辅助函数，默认状态下不会安装这些辅助函数，不是所有的 PL/R 都需要这些函数，如果用户需要，可以自行安装。安装辅助函数的命令如下。

```
$psql -f /data/greenplum/greenplum-db-6.10.1/share/postgresql/extension/plr.sql -d demoDB
```

PL/R 安装成功以后，数据库会自动生成一些函数，如图 7-3 所示。

```
fx install_rcmd(text)
fx load_r_typenames()
fx plr_array_accum(_float8, float8)
fx plr_array_push(_float8, float8)
fx plr_call_handler()
fx plr_environ()
fx plr_get_raw(bytea)
fx plr_set_display(text)
fx plr_set_rhome(text)
fx plr_singleton_array(float8)
fx plr_unset_rhome()
fx plr_version()
fx pylog(a int4, b int4)
fx r_typenames()
fx r_version()
fx reload_plr_modules()
fx unnest(anyarray)
```

图 7-3　PL/R 辅助函数

2. PL/R 案例

笔者没有用过 R 语言，以下是官方文档中的 PL/R 示例。

（1）官方案例 1

将 PL/R 用于单行运算符。使用 R 函数 r_norm() 生成具有正态分布的数字数组。

```
CREATE OR REPLACE FUNCTION r_norm(n integer, mean float8,
    std_dev float8) RETURNS float8[ ] AS
$$
    x<-rnorm(n,mean,std_dev)
    return(x)
$$
LANGUAGE 'plr';
```

以下是查询语句使用 r_norm() 函数创建一个包含 10 个数字的数组的查询结果，如图 7-4 所示。

```
SELECT id, r_norm(10,0,1) as x FROM (SELECT generate_series(1,10:: bigint) AS ID) foo;
```

```
demoDB=# SELECT id, r_norm(10,0,1) as x FROM (SELECT generate_series(1,10:: bigint) AS ID) foo;
 id |                                                  x
----+------------------------------------------------------------------------------------------------------------------------------
-------------------------------------------
  1 | {-0.213964459370258,0.343582378882118,-0.270000583576663,-0.743561242842865,-0.572190005904809,0.64336613022354,-1.06139955351308,-1.9355014920
9023,-0.352758759147238,1.10509487034832}
  2 | {-0.216026970265556,-0.288714295413252,0.156545726353157,-0.836275538646484,1.11581323933303,0.193575279385383,2.4668714234311,-0.6706682530805
28,-0.315536565171091,-0.554263060725308}
  3 | {1.24338614233192,0.302996079254044,1.94574558461481,-1.43262754192435,1.51598577757739,-1.28331879913507,-1.57444547880738,0.24083657713493,-1
.72724710538784,-1.562527326252}
  4 | {-0.949915290672303,-0.524187799609522,-0.984971839984611,-0.523729656045216,-1.59617805943426,-1.16126554100165,-0.551386497969545,1.057147312
59274,-0.326752136510393,-0.974320200606388}
  5 | {-0.473144644302864,0.798287152641802,1.70832053823564,0.746721131383509,-1.9582846516579,0.0372371827541158,-0.477048282339506,-0.252699151724
615,1.30512556365501,-0.230967062108435}
  6 | {0.137488487411684,-0.738526793965683,1.67417561783945,1.19626195849928,0.129565422124514,-0.501772672070975,0.536781766619174,1.38355948193774
,0.435241029182806,-0.97949203606741}
  7 | {-0.0756281176881313,-0.229008868652212,-0.0870167401568013,-1.71866090293363,-1.04348391839969,-1.48208768524098,-1.0736602529829,-0.512337735
714153,-0.575160292335542,0.67037717406092}
  8 | {-0.211670904109414,1.03858930837799,1.54420007677139,-0.118366364962493,-0.110132422639134,1.10936235721369,0.884951908852337,-1.6075882826555
6,1.21757981123231,-0.946473933756799}
  9 | {-0.316543974480986,-0.760446560190959,1.36483734375971,1.04052148030717,-0.390020622906278,-0.791262462229433,0.10886433458788,1.6943908394692
9,-1.18183692342113,0.327870845568665}
 10 | {1.0007260251184,-0.668694085974138,0.3414007136354,0.338384560546956,-0.443770749922557,1.18444279282702,-0.494885138028793,-1.4687311735856,0
.174861427343281,-0.900233926379305}
(10 rows)
```

图 7-4　PL/R 案例运行结果

（2）官方案例 2

使用 PL/R 的分层回归。下面的 SQL 语句定义了一个 TYPE 并使用 PL/R 运行层次回归。

```
--创建一个类型存储返回结果
DROP TYPE IF EXISTS wj_model_results CASCADE;
CREATE TYPE wj_model_results AS (
  cs text, coefext float, ci_95_lower float, ci_95_upper float,
  ci_90_lower float, ci_90_upper float, ci_80_lower float,
  ci_80_upper float);

--创建PL/R函数去运行R语言模型
DROP FUNCTION IF EXISTS wj_plr_RE(float [ ], text [ ]);
CREATE FUNCTION wj_plr_RE(response float [ ], cs text [ ])
RETURNS SETOF wj_model_results AS
$$
  library(arm)
  y<- log(response)
  cs<- cs
  d_temp<- data.frame(y,cs)
  m0 <- lmer (y ~ 1 + (1 | cs), data=d_temp)
  cs_unique<- sort(unique(cs))
  n_cs_unique<- length(cs_unique)
  temp_m0<- data.frame(matrix0,n_cs_unique, 7))
  for (i in 1:n_cs_unique){temp_m0[i,]<-
    c(exp(coef(m0)$cs[i,1] + c(0,-1.96,1.96,-1.65,1.65,
      -1.28,1.28)*se.ranef(m0)$cs[i]))}
  names(temp_m0)<- c("Coefest", "CI_95_Lower",
    "CI_95_Upper", "CI_90_Lower", "CI_90_Upper",
   "CI_80_Lower", "CI_80_Upper")
  temp_m0_v2<- data.frames(cs_unique, temp_m0)
  return(temp_m0_v2)
$$
LANGUAGE 'plr';
```

官方文档的案例执行显示缺少对象，暂时无法演示运行结果。

7.2　MADlib 机器学习库

MADlib 是一款开源、易用、可扩展性强、预测准确度高、支持数据库内部分析的机器学习算法库。它支持包括 Greenplum、PostgreSQL、Apache HAWQ、Apache Impala（非官方）在内的多个数据库平台。MADlib 充分利用了 MPP 架构的特性，所有机器学习算法和概率统计方法均采用并行方式实现，原生支持针对海量数据的分析和建模。MADlib 具有 SQL 接口，使用门槛非常低，用户可以轻松借助 MADlib 强大的并行机器学习算法库，快速上手数据分析。

MADlib 创建于 2011 年，由 EMC Greenplum 团队和高校联合研发，包括美国加州大学伯克利分校、斯坦福大学、威斯康星麦迪逊大学、佛罗里达大学等。2017 年 7 月，MADlib 正式成为 Apache 顶级项目。MADlib 的命名表达了这套机器学习库所满足的 MAD 特性。

1）Magnetic（磁性）：愿景是为数据科学家提供一个有吸引力的环境，该环境支持处理不同类型的数据源，以实现更好的数据和算法共享。

2）Aglie（敏捷）：支持快速、探索型、迭代式分析，以及新数据的快速集成。

3）Deep（深度）：支持复杂的机器学习和统计算法。

可以说，MAD 特性就是为解决数据科学中的痛点问题量身设计的，它的初衷是解决数据分析流水线中的数据探索、数据建模以及数据、算法共享的问题。MADlib 是一款数据科学原生的机器学习算法库，以 MADlib 为代表的算法库，不仅可以实现预测和推理，而且能够支持数据流水线的全部流程，实现数据分析的闭环。

目前，MADlib 广泛应用于金融、保险、医疗、娱乐和媒体、汽车、政府机构、零售、科研、制造、互联网等行业，拥有大量落地实践和良好的口碑。

MADlib 的核心模块由 4 部分组成——基于 SQL 的用户接口、基于 Python 的算法驱动函数、基于 C++ 的机器学习算法实现函数和基于 C++ 的数据库抽象层（包括矩阵转换和类型抽象等）。除了核心模块之外，MADlib 还支持调用 Greenplum 数据库的内置函数，以及使用 Greenplum 的大规模并行处理引擎来加速机器学习算法的建模和推理。

7.2.1 安装 MADlib

在 Greenplum 数据库上安装 MADlib 机器学习库的步骤非常简单。

第一步：确保 Greenplum 已经安装成功，psql、postgres、pg_config 在路径中。

```
#psql、postgres、pg_config都是Greenplum的内置命令，需要执行source命令才可以使用
$source /data/greenplum/greenplum-db/greenplum_path.sh
#逐一检查
$ which psql
/data/greenplum/greenplum-db-6.10.1/bin/psql
$ which postgres
/data/greenplum/greenplum-db-6.10.1/bin/postgres
$ which pg_config
/data/greenplum/greenplum-db-6.10.1/bin/pg_config
```

第二步：下载并解压 MADlib 安装包。MADlib 安装包需要登录 Pivotal 官网才可以下载，网址为 https://network.pivotal.io/products/pivotal-gpdb。

下载安装包后将其上传到服务器，解压文件。

```
$tar zxvf madlib-1.17.0+12-gp6-rhel7-x86_64.tar.gz
$cd madlib-1.17.0+12-gp6-rhel7-x86_64
$ ls -al
drwxr-xr-x  2 root root     123 8月  13 2020 .
drwxr-xr-x. 3 root root     237 3月  14 08:21 ..
-rw-r--r--  1 root root 3020348 8月  13 2020 madlib-1.17.0+12-gp6-rhel7-x86_64.gppkg
-rw-r--r--  1 root root  135530 8月  13 2020 open_source_license_MADlib_1.16_GA.txt
-rw-r--r--  1 root root   66605 8月  13 2020 ReleaseNotes.txt
```

第三步：执行如下命令安装 gppkg 包。

```
$gppkg -i madlib-1.17.0+12-gp6-rhel7-x86_64.gppkg
```

第四步：初始化相关函数到数据库的指定模式。

```
#默认安装在$GPHOME下，通过cd命令进入
```

```
$cd GPHOME/madlib/bin
#将MADlib函数安装到指定数据库gpadmin@gp-master:5432/testdb下面的madlib 模式
$madpack install -s madlib -p greenplum -c gpadmin@gp-master:5432/testdb
-s 指定数据库中的模式
-p 指定要安装的平台，本例为greenplum
-c 指定连接方式，用户名@主机名：端口号/库名
#检查安装结果，确认安装成功
$madpack install-check -s madlib -p greenplum -c gpadmin@gp-master:5432/testdb
```

初始化相关函数到数据库，结果如图 7-5 所示。

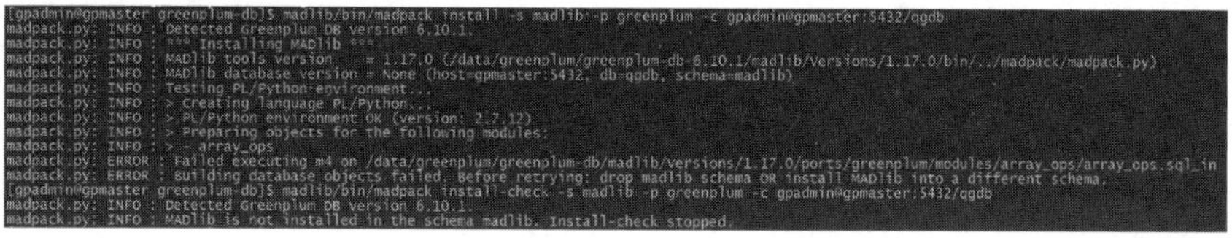

```
[gpadmin@gpmaster greenplum-db]$ madlib/bin/madpack install -s madlib -p greenplum -c gpadmin@gpmaster:5432/qgdb
madpack.py: INFO : Detected Greenplum DB version 6.10.1.
madpack.py: INFO : *** Installing MADlib ***
madpack.py: INFO : MADlib tools version    = 1.17.0 (/data/greenplum/greenplum-db-6.10.1/madlib/Versions/1.17.0/bin/../madpack/madpack.py)
madpack.py: INFO : MADlib database version = None (host=gpmaster:5432, db=qgdb, schema=madlib)
madpack.py: INFO : Testing PL/Python environment...
madpack.py: INFO : > Creating language PL/Python...
madpack.py: INFO : > PL/Python environment OK (version: 2.7.12)
madpack.py: INFO : > Preparing objects for the following modules:
madpack.py: INFO : > - array_ops
madpack.py: ERROR : Failed executing m4 on /data/greenplum/greenplum-db/madlib/versions/1.17.0/ports/greenplum/modules/array_ops/array_ops.sql_in
madpack.py: ERROR : Building database objects failed. Before retrying: drop madlib schema OR install MADlib into a different schema.
[gpadmin@gpmaster greenplum-db]$ madlib/bin/madpack install-check -s madlib -p greenplum -c gpadmin@gpmaster:5432/qgdb
madpack.py: INFO : Detected Greenplum DB version 6.10.1.
madpack.py: INFO : MADlib is not installed in the schema madlib. Install-check stopped.
```

图 7-5　MADlib 初始化到数据库报错

执行后报错，查询官方文档，发现 MADlib 需要 m4 宏处理器 1.4.13 或更高版本。安装 m4 宏处理器。命令如下。

```
wget ftp://ftp.gnu.org/gnu/m4/m4-1.4.17.tar.gz
tar -zxvf m4-1.4.17.tar.gz
cd m4-1.4.17
./configure
make
make install
```

重新运行安装 MADlib 数据库对象的命令，这次执行成功了，如图 7-6 所示。

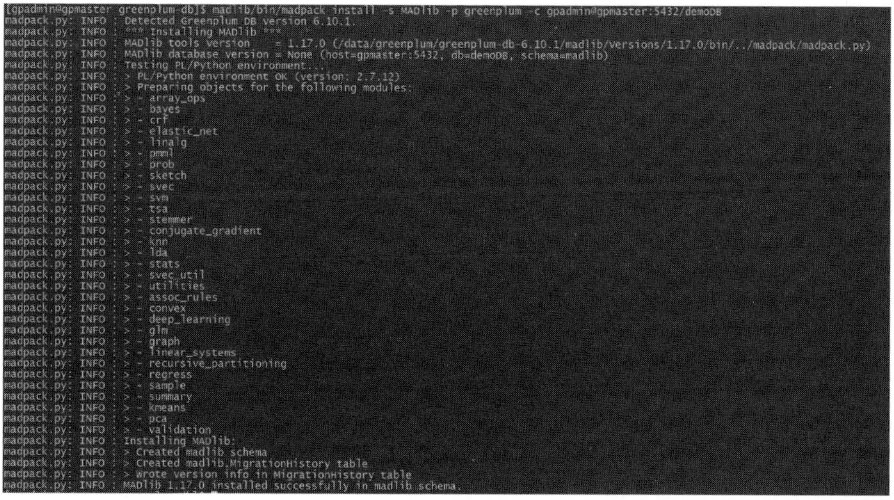

```
[gpadmin@gpmaster greenplum-db]$ madlib/bin/madpack install -s MADlib -p greenplum -c gpadmin@gpmaster:5432/demoDB
madpack.py: INFO : Detected Greenplum DB version 6.10.1.
madpack.py: INFO : *** Installing MADlib ***
madpack.py: INFO : MADlib tools version    = 1.17.0 (/data/greenplum/greenplum-db-6.10.1/madlib/versions/1.17.0/bin/../madpack/madpack.py)
madpack.py: INFO : MADlib database version = None (host=gpmaster:5432, db=demoDB, schema=madlib)
madpack.py: INFO : Testing PL/Python environment...
madpack.py: INFO : > PL/Python environment OK (version: 2.7.12)
madpack.py: INFO : > Preparing objects for the following modules:
madpack.py: INFO : > - array_ops
madpack.py: INFO : > - bayes
madpack.py: INFO : > - crf
madpack.py: INFO : > - elastic_net
madpack.py: INFO : > - linalg
madpack.py: INFO : > - pmml
madpack.py: INFO : > - prob
madpack.py: INFO : > - sketch
madpack.py: INFO : > - svec
madpack.py: INFO : > - svm
madpack.py: INFO : > - tsa
madpack.py: INFO : > - stemmer
madpack.py: INFO : > - conjugate_gradient
madpack.py: INFO : > - knn
madpack.py: INFO : > - lda
madpack.py: INFO : > - stats
madpack.py: INFO : > - svec_util
madpack.py: INFO : > - utilities
madpack.py: INFO : > - assoc_rules
madpack.py: INFO : > - convex
madpack.py: INFO : > - deep_learning
madpack.py: INFO : > - glm
madpack.py: INFO : > - graph
madpack.py: INFO : > - linear_systems
madpack.py: INFO : > - recursive_partitioning
madpack.py: INFO : > - regress
madpack.py: INFO : > - sample
madpack.py: INFO : > - summary
madpack.py: INFO : > - kmeans
madpack.py: INFO : > - pca
madpack.py: INFO : > - validation
madpack.py: INFO : Installing MADlib:
madpack.py: INFO : > Created madlib schema
madpack.py: INFO : > Created madlib.MigrationHistory table
madpack.py: INFO : > Wrote version info in MigrationHistory table
madpack.py: INFO : MADlib 1.17.0 installed successfully in madlib schema.
```

图 7-6　MADlib 初始化到数据库成功

执行 install-check 命令可以看到很多机器学习算法的验证，如图 7-7 所示。

```
[gpadmin@gpmaster greenplum-db]$ madlib/bin/madpack install-check -s madlib -p greenplum -c gpadmin@gpmaster:5432/demoDB
madpack.py: INFO : Detected Greenplum DB version 6.10.1.
TEST CASE RESULT|Module: array_ops|array_ops.ic.sql_in|PASS|Time: 204 milliseconds
TEST CASE RESULT|Module: bayes|bayes.ic.sql_in|PASS|Time: 1270 milliseconds
TEST CASE RESULT|Module: crf|crf_test_small.ic.sql_in|PASS|Time: 936 milliseconds
TEST CASE RESULT|Module: crf|crf_train_small.ic.sql_in|PASS|Time: 934 milliseconds
TEST CASE RESULT|Module: elastic_net|elastic_net.ic.sql_in|PASS|Time: 589 milliseconds
TEST CASE RESULT|Module: linalg|linalg.ic.sql_in|PASS|Time: 226 milliseconds
TEST CASE RESULT|Module: linalg|matrix_ops.ic.sql_in|PASS|Time: 5947 milliseconds
TEST CASE RESULT|Module: linalg|svd.ic.sql_in|PASS|Time: 2172 milliseconds
TEST CASE RESULT|Module: pmml|pmml.ic.sql_in|PASS|Time: 1482 milliseconds
TEST CASE RESULT|Module: prob|prob.ic.sql_in|PASS|Time: 38 milliseconds
TEST CASE RESULT|Module: svm|svm.ic.sql_in|PASS|Time: 1020 milliseconds
TEST CASE RESULT|Module: tsa|arima.ic.sql_in|PASS|Time: 2299 milliseconds
TEST CASE RESULT|Module: stemmer|porter_stemmer.ic.sql_in|PASS|Time: 77 milliseconds
TEST CASE RESULT|Module: conjugate_gradient|conj_grad.ic.sql_in|PASS|Time: 136 milliseconds
TEST CASE RESULT|Module: knn|knn.ic.sql_in|PASS|Time: 442 milliseconds
TEST CASE RESULT|Module: lda|lda.ic.sql_in|PASS|Time: 388 milliseconds
TEST CASE RESULT|Module: stats|anova_test.ic.sql_in|PASS|Time: 105 milliseconds
TEST CASE RESULT|Module: stats|chi2_test.ic.sql_in|PASS|Time: 111 milliseconds
TEST CASE RESULT|Module: stats|correlation.ic.sql_in|PASS|Time: 467 milliseconds
TEST CASE RESULT|Module: stats|cox_prop_hazards.ic.sql_in|PASS|Time: 454 milliseconds
TEST CASE RESULT|Module: stats|f_test.ic.sql_in|PASS|Time: 162 milliseconds
TEST CASE RESULT|Module: stats|ks_test.ic.sql_in|PASS|Time: 96 milliseconds
TEST CASE RESULT|Module: stats|mw_test.ic.sql_in|PASS|Time: 113 milliseconds
TEST CASE RESULT|Module: stats|pred_metrics.ic.sql_in|PASS|Time: 811 milliseconds
TEST CASE RESULT|Module: stats|robust_and_clustered_variance_coxph.ic.sql_in|PASS|Time: 875 milliseconds
TEST CASE RESULT|Module: stats|t_test.ic.sql_in|PASS|Time: 94 milliseconds
TEST CASE RESULT|Module: stats|wsr_test.ic.sql_in|PASS|Time: 79 milliseconds
TEST CASE RESULT|Module: utilities|encode_categorical.ic.sql_in|PASS|Time: 406 milliseconds
TEST CASE RESULT|Module: utilities|minibatch_preprocessing.ic.sql_in|PASS|Time: 346 milliseconds
TEST CASE RESULT|Module: utilities|path.ic.sql_in|PASS|Time: 331 milliseconds
TEST CASE RESULT|Module: utilities|pivot.ic.sql_in|PASS|Time: 239 milliseconds
TEST CASE RESULT|Module: utilities|sessionize.ic.sql_in|PASS|Time: 235 milliseconds
TEST CASE RESULT|Module: utilities|text_utilities.ic.sql_in|PASS|Time: 277 milliseconds
```

图 7-7 MADlib 初始化到数据库

登录数据库，可以看到 madlib 模式下新增了很多函数，如图 7-8 所示。

图 7-8 MADlib 安装后自带函数

MADlib 的用户接口基于 SQL 实现，所有的 MADlib 机器学习算法都被封装成 madlib 模式下的自定义函数。用户只需要调用相关的函数即可实现机器学习算法的功能。

下面是使用 Greenplum 官方提供的 MADlib 扩展的案例。

7.2.2 线性回归案例

第一个案例是在表 regr_example 中执行一个线性回归。因变量数据在 y 列中，独立变量数据在 $x1$ 和 $x2$ 列中。

```
--执行如下语句创建regr_example表的同时插入样本数据
DROP TABLE IF EXISTS regr_example;
CREATE TABLE regr_example (
   id int,
   y int,
   x1 int,
   x2 int
);
INSERT INTO regr_example VALUES
   (1,  5, 2, 3),
   (2, 10, 7, 2),
   (3,  6, 4, 1),
   (4,  8, 3, 4);
```

MADlib 的 linregr_train() 函数根据输入表包含的训练数据产生一个回归模型。下面的 SELECT 语句在表 regr_example 中执行一个简单的多元回归，同时保存模型在表 regr_example_model 中。

```
SELECT madlib.linregr_train (
   'regr_example',          --来源数据表
   'regr_example_model',    --输出模型表
   'y',                     --因变量
   'ARRAY[1, x1, x2]'       --独立变量
);
```

madlib.linregr_train() 函数通过添加参数来设置分组的列以及计算模型的异方差性。注意，截距通过将一个独立变量设置为常数 1 来计算。

在表 regr_example 上执行查询命令会自动创建带有一行数据的 regr_example_model 表。查询这个表可以看到生成的数据如图 7-9 所示。

```
qgdb=# SELECT madlib.linregr_train (
   'regr_example',          -- source table
   'regr_example_model',    -- output model table
   'y',                     -- dependent variable
   'ARRAY[1, x1, x2]'       -- independent variables
);
 linregr_train
---------------

(1 row)

qgdb=# SELECT * FROM regr_example_model;
                       coef                        |        r2         |                       std_err                        |
                     t_stats                       |                      p_values                       |  condition_no  | n
um_rows_processed | num_missing_rows_skipped |                                                                           variance_c
ovariance
---------------------------------------------------+-------------------+------------------------------------------------------+-
---------------------------------------------------+-----------------------------------------------------+------------------+-
------------------+--------------------------+----------------------------------------------------------------------------------
-------------------------------------------------------------------------------------
 {0.111111111111127,1.14814814814815,1.01851851851852} | 0.968612680477111 | {1.49587911309236,0.207043331249903,0.346449758034495} |
{0.0742781352708591,5.54544858420156,2.93987366103776} | {0.952799748147436,0.113579771006374,0.208730790695278} | 22.6502032418811 |
                4 |                        0 | {{2.23765432098598,-0.257201646090342,-0.437242798353582},{-0.257201646090342,0.0428669
41015057,0.0342935528120456},{-0.437242798353582,0.0342935528120457,0.12002743484216}}
(1 row)
```

图 7-9 线性回归查询结果

被保存到 regr_example_model 表中的模型能够被 MADlib 线性回归预测函数使用，调用 madlib.linregr_predict() 函数查看残差，如图 7-10 所示。

```
qgdb=# SELECT regr_example.*,
       madlib.linregr_predict ( ARRAY[1, x1, x2], m.coef ) as predict,
       y - madlib.linregr_predict ( ARRAY[1, x1, x2], m.coef ) as residual
FROM regr_example, regr_example_model m;
 id | y  | x1 | x2 |      predict       |      residual
----+----+----+----+--------------------+--------------------
  3 |  6 |  4 |  1 | 5.72222222222224   |  0.277777777777762
  4 |  8 |  3 |  4 | 7.62962962962964   |  0.370370370370364
  2 | 10 |  7 |  2 | 10.1851851851852   | -0.185185185185201
  1 |  5 |  2 |  3 | 5.46296296296297   | -0.462962962962971
(4 rows)
```

图 7-10 线性回归结果

7.2.3 关联规则案例

关联规则挖掘是发现大数据集中变量之间关系的技术。本节案例将考虑那些在商店中通常一起购买的物品。除了购物车分析，关联规则也应用于生物信息学、网络分析等领域。

以下案例通过 MADlib 内置函数 madlib.assoc_rules() 分析存储在表中的 7 笔交易订单。函数假定数据存储为两列，每行有一个物品和交易 ID。多个物品的交易订单，包括多个行，每行一个物品。

```
--先创建表
DROP TABLE IF EXISTS test_data;
CREATE TABLE test_data (
   trans_id INT,
   product text
);
--然后执行INSERT命令向表中添加数据
INSERT INTO test_data VALUES
    (1, 'beer'),
    (1, 'diapers'),
    (1, 'chips'),
    (2, 'beer'),
    (2, 'diapers'),
    (3, 'beer'),
    (3, 'diapers'),
    (4, 'beer'),
    (4, 'chips'),
    (5, 'beer'),
    (6, 'beer'),
    (6, 'diapers'),
    (6, 'chips'),
    (7, 'beer'),
    (7, 'diapers');
```

MADlib 函数 madlib.assoc_rules() 在分析数据的同时确定具有以下特征的关联规则。

1）一个值至少为 0.40 的支持率：支持率表示包含 *X* 的交易与所有交易的比。

2）一个值至少为 0.75 的置信率：置信率表示包含 *X* 的交易与包含 *Y* 的交易的比。可以将该度量看作给定 *Y* 下 *X* 的条件概率。

执行 SELECT 命令确定关联规则，创建表 assoc_rules 的同时添加统计信息到表中。

```
SELECT * FROM madlib.assoc_rules (
   0.40,           --支持率
   0.75,           --置信率
   'trans_id',     --事件字段
   'product',      --购买的产品列
   'test_data',    --数据表名
   'public',       --模式名
   false);         --是否展示计算过程
```

图 7-11 是 SELECT 命令的输出结果，可以看到其中有两条符合特征的规则。

```
qgdb=#
SELECT * FROM madlib.assoc_rules (
    0.40,           -- support
    0.75,           -- confidence
    'trans_id',    -- transaction column
    'product',     -- product purchased column
    'test_data',   -- table name
    'public',      -- schema name
    false);        -- display processing details

 output_schema | output_table | total_rules |    total_time
---------------+--------------+-------------+-----------------
 public        | assoc_rules  |           2 | 00:00:00.325657
(1 row)
```

图 7-11 关联规则运行输出结果

为了查看关联规则，我们可以使用下面这条 SELECT 命令。

```
SELECT pre, post, support FROM assoc_rules
   ORDER BY support DESC;
```

输出结果如图 7-12 所示，pre 和 post 列分别是关联规则左右两边的项集。

```
qgdb=# SELECT pre, post, support FROM assoc_rules
   ORDER BY support DESC;
    pre     | post   |      support
-----------+--------+-------------------
 {diapers} | {beer} | 0.714285714285714
 {chips}   | {beer} | 0.428571428571429
(2 rows)
```

图 7-12 查看关联规则

7.2.4 朴素贝叶斯分类案例

朴素贝叶斯分类基于一个或多个独立变量或属性，预测一类变量或类结果的可能性。类变量是非数值类型变量，一个变量可以有一个数量有限的值或类别。用类变量表示的整数，每个整数表示一个类别。例如，类别可以是一个“真”“假”或“未知”的值，那么变量可以表示为整数 1、2 或 3。

属性可以是数值类型、非数值类型或类类型。训练函数有两个签名，一个用于所有属性为数值的情况，另外一个用于混合数值和类类型的情况。后者的附加参数表示那些应该被当作数字值处理的属性。属性以数组的形式提交给训练函数。

MADlib 朴素贝叶斯训练函数产生一个特征概率表和一个类的先验表，可以同预测函数一起为属性集提供一个类别的概率。

案例一：所有属性都是数值类型

在本例中，类变量取值为 1 或者 2，同时这里有 3 个整型属性。

执行如下命令创建输入表并加载样本数据。

```
DROP TABLE IF EXISTS class_example CASCADE;
CREATE TABLE class_example (
   id int, class int, attributes int[]);
INSERT INTO class_example VALUES
   (1, 1, '{1, 2, 3}'),
   (2, 1, '{1, 4, 3}'),
   (3, 2, '{0, 2, 2}'),
   (4, 1, '{1, 2, 1}'),
   (5, 2, '{1, 2, 2}'),
   (6, 2, '{0, 1, 3}');
```

生产环境中的实际数据比本例中的数据量更大，也能获得更好的结果。更大的训练数据集能够显著提高分类的精确度。

使用 create_nb_prepared_data_tables() 函数训练模型，代码如下。

```
SELECT * FROM madlib.create_nb_prepared_data_tables (
   'class_example',            --训练数据对应表
   'class',                    --分类字段
   'attributes',               --特征字段
   3,                          --特征分类数
   'example_feature_probs',    --特征概率数据表的名称
   'example_priors'            --输出表的名称
    );
```

为了使用模型进行分类，创建带有数据的表。

```
DROP TABLE IF EXISTS class_example_topredict;
CREATE TABLE class_example_topredict (
   id int, attributes int[]);
INSERT INTO class_example_topredict VALUES
   (1, '{1, 3, 2}'),
   (2, '{4, 2, 2}'),
   (3, '{2, 1, 1}');
```

用特征概率、类的先验和 class_example_topredict 表创建一个分类视图。

```
SELECT madlib.create_nb_probs_view (
   'example_feature_probs',   --特征概率输出表
   'example_priors',           --分类输出表
   'class_example_topredict',--用于分类的数据表名
   'id',                         --主键字段名
   'attributes',               --特征字段名
    3,                           --特征分类数
    'example_classified'      --分类视图
    );
```

显示分类结果，如图 7-13 所示。

```
SELECT * FROM example_classified;
```

```
qgdb=# SELECT * FROM example_classified;
 key | class | nb_prob
-----+-------+---------
   1 |     1 |     0.4
   1 |     2 |     0.6
   2 |     1 |    0.25
   2 |     2 |    0.75
   3 |     1 |     0.5
   3 |     2 |     0.5
(6 rows)
```

图 7-13　查询结果

案例二：天气和户外运动

本例计算在给定的天气条件下，用户会进行户外运动，例如高尔夫、网球的概率。

weather_example 表包含了样本值。表的标识列是 day，为整型类型。play 列包含因变量以及 0（No）、1（Yes）两个类别。其中，属性 outlook、temperature、humidity、wind 是类变量。由于 create_nb_classify_view() 函数希望提供的属性是 INTEGER、NUMERIC 或者 FLOAT8 值类型的数组，因此本例的属性都采用整型进行编码。

- outlook 可能取值为 sunny (1)、overcast (2)、rain (3)。
- temperature 可能取值为 hot (1)、mild (2)、cool (3)。
- humidity 可能取值为 high (1)、normal (2)。
- wind 可能取值为 strong (1)、weak (2)。

下表显示了编码变量之前的训练数据。

```
  day | play | outlook  | temperature | humidity | wind
-----+------+----------+-------------+----------+--------
 2   | No   | Sunny    | Hot         | High     | Strong
 4   | Yes  | Rain     | Mild        | High     | Weak
 6   | No   | Rain     | Cool        | Normal   | Strong
 8   | No   | Sunny    | Mild        | High     | Weak
10   | Yes  | Rain     | Mild        | Normal   | Weak
12   | Yes  | Overcast | Mild        | High     | Strong
14   | No   | Rain     | Mild        | High     | Strong
 1   | No   | Sunny    | Hot         | High     | Weak
 3   | Yes  | Overcast | Hot         | High     | Weak
 5   | Yes  | Rain     | Cool        | Normal   | Weak
 7   | Yes  | Overcast | Cool        | Normal   | Strong
 9   | Yes  | Sunny    | Cool        | Normal   | Weak
11   | Yes  | Sunny    | Mild        | Normal   | Strong
13   | Yes  | Overcast | Hot         | Normal   | Weak
(14 rows)
```

创建一个训练表。

```
DROP TABLE IF EXISTS weather_example;
CREATE TABLE weather_example (
   day int,
   play int,
   attrs int[]
);
INSERT INTO weather_example VALUES
   ( 2, 0, '{1,1,1,1}'), -- sunny, hot, high, strong
```

```
( 4, 1, '{3,2,1,2}'), -- rain, mild, high, weak
( 6, 0, '{3,3,2,1}'), -- rain, cool, normal, strong
( 8, 0, '{1,2,1,2}'), -- sunny, mild, high, weak
(10, 1, '{3,2,2,2}'), -- rain, mild, normal, weak
(12, 1, '{2,2,1,1}'), -- etc.
(14, 0, '{3,2,1,1}'),
( 1, 0, '{1,1,1,2}'),
( 3, 1, '{2,1,1,2}'),
( 5, 1, '{3,3,2,2}'),
( 7, 1, '{2,3,2,1}'),
( 9, 1, '{1,3,2,2}'),
(11, 1, '{1,2,2,1}'),
(13, 1, '{2,1,2,2}');
```

根据训练表创建模型。

```
SELECT madlib.create_nb_prepared_data_tables (
   'weather_example',  --训练数据来源表
   'play',               --依赖分类字段
   'attrs',              --特征字段
   4,                     --特征分类数
   'weather_probs',    --特征概率输出表
   'weather_priors'    --先验类
   );
```

查看特征概率，查询结果如图 7-14 所示。

```
SELECT * FROM weather_probs;
```

```
qgdb=# SELECT madlib.create_nb_prepared_data_tables (
   'weather_example',  -- training source table
   'play',             -- dependent class column
   'attrs',            -- attributes column
   4,                  -- number of attributes
   'weather_probs',    -- feature probabilities output table
   'weather_priors'    -- class priors
   );
 create_nb_prepared_data_tables
--------------------------------

(1 row)

qgdb=# SELECT * FROM weather_probs;
 class | attr | value | cnt | attr_cnt
-------+------+-------+-----+----------
     1 |    3 |     1 |   3 |        2
     0 |    3 |     2 |   1 |        2
     1 |    3 |     2 |   6 |        2
     1 |    4 |     1 |   3 |        2
     1 |    2 |     1 |   2 |        3
     1 |    2 |     2 |   4 |        3
     0 |    1 |     3 |   2 |        3
     0 |    3 |     1 |   4 |        2
     0 |    4 |     2 |   2 |        2
     1 |    4 |     2 |   6 |        2
     0 |    2 |     3 |   1 |        3
     1 |    1 |     1 |   2 |        3
     1 |    1 |     3 |   3 |        3
     0 |    4 |     1 |   3 |        2
     0 |    2 |     1 |   2 |        3
     0 |    2 |     2 |   2 |        3
     0 |    1 |     1 |   3 |        3
     1 |    1 |     2 |   4 |        3
     1 |    2 |     3 |   3 |        3
     0 |    1 |     2 |   0 |        3
(20 rows)
```

图 7-14 运行结果

用模型分类一组记录，首先装载数据到一个表中。在本例中，t1 表有 4 个行要分类。

```
DROP TABLE IF EXISTS t1;
CREATE TABLE t1 (
   id integer,
   attributes integer[]);
INSERT INTO t1 VALUES
   (1, '{1, 2, 1, 1}'),
   (2, '{3, 3, 2, 1}'),
   (3, '{2, 1, 2, 2}'),
   (4, '{3, 1, 1, 2}');
```

使用 madlib.create_nb_classify_view() 函数对表中的行进行分类。

```
SELECT madlib.create_nb_classify_view (
   'weather_probs',         --功能概率表
      'weather_priors',     --类先验名称
   't1',                    --包含要分类的值的表
   'id',                    --主键字段
   'attributes',            --特征字段
   4,                       --特征分类数
   't1_out'                 --输出表名
);
```

结果有 4 行，每行对应 t1 表中的一条记录，如图 7-15 所示。

```
qgdb=# SELECT madlib.create_nb_classify_view (
   'weather_probs',        -- feature probabilities table
   'weather_priors',       -- classPriorsName
   't1',                   -- table containing values to classify
   'id',                   -- key column
   'attributes',           -- attributes column
   4,                      -- number of attributes
   't1_out'                -- output table name
);
 create_nb_classify_view
-------------------------

(1 row)

qgdb=# SELECT * FROM t1_out ORDER BY key;
 key | nb_classification
-----+-------------------
   1 | {0}
   2 | {1}
   3 | {1}
   4 | {0}
(4 rows)
```

图 7-15　朴素贝叶斯调整参数运行结果

机器学习的门槛比较高，现在各种机器学习的算法库也都在蓬勃发展，读者想要更深入的学习 MADlib 相关的功能，可以购买《Greenplum 从大数据战略到实现》一书，书中有更加深入的 MADlib 实践介绍。从更深的层面来说，MADlib 只提供了一个算法工具，深入了解算法原理，并结合业务实际挖掘算法应用场景才是机器学习应用的难点。

7.3 半结构化数据分析

随着各行各业数字化转型的推进，越来越多的半结构化和文本类型数据被收集并保存起来，例如网页浏览记录、社交记录、邮件、病例、照片、保单合同等。这类数据体量特别大、价值密度比较低，使用传统的数据分析方法就显得力不从心了。Hadoop 就是为了解决这种数据量巨大的非结构化数据分析而诞生的。作为 MPP 架构的分布式数据库，Greenplum 也提供了类似的功能模块——GPText。

GPText 是 Greenplum 提供的针对文本数据的全文检索插件，可以用来对半结构化和文本数据进行有效分析。GPText 深度集成了功能丰富的 Solr 搜索引擎，借助 Greenplum 的大规模并行处理能力，对外提供多节点并行索引和查询功能，以及简单易用的管理工具。

GPText 支持多种数据格式，可以加载并提取数据中的信息。GPText 除了支持存储在 Greenplum 数据库中的数据，还可以很方便地使用外部数据源，例如 HDFS、S3、HTTP、FTP 等协议上的数据。

1. GPText 安装

要安装 GPText，需要先在 Greenplum 的各个服务器上安装 JDK 1.8.*x*、nc 和 lsof 命令行工具。JDK 的安装这里就不展开介绍了，nc 和 lsof 分别通过下面的命令即可安装。

```
#安装nc
yum install nc
#安装lsof
yum install lsof
```

完成准备工作后，到 Pivotal 官网下载 GPText 安装包并在 Greenplum 主节点上解压。

准备相应的安装目录，例如 /data/gptext/master 和 /data/gptext/primary，并赋予权限。修改 GPText 配置文件 gptext_install_config。

```
$vi gptext_install_config
#声明集群的主机名
GPTEXT_HOSTS="ALLSEGHOSTS"
#设置数据存储路径
declare -a DATA_DIRECTORY=(/data/gptext/primary /data/gptext/primary)
#设置SolrCloud JVM的最大值和最小值
JAVA_OPTS="-Xms1024M -Xmx2048M"
#设置端口的范围，从18983到28983
GPTEXT_PORT_BASE=18983
GP_MAX_PORT_LIMIT=28983
#GPText内置zookeeper集群
ZOO_CLUSTER="mdw:2181,sdw1:2181,sdw2:2181"
ZOO_GPTXTNODE="gptext"
ZOO_PORT_BASE=2188
ZOO_MAX_PORT_LIMIT=12188
#指定JAVA_HOME位置
GPTEXT_JAVA_HOME=/usr/local/jdk1.8.0_191
```

运行以下命令安装 GPText。

```
#进入解压文件的目录进行安装
```

```
./greenplum-text-3.4.3-rhel7_x86_64.bin -c gptext_install_config
#安装后，让GPText的环境变量生效
source $GPHOME/greenplum_path.sh
source /usr/local/greenplum-text-3.4.3/greenplum-text_path.sh
```

安装GPText函数并启动GPText服务。安装过程会在指定数据库中创建一个gptext的模式。

```
#指定数据库安装gptext，demoDB是本地数据库
gptext-installsql demoDB
#启动GPText服务
gptext-start
```

2. 简单使用GPText

要使用GPText，首先需要创建GPText索引。

```
--创建demo表
CREATE TABLE news_demo(
id bigint,
article_id char(80),
news_date date,
head_line text,
content text
)DISTRIBUTED BY (id);
```

此处省略初始化数据的过程，根据表名和字段可以知道本表记录的是新闻的简要信息。接下来创建GPText索引。

```
--基于id和content字段创建索引
SELECT * FROM gptext.create_index('plublic','news_demo','id','content');
--查看索引状态
SELECT * FROM gptext.index_status('demoDB.plublic.news_demo');
```

然后加载GPText索引。

```
--加载索引
SELECT * FROM gptext.index(table(select * from public.news_demo),'demoDB.plublic.
    news_demo');
--加载完成后提交数据
SELECT * FROM gptext.commit_index( ‘demoDB.plublic.news_demo’ );
```

GPText简单查询命令如下。

```
--GPText临近查询，查找与给定条件的相似度在某个“临近举例”内的查询结果
SELECT t.id,s.score,t.headline
FROM news_demo t,
      gptext.search(TABLE(Select 1 scatter by 1),'demoDB.public.news_demo','"solar
          fossil"~5',null,null) s
WHERE t.id = s.id::int ;
--GPText Top查询，查询与给定字符串相关性最高的3条记录
SELECT t.id,s.score,t.headline
FROM news_demo t,
      gptext.search(TABLE(SELECT 1 scatter by 1),'demoDB.public.news_demo','andy
          OR jason',null,'row=3') s
WHERE t.id = s.id::int
ORDER BY score desc;
```

7.4 地理空间数据分析

地理空间数据（GIS 数据）是将采集到的地理信息按照特定数据标准和格式进行编码后所获得的数字化信息。GIS 数据的来源有很多，常见的包括 GPS 定位数据、车辆运行轨迹、数字地图、城市规划地图等。

从 GIS 数据的特点来说，GIS 数据主要分成两种。一种是矢量数据，比如电子地图中的街道信息。这种数据一般由 3 种几何数据类型组成，包括点、折线、多边形等。另一种是栅格数据，比如卫星图像。

PostGIS 是 PostGIS 开源社区维护的开源组件。PostGIS 作为 PostgreSQL 数据库的外部组件单独发布，运行在单节点上。Greenplum PostGIS 对单机版的 PostGIS 进行了并行化（MPP）改进和优化，使其能运行在 Greenplum 数据库上，并且能借助 Greenplum 强大的分布式计算和存储能力来加速 GIS 应用。

PostGIS 目前已经升级到了 2.5.4 版，支持以下功能。

- 支持完整的 GIS 数据类型（包括点、线段 / 折线、多边形等），通过 geometry 和 geography 两种数据类型体现。
- 支持空间运算的操作符，包括相交、重叠、包含等。
- 支持 GIS 数据分析的基本操作符，包括交集、并集等。
- 支持普通几何体运算，包括求体积、求周长、求面积等。
- 通过支持选择性索引来缩小空间索引的大小。
- 通过 PostgreSQL 的 GiST 索引实现 R-tree 索引。
- 通过 GDAL 实现在数据库内存储和查询栅格数据。

通过以上功能，Greenplum PostGIS 实现了 GIS 数据存储和查询的透明化。此外，Greenplum PostGIS 兼容 SQL 标准，意味着普通数据库用户完全可以使用 SQL+UDF（用户自定义函数）来实现在 Greenplum 数据库上存储、查询、分析 GIS 数据，大幅降低学习成本。

1. 安装 PostGIS

PostGIS 的安装方法非常简单，直接下载 postgis 安装包，执行以下命令即可。

```
gppkg -i postgis-2.5.4+pivotal.3.build.1-gp6-rhel7-x86_64.gppkg
```

安装完成后，导入初始化的程序和数据进行测试。

```
#首先新建一个postgis的数据库
CREATEDB postgis
#然后登录postgis数据库，执行新增扩展命令
CREATE EXTENSION  postgis;
```

安装完成后执行 select postgis_version() 命令验证安装是否成功，如图 7-16 所示。

```
postgis=# select postgis_version();
            postgis_version
---------------------------------------
 2.5 USE_GEOS=1 USE_PROJ=1 USE_STATS=1
(1 row)
```

图 7-16 验证安装是否成功

在相应的数据库中可以看到 spatial_ref_sys 表和另外 2 张视图，spatial_ref_sys 表存储着合法的空间坐标系统。

2. 案例测试

添加测试表和测试数据，代码如下。

```
--先创建城市表
CREATE TABLE cities(id int4, name varchar(50) );
--然后运行函数，给cities表增加地理位置字段
SELECT AddGeometryColumn ('cities', 'the_geom', 4326, 'POINT', 2);
--查看数据
SELECT * FROM cities;
--插入数据
INSERT INTO cities (id, the_geom, name) VALUES (1,ST_GeomFromText('POINT(-0.1257
    51.508)',4326),'London, England');
INSERT INTO cities (id, the_geom, name) VALUES (2,ST_GeomFromText('POINT(-81.233
    42.983)',4326),'London, Ontario');
INSERT INTO cities (id, the_geom, name) VALUES (3,ST_GeomFromText
    ('POINT(27.91162491 -33.01529)',4326),'East London,SA');
--再次查看数据
SELECT * FROM cities;
--计算城市之间的距离
SELECT p1.name,p2.name,ST_Distance_Sphere(p1.the_geom,p2.the_geom) FROM cities AS
    p1, cities AS p2 WHERE p1.id > p2.id;
```

执行过程如图 7-17 所示。

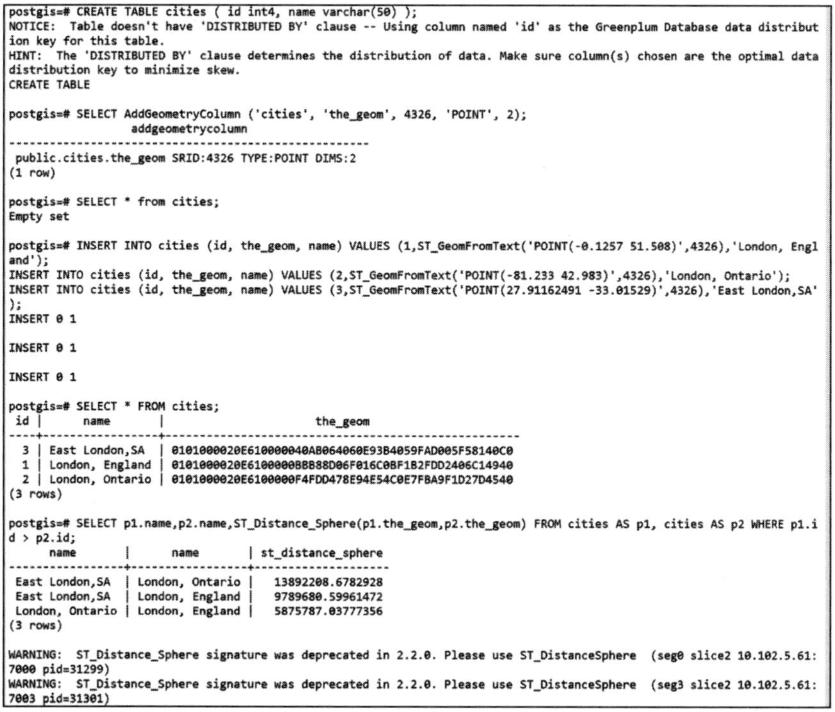

```
postgis=# CREATE TABLE cities ( id int4, name varchar(50) );
NOTICE:  Table doesn't have 'DISTRIBUTED BY' clause -- Using column named 'id' as the Greenplum Database data distribut
ion key for this table.
HINT:  The 'DISTRIBUTED BY' clause determines the distribution of data. Make sure column(s) chosen are the optimal data
distribution key to minimize skew.
CREATE TABLE

postgis=# SELECT AddGeometryColumn ('cities', 'the_geom', 4326, 'POINT', 2);
                addgeometrycolumn
--------------------------------------------------
 public.cities.the_geom SRID:4326 TYPE:POINT DIMS:2
(1 row)

postgis=# SELECT * from cities;
Empty set

postgis=# INSERT INTO cities (id, the_geom, name) VALUES (1,ST_GeomFromText('POINT(-0.1257 51.508)',4326),'London, Engl
and');
INSERT INTO cities (id, the_geom, name) VALUES (2,ST_GeomFromText('POINT(-81.233 42.983)',4326),'London, Ontario');
INSERT INTO cities (id, the_geom, name) VALUES (3,ST_GeomFromText('POINT(27.91162491 -33.01529)',4326),'East London,SA'
);
INSERT 0 1

INSERT 0 1

INSERT 0 1

postgis=# SELECT * FROM cities;
 id |      name       |                      the_geom
----+-----------------+----------------------------------------------------
  3 | East London,SA  | 0101000020E610000040AB064060E93B4059FAD005F58140C0
  1 | London, England | 0101000020E6100000BBB88D06F016C0BF1B2FDD2406C14940
  2 | London, Ontario | 0101000020E6100000F4FDD478E94E54C0E7FBA9F1D27D4540
(3 rows)

postgis=# SELECT p1.name,p2.name,ST_Distance_Sphere(p1.the_geom,p2.the_geom) FROM cities AS p1, cities AS p2 WHERE p1.i
d > p2.id;
      name       |      name       | st_distance_sphere
-----------------+-----------------+--------------------
 East London,SA  | London, Ontario |   13892208.6782928
 East London,SA  | London, England |   9789680.59961472
 London, Ontario | London, England |   5875787.03777356
(3 rows)

WARNING:  ST_Distance_Sphere signature was deprecated in 2.2.0. Please use ST_DistanceSphere  (seg0 slice2 10.102.5.61:
7000 pid=31299)
WARNING:  ST_Distance_Sphere signature was deprecated in 2.2.0. Please use ST_DistanceSphere  (seg3 slice2 10.102.5.61:
7003 pid=31301)
```

图 7-17　POSTGIS 测试过程

7.5 图计算应用

在计算机科学领域，图（Graph）是一种非常重要的数据结构，用于表示对象之间的关联关系，使用顶点（Vertex）和边（Edge）进行描述，顶点表示对象，边表示对象之间的关系。可抽象成用图描述的数据，即图数据。图计算便是以图作为数据模型来表达问题并予以解决的过程。以高效解决图计算问题为目标的系统软件称为图计算系统。

图论起源于18世纪欧拉对哥尼斯堡七桥问题的研究。18世纪初普鲁士的哥尼斯堡有一条河，河上有两座小岛，有七座桥把两个岛与河岸联系起来。有个人提出一个问题：一个步行者怎样才能不重复、不遗漏地一次走完七座桥，最后回到出发点。

问题提出后，很多人对此很感兴趣，纷纷进行实验。在相当长的时间里，始终未能解决这个问题。而利用普通数学知识，每座桥均走一次，那这七座桥所有的走法一共有5040种，而这么多情况，要一一实验，将会是很大的工作量。怎么才能找到成功走过每座桥而不重复的路线呢？这就是著名的“哥尼斯堡七桥问题”。

1735年，有几名大学生写信给当时正在俄罗斯彼得斯堡科学院任职的天才数学家欧拉，请他帮忙解决这一问题。欧拉在亲自观察了哥尼斯堡七桥后，认真思考走法，始终没能成功，于是他怀疑七桥问题是不是原本就无解。

1736年，在经过一年的研究之后，29岁的欧拉提交了《哥尼斯堡七桥》的论文，证明了这种走法不存在，同时开创了数学新分支——图论。在此后的两百多年中，图论的研究从萌芽阶段逐渐发展成了一个重要的数学分支。同时，图论也广泛应用于生产管理、交通运输、网络通信等领域。

图数据结构很好地表达了数据之间的关联性，很多应用中出现的问题都可以抽象成图来表示，再以图论的思想或者以图为基础建立模型来解决问题。随着高性能计算机的出现，大规模图论问题的求解成为可能。

随着互联网技术的发展，越来越多的应用场景被抽象成图，互联网公司也因此积累了越来越多的图数据。如何采集、存储、分析和处理图数据成为一个急需解决的问题。其中，图数据库便是一个重要的研究分支。目前应用比较广泛的图数据库主要有Neo4j、FlockDB、GraphDB等。Greenplum作为一款开源的基于大规模并行处理的数据平台解决方案，以其丰富的功能和高效的批处理能力，获得了业界的广泛认可。Greenplum数据库本身并没有内置的图数据处理功能，凭借其良好的扩展性，通过第三方软件包MADlib可以方便地实现图数据的存储和分析功能。

图是一种比较复杂的数据结构，常用的存储方案包括数组表示法、邻接表表示法、邻接多重表表示法、十字链表表示法等。Greenplum数据库+MADlib解决方案采用邻接表来表示和存储图数据。在邻接表表示法中，图数据用两张表来表示，一张为顶点表，另一张为边表。顶点表记录图中所有节点的信息，包括节点的序号、描述等；边表记录图中所有边的信息，包括边的编号、名称、边的开始节点、边的结束节点、边的权重等。

在 MADlib 包中提供了多种图算法的实现，主要分类如表 7-1 所示。

表 7-1　图算法分类

分类	算法
基本属性	图的直径
	平均路径长度
	顶点的度
	接近中心性
最短路径	单源最短路径
	全源最短路径
图的遍历	广度优先搜索
相关度	网页排名算法
	HITS
连通性	弱连通分量计算

以上算法的基本属性都是比较简单的，高级算法里面最常见的就是最短路径、网页排名算法和广度优先搜索算法。

下面我们以最短路径为例来介绍一下图数据、图算法的使用，如图 7-18 所示。

根据图 7-18，我们创建表和数据如下。

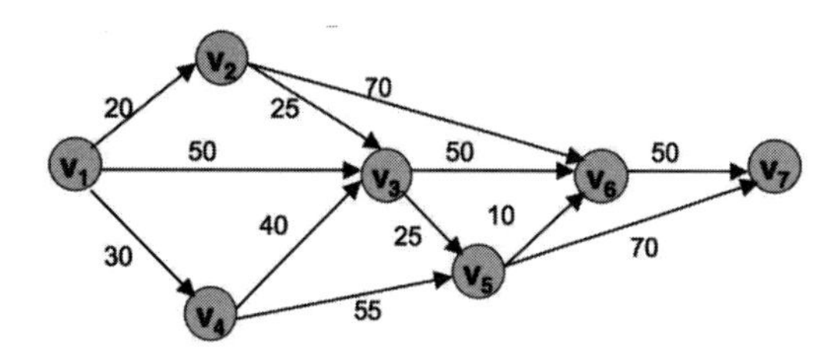

图 7-18　最短路径算法示意图

```
--创建顶点表
CREATE TABLE vertex(
id int,
name varchar(20));
--创建边表
CREATE TABLE edge(
src_id int,
dest_id int,
edge_weight float);
--插入顶点数据
INSERT INTO vertex VALUES
(1,'V1'),
(2,'V2'),
(3,'V3'),
(4,'V4'),
(5,'V5'),
(6,'V6'),
(7,'V7');
--插入边数据
INSERT INTO edge VALUES
(1,2,20),
(1,3,50),
(1,4,30),
(2,3,25),
(2,6,70),
(3,6,50),
```

```
(3,5,25),
(4,3,40),
(4,5,55),
(5,6,10),
(5,7,70),
(6,7,50);
```

单源最短路径算法是计算某个顶点到其他顶点的最短路径。MADlib 提供的单源最短路径的函数是 graph_sssp()，下面直接用这个函数进行实践。

```
--计算图7-18中顶点1到其他各个顶点的最短路径
SELECT madlib.graph_sssp('vertex',
                         'id',
                         'edge',
                         'src=src_id,dest=dest_id,weight=edge_weight',
                         1,
                         'sssp_out');
```

结果保存在 sssp_out 中，查询如图 7-19 所示。

```
demoDB=# select madlib.graph_sssp('vertex',
                         'id',
                         'edge',
                         'src=src_id,dest=dest_id,weight=edge_weight',
                         1,
                         'sssp_out');
 graph_sssp
------------

(1 row)

demoDB=# select * from sssp_out;
 id | edge_weight | parent
----+-------------+--------
  5 |          70 |      3
  6 |          80 |      5
  2 |          20 |      1
  4 |          30 |      1
  3 |          45 |      2
  7 |         130 |      6
  1 |           0 |      1
(7 rows)
```

图 7-19 单源最短路径算法计算结果

计算结果展示了节点 1 到其他各个节点的最短路径长度，例如节点 1 到节点 7 的最短路径为 130。

进一步获取最短路径的节点，需要用到 graph_sssp_get_path() 函数。

```
--获取结果中顶点1到顶点7的最短路径
SELECT madlib.graph_sssp_get_path('sssp_out',7,'sssp_path');
```

结果保存在 sssp_path 中，查询结果如图 7-20 所示。

```
demoDB=# select madlib.graph_sssp_get_path('sssp_out',7,'sssp_path');
 graph_sssp_get_path
---------------------

(1 row)

demoDB=# select * from sssp_path;
     path
---------------
 {1,2,3,5,6,7}
(1 row)
```

图 7-20 计算结果

根据返回的结果可知，节点 1 到节点 7 的最短路径是 1 → 2 → 3 → 5 → 6 → 7。

全源最短路径算法是单源最短路径的扩充，计算图中每个节点到其他节点的最短路径。MADlib 提供的单源最短路径的函数是 graph_apsp()。

```
--计算图7-18中顶点1到其他各个顶点的最短路径
SELECT madlib.graph_apsp('vertex',
                         'id',
                         'edge',
 'src=src_id,dest=dest_id,weight=edge_weight',
                         'apsp_out');
```

结果保存在 apsp_out 中，查询结果如图 7-21 所示。

```
demoDB=# select madlib.graph_apsp('vertex',
                         'id',
                         'edge',
                         'src=src_id,dest=dest_id,weight=edge_weight',
                         'apsp_out');
 graph_apsp
------------

(1 row)

demoDB=# select * from apsp_out;
 src_id | dest_id | edge_weight | parent
--------+---------+-------------+--------
      5 |       5 |           0 |      5
      6 |       6 |           0 |      6
      5 |       6 |          10 |      6
      6 |       7 |          50 |      7
      5 |       7 |          60 |      6
      2 |       2 |           0 |      2
      2 |       3 |          25 |      3
      2 |       5 |          50 |      3
      2 |       6 |          60 |      5
      2 |       7 |         110 |      6
      3 |       3 |           0 |      3
      4 |       4 |           0 |      4
      7 |       7 |           0 |      7
      4 |       5 |          55 |      5
      4 |       3 |          40 |      3
      3 |       5 |          25 |      5
      4 |       6 |          65 |      5
      3 |       6 |          35 |      5
      4 |       7 |         115 |      6
      3 |       7 |          85 |      6
      1 |       1 |           0 |      1
      1 |       2 |          20 |      2
      1 |       4 |          30 |      4
      1 |       3 |          45 |      2
      1 |       5 |          70 |      3
      1 |       6 |          80 |      5
      1 |       7 |         130 |      6
(27 rows)
```

图 7-21　全源最短路径算法计算结果

以上结果给出了任意两个节点之间的最短路径。通过调用 graph_apsp_get_path() 函数可以获取具体的路径。

```
--获取节点1到节点7的最短路径线路
SELECT madlib.graph_apsp_get_path('apsp_out',1,7,'apsp_path');
```

计算结果保存在 apsp_path 中。

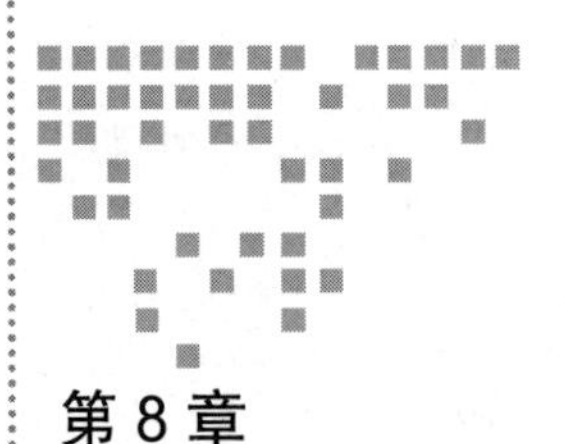

Chapter 8 第 8 章

Greenplum 运维管理和监控

数据库的运维和监控是 DBA（DataBase Administrator，数据库管理员）最关心的工作。在大型的企业中，一般由专职人员从事数据库的管理和监控工作；在大多数中小型企业中，则由开发人员兼任 DBA。数据库运维包括数据库权限管理、用户管理、集群管理、异常事故处理等工作，数据库监控包括运行状态监控、锁表检查、查询性能监控等。在数据库运维和监控方面，Greenplum 提供了非常丰富的功能，可以帮助 DBA 轻松完成工作。同时，Greenplum 也是一款非常稳定的数据库，笔者部署过的集群曾经连续运行一年没有重启过。

8.1 数据库管理

数据库管理包括对数据库、模式、表空间、用户、资源队列等对象的管理。通过对数据库、模式、用户进行管理，可以在一个数据库集群中管理多个用户，分配不同的数据库和模式，实现权限隔离。通过对表空间和资源队列的管理，可以实现磁盘和硬件资源的合理划分，实现不同用户直接的资源隔离，最大化集群的效益。

8.1.1 创建和管理数据库

具有 CREATEDB 权限的用户创建数据库，语法可以通过 \h CREATE DATABASE 命令来查看。

```
demoDB=# \h CREATE DATABASE
Command:     CREATE DATABASE
Description: create a new database
Syntax:
CREATE DATABASE name
```

```
    [ [ WITH ] [ OWNER [=] user_name ]
           [ TEMPLATE [=] template ]
           [ ENCODING [=] encoding ]
           [ LC_COLLATE [=] lc_collate ]
           [ LC_CTYPE [=] lc_ctype ]
           [ TABLESPACE [=] tablespace_name ]
           [ CONNECTION LIMIT [=] connlimit ] ]
```

执行如下命令可以创建一个数据库。

```
demoDB=# CREATE DATABASE demoDB;
CREATE DATABASE
```

在创建数据库时，通过如下命令可以指定数据库使用的默认表空间。

```
demoDB=# CREATE DATABASE tt tablespace tbs1;
CREATE DATABASE
```

创建数据库的用户必须要有 CREATEDB 权限或者 SUPERUSER 权限。我们可以通过 pg_database 字典来查看数据库信息。

```
demoDB=# SELECT datname,datdba,dattablespace FROM pg_database;
  datname    | datdba | dattablespace
-------------+--------+---------------
 template1   |     10 |          1663
 template0   |     10 |          1663
 postgres    |     10 |          1663
 test        |  16384 |          1663
 demoDB      |  16384 |          1663
(6 rows)
```

datdba 字段表示数据库的所有者（创建者），这里储存的是用户的 oid（object id），10 表示 gpadmin 用户，16384 表示 dbdream 用户，可以通过 pg_role 字典表来查看。dattablespace 字段表示的是表空间，储存的也是表空间的 ID，1663 表示 pg_default 表空间，可以通过 pg_tablespace 字典表来查看。

默认情况下，通过复制标准系统数据库模板 template1 可以创建一个新的数据库。其实在创建数据库时，任何一个数据库都可以被当作模板，这样就提供了复制现有数据库及其包含的所有对象和数据的能力，命令如下。

```
CREATE DATABASE new_dbname TEMPLATE old_dbname;
```

执行 DROP DATABASE 命令可以删除数据库。该命令会移除数据库的系统目录项并删除数据库在磁盘上的目录及包含的数据。要删除一个数据库，用户必须是该数据库的拥有者或者超级用户，如果是用户身份或者其他人连接该数据库，不能删除数据库。在删除一个数据库时，可以先连接到 postgres（或者另一个数据库），然后执行 DROP DATABASE 命令，也可以在不登录的情况下执行 dropdb -h masterhost -p 5432 mydatabase 命令删除数据库。

8.1.2　创建和管理模式

数据库中的模式（Schema）是在数据库内组织对象的一种逻辑结构。模式允许用户在同一个数据库的不同模式下使用相同名称的对象（如 Table、View 等）。每个新创建的数据库都有一个默认的模式 public。如果没有创建其他模式，在创建数据库对象时将默认使用 public 模式。默认情况下所有的角色和用户都有 public 模式下的 CREATE 和 USAGE 权限。而在创建其他模式时，需要将该模式授权给相关的角色和用户。

创建模式的语法定义如下。

```
demoDB=# \h CREATE SCHEMA
Command:     CREATE SCHEMA
Description: define a new schema
Syntax:
CREATE SCHEMA schema_name [ AUTHORIZATION user_name ] [ schema_element [ ... ] ]
CREATE SCHEMA AUTHORIZATION user_name [ schema_element [ ... ] ]
CREATE SCHEMA IF NOT EXISTS schema_name [ AUTHORIZATION user_name ]
CREATE SCHEMA IF NOT EXISTS AUTHORIZATION user_name
```

执行下面两条命令可以创建一个数据库模式。

```
CREATE SCHEMA ODS;
CREATE SCHEMA ODS AUTHORIZATION etluser;
```

一般情况下，除了直接使用 public 模式下的表不需要前缀 SCHEMA 之外，其他情况都需要在表、视图、函数前面加上模式名。模式名对大小写不敏感，即 ods 和 ODS 都可以表示 ODS 模式。

```
SELECT * FROM ods.ods_sap_matdoc;
SELECT * FROM dw.proc_dws_rtl_inventory_detail();
```

查看当前的模式有两种方式，一种是查询 current_schema() 函数，一种是执行 SHOW search_path 命令。

```
demoDB=# SELECT current_schema();
 current_schema
----------------
 public
(1 row)

demoDB=# SHOW search_path;
  search_path
----------------
 "$user",public
(1 row)
```

使用 DROP SCHEMA 命令可以删除模式。默认情况下，能够删除的模式必须为空。如果要删除一个模式连同其中的所有对象（表、数据、函数等），可以使用 DROP SCHEMA myschema CASCADE 命令。

Greenplum 默认会创建很多系统模式，用于存放数据库的元数据信息。下面这些系统级别的模式在所有的数据库中都存在。

1）pg_catalog 包含系统目录表、内建数据类型、函数和操作符。即便在模式搜索路径中没有显式地提到它，它也总是模式搜索路径的一部分。

2）information_schema 由一个包含数据库中对象信息的视图集合组成。这些视图以一种标准化的方式从系统目录表中得到系统信息。

3）pg_toast 用于存储大型对象，如超过页面尺寸的记录。这个模式由 Greenplum 数据库系统内部使用。

4）pg_bitmapindex 存储位图索引对象，例如值的列表。这个模式由 Greenplum 数据库系统内部使用。

5）pg_aoseg 存储追加优化表对象。这个模式由 Greenplum 数据库系统内部使用。

6）gp_toolkit 是一个管理用途的模式，它包含用户通过 SQL 命令访问的外部表、视图和函数。所有的数据库用户都能访问 gp_toolkit 来查看和查询系统日志文件以及其他系统指标。

8.1.3 创建和管理表空间

表空间允许数据库管理员在每台机器上拥有多个文件系统并且决定如何使用物理存储来存放数据库对象。表空间允许用户为频繁使用和不频繁使用的数据库对象分配不同的存储对象，或者在特定的数据库对象上控制 I/O 性能。例如，把频繁使用的表放在使用高性能固态驱动器（SSD）的文件系统上，把其他表放在标准的磁盘驱动器上。

表空间需要一个主机文件系统位置来存储其数据库文件。在 Greenplum 数据库中，文件系统位置必须存在于包括运行主管理节点、备份管理节点和每个数据节点对应的所有主机上。

表空间是 Greenplum 数据库系统对象（全局对象），如果有权限，可以使用任何数据库中的表空间。

Greenplum 5.*x* 数据库在创建一个表空间前需要先指定存储数据库文件的文件系统路径，其中 Master 节点和 Segment 实例需要存储在不同的位置上。Greenplum 中所有节点的文件系统位置集合被称为文件空间，文件空间可以被一个或多个表空间使用。

创建表空间文件通过 gpfilespace 命令实现。我们可以使用 gpfilespace -o gpfilespace_config 命令创建一个文件空间配置文件，该命令会提示你需要输入文件空间的名字、Primary Segment 实例在文件系统的位置、Mirror Segment 实例在文件系统上的位置，以及 Master 节点在文件系统上的位置。Primary Segment 和 Mirror Segment 实例的位置要参照 Segment 实例上创建的目录，Master 节点的位置要参照 Master 节点和 Standby Master 节点上创建的目录。在一台机器上配置了两个 Primary Segment 实例和两个 Mirror Segment 实例，代码如下所示。

```
[gpadmin@gpmaster~]$ gpfilespace -o gpfilespace_config#当前目录下生成gpfilespace_config文件
Enter a name for this filespace> DW_TBS_FS                                   #手工输入
primary location 1> /data/greenplum/greenplum-data/DW_TBS_FS/primary        #手工输入
primary location 2> /data/greenplum/greenplum-data/DW_TBS_FS/primary        #手工输入
mirror location 1> /data/greenplum/greenplum-data/DW_TBS_FS/mirror          #手工输入
mirror location 2> /data/greenplum/greenplum-data/DW_TBS_FS/mirror          #手工输入
master location> /data/greenplum/greenplum-data/DW_TBS_FS/master            #手工输入
```

通过 gpfilespace 命令生成配置文件后，执行 gpfilespace -c gpfilespace_config 命令基于配置文件创建一个文件空间。

```
$ gpfilespace -c gpfilespace_config
```

在创建完文件空间后，需要使用 CREATE TABLESPACE 命令在文件空间上定义一个表空间，命令如下。

```
demoDB=# CREATE TABLESPACE DW_TBS FILESPACE DW_TBS_FS;
```

以上操作过程过于复杂，Greenplum 6.*x* 开始摒弃了这种方式，改为直接创建数据文件存储路径，并基于存储路径创建表空间，不用再详细定义每个 Segment 实例的路径了。

Greenplum 对 CREATE TABLESPACE 命令的解释如下。

```
demoDB=# \h CREATE TABLESPACE
Command:     CREATE TABLESPACE
Description: define a new tablespace
Syntax:
CREATE TABLESPACE tablespace_name
    [ OWNER user_name ]
    LOCATION 'directory'
    [ WITH ( tablespace_option = value [, ... ] ) ]
```

实际操作只需要两步。

第一步：在集群的每个主机上创建相同的文件夹路径。

```
mkdir -p /data/greenplum/greenplum-data/tbs/DW_TBS
```

第二步：命令行执行。

```
demoDB=#  CREATE TABLESPACE DW_TBS LOCATION '/data/greenplum/greenplum-data/tbs/
    DW_TBS';
```

查看表空间文件夹，可以看到 CREATE TABLESPACE 命令自动针对每一个 Segment 实例和 Master 节点创建不同的文件夹，用于存储对应的数据。由于本数据库只有一个 Master 节点和 4 个 Segment 节点，因此表空间下面创建了 5 个文件夹，如图 8-1 所示。

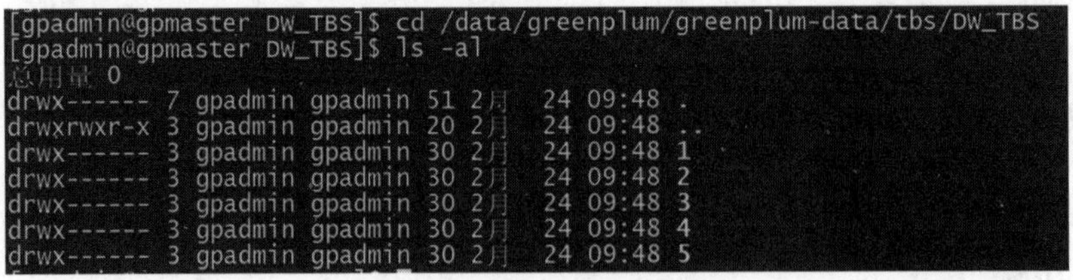

```
[gpadmin@gpmaster DW_TBS]$ cd /data/greenplum/greenplum-data/tbs/DW_TBS
[gpadmin@gpmaster DW_TBS]$ ls -al
总用量 0
drwx------ 7 gpadmin gpadmin 51 2月  24 09:48 .
drwxrwxr-x 3 gpadmin gpadmin 20 2月  24 09:48 ..
drwx------ 3 gpadmin gpadmin 30 2月  24 09:48 1
drwx------ 3 gpadmin gpadmin 30 2月  24 09:48 2
drwx------ 3 gpadmin gpadmin 30 2月  24 09:48 3
drwx------ 3 gpadmin gpadmin 30 2月  24 09:48 4
drwx------ 3 gpadmin gpadmin 30 2月  24 09:48 5
```

图 8-1 表空间下对应的文件目录

超级用户（gpadmin）定义了一个表空间，使用 GRANT CREATE 命令授权给普通的数据库用户，命令如下。

```
demoDB=# GRANT CREATE ON TABLESPACE DW_TBS TO gpadmin;
```

执行下列命令在表空间 DW_TBS 中创建一个表。

```
CREATE TABLE foo(i int) TABLESPACE DW_TBS;
```

有了表空间以后，我们可以在创建数据库时指定对应的表空间。

```
CREATE DATABASE demoDB WITH OWNER gpadmin TEMPLATE template0 ENCODING 'utf8'
    TABLESPACE DW_TBS ;
```

用户也可以使用 default_tablespace 参数为没有指定表空间的 CREATE TABLE 和 CREATE INDEX 命令指定默认表空间。

```
SET default_tablespace =DW_TBS;
CREATE TABLE foo(i int);
```

每个 Greenplum 数据库系统都有如下默认表空间。

1）pg_global 用于共享系统的 catalogs。

2）pg_default 为默认表空间，默认分配给 template1 和 template0 数据库共用。

这些表空间使用系统的默认文件空间，数据目录位置在系统初始化时被创建。在大多数情况下，我们直接使用模板库对应的表空间即可。

要查看表空间信息，请从 pg_tablespacecatalog 表中获取表空间的对象 ID(OID)，调用 gp_tablespace_location() 函数可以显示表空间路径。下面是一个包含一个用户定义的表空间 dw_ts 的例子。

```
demoDB=# SELECT oid, * FROM pg_tablespace ;
  oid  |  spcname   | spcowner | spcacl | spcoptions
-------+------------+----------+--------+------------
  1663 | pg_default |       10 |        |
  1664 | pg_global  |       10 |        |
 35561 | dw_ts      |       10 |        |
(3 rows)
```

dw_ts 表空间的 OID 是 35561。运行 gp_tablespace_location(35561) 命令可以显示系统中包含两个节点和 Master 节点的表空间位置，如图 8-2 所示。

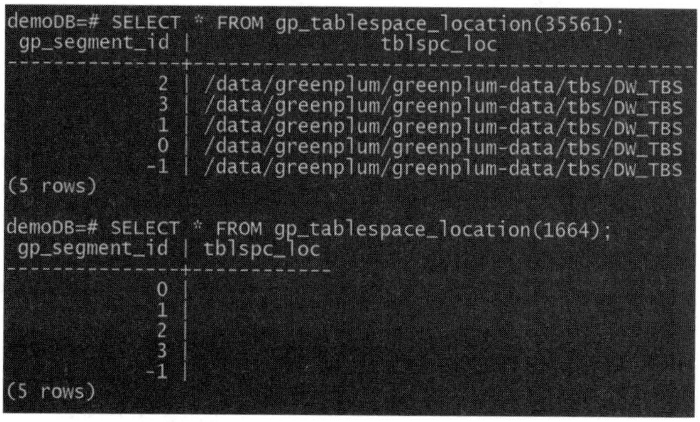

```
demoDB=# SELECT * FROM gp_tablespace_location(35561);
 gp_segment_id |                tblspc_loc
---------------+------------------------------------------
             2 | /data/greenplum/greenplum-data/tbs/DW_TBS
             3 | /data/greenplum/greenplum-data/tbs/DW_TBS
             1 | /data/greenplum/greenplum-data/tbs/DW_TBS
             0 | /data/greenplum/greenplum-data/tbs/DW_TBS
            -1 | /data/greenplum/greenplum-data/tbs/DW_TBS
(5 rows)

demoDB=# SELECT * FROM gp_tablespace_location(1664);
 gp_segment_id | tblspc_loc
---------------+------------
             0 |
             1 |
             2 |
             3 |
            -1 |
(5 rows)
```

图 8-2　tablespace 文件目录查询结果

调用 gp_tablespace_location() 函数和 catalog 表 gp_segment_configuration 显示包含 myspace 表空间文件系统路径的节点和实例信息，代码如下。

```
WITH spc AS (SELECT * FROM  gp_tablespace_location(35561))
  SELECT seg.role, spc.gp_segment_id as seg_id, seg.hostname, seg.datadir, tblspc_loc
    FROM spc, gp_segment_configuration AS seg
    WHERE spc.gp_segment_id = seg.content ORDER BY seg_id;
```

查询结果如图 8-3 所示。

```
demoDB=# WITH spc AS (SELECT * FROM  gp_tablespace_location(35561))
demoDB-#   SELECT seg.role, spc.gp_segment_id as seg_id, seg.hostname, seg.datadir, tblspc_loc
demoDB-#     FROM spc, gp_segment_configuration AS seg
demoDB-#     WHERE spc.gp_segment_id = seg.content ORDER BY seg_id;
 role | seg_id |       hostname        |                   datadir                   |                 tblspc_loc
------+--------+-----------------------+---------------------------------------------+---------------------------------------------
 p    |     -1 | localhost.localdomain | /data/greenplum/greenplum-data/master/gpseg-1 | /data/greenplum/greenplum-data/tbs/DW_TBS
 p    |      0 | localhost.localdomain | /data/greenplum/greenplum-data/primary/gpseg0 | /data/greenplum/greenplum-data/tbs/DW_TBS
 p    |      1 | localhost.localdomain | /data/greenplum/greenplum-data/primary/gpseg1 | /data/greenplum/greenplum-data/tbs/DW_TBS
 p    |      2 | localhost.localdomain | /data/greenplum/greenplum-data/primary/gpseg2 | /data/greenplum/greenplum-data/tbs/DW_TBS
 p    |      3 | localhost.localdomain | /data/greenplum/greenplum-data/primary/gpseg3 | /data/greenplum/greenplum-data/tbs/DW_TBS
(5 rows)

demoDB=# WITH spc AS (SELECT * FROM  gp_tablespace_location(1664))
demoDB-#   SELECT seg.role, spc.gp_segment_id as seg_id, seg.hostname, seg.datadir, tblspc_loc
demoDB-#     FROM spc, gp_segment_configuration AS seg
demoDB-#     WHERE spc.gp_segment_id = seg.content ORDER BY seg_id;
 role | seg_id |       hostname        |                   datadir                   | tblspc_loc
------+--------+-----------------------+---------------------------------------------+------------
 p    |     -1 | localhost.localdomain | /data/greenplum/greenplum-data/master/gpseg-1 |
 p    |      0 | localhost.localdomain | /data/greenplum/greenplum-data/primary/gpseg0 |
 p    |      1 | localhost.localdomain | /data/greenplum/greenplum-data/primary/gpseg1 |
 p    |      2 | localhost.localdomain | /data/greenplum/greenplum-data/primary/gpseg2 |
 p    |      3 | localhost.localdomain | /data/greenplum/greenplum-data/primary/gpseg3 |
(5 rows)
```

图 8-3　tablespace 默认文件目录

执行 DROP TABLESPACE 命令可以删除一个空的表空间。要删除表空间，必须是表空间的所有者或者超级用户，并所有依赖该表空间的对象都被删除。

8.1.4　创建和管理用户

Greenplum 数据库通过授权机制存储访问数据库中数据库对象的角色和权限，并使用 SQL 语句或命令行进行管理。

Greenplum 数据库使用角色（ROLE）管理数据库访问权限。角色包含用户和组的概念，角色可以是一个数据库用户、一个数据库组或者两者兼具。角色可以拥有数据库对象（例如表），并将这些对象上的权限赋予其他角色，以此控制数据库用户对数据库对象的访问。由于角色可以是其他角色的成员，因此成员角色可以继承其父角色的对象权限。每个 Greenplum 数据库系统都包含一组数据库角色（用户和组）。这些角色与运行服务器的操作系统管理的用户和组相互独立。

在 Greenplum 数据库中，用户通过 Master 节点验证身份登录数据库，通过 Master 节点查询其角色和数据库对象访问权限。Master 服务器以当前登录的角色的身份，将命令发布到幕后的 Segment 实例。

角色在系统级别定义，这意味着它们对系统中的所有数据库都有效。为了引导 Greenplum 数据库系统，新初始化的系统始终包含一个预定义的超级用户角色（也称为系统用户)。该角色将与初始化 Greenplum 数据库系统的操作系统用户的名称一致。通常，此角色已命名为 gpadmin。为了创建更多角色，必须以此初始角色进行连接。

CREATE ROLE 的语法参数如下。

```
demoDB=# \h CREATE ROLE
Command:     CREATE ROLE
Description: define a new database role
Syntax:
CREATE ROLE name [ [ WITH ] option [ ... ] ]

where option can be:

      SUPERUSER | NOSUPERUSER
    | CREATEDB | NOCREATEDB
    | CREATEROLE | NOCREATEROLE
    | CREATEEXTTABLE | NOCREATEEXTTABLE
      [ ( attribute='value'[, ...] ) ]
          where attributes and values are:
          type='readable'|'writable'
          protocol='gpfdist'|'http'
    | INHERIT | NOINHERIT
    | LOGIN | NOLOGIN
    | REPLICATION | NOREPLICATION
    | CONNECTION LIMIT connlimit
    | [ ENCRYPTED | UNENCRYPTED ] PASSWORD 'password'
    | VALID UNTIL 'timestamp'
    | IN ROLE role_name [, ...]
    | IN GROUP role_name [, ...]
    | ROLE role_name [, ...]
    | ADMIN role_name [, ...]
    | USER role_name [, ...]
    | SYSID uid
    | RESOURCE QUEUE queue_name
| RESOURCE GROUP group_name
```

用户级角色被视为可以登录数据库并启动数据库会话的数据库角色。当使用 CREATE ROLE 命令创建新的用户级角色时，必须指定 LOGIN 权限，命令如下。

```
# CREATE ROLE jsmith WITH LOGIN;
```

数据库角色可以具有许多属性，这些属性定义了角色可以在数据库中执行的任务类型。可以在创建角色时设置这些属性，也可以稍后使用 ALTER ROLE 命令来指定属性。

```
=# ALTER ROLE jsmith WITH PASSWORD 'passwd123';
=# ALTER ROLE admin VALID UNTIL 'infinity';
=# ALTER ROLE jsmith LOGIN;
=# ALTER ROLE jsmith RESOURCE QUEUE adhoc;
=# ALTER ROLE jsmith DENY DAY 'Sunday';
```

当创建数据库对象（包括表、视图、序列、数据库、函数、语言、模式、表空间等）时，系统会自动为其分配一个所有者，这个所有者通常是执行创建语句的用户或者角色。对于大多数类型的对象，初始状态是只有所有者（或超级用户）可以对该对象执行任何操作。如果要允许其他角色对其执行操作，必须先授予权限。Greenplum 数据库支持的对象权限如表 8-1 所示。

表 8-1 对象权限清单

对象类型	权限
表、视图、序列	SELECT
	INSERT
	UPDATE
	DELETE
	RULE
	ALL
外部表	SELECT
	RULE
	ALL
数据库	CONNECT
	CREATE
	TEMPORARY TEMP
	ALL
函数	EXECUTE
过程语言	USAGE
模式	CREATE
	USAGE
	ALL
自定义协议	SELECT
	INSERT
	UPDATE
	DELETE
	RULE
	ALL

8.1.5 创建和管理资源队列

Greenplum 4.*x* 版本开始，加入资源队列的概念，主要作用是限制用户或者单个 SQL 对资源的使用，避免消耗过多资源，影响其他用户或者 SQL 计算。这里的资源主要是指系统的内存资源。

创建资源队列的语法如下。

```
demoDB=# \h CREATE RESOURCE
command: CREATE RESOURCE QUEUE
Description: create a new resource queue for workload management
Syntax:
CREATE RESOURCE QUEUE name WITH (queue_attribute=value [, ... ])
where queue_attribute is:
 ACTIVE_STATEMENTS=integer
  [ MAX_COST=float [COST_OVERCOMMIT={TRUE|FALSE}] ]
  [ MIN_COST=float ]
  [ PRIORITY={MIN|LOW|MEDIUM|HIGH|MAX} ]
  [ MEMORY_LIMIT='memory_units' ]
| MAX_COST=float [ COST_OVERCOMMIT={TRUE|FALSE} ]
  [ ACTIVE_STATEMENTS=integer ]
  [ MIN_COST=float ]
  [ PRIORITY={MIN|LOW|MEDIUM|HIGH|MAX} ]
  [ MEMORY_LIMIT='memory_units' ]
```

参数说明如下。

1）active_statements：同时运行的SQL语句数量，超过该数量的请求需要排队等待。该参数默认值为–1，表示不受限制。

2）max_cost：该队列允许运行的单个SQL语句最大cost值，默认值为–1，表示不受限制。

3）min_cost：低于该cost值的SQL将直接运行，不受队列资源的限制，默认值为0。

4）priority：队列中任务分配CPU资源的优先级，默认为medium。

5）memory_limit：资源队列内存限制大小，单位可为KB、MB、GB。默认值为–1，表示不受限制。

需要注意以下几点。

1）官方建议使用memory_limit和active_statements来替代max_cost。

2）如果队列中未设置memory_limit，则每个查询任务可用的内存值为系统参数statement_mem的值，最大可用内存为statement_mem/active_statements。

3）并不是所有语句都受资源队列的限制，默认情况下，只有SELECT、SELECT INTO、CREATE TABLE AS SELECT和DECLARE CURSOR受限，如果配置参数resource_select_only = off，则INSERT、UPDATE、DELETE语句也会受限。

4）如果没有设置max_cost，那么每个语句使用的内存为memory_limit/active_statements，如果设置了max_cost，使用的内存为memory_limit*(query_cost/max_cost),query_cost为实际SQL的cost值。

创建资源队列，命令如下。

```
create resource queue prod_queue with (active_statements=100,memory_limit=
    '12800MB',priority=high);
create resource queue query_queue with (active_statements=10,memory_limit='200mb',
    priority=high,cost_overcommit=true,min_cost=100,max_cost=1000000);
```

接下来变更资源队列，使用ALTER RESOURCE QUEUE命令修改资源队列的限制，命令如下。

```
ALTER RESOURCE QUEUE query_queue WITH (ACTIVE_STATEMENTS=3);
ALTER RESOURCE QUEUE query_queue WITH (MAX_COST=100000.0);
```

将活动语句数量或者内存限制重置为无限制。

```
ALTER RESOURCE QUEUE query_queue WITH (MAX_COST=-1.0, MEMORY_LIMIT='2GB');
```

变更查询优先级，命令如下。

```
ALTER RESOURCE QUEUE query_queue WITH (PRIORITY=MIN);
```

要删除一个资源队列，前提是该队列不能与任何角色相关。使用 DROP RESOURCE QUEUE 命令可以删除资源队列。

```
DROP RESOURCE QUEUE query_queue;
```

添加用户到资源队列中，赋予角色资源管理队列，命令如下。

```
ALTER ROLE q_user RESOURCE QUEUE query_queue;
```

恢复使用默认的资源队列，命令如下。

```
ALTER ROLE q_user RESOURCE QUEUE none;
```

下面介绍资源队列相关的查询语句。

通过以下视图可以查看参数内容。

```
demoDB=# SELECT * FROM pg_resqueue_attributes;
  rsqname   |        resname          | ressetting     | restypid
------------+-------------------------+----------------+-----------
 pg_default | active_statements       | 20             |        1
 pg_default | max_cost                | -1             |        2
 pg_default | min_cost                | 0              |        3
 pg_default | cost_overcommit         | 0              |        4
 pg_default | priority                | medium         |        5
 pg_default | memory_limit            | -1             |        6
```

查看资源队列的使用情况，SQL 语句如下。

```
SELECT * FROM gp_toolkit.gp_resqueue_status;
```

查看资源队列的统计信息，SQL 语句如下。

```
SELECT * FROM pg_stat_resqueues;
```

查询角色分配的资源队列，SQL 语句如下。

```
SELECT * from gp_toolkit.gp_resq_role;
```

查询资源队列中的等待查询，SQL 语句如下。

```
SELECT * FROM gp_toolkit.gp_locks_on_resqueue WHERE lorwaiting='true';
```

查询活动语句的优先级，SQL 语句如下。

```
SELECT * FROM gp_toolkit.gp_resq_priority_statement;
```

清理资源队列中等待的查询任务，SQL 语句如下。

```
SELECT rolname, rsqname, pid, granted,current_query, datname
FROM pg_roles, gp_toolkit.gp_resqueue_status, pg_locks,pg_stat_activity
WHERE pg_roles.rolresqueue=pg_locks.objid
AND pg_locks.objid=gp_toolkit.gp_resqueue_status.queueid
AND pg_stat_activity.procpid=pg_locks.pid
AND pg_stat_activity.usename=pg_roles.rolname;
```

8.2　可视化监控页面——GPCC

在近 3 年的开发中，基于全新的界面和用户体验，GPCC 陆续推出了实时状态监控、历史数据查询、日常运维管理的功能，在众多商业场景中得到了广泛的应用。GPCC 查询监控页面如图 8-4 所示。

图 8-4　GPCC 查询监控页面

GPCC 拥有丰富的系统管理功能，其中我们使用最多的就是查询监视器和系统状态监控。查询监视器可以帮助我们查询执行比较慢的 SQL 及其执行计划、使用资源等，也可以通过查询监视器查看阻塞的查询任务、排队的查询任务等。另外，与之配套的还有历史数据查询功能，可以查询历史执行的 SQL 语句。

另外，系统运行状态监控也是 DBA 非常关注的功能，在集群指标、Segment 状态两个页面中，DBA 可以很直观地看到系统的运行情况。在数据表浏览器页面和存储状态页面，DBA 可以查看数据库系统存储空间的使用情况，方便进行存储优化和调整。

随着 Greenplum 6.0 版的发布，GPCC 也在新的版本中到达了一个新的里程碑。Pivotal 跳过了版本 5，为 Greenplum 6.0 发布了 GPCC 6.0。对于 GPDB 5.*x* 用户，则同步更新并发布了 4.8.0 版。

GPCC 实时从 Greenplum 集群中收集性能数据和系统指标，并将数据存储到自己的历史数据库中。GPCC 4.6.0 开始，GPCC 提供了历史记录功能，如图 8-5 所示。由于与旧的 gpperfmon 历史记录相比，它具有更好的性能和更多的历史指标数据，因此 Greenplum 官方建议用户关闭 gpperfmon。

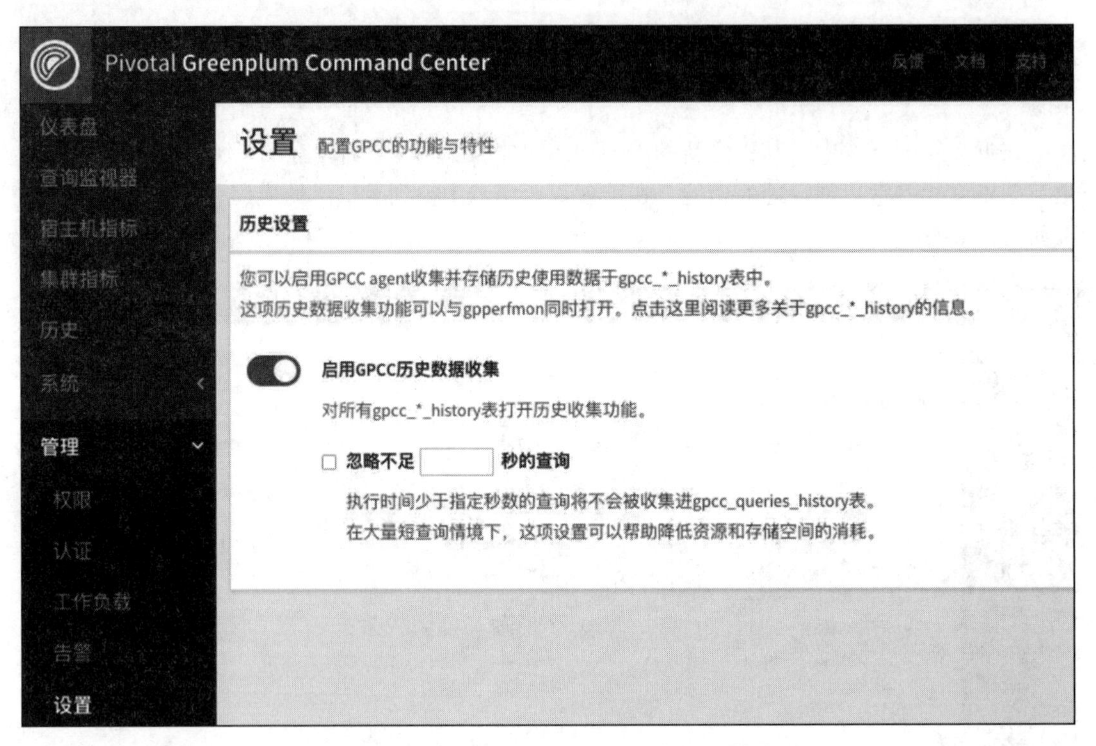

图 8-5 启用 GPCC 历史数据收集功能

默认情况下，GPCC 历史记录会捕获所有查询语句。如果用户没有兴趣，可以将其设置为跳过短于某个时间阈值的查询语句。除了查询历史记录之外，GPCC 还可以收集 gpperfmon 之前收集的系统指标，例如磁盘使用记录和 Segment 日志记录。历史数据将保存到 gpperfmon 数据库 gpmetrics 模式下的某些表中。

当我们需要查询历史数据，以找出某些异常的查询记录时，就需要从数据库中执行特定的查询语句。下列语句可以查询当天使用数据分片（SLICE）数量最多的前 100 条查询语句，可以帮助我们对查询或者数据库表设计进行优化。

```
SELECT qh.ctime,qh.tmid,qh.ssid,qh.ccnt,qh.query_text as sql_text,pnh.max_sliceid
    AS slice_cnt
FROM (select tmid,ssid,ccnt,max(sliceid) as max_sliceid
 FROM gpmetrics.gpcc_plannode_history
WHERE ctime::date = current_date
GROUP BY tmid,ssid,ccnt having max(sliceid) > 1
ORDER BY max_sliceid desc
```

```
LIMIT 100 ) pnh
 JOIN gpmetrics.gpcc_queries_history qh
   ON qh.tmid = pnh.tmid and qh.ssid = pnh.ssid and qh.ccnt = pnh.ccnt
WHERE qh.ctime::date = current_date
ORDER BY slice_cnt desc
LIMIT 100;
```

8.3 管理好帮手——gp_toolkit

Greenplum 数据库提供了一个名为 gp_toolkit 的管理模式，该模式下有关于查询系统目录、日志文件、用户创建（databases、schema、table、indexs、view、function）等信息，也可以查询资源队列、表的膨胀、表的数据倾斜、系统自己维护的 ID 等信息。注意不要在该模式下创建任何对象，否则会影响系统对元数据维护的错误问题，同时在使用 gpcrondump 和 gpdbrestore 程序进行备份和恢复数据时，之前维护的元数据会发生更改。

gp_toolkit 模式下主要有以下视图，其作用描述如表 8-2 所示。

表 8-2 gp_toolkit 视图及功能描述

视图分类	视图名	视图功能
表膨胀	gp_bloat_diag	显示膨胀的（在磁盘上实际的页数超过了根据表统计信息得到的预期页数）、正规的堆存储表
	gp_bloat_expected_pages	查看所有对象的膨胀明细
表倾斜	gp_skew_coefficients	通过计算存储在每个 Segment 实例上的数据的变异系数（CV）来显示数据分布倾斜状态
	gp_skew_idle_fractions	通过计算在表扫描过程中系统空闲的百分比来显示数据分布倾斜状态，这是一种数据处理倾斜的指示器
锁查询	gp_locks_on_relation	显示了当前所有表上的持有锁，以及查询关联的锁相关联的会话信息
	gp_locks_on_resqueue	显示当前被一个资源队列持有的所有的锁，以及查询关联的锁相关联的会话信息
日志查询	gp_log_system	使用一个外部表来读取来自整个 Greenplum（Master 节点、Segment 实例、镜像）的服务器日志文件并且列出所有的日志项
	gp_log_command_timings	用一个外部表来读取在主机上的日志文件，同时报告在数据库会话中 SQL 命令的执行时间
	gp_log_database	该视图使用一个外部表来读取整个 Greenplum 的服务器日志文件和列出与当前数据库关联的日志的入口
	gp_log_master_concise	使用一个外部表读取来自 Master 节点日志文件中日志域的一个子集

（续）

视图分类	视图名	视图功能
资源队列	gp_resgroup_config	允许管理员查看资源组当前 CPU、内存和并发限制
	gp_resgroup_status	允许管理员查看资源组的状态和活动
	gp_resqueue_status	允许管理员查看一个负载管理资源队列的状态和活动
	gp_resq_activity	对于那些有活动负载的资源队列，每一个通过资源队列提交的活动语句显示为该视图的一行记录
	gp_resq_activity_by_queue	对于有活动负载的资源队列，该视图显示了队列活动的总览
	gp_resq_priority_backend	资源队列执行的优先级
	gp_resq_priority_statement	显示当前运行在 Greenplum 数据库系统上的所有语句的资源队列优先级、会话 ID 等信息
	gp_resq_role	显示与角色相关的资源队列
文件空间	gp_disk_free	外部表在活动 Segment 主机上运行 df（磁盘空闲）并且报告返回的结果
	gp_size_of_database	显示数据库大小
	gp_size_of_schema_disk	显示当前数据库中模式在数据中的大小
	gp_size_of_table_disk	显示一个表在磁盘上的大小
	gp_table_indexes	查看表的索引
	gp_size_of_all_table_indexes	显示了一个表上所有索引的大小
	gp_size_of_partition_and_indexes_disk	显示分区子表及其索引在磁盘上的大小
	gp_size_of_table_and_indexes_disk	显示表及其索引在磁盘上的大小
	gp_size_of_table_and_indexes_licensing	显示表及其索引的大小
	gp_size_of_table_uncompressed	显示追加优化（AO）表没有压缩时的大小
工作空间	gp_workfile_entries	记录当前在 Segment 实例上使用磁盘空间作为工作文件的操作记录
	gp_workfile_mgr_used_diskspace	GP 工作文件管理器使用的磁盘空间
	gp_workfile_usage_per_query	记录每个查询语句使用的工作文件
	gp_workfile_usage_per_segment	记录每个 Segment 实例使用的工作文件数量
对象信息	__gp_fullname	查询数据库中所有的名字 (索引、表、视图、函数) 等的名字
	__gp_is_append_only	查询数据库中 AO 表的名字
	__gp_number_of_segments	查询数据库中 Segment 实例的个数
	__gp_user_data_tables	查询数据库中用户表的个数
	__gp_user_data_tables_readable	GP 用户数据表可读
	__gp_user_namespaces	查询用户自己创建的模式信息
	__gp_user_tables	查询用户自己创建的表信息

（续）

视图分类	视图名	视图功能
统计信息	gp_stats_missing	显示那些没有统计信息的表，可能需要在表上执行 ANALYZE 命令
	gp_pgdatabase_invalid	显示系统目录中被标记为 down 的 Segment 实例的信息
	gp_param_settings_seg_value_diffs	那些被分类为本地（表示每个 Segment 实例从自己的 postgresql.conf 文件中获取参数值）的服务器配置参数，应该在所有 Segment 实例上进行相同的设置
	gp_roles_assigned	显示系统中所有的角色以及指派给它们的成员（如果该角色同时也是一个组角色）

直接查询相关视图，即可获取相应的统计信息。

除了上面这些视图，还有几个常用的查询操作，代码如下。

```
--查询所有的数据库参数
select * from gp_toolkit.gp_param_settings();
--查询某一个参数在所有节点上的值
select * from gp_toolkit.gp_param_setting('work_mem');
--查看my_schema模式下各个表占用空间的大小
SELECT schemaname  || '.' || tablename, pg_size_pretty(pg_relation_size
    ( schemaname  || '.' || tablename))
FROM pg_tables t
INNER JOIN pg_namespace d
ON t.schemaname=d.nspname
WHERE schemaname='my_schema';
--GP查看锁表的查询
SELECT pid, state, query,query_start
FROM pg_stat_activity
WHERE state IN ('idle in transaction','active');
--GP解除锁定
SELECT pg_cancel_backend(24285);
SELECT pg_terminate_backend('22198');
```

8.4 Greenplum 备份和恢复

pg_dump 是 Greenplum 并行备份的工具，在运行 pg_dump 的时候，Master 节点与所有的 Segment 实例都开始备份（Standby Master 节点和 Segment 实例中的 Mirror 实例不参加备份），数据文件保存到 Master 节点的服务器上。常用的 pg_dump 参数如下。

1）-h：GP Master 节点主机名或者 IP 地址。

2）-p：GP Master 节点对外服务端口。

3）-U：数据库用户名。

4）-f/--file：指定导出的文件名。

5）-d/--dbname：指定连接的数据库名。

6）-t/--table：后接表名，只备份匹配的表。

7）-n/--schema：备份的模式名字。

8）-s/--schema-only：只备份创建语句，不备份表数据。

9）-c/--clean：在创建语句前面添加 drop 命令。

10）--if-exists：drop 命令前面增加 IF EXISTS 子句。

11）-C/--create：包括创建数据库的命令。

更多 pg_dump 参数可通过 pg_dump --help 命令查看。与 pg_dump 对应的数据恢复操作是 pg_restore 命令，二者参数基本一致，详情可以通过命令 pg_restore --help 查看。

1. 表备份与恢复

在 gpadmin 用户下执行如下命令，可以备份名为 test_db 的数据库和名为 test_table 的表，默认模式名为 public。

```
pg_dump -d test_db -n test_schema --table=test_table -c --if-exists -f test_db_
    YYYYMMDD_hhmmss.dump
```

执行如下命令恢复该表。

```
pg_restore -d test_db -n test_schema --table=test_table -f test_db_YYYYMMDD_
    hhmmss.dump
```

2. 模式备份与恢复

模式备份的方式与表相似，只需要去掉 --table/-t 参数即可，备份命令如下。

```
pg_dump -d test_db -n test_schema -c --if-exists -f test_db_YYYYMMDD_hhmmss.dump
```

恢复前要确保导入数据的集群中没有名为 test_schema 的模式，如果有就需要将其删除，恢复命令如下。

```
pg_restore -d test_db -f test_db_YYYYMMDD_hhmmss.dump
```

3. 数据库备份与恢复

数据库备份只需要指定数据库名，备份命令如下。

```
pg_dump -d test_db  -c --if-exists -f test_db_YYYYMMDD_hhmmss.dump
```

恢复命令如下。

```
pg_restore -d test_db -f test_db_YYYYMMDD_hhmmss.dump
```

恢复数据也可以通过 psql 命令行执行。

```
source ~/.bash_profile
psql -d postgres
postgres=# \i test_db_YYYYMMDD_hhmmss.dump
```

注意 pg_dump 和 pg_restore 是在 Master 节点上创建一个包含所有 Segment 数据的备份文件，不适合备份全部数据，只适用于小部分数据的迁移或备份。

4. 并行备份

gpcrondump命令是对pg_dump命令的封装，用于系统定时任务。经查证，该命令在早期的Greenplum 4.*x*和5.*x*版本中存在，6.*x*以后的版本已经将其移除。Greenplum 6.*x*版pg_dump有一个参数 -j,--jobs=NUM,use this many parallel jobs to dump，对于多线程并行备份数据提供了支持，文件最后还是回到执行命令的服务器（一般是Master节点）上。

8.5 在线扩容工具GPExpand

GPExpand是Greenplum数据库的扩容工具，可以为集群增加新节点，从而存储更多的数据，提供更强的计算能力。在Greenplum 5.0及之前版本中，集群扩容需要停机后才能增加新节点，然后对表数据做重分布。因为集群大小已经改变，所以重分布之前要先将所有哈希分布表改成随机分布，然后按照新的集群大小重新计算哈希值后重新分布。

旧的扩容技术存在如下3个问题。

1）需要停机，集群无法在扩容期间提供服务。

2）数据重分布过程集群性能差。随机分布表因为不能确定数据分布规律，所以无法对查询做优化。

3）虽然表的重分布可以并行进行，但是扩容过程中因为额外记录了每个表的更新状态，在对表做完重分布后要更新状态表。Greenplum 6.0之前版本表的更新操作只能串行，对大量小表做并行重分布时会因为状态表更新的串行化产生问题。

全新设计的GPExpand支持在线扩容，同时对数据重分布过程做了优化，提高了并发度。整个扩容分为两个阶段——在线增加新节点和数据重分布。

下面一起实践一下GPExpand扩容操作㊀。

8.5.1 Greenplum扩容实战

Greenplum要进行节点扩容，需要进行以下操作。

第一步：准备新节点环境。新增的集群节点需要先完成一些准备工作，包括创建用户名、设置环境变量、创建数据目录、安装Greenplum软件包、修改系统参数等。

第二步：修改集群host文件。在集群所有节点（包括已有机器和新扩容机器）的/etc/hosts文件中，增加新扩容机器的host映射。

第三步：修改GP配置文件。向all_hosts、seg_hosts文件中添加新增节点的host，新增文件host_expand，并把新增节点的host写入该文件中。

注意 expand_hosts只是新增节点的host，而非全部节点的。

㊀ 以下内容根据maxluo发布的博文《GPExpand分析》进行的调整。

第四步：打通 ssh 互信登录。

执行如下命令打通不同服务器之间的 ssh 互信登录。

```
/data/greenplum/greenplum-db/bin/gpssh-exkeys  -f  /data/greenplum/greenplum-db
    /all_hosts
```

第五步：生成扩容配置。

执行 CREATE DATABASE myexpand 命令创建数据库 myexpand，用于存储扩容进度等信息。再执行 gpexpand -f host_expand -D myexpand 命令，生成配置项。

在命令执行的过程中，会交互式地让用户确认相关信息。其中一步是确定扩容节点的分布方式，提示如下。

```
What type of mirroring strategy would you like?
spread|grouped (default=grouped):
```

需要注意的是，这里的分布方式和集群初始化时选择的方式不必一致。也就是说，以前机器如果是 spread 分布，新增节点既可以是 grouped 分布，也可以是 spread 分布。

对于不同模式，新增节点数量限制如下。

1）grouped 分布：新增节点数量必须大于或等于 2，确保新增加的 Primary Segment 实例和 Mirror Segment 实例不在同一台机器上。

2）spread 分布：新增的节点至少要比每台主机上 Primary Segment 实例多 1 个，这样才能确保 Mirror 实例可以平均分配到其他的 Segment 实例上。例如：现在单机 Primary Segment 实例数量为 3，则新增节点必须大于或等于 4。

配置文件内容摘录如下。

```
gp-datanode04:gp-datanode04:40000:/data/greenplum/primary/gpseg12:27:12:p:41000
gp-datanode05:gp-datanode05:50000:/data/greenplum/mirror/gpseg12:51:12:m:51000
gp-datanode04:gp-datanode04:40001:/data/greenplum/primary/gpseg13:28:13:p:41001
.....
gp-datanode06:gp-datanode06:50003:/data/greenplum/mirror/gpseg30:58:30:m:51003
gp-datanode08:gp-datanode08:40003:/data/greenplum/primary/gpseg31:46:31:p:41003
gp-datanode07:gp-datanode07:50003:/data/greenplum/mirror/gpseg31:62:31:m:51003
```

第六步：初始化 Segment 实例并加入集群。

执行 gpexpand -i gpexpand_inputfile_20210615_210146 -D myexpand 命令，生成新的 Segment 实例，并配置到集群中。其中 gpexpand_inputfile_20210615_210146 文件为第五步生成的扩容配置文件。

这一步经常会出现问题，如果执行错误，需要输入 gpexpand -r -D gpexpand 命令回滚扩容操作。如果此时数据库关闭了，并且不能直接用 gpstart 启动，则需要先执行 gpstart –R 命令启动数据库，再执行 gpexpand -r -D myexpand 命令进行回滚操作。回滚成功后，按照前面的初始化命令，进行 Segment 实例初始化。

第七步：重分布表。执行 gpexpand -D myexpand 命令，对所有的数据库和表进行重分布。按照对应表的分布键，把数据打散到各个节点上，包括新增的。从而实现扩容。

第八步：临时数据清理。执行 gpexpand -c -D myexpand 命令对 myexpand 数据库中生成的模式进行清理。

8.5.2　扩容原理分析

gpexpand 命令对集群扩容的原理是先把新增 host 节点添加到主节点元表，然后按照生成的配置对各机器的 Segment 实例进行初始化和启动操作，最后执行 ALTER TABLE 命令促使 Greenplum 对表数据进行重分布，从而实现把原集群数据打散分布到新集群中。

1. 初始化过程分析

执行 gpexpand -i gpexpand_inputfile_20210615_210146 -D myexpand 命令对扩容节点初始化时，新加入集群的节点可以通过 SELECT * FROM gp_segment_configuration ORDER BY dbid ASC 语句查询到，只不过新增加节点暂时没有数据。

与此同时，Greenplum 数据库会创建名为 gpexpand 的模式，这个模式用于保存扩展的所有信息，例如每个表重分布的进度等。

status 表用于记录扩容进度信息，内容如下所示。

```
myexpand=# SELECT  * FROM gpexpand.status;
      status        |          updated
--------------------+---------------------------
SETUP               | 2021-06-18 11:17:29.807489
SETUP DONE          | 2021-06-18 11:17:35.294699
EXPANSION STARTED   | 2021-06-18 11:18:02.816792
```

expansion_progress 表用于记录数据库表重分布速度等信息。

```
myexpand=# SELECT  * FROM gpexpand.expansion_progress;
             name             |         value
------------------------------+-----------------------
Bytes Done                    | 53412116448
Estimated Time to Completion  | 00:16:55.504644
Tables In Progress            | 1
Bytes Left                    | 59420929408
Bytes In Progress             | 142668912
Tables Left                   | 229
Tables Expanded               | 498
Estimated Expansion Rate      | 55.9369898011315 MB/s
```

status_detail 表用于记录各个表的重分布过程以及进度。

```
myexpand=# SELECT  status,count(1) FROM gpexpand.status_detail WHERE dbname=
    'demoDB' group by status;
   status   |    count
\-------------+--------
COMPLETED      |    50
NOT STARTED    |    18
IN PROGRESS    |    10
```

2. 数据重分布

在进行节点扩容前，Greenplum 会将数据库中的所有表全部修改为随机分布（DISTRIBUTED

RANDOMLY)，同时把以前的分布键保存在 gpexpand.status_detail 中，供后面进行数据重分布时恢复分布键。

在完成节点扩容以后，数据库管理系统会对每一张表执行数据重分布命令，还原初始化过程中修改为随机分布的表，命令如下。该命令会对所有数据进行重分布，从而将历史数据分散到所有节点（包括新扩容节点）。

```
ALTER TABLE ONLY t1 SET WITH(REORGANIZE=TRUE) DISTRIBUTED BY (xxx);
```

8.6 锁机制

数据库系统有多种实现并发控制的机制，而锁作为其中一种实现方式，具有非常重要的作用。下面介绍 Greenplum 中锁管理机制的实现，更多详情可查看 Greenplum 中文社区公开课程《带你了解 Greenplum 的锁管理机制》。

8.6.1 锁管理概述

在 Greenplum 实现中，针对不同的场景和目的定义了 3 种锁，分别是自旋锁、轻量级锁和普通锁（也叫重量级锁）。

自旋锁是一种短期持有的锁。如果加锁之后程序指令很多，或者涉及系统调用，则不适合使用自旋锁。自旋锁通常由硬件指令 TAS 来实现，等待锁的进程会一直等待，直到可以拿到锁，如果等待时间过长，也会有超时机制。自旋锁没有死锁检测和出错时自动释放的机制。

轻量级锁为共享内存中需要并发访问的结构体提供锁保护，支持两种模式——互斥模式和共享模式。轻量级锁也没有死锁检测机制，在事务出错恢复时，轻量级锁管理器会自动释放持有的轻量级锁，一个进程在持有轻量级锁时是可以安全报错的。通常来说，在没有锁竞争的情况下，获取和释放一个轻量级锁都是很快的。当一个进程必须等待一个轻量级锁时，会阻塞在 SysV 信号量上，等待过程并不消耗 CPU 时间。等待进程按照申请锁的先后顺序获得授权，没有超时机制。

普通锁也叫作重量级锁，用于对数据库对象，比如表、数据记录等加锁。普通锁支持多种不同的加锁模式，同时也支持死锁检测以及在事务结束时自动释放。接下来，重点介绍普通锁的实现细节。

8.6.2 普通锁数据结构

1. 锁方法

锁方法是对锁行为的整体描述。在最新版的 Greenplum 数据库中，有 3 种锁方法：DEFAULT、USER 和 RESOURCE。

其中，DEFAULT 锁方法是系统默认的加锁方法，用于对常见数据对象加锁；USER 锁方法主要用于意向锁；RESOURCE 锁方法用于对资源队列的访问加锁。

锁方法用结构体 LockMethodData 表示，如表 8-3 所示。

表 8-3　锁结构体 LockMethodData 参数

类型	字段	说明
int	numLockModes	表示该锁方法支持的锁模式的数量
const LOCKMASK *	conflictTab	锁模式冲突表
const char* const *	lockModeNames	所有锁模式的名称，用于调试打印
const bool *	trace_flag	指向全局跟踪标志

其中，锁模式冲突表定义了各个锁模式之间的冲突关系。理论上，各个锁方法可以自定义锁模式和锁模式冲突表，目前这 3 种锁方法使用相同的锁模式，具体定义如表 8-4 所示。

表 8-4　锁模式清单

锁模式	使用场景（SQL 类型）
AccessShareLock	SELECT
RowShareLock	SELECT FOR UPDATE/FOR SHARE
RowExclusiveLock	INSERT,UPDATE,DELETE
ShareUpdateExclusiveLock	VACUUM(non-FULL),ANALYZE,CREATE INDEX CONCURRENTLY
ShareLock	CREATE INDEX(WITHOUT CONCURRENTLY)
ShareRowExclusiveLock	like EXCLUSIVE MODE,but allows ROW SHARE
ExclusiveLock	blocks ROW SHARE/SELECT...FOR UPDATE
AccessExclusiveLock	ALTER TABLE,DROP TABLE,VACUUM FULL,and unqualified LOCK TABLE

锁模式冲突表也叫锁模式互斥表，是指某些锁不能并存的情况。例如，表对象持有 A 锁时，可以继续追加 B 锁，但是不能追加 C 锁，我们称之为 A 和 C 互斥。普通锁对应锁模式的互斥情况如表 8-5 所示。

表 8-5　锁模式互斥表

申请的锁模式	当前的锁模式							
	Access Share	Row Share	Row Exclusive	ShareUpdate Exclusive	Share	ShareRow Exclusive	Exclusive	Access Exclusive
AccessShare								×
RowShare							×	×

（续）

申请的锁模式	当前的锁模式							
	Access Share	Row Share	Row Exclusive	ShareUpdate Exclusive	Share	ShareRow Exclusive	Exclusive	Access Exclusive
RowExclusive					×	×	×	×
ShareUpdateExclusive				×	×	×	×	×
Share			×	×		×	×	×
ShareRowExclusive			×	×	×	×	×	×
Exclusive		×	×	×	×	×	×	×
AccessExclusive	×	×	×	×	×	×	×	×

2. 锁结构体

在内存中普通锁由结构体 LOCK 表示，该结构体记录了一个可加锁对象的锁信息，定义如表 8-6 所示。

表 8-6 锁结构定义信息表

类型	字段	说明
LOCKTAG	tag	可加锁对象的唯一标识
LOCKMASK	grentMask	在该数据库对象上已授权的锁类型的位掩码
LOCKMASK	waitMask	在该数据库对象上等待加锁的锁类型的位掩码
SHM_QUEUE	procLocks	进程锁对象列表
PROC_QUEUE	waiteProcs	等待获取这个锁的进程队列
int[]	requested	每个锁类型申请加锁的个数
int	nRequested	每个锁类型的申请总数
int[]	granted	每个锁类型获得授权的个数
int	nGranted	所有锁类型获得授权的总数
boll	holdTillEndXact	用于 Greenplum 全局事务死锁检测，如果为 true，这个锁直到事务结束才释放

其中，LOCKTAG 唯一标识了一个可加锁对象，它封装了加锁对象的具体信息，定义如下。

```
typedef struct LOCKTAG
{
    uint32      locktag_field1;
    uint32      locktag_field2;
    uint32      locktag_field3;
    uint16      locktag_field4;
    uint8       locktag_type;
```

```
    uint8       locktag_lockmethodid;
} LOCKTAG;
```

locktag_lockmethodid 即我们前面讲的 3 种锁方法。locktag_type 指定了加锁对象的类型，例如 LOCKTAG_RELATION、LOCKTAG_PAGE、LOCKTAG_TUPLE 等。locktag_field[1/2/3/4] 根据加锁对象类型的不同，表示不同的含义。举个例子，假如我们要对某元组加锁，LOCKTAG 的设置如下所示。

```
define SET_LOCKTAG_TUPLE(locktag,dboid,reloid,blocknum,offnum)
     ((locktag).locktag_field1 = (dboid),
      (locktag).locktag_field2 = (reloid),
      (locktag).locktag_field3 = (blocknum),
      (locktag).locktag_field4 = (offnum),
      (locktag).locktag_type = LOCKTAG_TUPLE,
      (locktag).locktag_lockmethodid = DEFAULT_LOCKMETHOD)
```

可以看到，locktag_field1 表示元组所属数据库 ID，locktag_field2 表示元组所属关系表 ID，locktag_field3 表示元组所在块号，locktag_field4 表示元组在块内的偏移量，locktag_type 是 LOCKTAG_TUPLE，锁方法则是 DEFAULT_LOCKMETHOD。

除了 LOCK 结构体外，我们还会使用另外一个结构体 PROCLOCK。多个进程可能会同时持有或是等待同一个可加锁对象，对于每一个锁持有者或等待者，我们会将其信息保存在一个结构体 PROCLOCK 中，如表 8-7 所示。

表 8-7　结构体 PROCLOCK

类型	字段	说明
PROCLOCKTAG	tag	PROCLOCK 对象的唯一标识
LOCKMASK	holdmask	已持有的锁类型的位掩码
LOCKMASK	releaseMask	等待释放的锁类型的位掩码
SHM_QUEUE	lockLink	用于连接锁结构体的进程锁链表
SHM_QUEUE	procLink	用于连接 PGPROC 结构体的进程锁链表
int	nLocks	由 resource scheduler 使用，此处略去
SHM_QUEUE	portalLinks	由 resource scheduler 使用，此处略去

其中 PROCLOCKTAG 唯一标识了一个 PROCLOCK 对象，它包含了可加锁对象以及该对象的持有者或等待者，定义如下。

```
typedef struct PROCLOCKTAG
{
    LOCK        *myLock;            /* 连接到每个可锁定对象信息*/
    PGPROC      *myProc;            /* 连接到拥有后端的PGPROC */
} PROCLOCKTAG;
```

代表 backend 进程的结构体 PGPROC、代表锁持有者或等待者的结构体 PROCLOCK，以及代表锁对象的结构体 LOCK 之间的转移关系如图 8-6 所示。

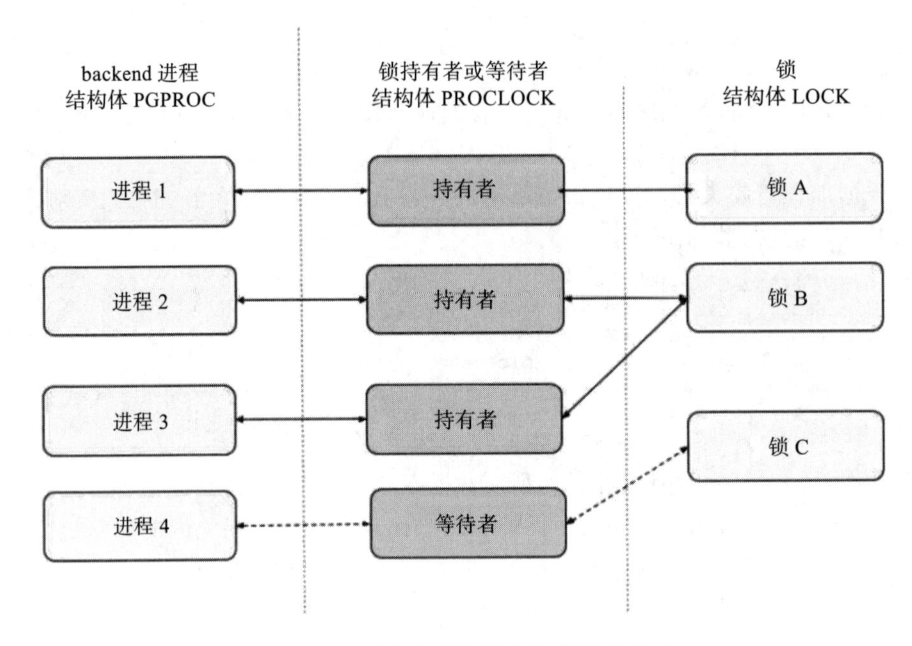

图 8-6 锁对象在结构体之间的转移关系

3. 单机死锁检测

因为我们允许进程以任意顺序申请锁，所以可能会出现死锁的情况。死锁是运行中的进程在持有一些锁的同时又申请其他的锁，形成了互相依赖。对于单机版的死锁检测，我们采用“乐观等待”的方法，即如果一个进程当前无法获取它要申请的锁，那么它会以睡眠的状态在该锁的等待队列中，同时启动一个计时器（一般是 1s）。如果超时后该进程还在等待，则运行死锁检测算法。

单机版的死锁检测算法使用等待图（Waits-For Graph, WFG）来检测死锁。在等待图中，参与加锁的所有进程作为有向图中的顶点，如果进程 A 正在等待某一个锁，而进程 B 持有与之冲突的锁，那么我们就说 A 等待 B，于是就存在一个从 A 到 B 的边。在 Greenplum 中，我们称这种类型的边为 hard edge（硬边）。如果我们发现在这个等待图中存在环，则说明有死锁的情况发生。此时需要撤销当前申请加锁的进程所在的事务来解除死锁。

在 Greenplum 的等待图中还存在另一种边。如果进程 A 和进程 B 同时在某一个锁的等待队列里，A 在 B 的后面，并且它们申请的锁是互相冲突的，那么 B 总是会先于 A 被唤醒，此时就存在了一个 A 等待 B 的情况，我们称这种等待的边为 soft edge（软边）。对于因软边造成的死锁，我们可以尝试调整等待队列里进程的顺序。如果能找到一个顺序，使得等待图中不再有环存在，就不用撤销事务了。

第 9 章 Chapter 9

Greenplum 性能优化

性能优化是一个综合性很强并且不能忽视的问题。我们使用 Greenplum 作为即席查询数据库，就是为了解决性能瓶颈，提高数据库的查询响应速度，对 Greenplum 进行性能调优是十分有必要的。

9.1 系统级优化

由于 Greenplum 数据库是应用软件，天然依赖于外部操作系统，因此从应用的稳定性和性能最大化角度来看，都需要优先考虑操作系统的软硬件配置。本节从操作系统选择、硬件资源配置、磁盘读写、网络带宽、系统参数 5 个方面进行详述。

9.1.1 操作系统选择

因为 Greenplum 数据库一般部署在 Linux 操作系统上，官方甚至都不提供 Windows 部署包，所以不要尝试将其部署在 Windows Server 服务器或者 Mac OS 服务器上。GitHub 的安装包下载页面也只给出了 RHEL 6、RHEL 7、Ubuntu 18.04 三个编译版本的安装包，这意味着这个 Greenplum 数据库对这三类系统的支持是最佳的，一般情况下，笔者也不建议使用其他操作系统。

这里简单解释一下为什么说是三类系统。Linux 系统主要分 Debian 系和 Red Hat 系，还有其他自由的发布版本。Debian 系主要有 Debian、Ubuntu、Mint 等及其衍生版本；Red Hat 系主要有 Red Hat、Fedora、CentOS 等；其他自由版本有 Slackware、Gentoo、Arch Linux、LFS、SUSE 等。虽然看上去有很多不同的版本，但是根据查到的资料，2016 年中国服务器操作系统市场中 CentOS 占比 28%，排名第一，Ubuntu 26%、Red Hat 19%，其余系统共占 27%。因为其余系统里面也有部分是 Debian 系和 Red Hat 系的，所以三类系统包含的比例在 75% 以上。就目前来说，CentOS 既免费，又稳定，是云厂商最推荐的服务器操作系统，因此首选 CentOS 7.*x* 版本。

9.1.2 硬件资源配置

在很多场景下，加大硬件资源的投入可以大大减少系统资源瓶颈，提升服务器性能。对于 Greenplum 数据库，笔者试过 4 核 16GB、8 核 32GB、12 核 64GB、16 核 128GB 等 4 种不同配置的服务器，就使用效果来说，2 核 16GB 并行性能较差，只能部署一两个 Segment 实例，16 核 128GB 又会出现内存使用率低，资源严重浪费的情况。笔者的建议是根据每台数据节点的 Segment 实例数量（包括 Primary 和 Mirror 实例）来配置服务器资源，如表 9-1 所示。

表 9-1 Segment 实例对应内存和 CPU 需求

Segment 个数	CPU（核）	内存（GB）
2	4	16 ~ 32
4	6 ~ 8	24 ~ 32
6	8 ~ 16	32 ~ 64
8	12 ~ 16	48 ~ 64
12	16 ~ 24	64 ~ 84
16	20 ~ 32	64 ~ 128

至于单个节点划分多少 Segment 实例，需要依据数据量、系统总资源、服务器主机数量、是否创建 Mirror 实例等因素综合考虑。

首先，从数据量的角度看，每个 Segment 实例是一个 PostgreSQL 实例，根据单机版 PostgreSQL 的性能，建议每个 Segment 实例分配的最大数据量不超过 1000 万条，以保证查询性能。当然，在资源充足的情况下，每个 Segment 实例分配百万级数据量，肯定查询性能更佳。而我们需要综合考虑系统资源，更多的 Segment 实例意味着需要更多的硬件资源和服务器主机，节点太多的情况下需要考虑木桶效应和节点故障率。

其次，在数据备份完整且充分的情况下，个人建议不要安装 Mirror Segment 实例（这与官方指导意见相左）。在不安装 Mirror Segment 实例的情况下，每台服务器 4 ~ 8 个 Segment 实例可以最大化使用系统的内存和 CPU 资源。

这里展开说明笔者为什么不建议安装 Mirror Segment 实例。首先，分配 Mirror Segment 实例需要牺牲系统一半的硬件资源，对性能来说相当于硬件成本翻倍。其次，Mirror Segment 实例的备份效果有限，通常情况下比较常见的是整个集群无法启动，而非某台 DataNode 单独挂掉，此时 Mirror 实例也无法起到主备切换的作用。即使 Mirror Segment 实例派上用场，发挥了备份功能，也会面临单个节点压力过大和修复失败节点以后数据重新同步的问题。再者，相较于 CPU、内存等资源，磁盘成本廉价很多。我们可以通过离线文件、Hadoop 平台、S3 存储等多种方式实现系统的备份。最后，Greenplum 主要用于 OLAP 系统，也就是说，系统暂停一两个小时不影响业务连续性，是可以接受和容忍的生产事故。

再解释一下为什么需要考虑服务器主机数量。一方面，Greenplum 数据库在架构层面是有一定优势的，可以多 Segment 实例协作处理数据，提高了数据处理能力，但同时也存在木桶效应，即执行查询任务的时间取决于最慢的 Segment 实例执行时间 +Master 节点的处理时间。另一方面，由于 Greenplum 采用的是无共享存储方式，节点之间的通信依靠 Interconnect 模块进行数据节点间的交换，因此必然存在节点数量瓶颈。假设有一台 Master 节点，4 台 DataNode 上面每台部署 8 个 Segment 实例，那么每台服务器都需要和另外的 3 × 8+1 个进程进行数据交换，既需要占用 DataNode 的进程数，也需要占用网络宽带。这点也是 Greenplum 弱于 Hadoop 架构的地方。根据官方提供的信息，Greenplum 最大的生产集群约为 1000 台，较之 Hadoop 动辄数万台的规模，少了一个数量级。

这里顺便对比一下 Greenplum 和 Hadoop 的存储方式。Greenplum 是典型的 Share Nothing 架构，节点之间不共享数据，每个节点管理自己的内存、CPU 和数据。Hadoop 采用的是分布式文件存储 + 程序靠近数据进行计算的模式，减少了数据移动，扩展性更好，支持更大规模的集群。这里不能简单地说孰优孰劣，MPP 架构的查询性能普遍优于 Hadoop 架构是不争的事实。

9.1.3　磁盘读写

笔者在接触 Greenplum 之前对磁盘读写毫无概念，以往使用较多的数据库是 Oracle 和 DB2，这两个数据库都充分利用了内存空间做数据缓存，对磁盘读写没那么敏感。使用 Greenplum 的初期，在 3 台 24 核 128GB 服务器集群上查询千万级的数据汇总，耗时居然超过 1min，还被单机版的 Access 秒杀。为此，我们找了专家进行分析，对方只做了一个很简单的操作，就是执行了 3.5 节介绍的性能测试语句，然后告诉我们，磁盘读写太慢了，单个节点安装多个实例没有效果，建议我们把 128GB 的服务器拆分成多台 16GB 的服务器。

后来，RAID 走入了我们的视线。RAID（Redundant Array of Independent Disks，独立磁盘冗余阵列）把一份数据存储在多块硬盘不同的地方。通过这个方式，输入输出操作能够平衡地交叉进行，大幅提升读写性能。因为多块硬盘增加了平均故障间隔时间，所以储存冗余数据也增加了容错机制。

RAID 的部署方式分为软件 RAID 和硬件 RAID，一般实体主机采用硬件 RAID，云平台采用软件 RAID。根据过往的经验，腾讯云、华为云、京东云都可以支持软件 RAID。简单地说，只要磁盘可以切块，操作系统可以挂载多块磁盘，那么这个服务器就可以部署软件 RAID。

网上有很多关于 RAID 部署方式的介绍，这里就不赘述了。以下以华为云平台（https://support.huaweicloud.com/bestpractice-evs/evs_02_0013.html）为例进行介绍。部署方式如图 9-1 所示。

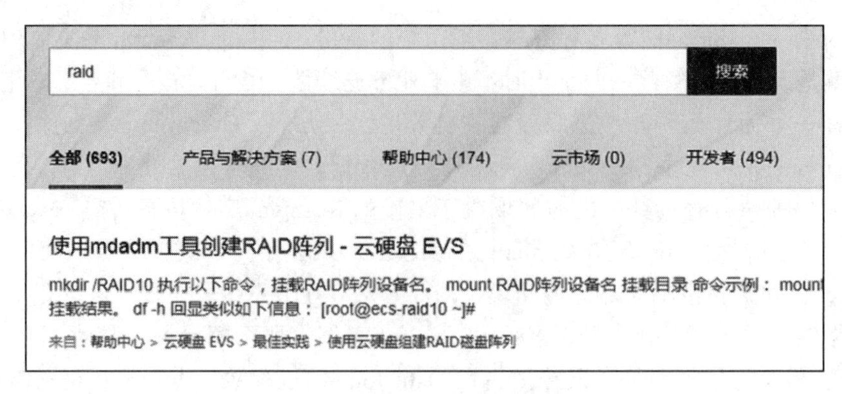

图 9-1 华为云 RAID 部署

在部署 RAID 之前，单块磁盘的读写速度只有 150 ~ 350MB/s（偶尔有些云平台提供超高速的 SSD，突破 350MB/s 的速度上限），并且每提升一个台阶，价格都会有成倍的增长。华为云单盘读写性能对比如表 9-2 所示，通过部署 RAID 可以实现在低速硬盘上读写速度超过 1GB/s 的效果。

表 9-2 华为云单盘读写性能

参数	极速型 SSD	超高 IO	通用型 SSD	高 IO	普通 IO（上一代产品）
云硬盘最大容量	• 系统盘：1024GB • 数据盘：32768GB	• 系统盘：1024GB • 数据盘：32768GB	• 系统盘：1024GB • 数据盘：32768GB	• 系统盘：1024GB • 数据盘：32768GB	• 系统盘：1024GB • 数据盘：32768GB
描述	适用于需要超大带宽和超低时延的场景	超市性能云硬盘，可用于企业关键性业务，适合高吞吐、低时延的工作负载	高性价比的云硬盘，适合高吞吐、低时延的工作负载	适合一般访问的工作负载	适合不常访问的工作负载
典型应用场景	• 数据库 ○ Oracle ○ SQL Server ○ ClickHouse • AI 场景	• 超大带宽的读写密集型场景 • 转码类业务 • I/O 密集型场景 ○ NoSQL ○ Oracle ○ SQL Server ○ PostgreSQL • 时延敏感型场景 ○ Redis ○ Memcache	各种主流的高性能、低延迟交互应用场景 • 企业办公 • 大型开发测试 • 转码类业务 • Web 服务器日志 • 容器等高性能系统盘	一般工作负载的应用场景 • 普通开发测试	大容量、读写速度中等、事务性处理较少的应用场景 • 日常办公应用 • 轻载型开发测试 • 不建议用于系统盘
最大 IOPS	128 000	33 000	20 000	5000	2200
最大吞吐量	1000MB/s	350MB/s	250MB/s	150MB/s	50MB/s

RAID 也有多种级别，最常用的是 RAID0、RAID1、RAID5 以及这 3 种类型的组合。这里借用腾讯云官网的内容介绍常用的 RAID 级别，如表 9-3 所示。

表 9-3 常用的 RAID 级别

RAID 级别	介绍	需要磁盘数	磁盘空间利用率
RAID0	• 一种简单的、无数据校验的数据条带化技术，不提供冗余和容错能力 • RAID0 将数据分散存储在所有磁盘中，以独立访问方式实现多块磁盘同时读写操作 • RAID0 是 RAID 级别中性能最高的	$n \geqslant 1$	100%
RAID1	• 镜像模式将数据完全一致地分别写入工作磁盘和镜像磁盘 • 在数据写入时，响应时间会有所影响，在读取数据时没有影响 • 提供了最佳的数据保护，一旦工作磁盘出现故障，系统自动从镜像磁盘读取数据，不会影响用户工作	2	50%
RAID5	• RAID5 是一种存储性能、数据安全和存储成本兼顾的存储解决方案 • 数据以块为单位分布到各个硬盘上 • RAID5 不对数据进行备份，而是把数据和对应的奇偶校验信息存储到各个磁盘上，并且数据和校验信息存储在不同磁盘 • 当一个磁盘数据损坏后，利用剩下的数据和校验信息去恢复数据	$n \geqslant 1$	$(n-1)/n$%

图 9-2 是腾讯云支持的 RAID 模式，个人推荐使用 RAID5，磁盘利用率和备份效果均衡。

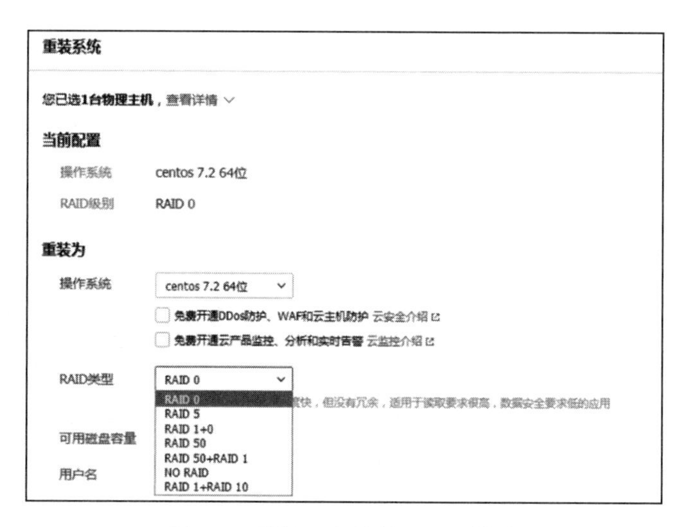

图 9-2 腾讯云支持的 RAID 模式

接下来分享一个使用 RAID5 模式组合 10 块华为云通用型 SSD 硬盘的案例（集群 6 个节点）。性能测试结果如图 9-3 所示，平均每台服务器的读取速度提升到了 1.55GB/s，写速度提升到了 900MB/s。速度远超极速 SSD，且成本远低于极速 SSD 硬盘（虽然官网没有极速 SSD 硬盘的报价，但是超高 I/O 硬盘价格已经是通用型 SSD 价格的 3 倍了）。

```
====================
== ,RESULT 2020-08-16T18:15:42.334812
====================

 disk write avg time (sec): 146.26
 disk write tot bytes: 808625897472
 disk write tot bandwidth (MB/s): 5464.56
 disk write min bandwidth (MB/s): 727.58 [gp-work01-0004]
 disk write max bandwidth (MB/s): 1109.62 [gp-work01-0001]


 disk read avg time (sec): 103.58
 disk read tot bytes: 808625897472
 disk read tot bandwidth (MB/s): 9330.91
 disk read min bandwidth (MB/s): 847.03 [gp-work01-0004]
 disk read max bandwidth (MB/s): 2289.82 [gp-work01-0003]


 stream tot bandwidth (MB/s): 65356.30
 stream min bandwidth (MB/s): 10769.30 [gp-work01-0005]
 stream max bandwidth (MB/s): 11069.50 [gp-work01-0002]

Netperf bisection bandwidth test
gp-master -> gp-work01-0001 = 1406.330000
gp-work01-0002 -> gp-work01-0003 = 1853.780000
gp-work01-0004 -> gp-work01-0005 = 1394.480000
gp-work01-0001 -> gp-master = 2182.310000
gp-work01-0003 -> gp-work01-0002 = 2261.660000
gp-work01-0005 -> gp-work01-0004 = 1242.320000

Summary:
sum = 10340.88 MB/sec
min = 1242.32 MB/sec
max = 2261.66 MB/sec
avg = 1723.48 MB/sec
```

图 9-3 华为云官网 10 块盘 RAID5 读写性能测试

9.1.4 节点之间的网络带宽

除了内存、CPU 和磁盘 I/O 之外，还有一个特别影响性能的因素，就是节点之间的网络宽带。由于 Greenplum 不同节点之间的数据交换频繁、数据量极大，因此对节点之间的宽带要求很高，一般都要求万兆网卡。如果在云上部署，则应该注意不能跨网络、跨区域。

如果是在私有云部署，则需要注意，整个集群不要跨网段，应保持高速网络连接；如果是在公有云部署，则应保证所有节点都在同一个区域，不同节点之间通过内网通信。

节点之间的网络带宽也可以通过 Greenplum 自带的性能测试工具 gpcheckperf 进行测试。网络测试选项包括并行测试 (-r N)、串行测试 (-r n)、矩阵测试 (-r M)。测试时运行一个网络测试程序从当前主机向远程主机传输 5 秒的数据流。一般情况下我们选择并行测试，更符合实际业务场景。并行测试从 Master 节点传输数据到每个远程主机中，报告传输的最小、最大、平均和中值速率，单位为 MB/s，测试命令如下。

```
gpcheckperf -f all_hosts -r N -d /data
```

9.1.5 系统参数

针对操作系统的参数优化，主要是调整服务器的内存使用策略，增加 swap 空间，分担内存压力。

1. 服务器的swap空间

Greenplum数据库有一个很重要的全局参数gp_vmem_protect_limit，官方定义的计算逻辑和swap空间紧密相关。gp_vmem_protect_limit用于设置操作系统为每个Segment实例执行的所有工作分配的最大内存，而gp_vmem_protect_limit又依赖于gp_vmem，即Greenplum数据节点可用的总内存，gp_vmem的大小取决于swap空间和物理内存的大小。官方给出的gp_vmem计算公式如下。其中swap是该主机的交换空间（以GB为单位），RAM是该主机的内存（以GB为单位）

```
gp_vmem = ((swap + RAM) - (7.5GB + 0.05 * RAM)) / 1.7
```

gp_vmem_protect_limit参数的值需要根据gp_vmem来计算，具体计算公式如下。其中acting_primary_segments是指单个节点上活动的Master节点数。

```
gp_vmem_protect_limit = gp_vmem / acting_primary_segments *1024
```

虽然swap的读写性能不如内存高，但是在内存紧张时可以暂时保存内存数据，腾出内存空间完成其他操作，提高数据库服务器的硬件资源使用率。创建swap的方式如下。

```
1. 查看内存的情况（此时swap应为0）。
free -m
2. 创建swap文件（本文创建了2GB），并使之生效。
1）创建用于交换分区的文件:dd if=/dev/zero of=/swapfile bs=1M count=2048。
注: block_size、number_of_block的大小可以自定义,比如bs=1M count=1024代表设置1GB大小的swap分区。
2）设置交换分区文件: mkswap /swapfile。
3）立即启用交换分区文件:swapon /swapfile。
这个命令可能会提示“swapon: /swapfile: insecure permissions 0644, 0600 suggested.”意思是建议把swap设置为644或600权限。
3. 如果在/etc/rc.local中有swapoff -a参数,需要将其修改为swapon -a。运行free -m就会发现swap一列已经有数字了。
4. 在/etc/fstab 中添加如下一行代码,使之永久生效。
/swapfile swap swap defaults 0 0
```

2. vm.overcommit_memory和vm.overcommit_ratio参数

Linux中系统变量vm.overcommit_memory和vm.overcommit_ratio两个参数需要配合使用来控制内存分配策略。一般来说，需要将vm.overcommit_memory设置为2，vm.swappiness设置为90（内存较大时可以设置为95）。这两个参数决定了系统可用内存的大小。

这里展开介绍一下这两个参数的用法。内核参数overcommit_memory指定内存分配的方式，可选值为0、1、2。

1）0表示用户申请内存时，系统判断剩余内存空间，如果不够则返回失败。

2）1表示用户申请内存时，系统不进行任何检查，直到使用内存超过可用内存。

3）2表示用户一次申请的内存大小不允许超过可用内存的大小。

只有当overcommit_memory=2时，vm.overcommit_ratio才会生效。假设物理内存为

64GB，swap 空间为 32GB，overcommit_memory=2，vm.overcommit_ratio=90，则系统可用内存为 64 × 90%+32=89.6GB。

3. vm.swappiness 参数

内核参数 vm.swappiness 控制使用 swap 分区的相对权重，参数值对如何使用 swap 分区有很大影响。值越大，表示越积极使用 swap 分区，越小表示越积极使用物理内存。默认值为 60，表示内存使用率超过 100%–60%=40% 时开始使用交换分区。参数值为 0 的时候表示最大限度地使用物理内存，然后才使用 swap 空间；参数值为 100 的时候表示积极地使用 swap 分区，并把内存上的数据及时搬运到 swap 空间上。

一般建议将 vm.swappiness 设置为 10，即当物理内存使用超过 90% 时才开始使用 swap 空间。

9.2 数据库级优化

严格意义上说，Greenplum 不是一个数据库，而是一个数据库管理系统。针对数据库管理系统，必然存在很多系统参数可以调整，已达到优化性能的效果。

9.2.1 数据库参数配置

数据库参数配置可以通过服务器后台执行“ gpconfig --show/-s 参数名”命令或者在数据库中执行 SELECT * FROM gp_toolkit.gp_param_settings() 命令查询当前值。

```
--数据库查询所有参数值
SELECT * FROM gp_toolkit.gp_param_settings();
--数据库查询各个节点work_mem的值
SELECT * FROM gp_toolkit.gp_param_setting('work_mem');
--后台查看配置参数log_statement的值
gpconfig -s log_statement
--修改参数log_statement为DDL,只记录DDL操作日志,不记录增加、删除和修改操作
gpconfig -c log_statement -v DDL
--删除配置参数log_statement,恢复默认值
gpconfig -r log_statement
```

其中，有些参数是可以通过 gpstop -u 生效的，有些则需要重启数据库才可以。

从数据库性能优化的角度来看，以下数据库参数是性能优化时需要注意的。

1）work_mem：全局参数，建议设置为物理内存的 2% ~ 4%。此参数用于限定 Segment 实例进行 sort、hash 等操作的内存大小。当 Segment 实例对大表进行排序时，数据库会按照此参数的大小进行分片排序，将中间结果存放在临时文件中，这些中间结果的临时文件最终会再次合并排序。增加此参数可以减少临时文件个数，进而提升排序效率。当然如果设置过大，会导致 swap 内存交换，设置此参数时仍需谨慎。

2）maintenance_work_mem：全局参数，用于指定 VACUUM、CREATE INDEX 等操作的内存大小，默认为 16MB。由于在一个数据库会话里，任意时刻只有一个这类的操作可以

执行，并且数据库安装通常不会有太多这样的工作并发执行，因此可以把这个数值设置得比 work_mem 更大，以改进数据清理和数据转储的速度。

3）max_statement_mem：该参数设置了每个查询任务最大的内存使用量，用于防止 statement_mem 参数设置的内存过大，导致内存溢出。

4）statement_mem：该参数设置每个查询任务在 Segment 主机中可用的内存大小，参数值不能超过 max_statement_mem 的值，如果配置了资源队列，则不能超过资源队列设置的值。

5）gp_vmem_protect_limit：该参数控制每个 Segment 实例为所有运行中的查询分配的内存总量。如果查询需要的内存超过此值，则会返回失败。

6）gp_workfile_limit_files_per_query：SQL 查询分配的内存不足，Greenplum 数据库会创建溢出文件。默认情况下，一个 SQL 查询任务最多可以创建 100000 个溢出文件，这足以满足大多数查询任务。该参数决定了一个查询任务最多可以创建多少个溢出文件。该参数为 0 意味着没有限制。限制溢出文件数据可以防止失控查询破坏整个系统。

7）shared_buffers：该参数只能作用于 Segment 实例，用作设定磁盘读写的内存缓冲区大小。开始可以设置一个较小的值，比如总内存的 15%，然后逐渐增加，同时监控性能提升和 swap 的情况。

8）effective_cache_size：该参数用于设置优化器可以使用多少内存缓存数据，以及是否应该使用索引。这个参数值越大，优化器使用索引的可能性就越大，应该设置为 shared_buffers 加上可用操作系统缓存的总量。通常这个参数值会超过系统内存总量的 50%（对于 Master 节点，可以设为物理内存的 85%）。

9）gp_resqueue_priority_cpucores_per_segment：该参数用于设置每个 Segment 实例被分配的 CPU 个数。如果在一个 20 核的机器上有 4 个 Segment 实例，则每个 Segment 实例有 5 个核，而对于 Master 节点则是每个节点 20 个核。按照不同集群的核数以及 Segment 实例数量修改此参数即可。

10）block_size：该参数用于设定数据文件块默认的存储大小，参数的可选范围为 8192KB ~ 2MB 且必须是 8192 的倍数。理论上，block_size 值越大，数据读取越快。我们一般将其设为 2097152 即可。

11）max_files_per_process：该参数用于设置每个服务器进程允许同时打开的最大文件数量，默认值为 1000。如果内核设置了一个合理的进程数限制，那么这个参数将不起作用。在一些平台上（特别是大多数 BSD 系统），内核允许独立进程打开比个系统支持的数目大得多得文件数。如果发现有“Too many open files”这样的失败提示，请尝试缩小这个设置。

12）temp_buffers：该参数用于限制数据库会话中存放临时数据的空间大小，Greenplum 中默认为 32MB，也可以在单独的会话中对该参数进行设置，尤其是需要访问比较大的临时表时，将会有显著的性能提升。

13）optimizer：该参数用于设置数据库是否使用 legacy query 优化器，在开启的情况下，数据库使用此优化器基于统计信息生成执行计划。

在实操中发现，对于数据量比较小的查询任务，开启优化器可能会降低查询速度或者导致内存不足。对于数据量较大的查询任务，则可以起到查询优化的作用。建议根据查询语句的级别定义该参数。

系统级别：gpconfig -c optimizer -v on(仅设置 Master 主机，修改后参数 gpstop -u 生效)。

数据库级别：alter database db_name set optimizer = on。

会话级别：set optimizer = on。

注意 个人经验，对于数据量小的复杂查询语句建议关掉优化器，如果开启，会非常频繁地出现“ERROR: Canceling query because of high VMEM usage. Used: 6912MB, available 878MB, red zone: 7920MB”的错误。

以上参数的设定与集群的规模和硬件资源息息相关，原则上非必要情况，不要修改系统的默认值。这里根据笔者的实际经验，针对 16 核 64GB 的服务器，可调整参数配置如下。

```
gpconfig -c max_statement_mem -m 4096MB -v 4096MB
gpconfig -c shared_buffers -m 2048MB -v 2048MB
gpconfig -c work_mem -m 4096MB -v 4096MB
gpconfig -c effective_cache_size -m 10240MB -v 5120MB
gpconfig -c statement_mem -m 3072MB -v 3072MB
gpconfig -c max_connections -m 500 -v 1500
gpconfig -c max_prepared_transactions -v 500
gpconfig -c gp_vmem_protect_limit -m 36864 -v 8192
gpconfig -c gp_resqueue_priority_cpucores_per_segment -m 15 -v 5
gpconfig -c gp_enable_global_deadlock_detector -v on
gpconfig -c optimizer -v off
gpconfig -c log_statement -v DDL
gpconfig -c track_activity_query_size -v 102400
```

9.2.2 资源队列

Greenplum 数据库的资源队列和 Hadoop 体系的 Yarn 类似，可以定义一组服务器资源，将其划分给某一个或者多个用户。使用 active_statements 参数限制特定队列成员能并发运行的活动查询数量，使用 memory_limit 参数控制通过队列运行的查询任务所能利用的内存总量。不要把所有队列都设置为 MEDIUM，这样无法对负载进行管理。

对于较大规模集群和用户较多的场景，资源队列可以起到资源隔离的效果，更加合理地分配资源。对于规模较小的集群，不仅作用不大，反而会造成资源空闲，不建议设置。

9.3 表级优化

通过 4.3 节介绍表的高级应用，我们已经了解了 Greenplum 表对象具有非常丰富的属性。根据不同的应用场景调整表的属性，可以实现非常好的优化效果。

9.3.1　建表参数

表级别的优化细节主要是在创建表时根据具体业务场景来确定的。这里从查询优化的角度进行简单介绍。

1）行存储和列存储。如果字段比较多，而大部分查询用到的字段比较少，则推荐使用列存储；如果频繁地进行插入和更新操作，则建议使用行存储；如果选择字段少或者在少量列上计算数据聚集，则可以使用列存储；如果表中有单个列定期被更新而不修改表记录的其他列，则建议使用列存储。对于大多数 OLAP 业务场景，都建议优先使用列存储。

2）堆存储和追加优化存储。简单地说，对于频繁更新的表应使用堆存储，对于“一次插入，多次读取”的表则推荐使用追加优化存储。所谓追加优化，就是擅长往表里追加数据，不适合频繁进行小批量插入、删除和更新操作。对于列存储模式的表，只能选择追加优化存储。

3）压缩存储和非压缩存储。一般推荐使用压缩存储，特别是列存储表采用压缩存储的效果会更好。采用压缩存储，可以用空闲的 CPU 资源置换读写 I/O 时间，缓解 I/O 压力，提高查询效率。对于压缩类型的选择，一般推荐 ztsd 或 zlib 类型，压缩级别推荐 5 或 6，blocksize 的值越大越好，推荐设置为 2097152。虽然 blocksize 的值设置大了，会产生一些存储空间的浪费，但是相对于查询速度来说，这点牺牲是值得的。

4）分布键的选择。尽可能选择表数据中值最离散的字段作为分布键，count（distinct 字段）值越大的字段越适合作分布键。需要进行关联的大表则尽量使用关联的字段作为分布键，以避免数据跨节点移动。平均分布数据可以有效避免短板效应，均衡不同节点的负载。特殊情况下可以考虑进行随机分布，以保证数据分布绝对均匀，数据分布情况查询语句如下。

```
SELECT gp_segment_id,count(*) FROM table_name GROUP BY gp_segment_id;
```

5）分区设置。Greenplum 是分布式数据库，根据数据量创建不同的分区。一般可以按照年或者月创建分区，不建议按天分区，如果按天分区，不方便维护，在列存储的情况下文件特别多，反而起不到查询优化的效果。一般来说，只对大表分区，小表不要分区。只有能基于查询条件实现分区消除（分区剪枝）时才使用分区，优先选择范围分区，舍弃列表分区，不要在同一列上对表进行分布和分区。减少使用默认分区，不要使用多级分区，优先创建较少的分区，让每个分区中有更多数据。不要使用列存储创建太多分区，每个表的物理文件总数 =Segment 实例数 × 列数 × 分区数。

6）复制表。Greenplum 6.0 版开始提供了复制表的功能，即对于这类表的数据在每个 Segment 实例上都保存了一份，这样就减少了小表数据的跨分区移动和重分布数据。这个功能在某些特殊场景下非常有用。遇到需要通过查询语句关联用户权限表，且查询的明细数据表有亿级数据，用户权限表却只有几百条数据的情况，如果二者进行关联，则可以衍生出千亿级别的数据。这时可以使用复制表功能，在查询中先去权限表取出对应用户的一条或者多条数据，然后关联明细数据表。复制表用 DISTRIBUTED REPLICATED 参数设定。

9.3.2 表的优化

深入了解过数据库删除机制的开发者都知道，数据库表数据在频繁插入、删除、更新后会存在统计信息不准确或因碎片化严重导致增删改查性能大幅下降的情况。Greenplum 提供了针对这两种情况的操作，即可重新收集统计信息的 ANALYZE 命令和对表数据进行搬迁重组的 VACUUM 命令。

1. ANALYZE

ANALYZE 是 Greenplum 提供的收集统计信息的命令，用法如下。

```
ANALYZE foo(bar); // 只搜集bar列的统计信息
ANALYZE foo_prt_partname; // 搜集foo表中partname分区的统计信息
ANALYZE foo; // 搜集foo表的统计信息
ANALYZE; // 搜集当前库所有表的统计信息（需要有对应权限）
```

一般在显著改变底层数据的 INSERT、UPDATE 以及 DELETE 操作之后，总是运行 ANALYZE 命令。对于 OLAP 系统来说，基本上完成批处理以后，都需要对集市层面向查询分析的表进行 ANALYZE 操作。在非常大的表上运行 ANALYZE 命令需要较长时间，可以只在用于连接条件、WHERE 子句、SORT 子句、GROUP BY 子句或者 HAVING 子句的列上运行 ANALYZE 命令。

Greenplum 官网对于分区表的 ANALYZE 操作专门进行了讲解，其实只要保持默认值，不去修改系统参数 optimizer_analyze_root_partition，那么对于分区表的操作并没有什么不同，直接在根表上执行 ANALYZE 命令即可，系统会自动收集所有叶子节点分区表的统计信息。

如果分区表的数量很多，那么在根表上执行 ANALYZE 命令可能会非常耗时，通常分区表都是带有时间维度的，历史的分区表并不会修改，单独对数据发生变化的分区进行 ANALYZE 操作，是更好的选择。ANALYZE 会给目标表加 SHARE UPDATE EXCLUSIVE 锁，也就是与 UPDATE、DELETE，还有 DDL 语句冲突。

ANALYZE 是一种采样统计算法，通常不会扫描表中所有的数据，对于大表，仍会消耗一定的时间和计算资源。采样统计会有精度方面的问题，对此 Greenplum 也提供了一个参数 default_statistics_target，用于调整采样的比例。简单说来，这个值设置得越大，采样的数量就越多，准确性就越高，消耗的时间和资源也越多。

2. VACUUM

Greenplum 是基于 MVCC 版本控制的，DELETE 操作并没有删除数据，而是将这一行数据标记为删除，UPDATE 操作其实就是 DELETE 操作加 INSERT 操作，随着操作越来越多，表也会越来越大。对于 OLAP 应用来说，大部分表都是一次导入数据后不再修改的，也不会出现表越来越大的问题。对于数据字典来说，随着时间表越来越大，其中的数据垃圾也越来越多，这时候就需要使用 VACUUM 工具进行表优化了。

VACUUM 包括两种操作，VACUUM 和 VACUUM FULL。VACUUM 只是简单地回收空间并令其可以再次使用，可以缓解表的增长，这个命令执行的时候，其他操作仍可以并发进行，没有请求排他锁。VACUUM FULL 执行范围更广的处理，包括跨块移动行、把表压缩到最少的磁盘块数目并存储，数据库在执行这个命令的时候，需要加排他锁锁住目标表。

```
VACUUM table;//清扫表中失效的数据
VACUUM FULL table;//清扫表中失效的数据并迁移数据，减少碎片块
```

在 PostgreSQL 中，VACUUM 命令是自动执行的。因为 Greenplum 中大部分表不需要执行 VACUUM 命令，所以决定 VACUUM 是否启动的参数 autovacuum 默认是关闭的。

当表是新建状态或者 TRUNCATE 操作后插入了数据时，不需要执行 VACUUM 命令。如果表碎片太多，则建议通过 CREATE TABLE...AS 命令操作复制表的有效数据，然后重命名并删掉原始表。这个方法比 VACUUM FULL 命令的效率高，但操作风险较大。

9.4　执行计划和查询优化

执行计划是数据库执行 SQL 的步骤说明书。Greenplum 是基于 Postgresql 开发的，其执行计划与 PostgreSQL 的类似，由于 Greenplum 是分布式并行数据库，其 SQL 执行有很多 MPP 架构的特点，因此在理解 Greenlum 执行计划时，一定要熟悉其分布式框架，从而调整执行计划，才能带来很大的性能提升。

执行计划是数据库使用者了解数据库内部结构的重要途径。举个例子，一个人要去旅行，从广州到厦门，怎么去呢，坐飞机还是动车呢？任何一种途径和线路从广州到厦门，都是一个执行计划。这个执行计划需要考虑的事情如下。

1）从广州到厦门的距离。

2）飞机、汽车、火车的时刻表。

3）整个行程的费用。

4）整个行程消耗的时间（包括换乘等待的时间）。

前面两点可以理解为数据库的统计信息，后面两点可以理解为整个 SQL 的消耗。我们需要寻找一个最佳行程以使 SQL 的消耗最少。多种消耗之间我们需要取一个权重，把消耗重新定义为一个单位，类似数据库中评价消耗的参数有 CPU、内存、磁盘、重分布网络开销等。可以将距离想象成表的大小，将时刻表想象成表中每个字段的统计信息（唯一性、值的分布）等。

评价一个执行计划，我们需要综合考虑消耗的资源和时间，如同评价一个旅行计划需

要综合考虑时间和金钱。速度最快的计划执行起来可能消耗的资源最多，而消耗资源少的计划可能速度又比较慢。

9.4.1 查看执行计划

查看执行计划的关键字是 EXPLAIN，语法如下。

```
EXPLAIN [ANALYZE] [VERBOSE] statement
```

其中，参数 ANALYZE 表示执行查询任务并显示实际运行过程，不加该参数的情况下 SQL 语句不会被执行，加上这个参数后，输出执行计划的时间要相对长一些。VERBOSE 表示如何显示规划的完整内容，而不仅是一个摘要。通常，这个选项只是在特殊的调试过程中使用。VERBOSE 输出内容是打印工整的，具体取决于配置项 explain_pretty_print 的值。

statement 是指查询执行计划的 SQL 语句，可以是任意 SELECT、INSERT、UPDATE、DELETE、VALUES、EXECUTE、DECLARE 语句。

执行 explain analyze verbose select * form dept_info 命令，执行结果如图 9-4 所示。

```
demoDB=# explain analyze verbose select * from dept_info;
                                                            QUERY PLAN
-----------------------------------------------------------------------------------------------------------------------
 Gather Motion 4:1  (slice1; segments: 4)  (cost=0.00..1.01 rows=1 width=26) (actual time=2.318..23.934 rows=6 loops=1)
   Output: dept_id, dept_name, dept_leader, parent_dept, dept_level
   ->  Seq Scan on public.dept_info  (cost=0.00..1.01 rows=1 width=26) (actual time=16.029..16.031 rows=3 loops=1)
         Output: dept_id, dept_name, dept_leader, parent_dept, dept_level
 Planning time: 0.084 ms
   (slice0)    Executor memory: 63K bytes.
   (slice1)    Executor memory: 58K bytes avg x 4 workers, 58K bytes max (seg0).
 Memory used:  3145728kB
 Optimizer: Postgres query optimizer
 Settings: effective_cache_size=10GB, optimizer=off
 Execution time: 32.623 ms
(11 rows)

EXPLAIN
```

图 9-4 完整的执行计划

看懂执行计划，将执行计划的每一个名词、每一个步骤了然于心，查询优化就是水到渠成的事了。查询优化的过程就是查看执行计划→调整查询参数或者 SQL 语句写法→再次查看执行计划的一个循环，通过不断调整，最终找到数据库最高效的查询方式。

9.4.2 数据扫描方式

Greenplum 数据扫描的方式有很多种，本节介绍每一种的特点和应用场景。

1. 顺序扫描

顺序扫描（Seq Scan）在数据库中是最常见、也是最简单的一种数据扫描方式，将一个数据文件从头到尾读取一次，这种方式非常符合磁盘的读写特性——吞吐量高。顺序扫描适用于 OLAP 系统对全表数据进行分析，是一种非常高效的扫描方式。执行如下命令，可以看到包含顺序扫描的执行计划，如图 9-5 所示。

```
demoDB=# EXPLAIN SELECT * FROM emp_info WHERE dept_id =1200;
```

```
demoDB=# explain select * from emp_info where dept_id =1200;
                                 QUERY PLAN
-----------------------------------------------------------------------------
 Gather Motion 4:1  (slice1; segments: 4)  (cost=0.00..1.01 rows=1 width=39)
   ->  Seq Scan on emp_info  (cost=0.00..1.01 rows=1 width=39)
         Filter: (dept_id = 1200)
 Optimizer: Postgres query optimizer
(4 rows)

EXPLAIN
```

图 9-5 顺序扫描执行计划

2. 索引扫描

索引扫描（Index Scan）是通过索引来定位数据的，一般用于针对数据进行特定的筛选，筛选后的数据量相对于全表占比很小。使用索引筛选，必须事先在筛选字段上建立索引，查询时先通过索引文件定位到实际数据在数据文件中的位置，再返回数据。对于磁盘而言，索引扫描查询少量数据的速度非常快。包含索引扫描的执行计划如图9-6所示。

```
demoDB=# create index idx_emp_info on emp_info(dept_id);
CREATE INDEX

demoDB=# set enable_seqscan=off;
SET

demoDB=# explain select * from emp_info where dept_id =1200;
                                 QUERY PLAN
------------------------------------------------------------------------------------------
 Gather Motion 4:1  (slice1; segments: 4)  (cost=0.12..200.14 rows=1 width=39)
   ->  Index Scan using idx_emp_info on emp_info  (cost=0.12..200.14 rows=1 width=39)
         Index Cond: (dept_id = 1200)
 Optimizer: Postgres query optimizer
(4 rows)

EXPLAIN
demoDB=#
```

图 9-6 索引扫描执行计划

3. 位图堆表扫描

当索引定位到的数据在整表中的占比较大时，通过索引定位数据会使用位图的方式对索引字段进行位图堆表扫描（Bitmap Heap Scan），以确定结果数据的准确性。位图索引扫描很少应用在数据仓库中，包含位图扫描的执行计划如图9-7所示。

4. 通过隐藏的ctid扫描

ctid是PostgreSQL中标记数据位置的字段，通过这个字段来查找数据，速度非常快，类似于Oracle的rowid。通过ctid字段扫描数据的方式，被称为Tid Scan。Greenplum中每个子节点都是一个PostgreSQL数据库，都单独维护自己的一套ctid字段。直接通过ctid查询数据，数据库会提示需要和表的另一隐藏字段gp_segment_id配合使用。大多数查询场景下ctid扫描会被顺序扫描替换。包含ctid的查询语句如图9-8所示。

```
demoDB=# create table pg_class_tmp as select * from pg_class distributed by (relname);
SELECT 577

demoDB=# create index idx_pg_class_tmp on pg_class_tmp(relkind);
CREATE INDEX

demoDB=# set enable_seqscan=off;
SET

demoDB=#  explain select * from pg_class_tmp where relkind ='c';
                                        QUERY PLAN
-------------------------------------------------------------------------------------------
 Gather Motion 4:1  (slice1; segments: 4)  (cost=1300.73..1305.67 rows=75 width=255)
   ->  Bitmap Heap Scan on pg_class_tmp  (cost=1300.73..1305.67 rows=19 width=255)
         Recheck Cond: (relkind = 'c'::"char")
         ->  Bitmap Index Scan on idx_pg_class_tmp  (cost=0.00..1300.71 rows=19 width=0)
               Index Cond: (relkind = 'c'::"char")
 Optimizer: Postgres query optimizer
(6 rows)

EXPLAIN
demoDB=#
```

图 9-7　位图扫描执行计划

```
demoDB=#  select * from dept_info where ctid = '(0,1)';
 dept_id | dept_name | dept_leader | parent_dept | dept_level
---------+-----------+-------------+-------------+------------
    1100 | 销售部    |           2 |        1000 |          2
    1000 | 总经办    |           1 |             |          1
    1200 | 研发部    |           5 |        1000 |          2
(3 rows)

NOTICE:  SELECT uses system-defined column "dept_info.ctid" without the necessary companion column "dept_info.gp_segment_id"
HINT:  To uniquely identify a row within a distributed table, use the "gp_segment_id" column together with the "ctid" column.
```

图 9-8　ctid 查询语句

5. 子查询扫描

只有 SQL 中有子查询，并且需要对子查询的结果做顺序扫描，这就是子查询扫描（Subquery Scan）。因为大多数情况下，子查询会被解析器优化掉，所以需要足够复杂，单次扫描不足以得到查询结果的情况下，系统才会启用子查询扫描，子查询扫描是很少出现的。我也是花了一个小时尝试了七八个 SQL 语句才找到图 9-9 包含子查询扫描案例。

```
demoDB=# explain select t.*,b.*
from emp_info t
join dept_info b on t.dept_id = b.dept_id
where t.emp_id in (select emp_id from emp_info order by age desc limit 5)
order by t.salary desc;
                                                    QUERY PLAN
--------------------------------------------------------------------------------------------------------------
 Gather Motion 4:1  (slice4; segments: 4)  (cost=3.32..3.33 rows=4 width=65)
   Merge Key: t.salary
   ->  Sort  (cost=3.32..3.33 rows=1 width=65)
         Sort Key: t.salary
         ->  Hash Join  (cost=2.18..3.30 rows=1 width=65)
               Hash Cond: (b.dept_id = t.dept_id)
               ->  Broadcast Motion 4:4  (slice1; segments: 4)  (cost=0.00..1.06 rows=1 width=26)
                     ->  Seq Scan on dept_info b  (cost=0.00..1.01 rows=1 width=26)
               ->  Hash  (cost=2.13..2.13 rows=1 width=39)
                     ->  Hash Semi Join  (cost=1.09..2.13 rows=1 width=39)
                           Hash Cond: (t.emp_id = "ANY_subquery".emp_id)
                           ->  Seq Scan on emp_info t  (cost=0.00..1.01 rows=1 width=39)
                           ->  Hash  (cost=1.07..1.07 rows=1 width=4)
                                 ->  Redistribute Motion 1:4  (slice3; segments: 1)  (cost=1.02..1.07 rows=1 width=4)
                                       Hash Key: "ANY_subquery".emp_id
                                       ->  Subquery Scan on "ANY_subquery"  (cost=1.02..1.05 rows=1 width=4)
                                             ->  Limit  (cost=1.02..1.04 rows=1 width=8)
                                                   ->  Gather Motion 4:1  (slice2; segments: 4)  (cost=1.02..1.04 rows=1 width=8)
                                                         Merge Key: emp_info.age
                                                         ->  Limit  (cost=1.02..1.02 rows=1 width=8)
                                                               ->  Sort  (cost=1.02..1.02 rows=1 width=8)
                                                                     Sort Key: emp_info.age
                                                                     ->  Seq Scan on emp_info  (cost=0.00..1.01 rows=1 width=8)
 Optimizer: Postgres query optimizer
(24 rows)

EXPLAIN
```

图 9-9　子查询扫描执行计划

6. 函数扫描

数据库中有些函数的返回值是一个结果集，当数据库从这个结果集中读取数据时就会用到函数扫描（Function Scan），按顺序从函数结果集中获取数据。例如前文提到的 generate_series() 函数。函数扫描执行计划如图 9-10 所示。

```
demoDB=# EXPLAIN select * from generate_series(1,10);
                              QUERY PLAN
-----------------------------------------------------------------------
 Function Scan on generate_series  (cost=0.00..10.00 rows=250 width=4)
 Optimizer: Postgres query optimizer
(2 rows)

EXPLAIN
demoDB=#
```

图 9-10 函数扫描执行计划

9.4.3 分布式执行方式

分布式执行方式是分布式数据库特有的概念，是数据在跨节点时进行数据交换的方式。一般来说主要有以下几种处理方式，针对不同的查询场景，执行引擎会有不通的选择。

1. 数据聚合（*N*：1）

数据聚合操作是将子节点的查询结果聚合到主节点。聚合操作是 Greenplum 数据库查询必不可少的一步，也是 MPP 架构数据并行计算的重要特点。

2. 数据广播（*N*：*N*）

数据广播是将某一个表中每一个 Segment 实例上的数据全部发送给所有的 Segment 实例。这样每一个 Segment 实例相当于有一份该表的全量数据。广播主要用于进行关联操作时，有一张表数据量比较小的情况。对于频繁需要广播的表，Greenplum 6.0 提供了复制表机制，将全部数据在每一个 Segment 实例上都保存一份。

3. 数据重分布（*N*：*N*）

数据重分布是分布式数据库最常见的数据移动方式。在数据库进行一个或多个表关联时，当数据不能满足广播条件或者广播的消耗过大时，Greenplum 就会选择重分布数据。重分布数据是按照新的分布键重新将数据打散到每一个 Segment 实例上。重分布的产生场景如下。

1）关联操作：将每个 Segment 实例的数据根据关联字段重新计算哈希值并根据 Greenplum 的路由算法路由到目标子节点，使关联字段相同的数据都在同一个 Segment 实例上。

2）分组操作：当表做分组操作时，如果分组的字段包含分布键，则直接在各个 Segment 实例上先对数据进行汇总，然后汇总到主节点作为返回结果。如果分组的字段不包含分布键，则需要先在各个 Segment 实例上汇总数据，然后根据分组的字段对汇总数据进行重分布，最后聚合得到结果。

3）开窗函数：与分组操作类似，开窗函数也需要将数据重分布到各个节点上进行计算，不过其实现过程比分组操作更复杂。

4. 切片操作

Greenplum 在实现分布式执行计划时，需要将 SQL 拆分成多个切片，每个切片就是一个子查询。广播和重分布都是一个切片操作。过于复杂的多层嵌套语句，会解析成不同的切片分段执行。

9.4.4 两种聚合方式

数据聚合存在两种方式——哈希聚合和分组聚合。

对于哈希聚合来说，数据库会根据分组字段后面的值计算哈希值，再根据前面使用的聚合函数在内存中维护对应的列表，最后数据库通过这个列表来实现聚合操作，效率相对较高。

普通分组聚合的原理是先将表中的数据按照分组的字段排序，这样同一个分组的值就在一起了，只需要对排好序的数据进行一次全扫描就可以得到聚合结果。

9.4.5 关联分类

Greenplum 中关联的实现方式比较多，有 Hash Join、NestedLoop、Merge Join，实现方式与 PostgreSQL 相同。

1. Hash Join

Hash Join（哈希关联）是一种高效的关联方式，将需要关联的两张表按照关联键在内存中建立哈希表，在关联的时候通过哈希的方式来处理。哈希是一种非常高效的数据结构，Hash Join 的执行效率非常高，应用非常广泛，普遍用于 inner join、left join、right join 等场景，最常见的就是 Hash Left Join，如图 9-11 所示。

```
demoDB=# EXPLAIN select * from emp_info t
left join dept_info b
on t.dept_id = b.dept_id;
                                        QUERY PLAN
------------------------------------------------------------------------------------------
 Gather Motion 4:1  (slice2; segments: 4)  (cost=1.02..2.09 rows=4 width=65)
   ->  Hash Left Join  (cost=1.02..2.09 rows=1 width=65)
         Hash Cond: (t.dept_id = b.dept_id)
         ->  Redistribute Motion 4:4  (slice1; segments: 4)  (cost=0.00..1.03 rows=1 width=39)
               Hash Key: t.dept_id
               ->  Seq Scan on emp_info t  (cost=0.00..1.01 rows=1 width=39)
         ->  Hash  (cost=1.01..1.01 rows=1 width=26)
               ->  Seq Scan on dept_info b  (cost=0.00..1.01 rows=1 width=26)
 Optimizer: Postgres query optimizer
(9 rows)

EXPLAIN
demoDB=#
```

图 9-11 Hash Left Join 执行计划

2. NestedLoop

NestedLoop 是最简单的关联方式，虽然效率不高，但是在某些场景下也不得不使用。NestedLoop 是以一张表作为主表，用主表的每一条记录去匹配另一张表。在 Cross Join 中不得不使用这种关联。另外，当一张大表关联小表时，数据库一般先将小表的数据进行广播，然后用大表 NesedLoop 关联小表中匹配的记录。这种场景下的关联，避免了对大表数据进行重分布，可以大幅提升查询效率。NestedLoop 可以完全替代哈希关联。NestedLoop 案例如图 9-12 所示。

```
demoDB=# explain select * from emp_info t cross join dept_info b where 1=1;
                                                QUERY PLAN
----------------------------------------------------------------------------------------------------
 Gather Motion 4:1  (slice2; segments: 4)  (cost=10000000000.00..10000000002.13 rows=4 width=65)
   ->  Nested Loop  (cost=10000000000.00..10000000002.13 rows=1 width=65)
         ->  Seq Scan on emp_info t  (cost=0.00..1.01 rows=1 width=39)
         ->  Materialize  (cost=0.00..1.08 rows=1 width=26)
               ->  Broadcast Motion 4:4  (slice1; segments: 4)  (cost=0.00..1.06 rows=1 width=26)
                     ->  Seq Scan on dept_info b  (cost=0.00..1.01 rows=1 width=26)
 Optimizer: Postgres query optimizer
(7 rows)

EXPLAIN
```

图 9-12　NestedLoop 执行计划

3. Merge Join

Merge Join 也是比较常见的一种关联，先将需要关联的表按照关联字段进行排序，然后按照归并排序的方式将数据进行关联。效率比哈希关联慢。Full Join 一般默认使用 Merge Join。

通过 set enable_hashjoin=off 命令和 set enable_mergejoin=on 命令可以强制将 Join 切换成 Merge into，如图 9-13 所示。

```
EXPLAIN SELECT * FROM emp_info t FULL JOIN dept_info b ON t.dept_id = b.dept_id;
```

```
demoDB=# set enable_mergejoin=on;
SET

demoDB=# explain select * from emp_info t full join dept_info b on t.dept_id = b.dept_id;
                                                QUERY PLAN
----------------------------------------------------------------------------------------------------
 Merge Full Join  (cost=10000000001.17..10000000201.22 rows=4 width=65)
   Merge Cond: (t.dept_id = b.dept_id)
   ->  Gather Motion 4:1  (slice1; segments: 4)  (cost=0.12..200.16 rows=1 width=39)
         Merge Key: t.dept_id
         ->  Index Scan using idx_emp_info on emp_info t  (cost=0.12..200.14 rows=1 width=39)
   ->  Sort  (cost=10000000001.04..10000000001.05 rows=1 width=26)
         Sort Key: b.dept_id
         ->  Gather Motion 4:1  (slice2; segments: 4)  (cost=10000000000.00..10000000001.03 rows=1 width=26)
               ->  Seq Scan on dept_info b  (cost=10000000000.00..10000000001.01 rows=1 width=26)
 Optimizer: Postgres query optimizer
(10 rows)

EXPLAIN
```

图 9-13　Merge Join 执行计划

4. Hash Semi Join

在查询包含 exists 关键字时，数据库就会将 SQL 解析成关联操作，执行过程就会出现 Hash Semi Join。Hash Semi Join 是哈希关联的一个特例，在保证左表数据不翻倍的情况下去匹配右表数据，如图 9-14 所示。

```
EXPLAIN SELECT * FROM emp_info t WHERE EXISTS (SELECT 1 FROM dept_info b WHERE
    t.dept_id = b.dept_id);
```

```
demoDB=# EXPLAIN select * from emp_info t
where exists (select 1 from dept_info b
where t.dept_id = b.dept_id);
                                        QUERY PLAN
--------------------------------------------------------------------------------------------
 Gather Motion 4:1  (slice2; segments: 4)  (cost=1.11..2.16 rows=4 width=39)
   ->  Hash Semi Join  (cost=1.11..2.16 rows=1 width=39)
         Hash Cond: (t.dept_id = b.dept_id)
         ->  Seq Scan on emp_info t  (cost=0.00..1.01 rows=1 width=39)
         ->  Hash  (cost=1.06..1.06 rows=1 width=4)
               ->  Broadcast Motion 4:4  (slice1; segments: 4)  (cost=0.00..1.06 rows=1 width=4)
                     ->  Seq Scan on dept_info b  (cost=0.00..1.01 rows=1 width=4)
 Optimizer: Postgres query optimizer
(8 rows)

EXPLAIN
demoDB=#
```

图 9-14 Hash Semi Join 执行计划

9.4.6 优化器的选择

本节介绍优化器，这是数据库引擎在执行 SQL 语句时的 2 种不同的优化策略。

1. 基于规则的优化器

基于规则的优化器（Rule-Based Optimizer，RBO）是优化器根据预先设置好的规则优化查询计划，这些规则无法灵活改变。举个例子，索引优先于扫描，这是一个规则，优化器在遇到所有可以利用索引的地方，都不会选择扫描。这在多数情况下是正确的，但也不完全如此，比如，一张个人信息表中性别栏目加上索引，由于性别是只有 2 个值的枚举类，也就是常说的基数非常低的列，在这种列上使用索引往往效果还不如扫描。RBO 的优化方式是死板的、粗放的，目前已逐渐被 CBO 方式取代。

2. 基于代价的优化器

基于代价的优化器（Cost Based Optimizer，CBO）是优化器根据动态计算出 cost（代价）来判断哪种执行计划更优。一般是基于代价模型和统计信息来计算代价，代价模型是否合理，统计信息是否准确都会影响优化的效果。

还是以员工性别统计为例，在 CBO 的优化方式下，物理计划不会选择索引。在 Greenplum 运行的复杂 SQL 中，优化器最核心的还是在扫描和关联的各种实现方式中做出选择，这才是能大幅提升性能的关键。

前面提到 CBO 需要代价模型和统计信息，代价模型和规则一样，需要预先设置好，统计信息是如何收集的呢？多数基于 CBO 优化的计算引擎，包括 Greenplum、Oracle、Hive、Spark 等都是类似的，除了可以按一定规则自动收集统计信息外，还支持手动输入命令进行收集，通常这个命令就是 ANALYZE。

9.4.7 其他关键术语

除了上述核心逻辑之外，在执行计划中我们还可以看到很多关键术语。

1）Filter 过滤：Where 条件中的筛选条件，在执行计划中就是使用 Filter 关键字。

2）Index Cond：如果 Where 条件筛选字段命中被查询表的索引，那么执行计划就会根据索引定位数据，提高查询效率。Index Cond 就是定位索引的条件。

3）Hash Cond：执行 Hash Join 命令时的关联条件。

4）Recheck Cond：在使用位图扫描索引的时候，由于 PostgreSQL 里面使用的是 MVCC 协议，因此为了保证结果的正确性，需要重新检查一遍过滤条件。

5）Merge：在执行排序操作的时候，数据会在各个子节点上各自排序，然后在 Master 节点上做一次归并排序，如图 9-15 所示。

```
demoDB=# EXPLAIN   select * from emp_info order by emp_id;
```

```
demoDB=#  EXPLAIN   select * from emp_info order by emp_id;
                                              QUERY PLAN
---------------------------------------------------------------------------------------------------
 Gather Motion 4:1  (slice1; segments: 4)  (cost=10000000001.02..10000000001.02 rows=1 width=39)
   Merge Key: emp_id
   ->  Sort  (cost=10000000001.02..10000000001.02 rows=1 width=39)
         Sort Key: emp_id
         ->  Seq Scan on emp_info  (cost=10000000000.00..10000000001.01 rows=1 width=39)
 Optimizer: Postgres query optimizer
(6 rows)

EXPLAIN
```

图 9-15 Merge Key 执行计划

6）Hash Key：在数据重分布的时候按照指定字段重新计算哈希值的分布键。

7）Join Filter：当过滤条件用到了关联表各自字段时，就需要使用 Join Filter 了，如图 9-16 所示。

```
demoDB=# explain select * from emp_info t full join dept_info b on t.dept_id = b.dept_id and b.dept_id='1200';
                                              QUERY PLAN
---------------------------------------------------------------------------------------------
 Gather Motion 4:1  (slice2; segments: 4)  (cost=1.02..2.09 rows=4 width=65)
   ->  Hash Full Join  (cost=1.02..2.09 rows=1 width=65)
         Hash Cond: (t.dept_id = b.dept_id)
         Join Filter: (b.dept_id = 1200)
         ->  Redistribute Motion 4:4  (slice1; segments: 4)  (cost=0.00..1.03 rows=1 width=39)
               Hash Key: t.dept_id
               ->  Seq Scan on emp_info t  (cost=0.00..1.01 rows=1 width=39)
         ->  Hash  (cost=1.01..1.01 rows=1 width=26)
               ->  Seq Scan on dept_info b  (cost=0.00..1.01 rows=1 width=26)
 Optimizer: Postgres query optimizer
(10 rows)

EXPLAIN
```

图 9-16 Join Filter 执行计划

8）Sort Key：当查询语句包含排序要求时，就会出现 Sort Key，如图 9-17 所示。

```
demoDB=# set enable_seqscan=on;
SET

demoDB=# EXPLAIN   select * from emp_info order by dept_id;
                                  QUERY PLAN
--------------------------------------------------------------------------------
 Gather Motion 4:1  (slice1; segments: 4)  (cost=1.02..1.02 rows=1 width=39)
   Merge Key: dept_id
   ->  Sort  (cost=1.02..1.02 rows=1 width=39)
         Sort Key: dept_id
         ->  Seq Scan on emp_info  (cost=0.00..1.01 rows=1 width=39)
 Optimizer: Postgres query optimizer
(6 rows)

EXPLAIN
```

图 9-17　Sort Key 执行计划

9）Window、Partition by、Order by 组合：在用到开窗函数时，Window、Partition by、Order by 分别对应 OVER、PARTITION BY 和 ORDER BY 关键字，如图 9-18 所示。

```
EXPLAIN SELECT t.emp_id,t.emp_name,t.age,t.salary,
    sum(t.salary) OVER (PARTITION BY t.dept_id ORDER BY t.emp_id) as total_salary
FROM emp_info t ORDER BY t.emp_id;
```

```
demoDB=# explain select t.emp_id,t.emp_name,t.age,t.salary,
        sum(t.salary) over (partition by t.dept_id order by t.emp_id) as total_salary
        from emp_info t order by t.emp_id;
                                          QUERY PLAN
------------------------------------------------------------------------------------------------
 Gather Motion 4:1  (slice2; segments: 4)  (cost=1.07..1.08 rows=1 width=22)
   Merge Key: emp_id
   ->  Sort  (cost=1.07..1.08 rows=1 width=22)
         Sort Key: emp_id
         ->  WindowAgg  (cost=1.04..1.06 rows=1 width=22)
               Partition By: dept_id
               Order By: emp_id
               ->  Sort  (cost=1.04..1.04 rows=1 width=22)
                     Sort Key: dept_id, emp_id
                     ->  Redistribute Motion 4:4  (slice1; segments: 4)  (cost=0.00..1.03 rows=1 width=22)
                           Hash Key: dept_id
                           ->  Seq Scan on emp_info t  (cost=0.00..1.01 rows=1 width=22)
 Optimizer: Postgres query optimizer
(13 rows)

EXPLAIN
```

图 9-18　Window 执行计划

10）Limit：在 SQL 中使用 LIMIT 关键字限制返回记录数时，就会出现 Limit。包含 Limit 操作的执行计划如图 9-19 所示。

```
demoDB=# EXPLAIN select * from emp_info t limit 3;
                                  QUERY PLAN
--------------------------------------------------------------------------------
 Limit  (cost=0.00..1.03 rows=1 width=39)
   ->  Gather Motion 4:1  (slice1; segments: 4)  (cost=0.00..1.03 rows=1 width=39)
         ->  Limit  (cost=0.00..1.01 rows=1 width=39)
               ->  Seq Scan on emp_info t  (cost=0.00..1.01 rows=1 width=39)
 Optimizer: Postgres query optimizer
(5 rows)

EXPLAIN
```

图 9-19　Limit 执行计划

11）Append：Append 关键字对应 UNION ALL。需要注意 UNION 和 UNION ALL 的区别，如果用 UNION，则执行计划需要对前后查询进行哈希、排序、重分布等一系列操作。包含 Append 的执行计划如图 9-20 所示。

```
demoDB=# explain select * from emp_info where dept_id ='1100'
union all
select * from emp_info where dept_id ='1120';
                                          QUERY PLAN
------------------------------------------------------------------------------
 Gather Motion 4:1  (slice1; segments: 4)  (cost=0.00..2.04 rows=2 width=39)
   ->  Append  (cost=0.00..2.04 rows=1 width=39)
         ->  Seq Scan on emp_info  (cost=0.00..1.01 rows=1 width=39)
               Filter: (dept_id = 1100)
         ->  Seq Scan on emp_info emp_info_1  (cost=0.00..1.01 rows=1 width=39)
               Filter: (dept_id = 1120)
 Optimizer: Postgres query optimizer
(7 rows)

EXPLAIN
```

图 9-20　Append 执行计划

Chapter 10 第10章

Greenplum与开源组件

随着开源生态的蓬勃发展，各种优秀的开源组件纷纷涌现。我们在考虑系统架构的时候，离不开开源组件的支持。Greenplum作为一款半商业半开源的数据库，和各种开源组件可以进行非常好的组合，帮助我们实现系统目标。本章主要从数据抽取工具（包括Kettle和DataX）和大数据组件（Hive、Spark、Kafka、Flink等）两个方面选取典型代表加以介绍。

10.1 Kettle

Kettle是数据仓库领域应用最广泛的开源ETL工具，采用纯Java语言编写，可以部署在Windows、Linux、Unix（包括Mac）上，运行高效稳定，图形化界面使用方便，可以说是目前开源产品中用户体验最好的。Kettle提供数据抽取、清洗、转换、聚合、计算和加载等功能，用户可以根据业务需要，编写脚本和转换规则。

Kettle于2005年由主开发者Matt Casters开源，目的就是统一多个数据源并输出。目前它被日立公司收购，官方名称为Data Integration，已经发展到9.*x*版本。幸运的是，Data Integration依然保持着开源免费的协议，任何人都可以下载使用。

Kettle的功能非常强大，支持各种格式的数据来源、复杂逻辑的转换、非常友好的表对表数据抽取、个性化的定时任务等。也正是由于其强大的功能和开源免费的特点，赢得了广大开发者的喜爱。Kettle也支持命令行启动和执行，非常适合中小型数据仓库项目使用。Kettle9.0版的开发页面如图10-1所示。

Kettle对Greenplum的支持非常全面，包括自动建表、JDBC连接、通过表输入组件插入数据、通过PostgreSQL批量加载组件批量插入数据和通过Greenplum load并行加载数据。

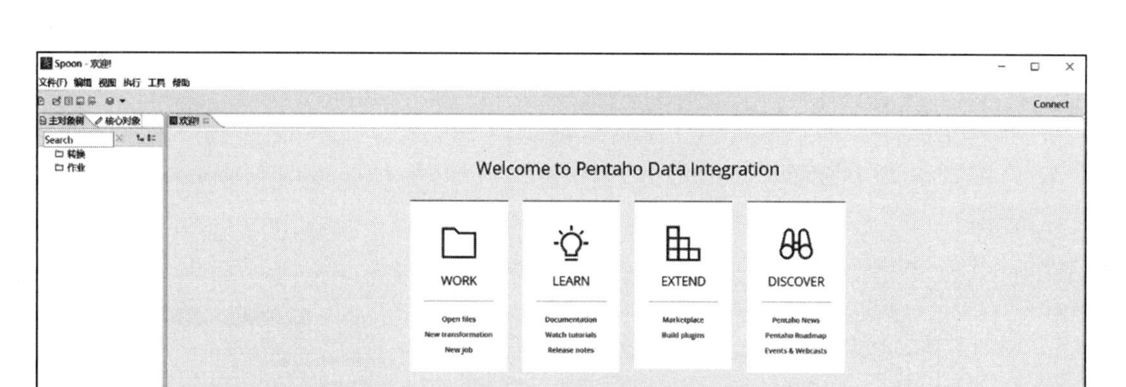

图 10-1　Kettle 开发页面

首先需要创建数据库连接池，配置数据库连接的相关信息，如图 10-2 所示。

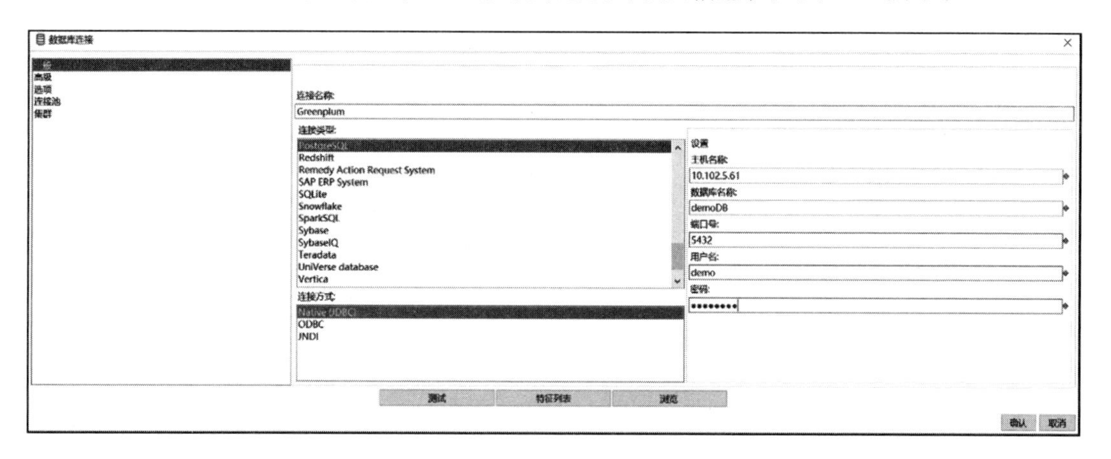

图 10-2　Kettle 配置数据源页面

然后在表输入和表输出组件中使用配置好的数据库连接，如图 10-3 所示。

勾选“使用批量插入”可以大幅提升数据插入效率。

此外，还可以使用 PostgreSQL 批量加载组件将数据插入 Greenplum，配置页面如图 10-4 所示。

GPLoad 组件的处理速度更快，因为环境配置比较复杂，所以我没有用。有需求的读者可以自行查找相关资料，配置如图 10-5 所示。

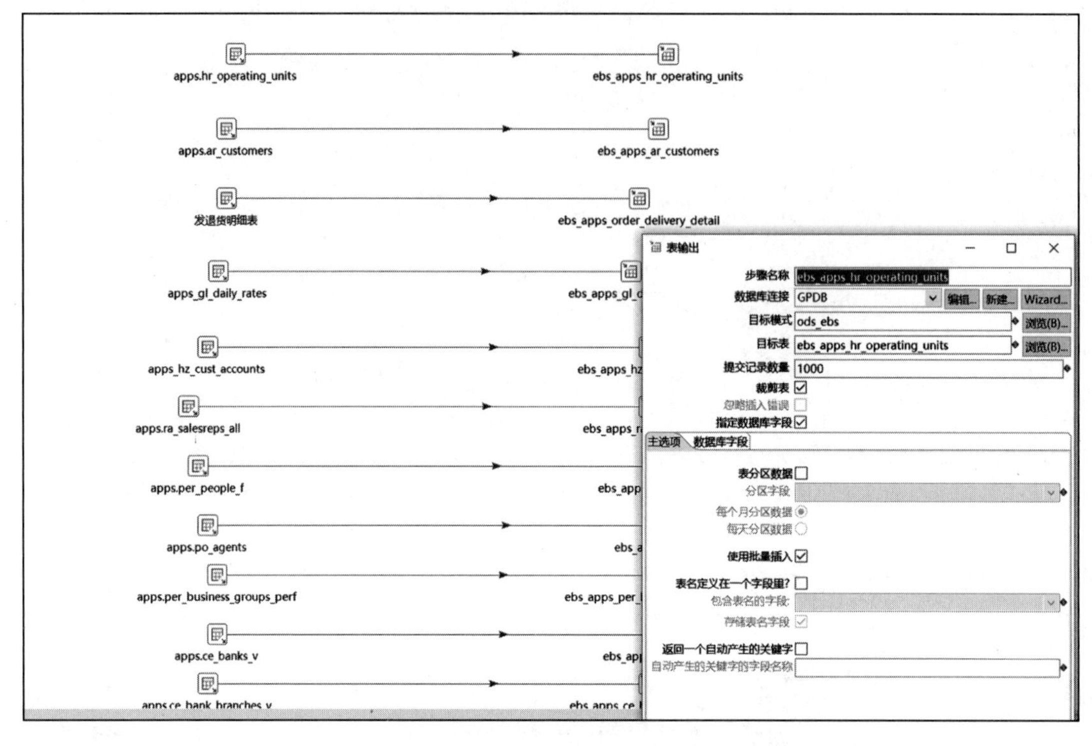

图 10-3 Kettle 数据抽取样例

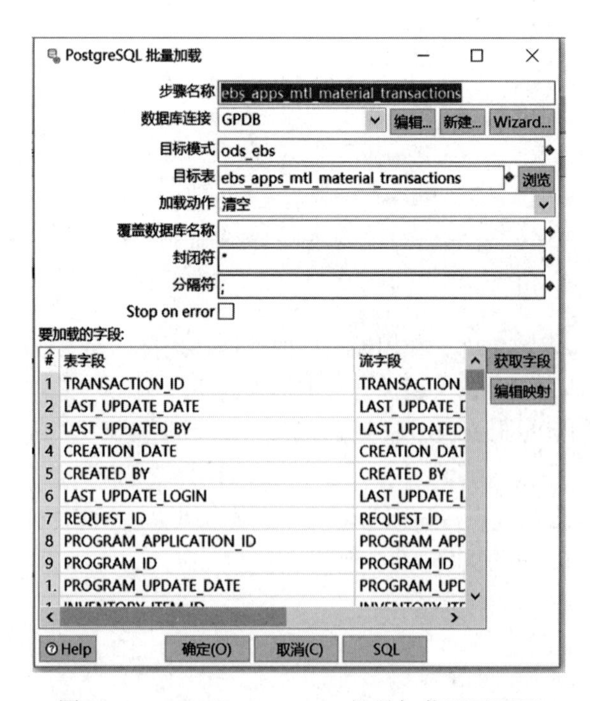

图 10-4 Kettle PostgreSQL 批量加载配置页面

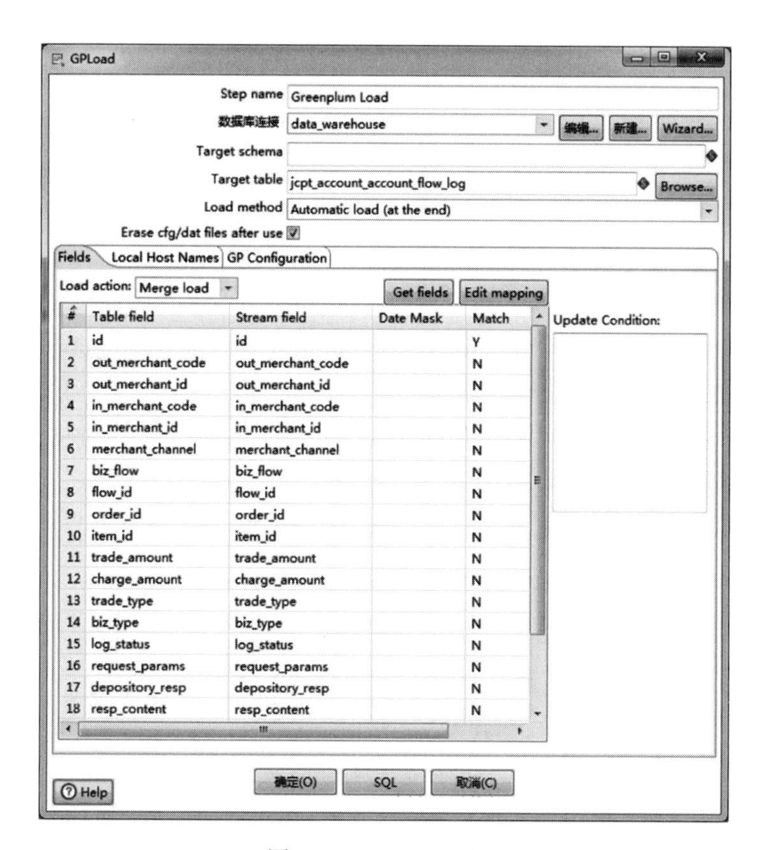

图 10-5　GPLoad 配置

根据实际使用经验，对以上 4 种方式进行了一个简单的对比，如表 10-1 所示。

表 10-1　Kettle 写入 Greenplum 的 4 种方式对比

插入方式	写入速度	并发	稳定性	使用难度
Insert	100 条 / 秒左右	高	高	简单
Insert 批量	100 ~ 1000 条 / 秒	高	高	简单
PostgreSQL 批量加载	1000 ~ 10000 条 / 秒	中	中	简单
Greenplum Load	10000 条 / 秒以上	低	低	复杂

总之，对于大量小数据量表（10 万条以下），推荐直接使用 Insert 批量的方式，对于 10 万至 100 万条记录的表，推荐用 PostgreSQL 批量加载，超过 100 万条记录数的表就需要用到 GPLoad 了。

除此之外，SQL 组件也是常用的与 Greenplum 有关的 Kettle 组件。SQL 组件中既可以直接写 SQL 语句，也可以调用数据库的存储过程。建议调度存储过程，以便于在数据库中统一管理代码。Kettle 调度存储过程如图 10-6 所示。

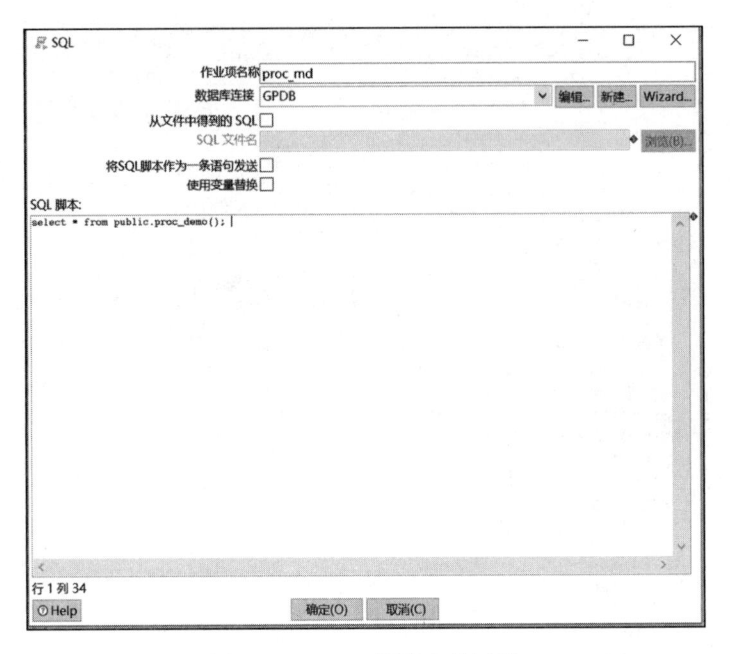

图 10-6 Kettle 调度存储过程

10.2 DataX

DataX 是阿里巴巴开源的异构数据源离线同步工具，致力于实现包括关系型数据库（MySQL、Oracle 等）、HDFS、Hive、ODPS、HBase、FTP 等各种异构数据源之间稳定高效的数据同步功能。DataX 本身作为数据同步框架，将不同数据来源的数据读取功能抽象为 Reader 插件，将不同目标写入数据的功能抽象为 Writer 插件，DataX 起到中转作用。理论上，DataX 框架支持任意数据源类型的数据同步工作。同时，DataX 插件体系作为一套生态系统，每接入一套新数据源，新加入的数据源即可和现有的数据源互通。旧模式和新模式对比如图 10-7 所示。

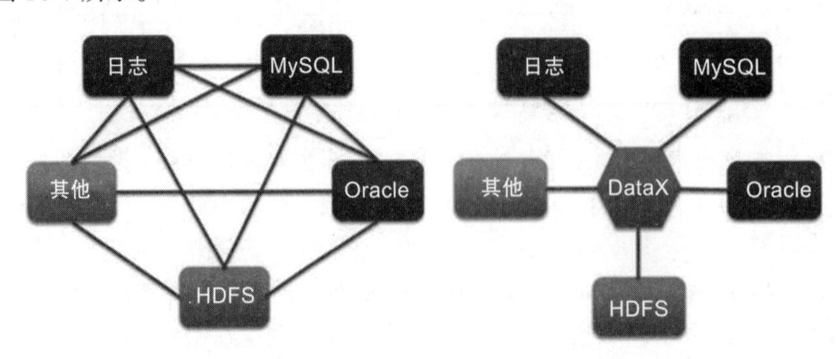

图 10-7 DataX 架构优势

DataX 本身作为离线数据同步框架，采用 Framework+Plugin 架构构建，将数据源读取和写入都以插件形式纳入整个同步框架中，如图 10-8 所示。

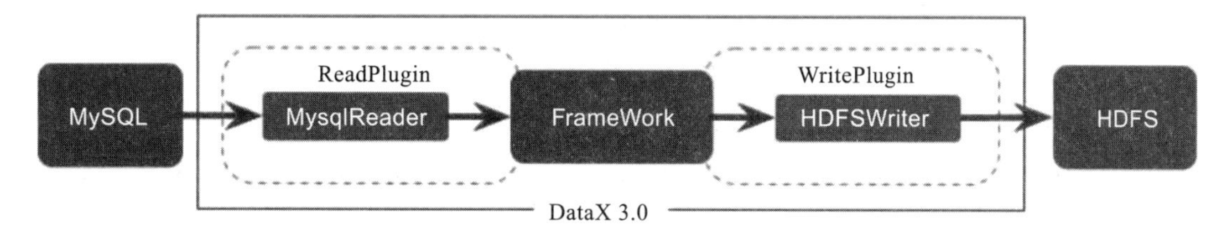

图 10-8　DataX 3.0 配置

1）Reader：作为数据采集模块，负责采集数据源的数据，将数据发送给 Framework。

2）Writer：作为数据写入模块，负责不断向 Framework 取数据，并将数据写入目的端。

3）Framework：用于连接 Reader 和 Writer，作为两者的数据传输通道，处理缓冲、流控、并发、数据转换等核心技术问题。

DataX 目前已经有了比较全面的插件体系，已经接入主流的 RDBMS 数据库、NoSQL、大数据计算系统，目前支持的数据源如表 10-2 所示。

表 10-2　DataX 支持读写的数据库列表

类型	数据源	读	写
RDBMS 关系型数据库	MySQL	√	√
	Oracle	√	√
	SQL Server	√	√
	PostgreSQL	√	√
	DRDS	√	√
	通用 RDBMS（支持所有关系型数据库）	√	√
阿里云数仓数据存储	ODPS	√	√
	ADS		√
	OSS	√	√
	OCS	√	√
NoSQL 数据存储	OTS	√	√
	HBase 0.94	√	√
	HBase 1.1	√	√
	Phoenix 4.x	√	√
	Phoenix 5.x	√	√
	MongoDB	√	√

（续）

类型	数据源	读	写
NoSQL 数据存储	Hive	√	√
	Cassandra	√	√
无结构化数据存储	TxtFile	√	√
	FTP	√	√
	HDFS	√	√
	Elasticsearch		√
时间序列数据库	OpenTSDB	√	
	TSDB	√	√

DataX 支持上述任意数据库通过 PostgreSQL 连接方式写入 Greenplum，也支持从 Greenplum 数据库读取数据并写入 DataX 支持的任意数据库。

Greenplum 数据类型和 DataX 数据类型的对应关系如表 10-3 所示。

表 10-3　Greenplum 数据类型和 DataX 对应关系

DataX 数据类型	GP 数据类型
Long	长整型（bigint）、长序列（bigserial）、整型（integer）、短整型（smallint）、序列（serial）
String	可变长字符串（varchar）、定长字符串（char）、文本（text）、位串（bit）
Date	日期（date）、时间（time）、时间戳（timestamp）
Boolean	布尔类型（bool）
Bytes	字节类型（bytea）

普通 DataX 工具虽然也支持 Greenplum（使用 PostgreSQL 插件），但是效率非常低，经测试，速度只能达到每秒几千条（具体情况受表结构等因素影响）。原因在于 PostgreSQL 插件采用的 Batch Insert 模式。为了解决上述效率问题，HashData 公司使用 DataX 进行优化，加入 gpdbwriter 的插件。该插件使用高效的 copy 模式，经测试，速度可以超过 10 万条 / 秒，效率提升了不止一个数量级。

以将 MySQL 数据导入 Greenplum 为例，下面给出一个具体的案例。

```
#从MySQL中将数据导入Greenplum的配置文件如下，请注意写入端的writer指定了gpdbwriter
{
    "job": {
        "setting": {
            "speed": {
                "channel": 3,
                "byte": 1048576,
                "record": 1000
            },
            "errorLimit": {
```

```
                "record": 2,
                "percentage": 0.02
            }
        },
        "content": [
            {
                "reader": {
                    "name": "mysqlreader",
                    "parameter": {
                        "username": "****",
                        "password": "****",
                        "column": [
                            "*"
                        ],
                        "splitPk": "id",
                        "connection": [
                            {
                                "table": [
                                    "test1"
                                ],
                                "jdbcUrl": [
                                    "jdbc:mysql://***:***/db1"
                                ]
                            }
                        ]
                    }
                },
                "writer": {
                    "name": "gpdbwriter",
                    "parameter": {
                        "username": "******",
                        "password": "******",
                        "column": [
                            "*"
                        ],
                        "preSql": [
                            "truncate table test1"
                        ],
                        "postSql": [
                            "select count(*) from test2"
                        ],
                        "segment_reject_limit": 0,
                        "copy_queue_size": 2000,
                        "num_copy_processor": 1,
                        "num_copy_writer": 1,
                        "connection": [
                            {
                                "jdbcUrl": "jdbc:postgresql://****:**/db1",
                                "table": [
                                    "test1"
                                ]
                            }
                        ]
                    }
                }
            }
        ]
}}
```

运行 DataX 任务的命令也非常简单。

```
python {datax_home}/bin/datax.py ./mysql2gp.json
```

此外，阿里云 DataWorks 作为 DataX 在阿里云上的商业化产品，致力于提供复杂网络环境下、丰富的异构数据源之间高速稳定的数据移动能力以及繁杂业务背景下的数据同步解决方案，目前已经为云上近 3000 家客户提供服务，单日同步数据超过 3 万亿条。DataWorks 数据集成目前支持超过 50 种离线数据源，可以进行整库迁移、批量上云、增量同步、分库分表等各类同步解决方案。2020 年更新实时同步能力，支持 10 余种数据源的读写任意组合，提供 MySQL、Oracle 等多种数据源到阿里云 MaxCompute、Hologres 等大数据引擎的一键全增量同步解决方案。

10.3 HDFS、Hive 和 HBase

Greenplum 提供的 GPHDFS 和 PXF 外部表可以直接操作存放在 HDFS 上的文件，从而实现 Greenplum 和 HDFS 之间的数据交互。早期 Greenplum 推荐使用 GPHDFS，目前官方更推荐使用 PXF。PXF 不仅实现了 GPHDFS 的全部功能，还可以访问 Hadoop 上面的 Hive、HBase 等服务器，支持更多的文件格式，并实现了通过 JDBC 访问其他数据库。

GPHDFS 和 PXF 都支持只读、可写两种方式，也是通过 CREATE EXTERNAL table 命令创建的。PXF 的安装和使用详见 6.3 节，本节主要讲解 PXF 的应用。

GPHDFS 支持 csv、text、avro、parquet 等多种文件格式，创建外部表的格式如下。

```
CREATE [readable|writeable] EXTERNAL LOCATION table_name
(column1 text,
Column2 float,
...
)
LOCATION ('gphdfs://hdfs_host[:port]/path/file')
FORMAT 'csv|text|parquet|avro'
```

PXF 是通过 profile 类型来支持不同数据文件格式的。通过不同的 profile 类型，支持 HDFS、Hive、HBase 等数据源，具体清单如表 10-4 所示。

表 10-4 PXF 对 Hadoop 生态的支持

数据源	数据格式	配置文件名称
HDFS	单行的分隔文本	hdfs:text
HDFS	含有双引号的分隔文本	hdfs:text:multi
HDFS	Avro	hdfs:avro
HDFS	JSON	hdfs:json
HDFS	Parquet	hdfs:parquet
HDFS	AvroSequenceFile	hdfs:AvroSequenceFile

（续）

数据源	数据格式	配置文件名称
HDFS	SequenceFile	hdfs:SequenceFile
Hive	TextFile 存储格式	Hive、HiveText
Hive	SequenceFile 存储格式	Hive
Hive	RCFile 存储格式	Hive、HiveRC
Hive	ORC 存储格式	Hive、HiveORC、HiveVectorizedORC
Hive	Parquet 存储格式	Hive
HBase	任意存储格式	HBase

PXF 针对不同类型的数据源，支持不同的参数项。PXF 支持 text|CSV、Avro、JSON、Parquet、Hive、HBase 等多种不同的数据源，各自的模板如下所示。

```
--读取text|CSV格式数据模板
CREATE EXTERNAL TABLE <table_name>
    ( <column_name> <data_type> [, ...] | LIKE <other_table> )LOCATION
        ('pxf://<path-to-hdfs-file>?PROFILE=hdfs:text[&SERVER=<server_name>]')
        FORMAT '[TEXT|CSV]' (delimiter[=|<space>][E]'<delim_value>');
--读取Avro格式数据模板
CREATE EXTERNAL TABLE <table_name>
    ( <column_name> <data_type> [, ...] | LIKE <other_table> )LOCATION
        ('pxf://<path-to-hdfs-file>?PROFILE=hdfs:avro[&<custom-option>=<value>
        [...]]')FORMAT 'CUSTOM' (FORMATTER='pxfwritable_import');
--读取JSON格式数据模板
CREATE EXTERNAL TABLE <table_name>
    ( <column_name> <data_type> [, ...] | LIKE <other_table> )LOCATION
        ('pxf://<path-to-hdfs-file>?PROFILE=hdfs:json[&SERVER=<server_name>][&<custom-
        option>=<value>[...]]')FORMAT 'CUSTOM' (FORMATTER='pxfwritable_import');
--读取Parquet格式数据模板
CREATE [WRITABLE] EXTERNAL TABLE <table_name>
    ( <column_name> <data_type> [, ...] | LIKE <other_table> )LOCATION
        ('pxf://<path-to-hdfs-dir>
    ?PROFILE=hdfs:parquet[&SERVER=<server_name>][&<custom-option>=<value>[...]]')
        FORMAT 'CUSTOM' (FORMATTER='pxfwritable_import'|'pxfwritable_export');
        [DISTRIBUTED BY (<column_name> [, ... ] ) | DISTRIBUTED RANDOMLY];
--读取Hive格式数据模板
CREATE EXTERNAL TABLE <table_name>
    ( <column_name> <data_type> [, ...] | LIKE <other_table> )LOCATION
    ('pxf://<hive-db-name>.<hive-table-name>
    ?PROFILE=Hive|HiveText|HiveRC|HiveORC|HiveVectorizedORC[&SERVER=<server_name>]'])
        FORMAT 'CUSTOM|TEXT' (FORMATTER='pxfwritable_import' | delimiter='<delim>')
--读取HBase格式数据模板
CREATE EXTERNAL TABLE <table_name>
    ( <column_name> <data_type> [, ...] | LIKE <other_table> )LOCATION
        ('pxf://<hbase-table-name>?PROFILE=HBase')FORMAT 'CUSTOM' (FORMATTER=
         'pxfwritable_import');
```

为了帮助读者更好地理解 PXF 的用法，下面展示 text|CSV、Avro、JSON、Parquet、Hive、HBase 等多种数据源的示例，供读者参考。

```
--读取文本格式举例
CREATE EXTERNAL TABLE pxf_hdfs_text(location text, month text, num_orders int,
total_sales float8)
    LOCATION ('pxf://data/pxf_examples/pxf_hdfs_simple.txt?PROFILE=hdfs:text')
        FORMAT 'TEXT' (delimiter=E',');
--读取Avro格式数据举例
CREATE EXTERNAL TABLE pxf_hdfs_avro(id bigint, username text, followers text,
    fmap text, relationship text, address text)
    LOCATION ('pxf://data/pxf_examples/pxf_avro.avro?PROFILE=hdfs:avro&
                COLLECTION_DELIM=,&MAPKEY_DELIM=:&RECORDKEY_DELIM=:')
          FORMAT 'CUSTOM' (FORMATTER='pxfwritable_import');
--读取JSON格式数据举例
CREATE EXTERNAL TABLE multiline_json_tbl(
  created_at text,
  id_str text,
  "user.id" integer,
  "user.location" text,
  "coordinates.values[0]" integer,
  "coordinates.values[1]" INTEGER)LOCATION('pxf://data/pxf_examples/multiline.
      json?PROFILE=hdfs:json&IDENTIFIER=created_at')FORMAT 'CUSTOM' (FORMATTER=
      'pxfwritable_import');
--读取Parquet格式数据举例
CREATE WRITABLE EXTERNAL TABLE pxf_tbl_parquet (location text, month text, number_
of_orders int, total_sales double precision)
    LOCATION ('pxf://data/pxf_examples/pxf_parquet?PROFILE=hdfs:parquet')
FORMAT 'CUSTOM' (FORMATTER='pxfwritable_export');
--读取Hive格式数据举例
CREATE EXTERNAL TABLE salesinfo_hiveprofile(location text, month text, num_orders
    int, total_sales float8)
    LOCATION ('pxf://default.sales_info?PROFILE=Hive')
          FORMAT 'custom' (FORMATTER='pxfwritable_import');
--读取HBase格式数据举例
CREATE EXTERNAL TABLE orderinfo_hbase ("product:name" varchar, "shipping_
    info:zipcode" int)
    LOCATION ('pxf://order_info?PROFILE=HBase')
    FORMAT 'CUSTOM' (FORMATTER='pxfwritable_import');
```

10.4 Spark

官方推荐以下几种将外部数据写入 Greenplum 的方式。

1）JDBC：最通用的写入方式，只是写入数据量大时会很慢。

2）ODBC：C++ 类代码，通过 ODBC 向 Greenplum 写入数据，性能比较稳定。

3）GPLoad：适合写大量的数据，能并行写入。缺点是需要安装客户端，包括 gpfdist 等依赖，安装起来很麻烦。

4）Greenplum-Spark Connector：基于 Spark 并行处理，并行写入 Greenplum，并提供了并行读取的接口。

下面结合官方文档[⊖]介绍 Greenplum-Spark Connector 的应用。

⊖ 链接为 https://cn.greenplum.org/greenplum-spark-connector/

1. Greenplum-Spark Connector 读数据架构

Spark 由驱动器（Driver）和执行器（Executor）构成。当 Spark 使用 Greenplum-Spark Connector 加载 Greenplum 数据时，Driver 端会通过 JDBC 方式请求 Greenplum 的主节点获取相关的元数据信息。连接器会根据元数据信息决定 Spark 的执行器如何并行读取该表的数据。

Greenplum 数据库的数据分布在各个 Segment 实例中，Greenplum-Spark Connector 在加载 Greenplum 数据时，需要指定 Greenplum 表的一个字段作为 Spark 的 partition 字段，连接器会使用这个字段的值来计算该 Greenplum 表的某个 Segment 实例被哪一个或多个 Spark partition 读取。Greenplum-Spark Connector 读取 Greenplum 数据的示意图如图 10-9 所示，读取过程如下。

1）Spark 驱动器通过 JDBC 方式连接 Greenplum Master 节点，并读取指定表的相关元数据信息。根据指定的分区字段以及分区个数决定 Segment 实例如何分配。

2）Spark 执行器通过 JDBC 方式连接 Greenplum Master 节点，创建 Greenplum 外部表。

3）Spark 执行器通过 HTTP 方式连接 Greenplum 的数据节点，获取指定 Segment 实例的数据。该操作在 Spark 执行器中并行执行。

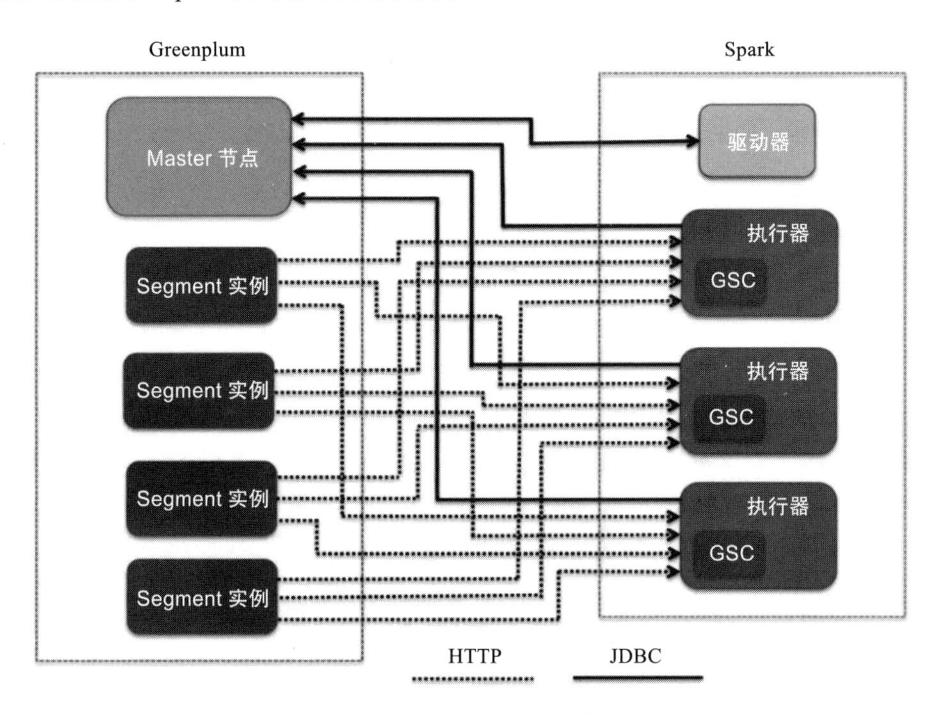

图 10-9 Greenplum 和 Spark 交互架构

2. Greenplum-Spark Connector 写数据流程

1）Greenplum-Spark Connector 在 Spark 执行器上通过 Jetty 启动一个 HTTP 服务，将

该服务封装为支持 Greenplum 的 gpfdist 协议。

2）Greenplum-Spark Connector 在 Spark 执行器上通过 JDBC 方式连接 Greenplum Master 节点，创建 Greenplum 外部表，该外部表文件地址指向该执行器启动的 gpfdist 协议地址，SQL 示例如下。

```
CREATE READABLE EXTERNAL TABLE "public"."spark_9dc823a6fa48df60_3d9d854163f8f07a_1_42"
(LIKE "public"."rank_a1")LOCATION ('gpfdist://10.0.8.145:44772/spark_9dc823a6fa4
    8df60_3d9d854163f8f07a_1_42')FORMAT 'CSV'(DELIMITER AS '|' NULL AS '')
    ENCODING 'UTF-8'
```

3）Greenplum-Spark Connector 在 Spark 执行器上通过 JDBC 方式连接 Greenplum Master 节点，然后执行 INSERT 语句至真实的目标表，数据来自这张外部表，SQL 示例如下。

```
INSERT INTO "public"."rank_a1" SELECT *FROM "public"."spark_9dc823a6fa48df60_3d9d
    854163f8f07a_1_42"
```

至于这张外部表的数据是否落地到当前执行器上，暂不清楚。猜测不会落地，而是直接通过 HTTP 直接传递给 Greenplum 对应的 Segment 实例。

4）Greenplum-Spark Connector 监听 onApplicationEnd 事件，在 Spark 运行结束后，删除创建的外部表。

3. Greenplum-Spark Connector 使用

下载 Greenplum-Spark Connector 安装包（地址为 https://network.pivotal.io/products/vmware-tanzu-greenplum）。可以在 Greenplum Connectors 文件夹下找到最新版本的 Greenplum-Spark Connector 2.1，支持 Greenplum 6.0 之后的版本，如图 10-10 所示。

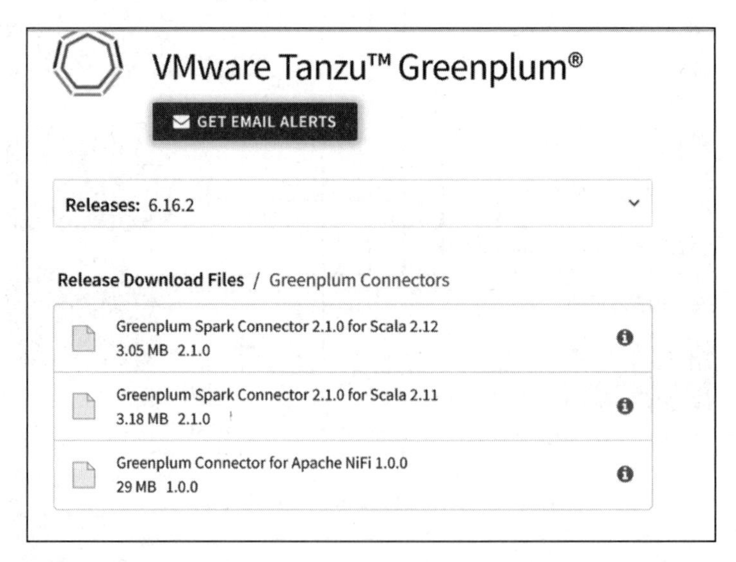

图 10-10 Greenplum-Spark Connector 下载地址

因为 Greenplum-Spark Connector 是基于 Java 语言开发的，所以我们也可以在 Java 项

目中引入该功能包进行封装。在 Maven 项目中引入该插件的配置如下。

```
<dependency>
    <groupId>io.pivotal.greenplum.spark</groupId>
        <artifactId>greenplum-spark_2.11</artifactId>
    <version>2.1.0</version>
</dependency>
```

我们也可以在 Spark 任务提交时带上这个 JAR 文件，具体操作如下。

1）执行 spark-shell 或 spark-submit 命令时，通过 -jars 加入 greenplum-spark_2.11-2.1.0.jar。

2）将 greenplum-spark_2.11-2.1.0.jar 与 Spark application 包打包成 uber jar 提交到 Yarn 集群。

4. Greenplum-Spark Connector 参数

Greenplum-Spark Connector 的配置信息如表 10-5 所示。

表 10-5　Spark Connector 配置信息

参数名	参数描述	参数描述作用域
url	JDBC 连接的 URL	读、写
dbschema	Greenplum 数据库的模式，Greenplum-Spark Connector 创建的临时外部表也在该模式下，默认值为 public	读、写
dbtable	• Greenplum 数据库的表名，Greenplum-Spark Connector 在读取数据时，会读取 dbschema 下的表 • Greenplum-Spark Connector 在写数据时，如果该表不存在则自动创建	读、写
driver	JDBC 驱动器全类名，非必填，在 Greenplum-Spark Connector JAR 包中已经包含了 driver 包	读、写
user	用户名	读、写
password	密码	读、写
paritinColumn	Greenplum 数据表的字段，该字段将作为 Spark 分区的字段，支持 integer、bigint、serial、bigserial 四种类型，字段名必须小写。该字段为必填项，且必须是 Greenplum 表建表时 DISTRIBUTEDBY 语句中的字段	读
partitions	Spark 分区数，非必填，默认值为 Greenplum 的 Primary Segment 实例数量	读
truncate	是否支持清空目标表，默认为 true。当在 Spark 中指定输出模式为 SaveMode=Overwrite 时，Greenplum-Spark Connector 会先清空目标表，再写入数据	写
iteratoroptimization	• 指定写数据时的内存模式，非必填，默认为 true。Greenplum-Spark Connector 将会使用 Iterator 方式 • 值为 false 时，Greenplum-Spark Connector 会在写数据时将数据存储在内存中	写
server.port	指定在 Spark Worker 启动 gpfdist 服务的 Ml 端口号，非必填。默认情况下会使用随机的端口号	读、写

（续）

参数名	参数描述	参数描述作用域
server.useHostname	指定是否使用 Spark Worker 节点的 host name 为 gpfdis 服务的地址，非必填。默认为 false	读、写
pool.maxSize	Greenplum-Spark Connector 连接 Greenplum 连接池的最大连接数，默认为 64	读、写
pool.timeoutMs	非活动连接被认作非空闲连接的时间，单位为 ms	读、写
pool.minldle	Greenplum-Spark Connector 连接 Greenplum 连接池的最小空闲连接数，默认为 0	读、写

5. 从 Greenplum 中读取数据

调用 DataFrameReader.load() 方法读取数据的代码如下。

```
val gscReadOptionMap = Map("url" -> "jdbc:postgresql://gpdb-master:5432/testdb",
    "user" -> "bill", "password" -> "changeme", "dbschema" -> "myschema",
    "dbtable" -> "table1", "partitionColumn" -> "id")val gpdf = spark.read.format
    ("greenplum").options(gscReadOptionMap).load()
```

调用 spark.read.greenplum() 方法读取数据的代码如下。

```
val url = "jdbc:postgresql://gpmaster.domain:15432/tutorial"val tblname =
    "avgdelay"val jprops = new Properties()jprops.put("user", "user2")jprops.put
    ("password", "changeme")jprops.put("partitionColumn", "airlineid")val gpdf =
    spark.read.greenplum(url, tblname, jprops)
```

6. 写数据至 Greenplum

写数据示例如下。

```
val gscWriteOptionMap = Map("url" -> "jdbc:postgresql://gpdb-master:5432/testdb",
    "user" -> "bill", "password" -> "changeme", "dbschema" -> "myschema",
    "dbtable" -> "table2",)dfToWrite.write.format("greenplum") .options
    (gscWriteOptionMap).save()
```

在通过 Greenplum-Spark Connector 写入数据到 Greenplum 数据表的过程中，如果表已经存在或表中已经存在数据，可通过 DataFrameWriter.mode(SaveMode savemode) 方法指定其输出模式，相关模式如表 10-6 所示。

表 10-6 Greenplum-Spark Connector 写入模式

写入模式	具体操作概述
ErrorlfExists	如果 Greenplum 数据表已经存在，则 Greenplum-Spark Connector 直接返回错误，默认为该模式
Append	直接将 Spark 中的数据追加至表中
Ignore	如果 Greenplum 表数据已经存在，Greenplum-Spark Connector 将不会写数据至表中，也不会修改已经存在的数据
Overwrite	如果 Greenplum 数据表已经存在，则 truncate 参数生效。当 truncate 参数为 true 时，Greenplum-Spark Connector 将会先截短目标表，再写入数据

10.5　Kafka

Kafka 是一个分布式消息系统，使用 Scala 语言编写，已经贡献给 Apache 基金会，主要有以下特点。

1）可以发布及订阅消息：消息可以细分为不同的主题，支持多种消息发布和订阅需求。

2）可以存储消息记录，并具有较好的容错性：可以按时间或容量大小清理旧消息。

3）支持弹性扩展，以支撑海量数据规模：Kafka 是分布式的，一方面可以提升系统吞吐量，另一方面可以提升系统可用性。

Kafka 目前主要作为分布式发布订阅消息系统应用于不同领域，下面简单介绍一下 Kafka 的基本机制，Kafka 订阅机制如图 10-11 所示。

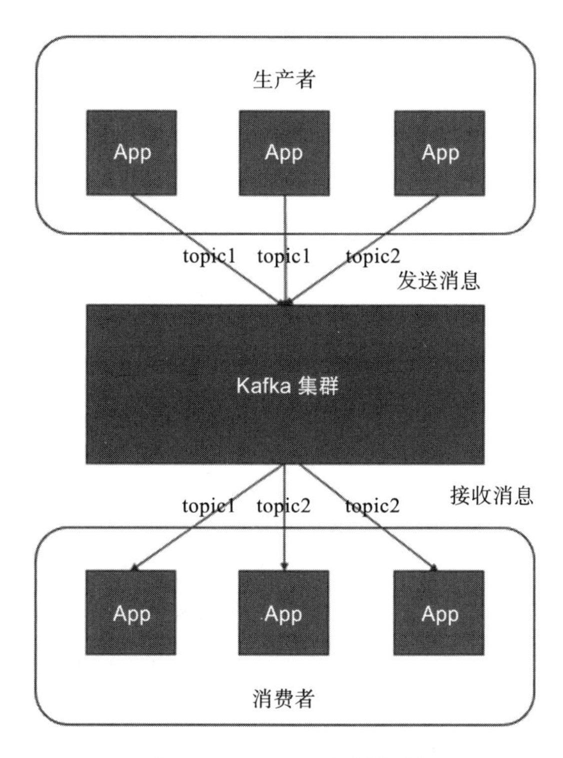

图 10-11　Kafka 订阅机制

生产者向 Kafka 集群发送消息，在发送消息之前，会对消息进行分类，我们称这个分类为主题（topic）。通过对消息指定主题可以将消息分类，消费者可以只关注自己需要的主题中的消息。图 10-11 中，两个生产者发送了分类为 topic1 的消息，两个消费者需要消费相同的分类为 topic2 的消息，Kafka 集群需要完成消息的整合和多副本分发功能。

消费者通过与 Kafka 集群建立长连接，不断从集群中拉取消息，然后对这些消息进行处理。

Kafka具有非常好的横向扩展性，可实时存储海量数据，是流数据处理中间件的事实标准。当通过Kafka和Greenplum搭建流处理管道时，如何高速可靠地完成流数据加载，成为用户最关心的问题。Greenplum 5.10发布了新工具GPKafka，为Greenplum提供了流数据加载的能力。

GPKafka 环境搭建

因为Kafka依赖于ZooKeeper，所以需要先下载和安装Kafka和ZooKeeper，启动命令如下。

```
#启动ZooKeeper
/opt/zookeeper-3.4.12/bin/zkServer.sh start
 #启动Kafka
$/opt/kafka/kafka_2.11-2.1.0/bin/kafka-server-start.sh -daemon ../config/server.properties
```

激活Greenplum-Kafka功能，需要先安装gpss扩展。在demoDB数据库安装gpss扩展的操作如下。

```
[gpadmin@gp-master ~]$ psql -d demoDB
psql (8.3.23)
Type "help" for help.
demoDB=# CREATE EXTENSION gpss;
```

我们先准备Kafka样例数据，如下所示。


```
{  "time": 1550198435941,  "type": "type_mobileinfo",  "phone_imei":
    "861738033581011",  "phone_imsi": "",  "phone_mac": "00:27:1c:95:47:09",
    "appkey": "307A5C626E6C2F6472636E6E6A2F736460656473",  "phone_udid":
    "8F137BFFB2289784A5EA2DCADCE519C2",  "phone_udid2": "744DD04CE29652F4F1D2DFF
    C8D3204A9", "appUdid": "D21C76419E54B18DDBB94BF2E6990183", "phone_resolution":
    "1280*720", "phone_apn": "", "phone_model": "BF T26", "phone_firmware_version":
    "5.1", "phone_softversion": "3.19.0",  "phone_softname": "com.esbook.reader",
    "sdk_version": "3.1.8", "cpid": "blp1375_13621_001", "currentnetworktype":
    "wifi", "phone_city": "", "os": "android", "install_path": "\/data\/app\/
    com.esbook.reader-1\/base.apk", "last_cpid": "", "package_name":
    "com.esbook.reader", "src_code": "WIFIMAC:00:27:1c:95:47:09"}
```


根据数据内容，本案例需要解析其中的package_name、appkey、time、phone_udid、os、idfa、phone_imei、cpid、last_cpid、phone_number等字段，创建表语句如下。

```
CREATE TABLE tbl_novel_mobile_log (
    package_name text,
    appkey text,
    ts bigint,
    phone_udid text,
    os character varying(20),
    idfa character varying(64),
    phone_imei character varying(20),
    cpid text,
    last_cpid text,
    phone_number character varying(20)
) DISTRIBUTED RANDOMLY;
```

创建gpkafka.yaml配置文件，内容如下。

```
DATABASE: demoDB
USER: gpadmin
HOST: gp-master
PORT: 5432
KAFKA:
   INPUT:
     SOURCE:
        BROKERS: kafka-host:9092
        TOPIC: mobile_info
     COLUMNS:
        - NAME: jdata
          TYPE: json
     FORMAT: json
     ERROR_LIMIT: 10
   OUTPUT:
     TABLE: tbl_novel_mobile_log
     MAPPING:
        - NAME: package_name
          EXPRESSION: (jdata->>'package_name')::text
        - NAME: appkey
          EXPRESSION: (jdata->>'appkey')::text
        - NAME: ts
          EXPRESSION: (jdata->>'time')::bigint
        - NAME: phone_udid
          EXPRESSION: (jdata->>'phone_udid')::text
        - NAME: os
          EXPRESSION: (jdata->>'os')::text
        - NAME: idfa
          EXPRESSION: (jdata->>'idfa')::text
        - NAME: phone_imei
          EXPRESSION: (jdata->>'phone_imei')::text
        - NAME: cpid
          EXPRESSION: (jdata->>'cpid')::text
        - NAME: last_cpid
          EXPRESSION: (jdata->>'last_cpid')::text
        - NAME: phone_number
          EXPRESSION: (jdata->>'phone_number')::text
   COMMIT:
     MAX_ROW: 1000
```

创建 mobile_info 主题，命令如下。

```
/opt/kafka/kafka_2.11-2.1.0/bin/kafka-topics.sh --create --zookeeper kafkaIp:2181
    --replication-factor 1 --partitions 1  --topic mobile_info
```

执行如下命令创建 Kafka 的发布者并添加 Kafka 记录。

```
[root@gp-master ~]# /opt/kafka/kafka_2.11-2.1.0/bin/kafka-console-producer.sh
    --broker-list kafka-host:9092 --topic mobile_info
>{"time":1550198435941,"type":"type_mobileinfo","phone_imei":"861738033581011",
    "phone_imsi":"","phone_mac":"00:27:1c:95:47:09","appkey":"307A5C626E6C2F6472
    636E6E6A2F736460656473","phone_udid":"8F137BFFB2289784A5EA2DCADCE519C2",
    "phone_udid2":"744DD04CE29652F4F1D2DFFC8D3204A9","appUdid":"D21C76419E5
    4B18DDBB94BF2E6990183","phone_resolution":"1280*720","phone_apn":"",
    "phone_model":"BFT26","phone_firmware_version":"5.1","phone_softversion":
    "3.19.0","phone_softname":"com.esbook.reader","sdk_version":"3.1.8","cpid":
    "blp1375_13621_001","currentnetworktype":"wifi","phone_city":"","os":
    "android","install_path":"\/data\/app\/com.esbook.reader1\/base.apk",
    "last_cpid":"","package_name":"com.esbook.reader","src_code":"WIFIMAC:00:27:1c:95:47:09"}
```

```
{"time":1550198437885,"type":"type_mobileinfo","phone_imei":"862245038046551",
    "phone_imsi":"","phone_mac":"02:00:00:00:00:00","appkey":"307A5C626F2F76646B
    74606F2F736460656473","phone_udid":"A3BB70A0218AEFC7908B1D79C0C02D77",
    "phone_udid2":"E3976E0453010FC7F32B6143AA3A164E","appUdid":"4FBEF77BC076
    254ED0407CAD653E6954","phone_resolution":"1920*1080","phone_apn":"
    ","phone_model":"LeX620","phone_firmware_version":"6.0","phone_softversion":
    "1.9.0","phone_softname":"cn.wejuan.reader","sdk_version":"3.1.8","cpid":
    "blf1298_14411_001","currentnetworktype":"wifi","phone_city":"","os":
    "android","install_path":"\/data\/app\/cn.wejuan.reader1\/base.apk",
    "last_cpid":"","package_name":"cn.wejuan.reader","src_code":"ffffffff-9063-
    8e34-0000-00007efffeff"}
{"time":1506944701166,"type":"type_mobileinfo","phone_number":"+8618602699126",
    "phone_imei":"865902038154143","phone_imsi":"460012690618403","phone_mac":
    "02:00:00:00:00:00","appkey":"307A5C626E6C2F6472636E6E6A2F736460656473",
    "phone_udid":"388015DA70C0AEA6D59D3CE37B0C4BA2","phone_udid2":
    "388015DA70C0AEA6D59D3CE37B0C4BA2","appUdid":"EC0A105297D55075526018078A4A1B84",
    "phone_resolution":"1920*1080","phone_apn":"中国联通","phone_model":
    "MIMAX2","phone_firmware_version":"7.1.1","phone_softversion":"3.19.0",
    "phone_softname":"com.esbook.reader","sdk_version":"3.1.8","cpid":
    "blf1298_10928_001","currentnetworktype":"wifi","phone_city":"","os":
    "android","install_path":"\/data\/app\/com.esbook.reader1\/base.apk",
    "last_cpid":"","package_name":"com.esbook.reader","src_code":"460012690618403"}
```


执行 gpkafka 加载数据，命令如下。

```
[gpadmin@gp-master ~]$ gpkafka load --quit-at-eof ./gpkafka_mobile_yaml
PartitionID   StartTime    EndTime    BeginOffset    EndOffset
0 2019-02-27T09:26:27.989312Z 2019-02-27T09:26:27.99517Z 0 5
Job dcd0d159282c0ef39f182cabeef23ee6 stopped normally at 2019-02-27
    09:26:29.442874281 +0000 UTC
```

检查加载操作的进度（非必要），命令如下。

```
[gpadmin@gp-master ~]$ gpkafka check ./gpkafka_mobile_yaml
```

查看表数据结果如图 10-12 所示。

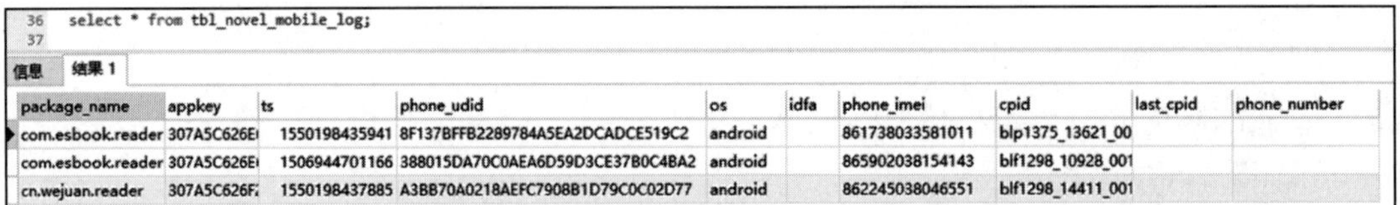

```
36   select * from tbl_novel_mobile_log;
37
```

信息　结果 1

package_name	appkey	ts	phone_udid	os	idfa	phone_imei	cpid	last_cpid	phone_number
com.esbook.reader	307A5C626E	1550198435941	8F137BFFB2289784A5EA2DCADCE519C2	android		861738033581011	blp1375_13621_00		
com.esbook.reader	307A5C626E	1506944701166	388015DA70C0AEA6D59D3CE37B0C4BA2	android		865902038154143	blf1298_10928_001		
cn.wejuan.reader	307A5C626F	1550198437885	A3BB70A0218AEFC7908B1D79C0C02D77	android		862245038046551	blf1298_14411_001		

图 10-12　运行结果

10.6　Flink

Apache Flink 是目前最流行的实时计算框架，用于对无界和有界数据流进行有状态计算。事实上，任何类型的数据都是以流的形式产生的，例如信用卡交易、传感器测量、机器日志、网站移动应用程序上的用户交互数据。如果把已经生成的数据截取一个时间区间，就形成了有界数据。

无界流有起点，没有终点。它们不会终止，在生成数据的同时提供数据。无界流必须被连续处理，即事件在被摄取后必须被及时处理，无法等待所有输入数据到达。处理无边界数据通常需要以特定顺序（例如事件发生的顺序）来读取事件，以便能够推断出结果的完整性。

有界流具有明确的开始时间和结束时间，可以通过在执行任何计算之前提取时间范围内所有数据进行批量处理。由于有界数据始终可以排序，因此不需要有序读取即可处理有界流。有界流的处理也被称为批处理。

基于对事件和状态的精确控制，Flink 的运行时能够在无限制的流上运行任何类型的应用程序，有界流则由专门为固定大小的数据集设计的算法和数据结构在内部进行处理。

Flink 兼具流计算和批处理功能。Flink 的工作流程可以简化为 source → transform → sink，即先获取相应的数据源，然后进行数据转换，将数据从杂乱的格式转换为我们需要的格式，最后执行 sink 操作，将数据写入相应的数据库或文件。

由于 Greenplum 支持 CURD 操作，因此我们可以利用 Flink 读取流数据，更新 Greenplum 中的数据。

首先，创建一个和 MySQL 相同结构的 User 表，命令如下。

```
CREATE TABLE User(
  user_id int,
  user_name varchar(255),
  phone varchar(255),
  mail varchar(255),
  birthday date,
  last_update_time timestamp,
  PRIMARY KEY (user_id)
) distributed by (user_id);
```

然后，创建一个 Kafka Topic，获取 MySQL 数据库表数据的变动。

```
sh /data/kafka/kafka_2.13-2.4.0/bin/kafka-server-start.sh -daemon /data/kafka/
    kafka_2.13-2.4.0/config/server.properties
```

最后，创建一个 Flink 的 Java 项目，用来读取 Kafka 中的数据，并将结果更新到 Greenplum 数据库中。

创建数据库连接的代码如下。

```
package flink2gp.db;

import com.alibaba.druid.pool.DruidDataSource;
import java.sql.Connection;

/**
 * @author King
 * @Date 2020-12-07
 */
public class DbUtils {
    private static DruidDataSource dataSource;
    public static Connection getConnection() throws Exception {
        dataSource = new DruidDataSource();
```

```
        dataSource.setDriverClassName("org.postgresql.Driver");
        dataSource.setUrl("jdbc:postgresql://gp-master:5432/DemoDB");
        dataSource.setUsername("postgres");
        dataSource.setPassword("postgres");
        //设置初始化连接数、最大连接数、最小闲置数
        dataSource.setInitialSize(10);
        dataSource.setMaxActive(50);
        dataSource.setMinIdle(5);
        //返回连接
        return  dataSource.getConnection();
    }
}
```

创建一个 POJO 对象，用于保存数据等操作。

```
package flink2gp.pojo;

import java.util.Date;
/**
 * @author King
 * @Date 2019-12-07
 */
public class User {

    private int userId;
    private String userName;
    private String phone;
    private String mail;
    private Date birthday;
    private Date lastUpdateTime;

    public int getUserId() {
        return userId;
    }

    public void setUserId(int userId) {
        this.userId = userId;
    }

    public String getUserName() {
        return userName;
    }

    public void setUserName(String userName) {
        this.userName = userName;
    }

    public String getPhone() {
        return phone;
    }

    public void setPhone(String phone) {
        this.phone = phone;
    }

    public String getMail() {
        return mail;
    }
```

```
    public void setMail(String mail) {
        this.mail = mail;
    }
    public date getBirthday() {
        return birthday;
    }

    public void setBirthday(date birthday) {
        this.birthday = birthday;
    }

    public Date getLastUpdateTime() {
        return lastUpdateTime;
    }

    public void setLastUpdateTime(Date lastUpdateTime) {
        this.lastUpdateTime = lastUpdateTime;
    }
}
```

接下来创建 GPSink，继承 RichSinkFunction 类。在执行数据 sink 操作之前先执行 open() 方法，然后调用 invoke() 方法，最后执行 close() 方法。也就是先在 open() 方法中创建数据库连接，创建好之后调用 invoke() 方法，执行具体的数据库写入程序，执行完所有的数据库写入程序，直到没有数据时再调用 close() 方法，将数据库连接资源关闭并释放，过程如下。

```
package flink2gp.sink;

import flink2gp.db.DbUtils;
import flink2gp.pojo.User;
import org.apache.flink.configuration.Configuration;
import org.apache.flink.streaming.api.functions.sink.RichSinkFunction;

import java.sql.Connection;
import java.sql.PreparedStatement;
import java.sql.Timestamp;
import java.util.List;

/**
 * @author King
 * @Date 2020-12-07
 */
public class MySqlSink extends RichSinkFunction<List<User>> {

    private PreparedStatement ps;
    private Connection connection;

    @Override
    public void open(Configuration parameters) throws Exception {
        super.open(parameters);
        //获取数据库连接，准备写入数据库
        connection = DbUtils.getConnection();
        String sql = "insert into user(user_id,user_name,phone,mail,birthday,
            last_update_time) values (?, ?, ?, ?, ?, ?, ?); ";
        ps = connection.prepareStatement(sql);
    }

    @Override
```

```
    public void close() throws Exception {
        super.close();
        //关闭并释放资源
        if(connection != null) {
            connection.close();
        }

        if(ps != null) {
            ps.close();
        }
    }

    @Override
    public void invoke(List<User> users, Context context) throws Exception {
        for(User user : users) {
            ps.setInt(1, user.getUserId());
            ps.setString(2, user.getUserName());
            ps.setString(3, user.getPhone());
            ps.setString(4, user.getMail());
            ps.setDate(5, new Date(user.getBirthday()));
            ps.setTimestamp(5, new Timestamp(user.getLastUpdateTime().getTime()));
            ps.addBatch();
        }

        //一次性写入
        int[] count = ps.executeBatch();
        System.out.println("成功写入MySQL数量: " + count.length);

    }
}
```

创建从 Kafka 读取数据的 source（数据来源），经过 sink 操作到数据库中。配置连接 Kafka 需要的环境后，从 Kafka 中读取数据，然后转换为 User 对象。持续 5s 从 Kafka 中获取数据，经过 sink 操作到 Greenplum 数据库中。

```
package flink2gp;

import com.alibaba.fastjson.JSONObject;
import flink2gp.kafka.KafkaWriter;
import flink2gp.pojo.User;
import flink2gp.sink.MySqlSink;
import org.apache.flink.api.common.serialization.SimpleStringSchema;
import org.apache.flink.shaded.guava18.com.google.common.collect.Lists;
import org.apache.flink.streaming.api.datastream.DataStream;
import org.apache.flink.streaming.api.datastream.DataStreamSource;
import org.apache.flink.streaming.api.environment.StreamExecutionEnvironment;
import org.apache.flink.streaming.api.functions.windowing.AllWindowFunction;
import org.apache.flink.streaming.api.windowing.time.Time;
import org.apache.flink.streaming.api.windowing.windows.TimeWindow;
import org.apache.flink.streaming.connectors.kafka.FlinkKafkaConsumer010;
import org.apache.flink.util.Collector;

import java.util.List;
import java.util.Properties;

/**
 * @author King
```

```
 * @Date 2020-12-07
 */
public class DataSourceFromKafka {

    public static void main(String[] args) throws Exception{
        //构建流执行环境
        StreamExecutionEnvironment env = StreamExecutionEnvironment.
            getExecutionEnvironment();

        //Kafka
        Properties prop = new Properties();
        prop.put("bootstrap.servers", KafkaWriter.BROKER_LIST);
        prop.put("zookeeper.connect", "localhost:2181");
        prop.put("group.id", KafkaWriter.TOPIC_USER);
        prop.put("key.serializer", KafkaWriter.KEY_SERIALIZER);
        prop.put("value.serializer", KafkaWriter.VALUE_SERIALIZER);
        prop.put("auto.offset.reset", "latest");

        DataStreamSource<String> dataStreamSource = env.addSource
             (new FlinkKafkaConsumer010<String>(
                KafkaWriter.TOPIC_USER,
                new SimpleStringSchema(),
                prop
                )).
                //单线程打印，控制台不乱序，不影响结果
                setParallelism(1);

        //从Kafka中读取数据，转换成User对象
        DataStream<User> dataStream = dataStreamSource.map(value -> JSONObject.
            parseObject(value, User.class));
        //每5s汇总一次用户数
        dataStream.timeWindowAll(Time.seconds(5L)).
                apply(new AllWindowFunction<User, List<User>, TimeWindow>() {

                    @Override
                    public void apply(TimeWindow timeWindow, Iterable<User>
                        iterable, Collector<List<User>> out) throws Exception {
                        List<User> users = Lists.newArrayList(iterable);

                        if(users.size() > 0) {
                            System.out.println("5秒内收到的条数: " + users.size());
                            out.collect(users);
                        }

                    }
                })
                //经过sink操作到数据库
                .addSink(new MySqlSink());
                //打印到控制台
                //.print();

        env.execute("Kafka消费任务开始");
    }

}
```

这样，我们就完成了通过 Flink 加载 Kafka 流式数据的过程。在真实的项目环境中，Flink 还需要对流数据进行加工和汇总，然后才写入目标数据库，这里就不深入展开了。

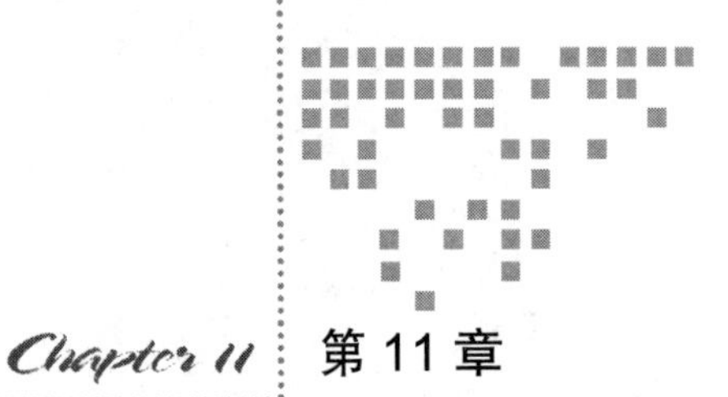

Chapter 11 第 11 章

Greenplum 与 BI 应用

商业智能（Business Intelligence，BI）又称商业智慧或商务智能，指通过现代数据仓库技术、线上分析处理技术、数据挖掘和数据展现技术进行数据分析以实现商业价值。BI 应用是一套提供商务智能二次开发的应用平台，可以基于数据库中的数据完成多维分析报表的定制和展现。BI 应用是 OLAP 领域重要的应用方向，本章主要介绍 Greenplum 数据库对 BI 应用的支持。

11.1 Tableau

Tableau 是一款数据分析和可视化工具，市场占有率很高。不同于传统 BI 应用，Tableau 是一款“轻”BI 应用，通过简单的拖放操作即可实现多个不同来源数据的可视化，无须编写复杂的脚本。

Tableau 主要包含以下产品。

1）Tableau Desktop：桌面分析软件，连接数据源后，只需拖放即可快速创建交互视图、仪表盘，支持 Windows 和 Mac OS 系统。

2）Tableau Server：发布和管理 Tableau Desktop 制作的仪表盘，统一管理数据源和访问权限。

3）Tableau Online：完全托管在云端的分析平台，在网页上进行交互、编辑和制作。

4）Tableau Reader：在桌面打开 Tableau 打包工作簿。

5）Tableau Moblie：移动端 App，支持 iOS、Android 平台。

6）Tableau Public：免费版本，与个人版和专业版相比，虽然无法连接所有的数据格式或数据源，但是能够完成大部分的工作。无法在本地保存工作簿，只能保存到云端的公共工作簿中。

Tableau Desktop 一般安装在 Windows 或 Mac OS 环境下。安装 Tableau 的过程这里就不赘述了，重点介绍 Tableau 连接 Greenplum 的相关要点。

11.1.1　Tableau 连接 Greenplum

因为 Tableau 基于 C++ 开发，所以 Tableau 默认使用 ODBC 驱动连接数据库，不论是使用 Tableau Desktop 还是 Tableau Server，都需要先安装 ODBC 驱动。Tableau 官方提供了非常丰富的驱动包，如果选择的连接方式未能匹配到当前系统对应的驱动，会提醒跳转到对应的页面进行下载。

对于 Tableau Server，则需要安装 Linux 版本的 ODBC 驱动，相对来说安装方式更简单，只需要在线安装相应的 YUM 包。在网络隔离的情况下，可以通过 yum download 命令先下载对应的 YUM 包，然后上传到对应的服务器安装。

安装完成后，点击新建数据源，选择 Pivotal Greenplum Database，在弹出的对话框中填写 Greenplum 的连接信息，配置项如表 11-1 所示。

表 11-1　Greenplum 数据库连接配置参数

配置项	描述
服务器	Greenplum Master 节点的 IP 端口
端口	默认为 5432
数据库	Greenplum 数据库名称
用户名	Greenplum 数据库账户
密码	Greenplum 数据库密码

11.1.2　Tableau 最佳实践要点

本节分享几个 Tableau 连接 Greenplum 的最佳实践。

1. 初始化 SQL

Tableau 针对 Greenplum 和 PostgreSQL 提供了个性化功能，可以在 SQL 查询语句前面添加会话参数。比较典型的参数设置如下，初始化参数页面如图 11-1 所示。

```
set work_mem = 4G;
set optimizer = on/off;
set statement_mem = 1000000;
```

2. 关闭 cursor 模式

当从数据库查询数据到工作表时，Tableau 都会发送一个 query 参数到 Greenplum 数据库中用于数据查询，这个查询任务通常是包含游标的。选取查询语句如下。

```
BEGIN;declare "SQL_CUR0x7fdabf04ca00" cursor with hold for SELECT
    "X___SQL___"."section_number" AS "section_number"
FROM (
  select t.* from xx.dm_ta_sales_detail t
) "X___SQL___"
GROUP BY 1
HAVING (COUNT(1) > 0);fetch 10000 in "SQL_CUR0x7fdabf04ca00
```

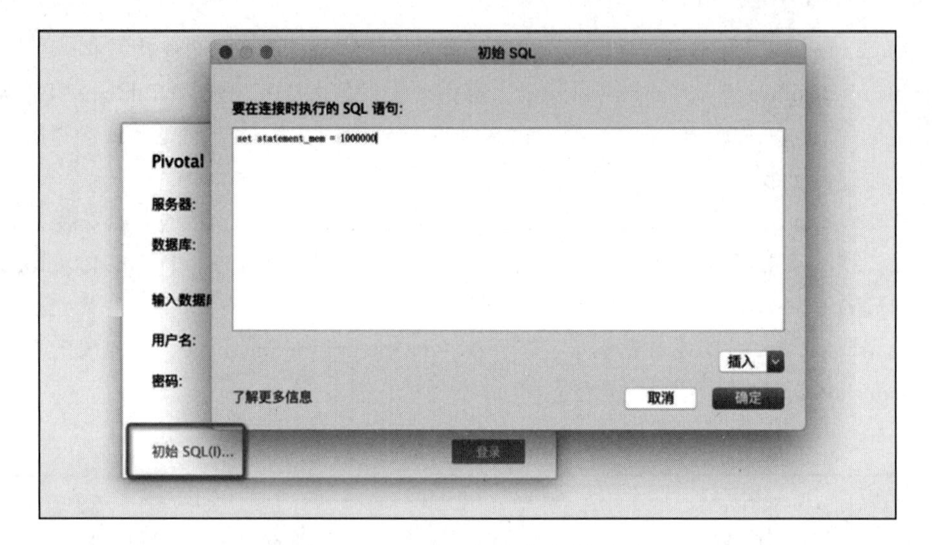

图 11-1 Tableau 初始化参数页面

默认情况下，Tableau 使用 cursor 模式从 Greenplum 数据库中拉取数据，命令如下。

```
FETCH 10000 in "SQL_CUR0x7fe678049e00"
```

如果提取的数据量很大，并且 Tableau 服务器的内存足够放下所有的查询数据，可以通过关闭 cursor 模式进行性能调优，正常情况下查询速度可以提升 3 ~ 5s。

操作步骤如下。

创建关闭 cursor 模式的 TDC 文件，文件配置信息如下。

```
<?xml version='1.0' encoding='utf-8' ?>
<connection-customization class='greenplum' enabled='true' version='4.3'>
<vendor name='greenplum'/>
<driver name='greenplum'/>
<customizations>
<customization name='odbc-connect-string-extras' value='UseDeclareFetch=0' />
</customizations>
</connection-customization>
```

该文件以 tdc 为后缀名，Desktop 版本的 Tableau 放到 Documents/My Tableau Repository/Datasources 目录下，其他版本的 Tableau 同样放到对应的 Datasources 目录下。重启 Tableau 即可生效。

也可以修改查询结果行数，每次读取更多的数据。

```
<?xml version='1.0' encoding='utf-8' ?>
<connection-customization class='greenplum' enabled='true' version='4.3'>
<vendor name='greenplum'/>
<driver name='greenplum'/>
  <customizations>
 <customization name='odbc-connect-string-extras' value='Fetch=100000' />
</customizations>
</connection-customization>
```

3. 灵活使用两种数据源

要关闭或者调整 Tableau SQL 查询的游标参数，需要全局修改数据源。由于 Tableau 面向 Greenplum 同时支持 Greenplum 和 PostgreSQL 两种数据库连接方式，因此我们可以针对固定报表和自助分析使用不同的数据库驱动，以便于设置不同的 cursor 模式。一般来说，固定报表获取的结果数据较少，建议关闭 cursor 模式。自助分析获取的数据量都比较大，建议默认调大 cursor 参数到 10000 或者更多。

图 11-2 是典型的 Tableau 报表页面，根据汇总要求展现报表结果数据，数据筛选通过左下角的参数来实现。参数变量配合 Greenplum 的 regexp_split_to_table 函数可以实现多选查询，详见 5.3 节。

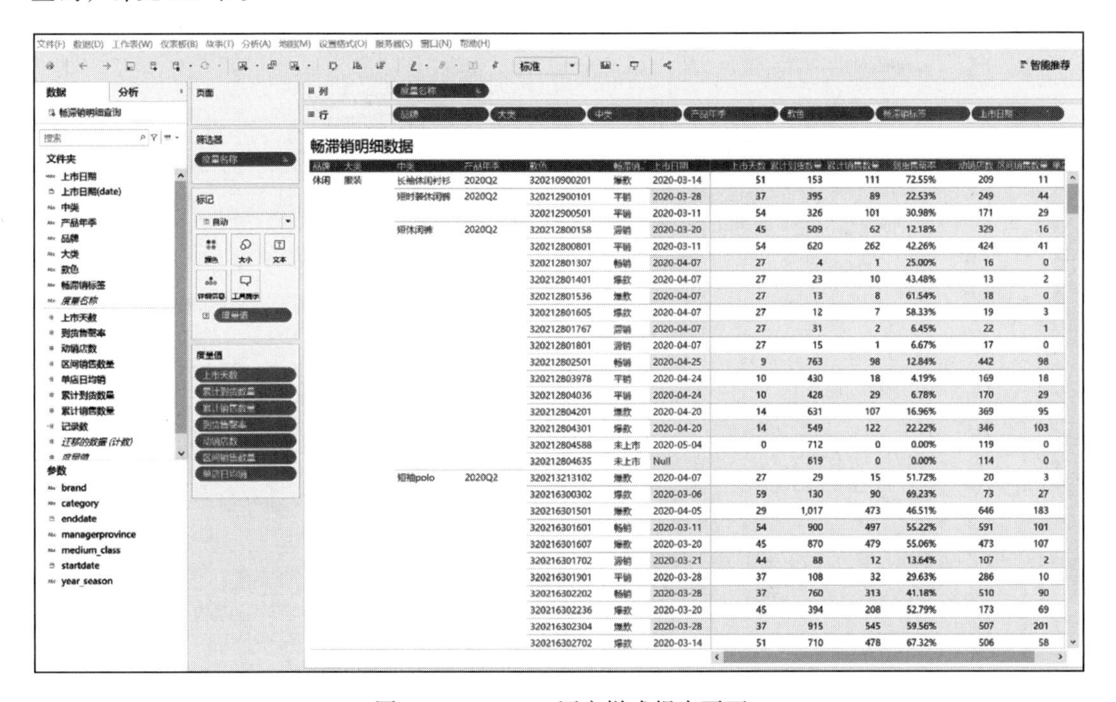

图 11-2　Tableau 固定样式报表页面

11.2 永洪 BI

数据分析产出敏捷可靠的数据，在企业制定最佳决策、实现问题快速响应、把握市场先机的过程中扮演着重要角色。然而，企业在运用数据的过程中，可能遇到数据分析需求过多，IT 部门无法及时响应业务需求；数据分析工具繁多复杂，要完成数据分析需要购买和使用多个不同产品；分析报告呈现静态结果，缺乏交互性，管理层无法切换角度、多方位查看数据结果等情况。

永洪 Z-Suite 一站式大数据平台，提供了连接数据源、创建数据集、制作报告、查看报表及系统和权限管理等一系列完整的数据分析功能，帮助企业轻松、灵活、智能地分析数据。它把大数据分析所需的自服务数据准备、探索式分析、深度分析、高性能计算等功能全部融入一个高效稳定的平台上，实现了企业级统一管控。

在添加数据源首页点击 Greenplum 数据库，进入新建页面。新建 Greenplum 数据库连接的页面如图 11-3 所示。

图 11-3 永洪 BI 数据库连接页面

填写相应的 Greenplum 数据库连接信息。Greenplum 支持 PostgreSQL 和 Greenplum 两种 JDBC 连接方式，任选一种即可。

1）点击“测试连接”，如果提示测试成功，表示该数据源成功连接到相应数据库。

2）点击菜单栏“保存”，保存该数据源。创建数据集和制作报告模块都可以使用已保存的数据源。

根据笔者的使用经验，合理使用参数筛选和过滤筛选，可以大幅提升 BI 页面的查询效率。另外，永洪 BI 倾向于大屏展示，即通过一个页面展示全部内容，也可以调整页面为高度自适应，不断向下叠加内容。

如图 11-4、图 11-5 所示是两个真实的客户报表，是客户在学习永洪 BI 一个月后自行开发完成的。

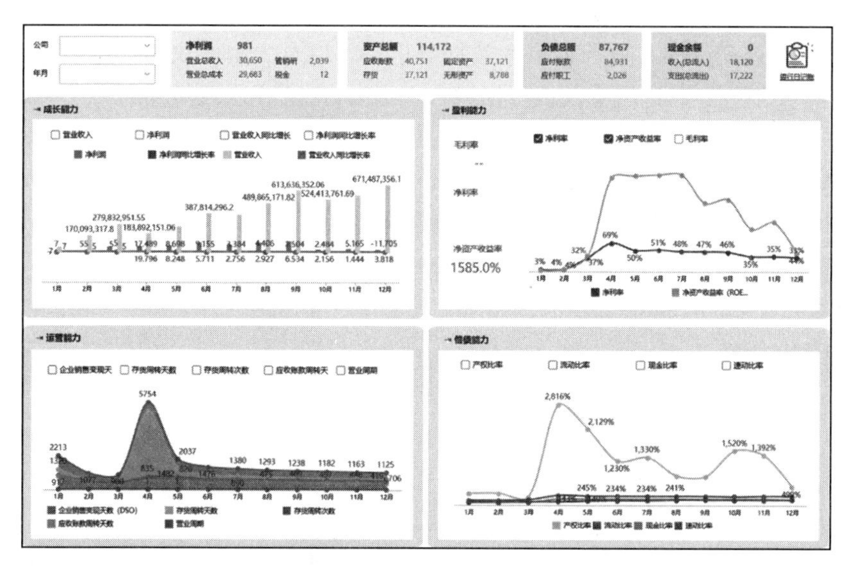

图 11-4　永洪 BI 财务指标分析

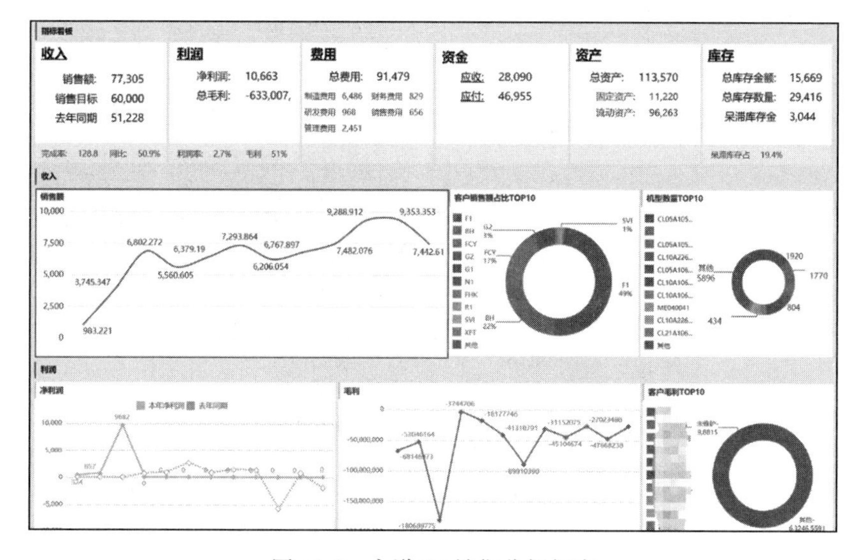

图 11-5　永洪 BI 销售分析报表

11.3 帆软 BI

FineBI 是帆软推出的一款商业智能产品。目前，帆软的 FineBI+FineReport 是国内市场占有率最高的 BI 产品。根据笔者的使用体验，FineReport 的使用难度较大，推荐使用敏捷 BI 产品——FineBI。FineBI 自助分析以业务需求为方向，通过便携的数据处理和管控，提供自由的探索分析。

FineBI 定位于自助大数据分析，能够帮助业务人员和数据分析师开展以问题为导向的探索式分析。通过 FineBI，业务人员和数据分析师可以自主制作仪表板进行探索分析。数据取于业务，用于业务，让需要分析数据的人，可以自己进行数据分析。

与永洪 BI 类似，FineBI 也主推 JDBC 连接数据库。首先下载 Greenplum 的 JDBC 驱动包，并将该驱动包放置在 %FineBI%\webapps\webroot\WEB-INF\lib 下，重启 FineBI。以管理员身份登录 BI 系统，依次选择管理系统→数据连接→数据连接管理，点击“新建数据连接”，在所有选项下选择 Pivotal Greenplum Database。在数据连接管理页面点击“新建数据连接”，选择 Pivotal Greenplum Database，如图 11-6 所示。

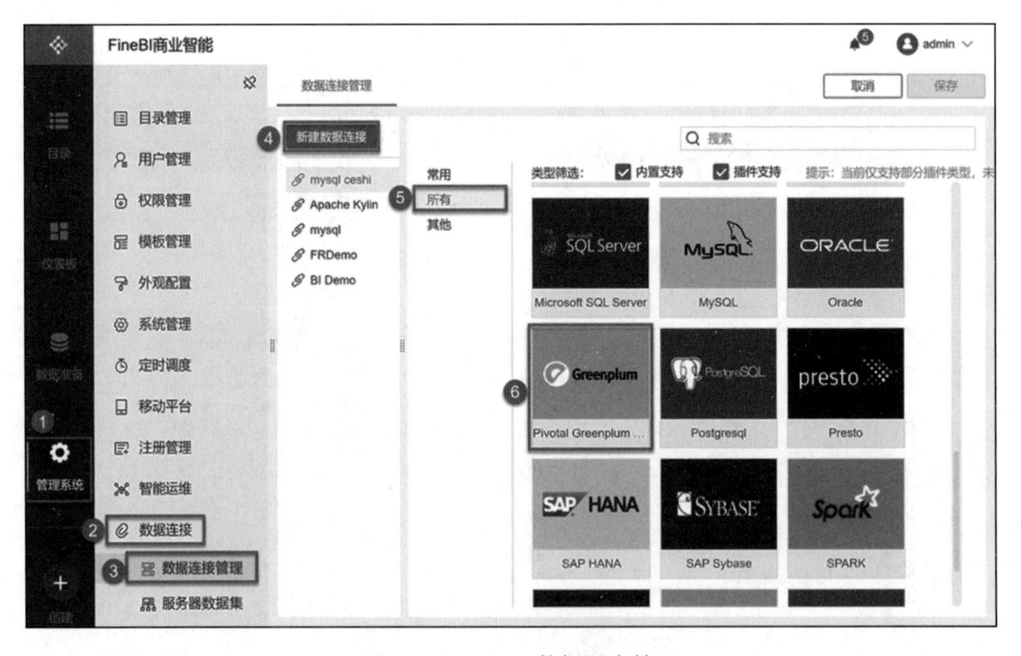

图 11-6 FineBI 数据源支持

然后在数据连接管理页面填写 URL、用户名和密码等信息。

说明 如果驱动器类型选择 PostgreSQL，则连接字符串为 jdbc:postgresql:// 地址 : 端口 / 数据库名称。如果选择连接类型为 Greenplum，则连接字符串为 jdbc:pivotal:greenplum:// 地址 : 端口 ;DatabaseName= 数据库名称。

连接信息填写完成后，点击“测试连接”。如果测试连接失败，可以根据错误项的提示进行修改。

测试连接成功后根据需要选择对应模式，若不进行选择，则默认为第一个模式，如图 11-7 所示。

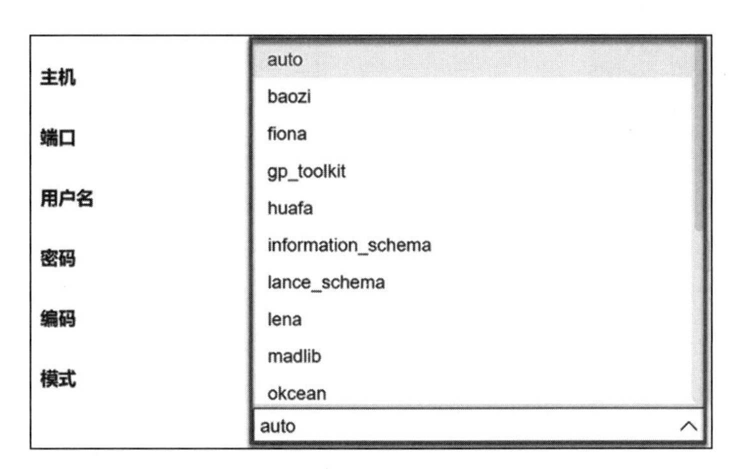

图 11-7　FineBI 数据源模式选择

选择模式后，该数据连接即添加成功，如图 11-8 所示。

图 11-8　FineBI 数据源信息

接下来我们看看帆软 BI 的案例，如图 11-9 ~ 图 11-11 所示。FineBI 主推瀑布式报表，页面内容松散，可高度任性扩展，可以不断往下拖动以展现更多内容。

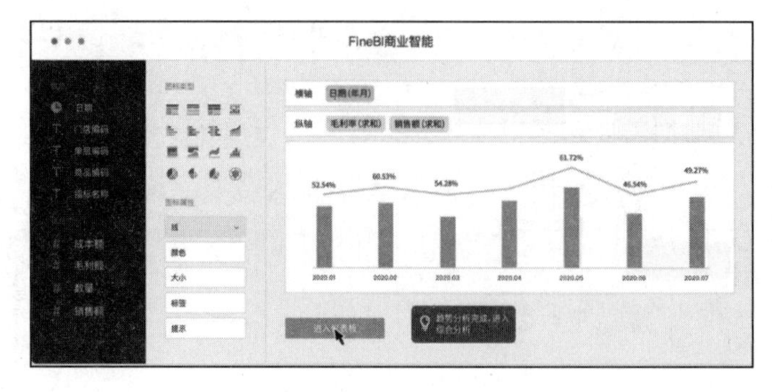

图 11-9 帆软 BI 简单自助分析

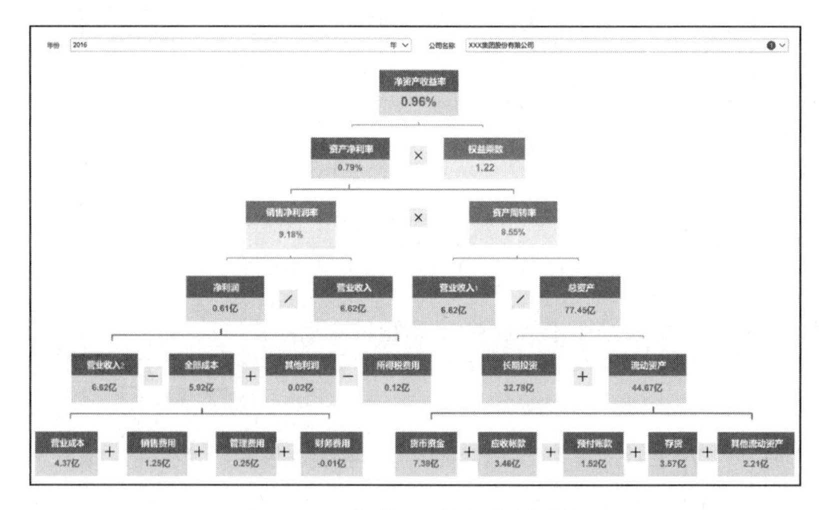

图 11-10 帆软 BI 杜邦分析图表

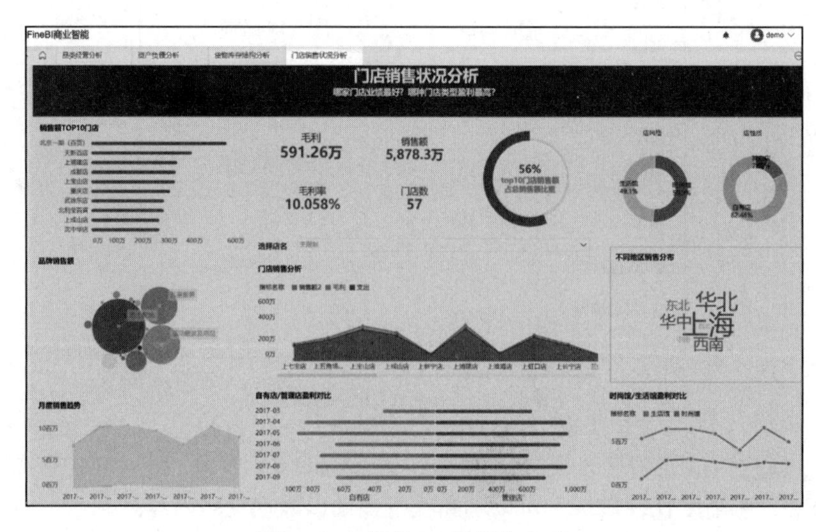

图 11-11 帆软 BI 可视化大屏

11.4　DataV

数据可视化 DataV 是阿里云开发的一款数据可视化应用搭建工具，旨在让更多的人看到数据可视化的魅力，帮助非专业人士通过图形化界面轻松搭建专业水准的可视化应用，满足会议展览、业务监控、风险预警、地理信息分析等多种业务的展示需求。

DataV 是一个基于 Vue 框架的数据可视化组件库，提供 SVG 的边框及装饰、图表、水位图、飞线图等组件，简单易用。DataV 也是基于 Java 的应用，数据库连接采用 JDBC 模式。登录 DataV 控制台，在“我的数据”页面中添加数据，DataV 支持各种阿里云平台的数据库产品、CSV 文件和各种 JDBC 数据（例如 Oracle、SQL Server、类 MySQL 数据库、类 PostgreSQL 数据库等）。从类型列表中，选择 PostgreSQL 或者 AnalyticDB for PostgreSQL，依次填写数据库连接参数即可。数据库连接参数同表 11-1。

数据库连接信息填写完成后，点击“测试连接”，验证数据库是否能连通正常。连接成功后，点击“确定”，完成数据源添加。

11.5　Quick BI

Quick BI 是一款专为云上用户和企业量身打造的自助式智能 BI 服务平台，其简单易用的可视化操作和灵活高效的多维分析能力，为精细化数据洞察商业决策保驾护航。Quick BI 入选 2020 年全球 Gartner ABI 魔力象限，是我国首个且唯一入选的 BI 产品。Quick BI 可以提供海量数据实时在线分析服务，支持拖曳式操作并提供了丰富的可视化效果，帮助用户轻松自如地完成数据分析、业务数据探查、报表制作等工作。

说到 Quick BI 对 Greenplum 数据库的支持，就不得不提到阿里版本的 Greenplum——AnalyticDB for PostgreSQL。AnalyticDB for PostgreSQL（原 HybridDB for PostgreSQL）基于开源数据库 Greenplum 构建，由阿里云深度扩展，兼容 ANSI SQL 2003，同时兼容 PostgreSQL/Oracle 数据库生态，支持行存储和列存储模式，提供高性能离线数据处理，支持高并发在线查询，是极具竞争力的 PB 级实时数据仓库方案。

登录 Quick BI 控制台，点击上方菜单栏的“工作空间”。点击工作空间页面左侧的数据源。点击“新建数据源”→ AnalyticDB for PostgreSQL。在添加 AnalyticDB for PostgreSQL 数据源页面进行参数配置。

完成参数配置后，点击“连接测试”测试连通性。测试通过后，添加数据源。如果连通失败，请检查各配置项是否填写正确，确认无误后再进行连接测试。

成功连接云原生数据仓库 PostgreSQL 版数据源后，就可以在 Quick BI 中完成报表分析等操作了。

Quick BI 作为一款云原生的 BI 产品，主要有以下优势。

- 企业数据分析全场景覆盖：从管理层决策分析和驾驶舱，到业务专题分析门户，再到一线人员的自助分析和报表，覆盖企业数据分析的各种场景。

- 高性能海量数据分析：基于自研可控的多模式加速引擎，通过预计算、缓存等方式，实现 10 亿条数据查询秒级获取。
- 权威认证的可视化：40 多种可视化组件、联动钻取等交互能力，数据故事构建能力、动态分析、行业模板内置，让数据分析高效、美观。
- 移动专属和协同：100% 组件面向移动端特性定制，和钉钉、企业微信等办公工具全面集成，随时随地分析数据并和组织成员分享协同。
- 丰富的集成实践：支持嵌入式分析集成、覆盖单租户及多租户模式，拥有生意参谋及钉钉两个千万级用户平台的集成和服务实践。
- 企业级安全管控。通过 ISO 安全和隐私体系认证，企业级的中心化和便于协同的安全管控体系。

第四部分 Part 4

数据中台实战

Greenplum 数据库是一款功能完善、技术成熟的产品，是中小企业搭建数据中台的最优选择。第四部分将结合数据中台的理念，深入数据中台实战。如今对于数据中台的概念，大家已经耳熟能详，对于怎么实现数据中台却是一头雾水。数据中台不仅是数据仓库概念的升级，也是一套完整的数据管理和分析平台。数据中台系统实现过程涉及数据库选型、ETL 平台选型、BI 工具选型、数据分层设计、数据模型设计、数据分析应用设计等方方面面。通过第四部分的介绍，相信读者能找到一种相对轻松和便捷的方式，事半功倍地完成数据中台搭建——那就是选用 Greenplum 分布式数据库作为数据中台的承载数据库。正所谓“工欲善其事，必先利其器”，选择合适的数据平台，将大幅提升数据中台的成功率，同时降低系统的综合成本。

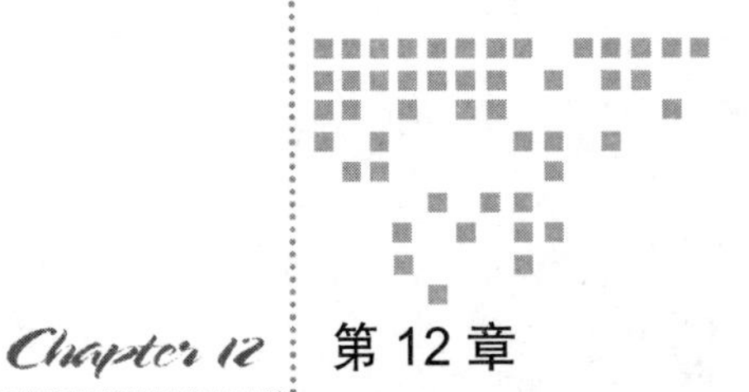

Chapter 12 第 12 章

数据中台建设思路

本章围绕数据中台的概念展开，帮助读者理解数据中台的“3W”，即为什么要建数据中台，什么是数据中台，怎么搭建数据中台。

12.1 为什么要搭建数据中台

谈到数据中台，我们不得不从企业信息化和企业数字化说起。

企业的各种经营活动，本质上是信息的传递过程，即在信息交换的基础上进行设计、生产、销售、物流运输等各种经营行为。为了更加便捷地传递信息，于是就有了企业信息化。企业信息化是将企业的生产过程、物料移动、事务处理、现金流动、客户交互等业务进行数字化，通过各种信息网络加工生成新的信息资源，提供给各级员工了解和使用，以做出有利于生产要素组合优化的决策，使企业资源合理配置，以适应瞬息万变的市场经济竞争环境，求得最大的经济效益。企业信息化模型如图 12-1 所示，企业信息化的核心在于业务流程化。

为了利用信息化产生的数据，实现更好的运营，企业数字化诞生了。数字化也叫作数据化，是通过企业日常运营数据、客户使用产品服务产生的数据、行业动态、市场趋势等，形成企业日常运营的全景图，反映到产品研发、服务流程、精准营销、销售模式、优化库存等业务的改进上。企业数字化的核心在于将数据智能化，让数据产生价值。

企业实现全面数字化，主要有以下 6 个方面的益处。

1）大幅提升企业经营管理效率：数据应用能够在许多业务场景中代替手工操作，快速响应管理需求，大幅提高工作效率。这方面最典型的应用就是 BI 系统，很多企业部署的 BI 系统，都是人工从交易系统（例如 SAP 系统）中导出经营明细数据，在 Excel 中通过函数完成数据关联和汇总，然后通过数据透视整合出最终结果。整个过程烦琐费时，而且容易产生误差，不容易发现问题。笔者曾调研过一家年销售额上百亿的企业，在 BI 系统上线前，供应链计划部的 3 个业务员每个工作日都要花 3 ~ 4 个小时手工计算当日的运营指标，再通过邮件发送给相关领导。BI 系统上线后，业务员通过 BI 报表就可以看到系统加工完成的数据，还可以追溯历史数据进行横向对比和分析，大大提升了经营管理效率，释放员工产能。

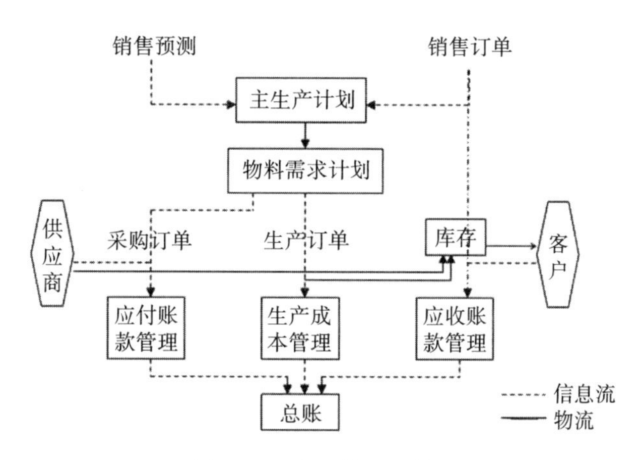

图 12-1　企业信息化模型

2）降低企业经营成本：企业数字化的过程就是规范化业务经营过程，通过数据中台打破系统之间的壁垒，实现数据共享。国内某大型集团在数字化转型过程中对全集团的物料信息进行了整体编码，然后通过数据中台盘点不同业务单元和系统的信息，实现企业内部资源共享。在 A 工厂某次采购审批中，采购部门通过数据中台发现 B 工厂存在大量同型号呆滞物料，遂将采购请求转为内部调拨，进而节省了大量采购费用，降低了库存成本。

3）精准营销提高收入：企业数字化的一个重要作用就是进行客户画像，实现精准营销，从而提升营销命中率，提高企业收入。对于多业态的企业，可以通过数字化系统打通各业务线的会员和顾客体系，在统一客户画像和标签体系下交叉营销，降低获客成本。典型案例就是招商银行推出的闪电贷业务和朝朝盈。招商银行在整合交易数据、代发工资数据、征信信息和存款账户信息的基础上，针对有固定收入、征信较好、支出比较稳定的人群开通大额消费贷业务，通过白名单的方式授权用户一键借款，开创了业界手机银行借贷的先河，拓展了大量优质信贷客户，增加了上百亿元的信贷利息收入。通过整合理财数据、支付数据、收入数据、客户信息等，针对频繁转账到支付宝的用户开通了朝朝盈功能，提高了客户资金留存率。

4）打通信息壁垒，降低业务风险：在企业数字化程度逐渐提高的过程中，很多人为的监控工作可以转换为数据应用。通过数据应用的监控功能，由系统在大数据技术的支持下不间断地工作，可以更加高效地识别风险。风险管理在很多金融企业、普通企业的财务付款流程中都有非常广泛的应用。通过引入外部企业注册信息、持股信息、法院判决信息、政府处罚通知等多方面的数据，可以增强企业对风险情况的判断，避免出现经营坏账。

5）通过数据分析推动业务创新：在这方面做得比较好的是天眼查、启信宝、企查查等平台。企业注册信息、法院判决信息、工商行政处罚通知、工商抵押信息等这些本来是政府公开的数据，天眼查等公司通过爬虫技术将这些信息搜集、整理到一起，对外提供统一的企业信息服务，方便用户从一个标准的平台查看各个企业的信息及企业之间的关系。这个功能在银行对公贷款授信审批方面发挥了巨大的作用。

6）数据资产化：通过数字化转型，很多企业将内部数据转换为企业资产，向社会提供数据服务，最终转型成为数据公司。比如阿里巴巴利用支付数据成立芝麻信用，对外输出用户评级数据，为企业创造了价值。还有很多公司通过互联网公共信息整理的企业舆情分析，快速预判企业的声誉风险，及时提醒企业做出公关响应，帮助企业减少了损失。

企业数字化转型的核心问题是在治理数据、建设数据基础平台的同时需要进行大量数据收集和数据建模工作，也就是要搭建数据中台。数据中台是企业从信息化迈向全面数据化的必要步骤，是企业实现全面数字化的基础设施。

12.2 什么是数据中台

当前对数据中台的定义是比较宽泛的，数据中台还在成长期，每个人对它的定义可能不太一样，有一点是公认的，即数据中台是数据仓库的进化版本，它的底座是一个分布式的数据仓库，同时包括相应的实施方法论和管理手段。数据中台是企业从信息化走向全面数字化的必经阶段，我们也可以认为数据中台是实现企业全面数字化的一个解决方案。

既然数据中台是数据仓库的进化版本，那么二者必然存在很多共同点。

首先，数据中台和数据仓库都需要对数据进行抽取、转换、加载等操作，实现数据的标准化。数据的 ETL 过程通常都是由 ETL 工具 + 调度平台来实现的，最常用的数据 ETL 工具是 SQL 语言。

其次，数据中台和数据仓库都需要对数据进行分层。数据中台的分层和数据仓库大同小异，一般而言，数据中台分层更加简洁，便于应对新需求，而数据仓库稍显厚重。总体上看，数据中台和数据仓库都分成贴源层、仓库层和集市层（也叫应用层）。

最后，数据仓库和数据中台都需要关注数据质量、数据安全、数据血缘等围绕数据展开的工作。

数据仓库和数据中台最核心的差别是数据仓库的关注核心点在于“存”，而数据中台则更加关注数据的“用”。

正是因为数据仓库关注数据的存储，所以数据仓库的存储空间通常比较大、历史数据比较多，需要配合各种备份策略，这就诞生了拉链表、缓慢变化维等设计思想。也正是契合了数据仓库存储和备份的需求，以 Hive 为核心的 Hadoop 生态成为数据仓库的代名词。

对于数据中台来说，数据的应用才是更为迫切的，让数据快速产生价值成为系统的焦点。数据中台聚焦于把数据“用”起来，让数据快速地流转并产生价值。数据中台需要关注 ETL 过程和工具的标准化、数据分析平台的建设、数据管理工具的完善等方面。

数据中台的出现，弥补了数据开发和应用开发之间由于开发速度不匹配，出现的响应力跟不上的问题。

数据中台解决的问题可以总结为如下 4 点。

1）效率问题：没有数据中台时，BI 系统开发报表要从底层接口开始接入数据，然后逐层加工，需要几天到几周时间完成固定报表的展现。有了数据中台以后，大部分数据都可以直接从数据中台仓库层提取，一天即可完成报表开发。

2）时效性问题：以前 BI 系统或者数据仓库定位于 T+1 批处理，数据通常延后一天或者几天才能展现给用户。数据中台强调数据的时效性，要求关键业务数据在一小时甚至十分钟甚至同步和展现，提高了数据时效性。

3）协作问题：在没有统一的数据中台时，不同业务系统之间的数据接口都是定制化开发的，无法保证数据质量。数据中台通过统一提供对外的数据接口，使数据质量更可靠。

4）能力问题：数据中台提供了完善的数据管理平台，标准化了数据开发流程，从而提升了数据应用的开发效率。数据中台通过标准化的配置，可以在一分钟内完成数据接口的开发。

12.3　如何搭建数据中台

搭建数据中台是一个持续的过程，需要不断地投入和更新，才能源源不断地创造价值。具体来说，搭建数据中台主要分为数据资产盘点和规划、数据应用规划与设计、数据平台选型与建设、数据应用设计与实现、组织架构调整与流程变革五步。

12.3.1　数据资产盘点和规划

所谓数据资产（Data Asset）是指由企业拥有或者控制，能够为企业带来经济利益，以物理或电子方式记录的数据资源，如文件资料、电子数据等，并非所有的数据都能构成数据资产。

数据资产是数据中台的基础。企业在业务发展和信息化建设的过程中，积累了大量的业务数据，哪些可以作为企业的数据资产则是见仁见智。下面给出一个较为通用的识别原则和策略，供读者参考。

数据是业务活动在数字世界的投影，其作用是记录业务对象及其活动过程。整体上可划分为两大类：基础业务数据和洞察分析数据。基础业务数据是对企业业务活动中诸如“人、事、物”的记录。洞察分析数据是基于基础数据计算出来的结果，反映业务活动的规律、趋势、特征等，一般可理解为日常所说的“指标”。

从数据价值衡量的维度来看，可从以下几个方面进行分析。

1）业务权重：数据是否属于企业核心业务运营范畴，越接近核心业务则越重要，作为数据资产的必要性就越高。

2）决策权重：对高层决策的重要程度也是数据能否作为数据资产的一项重要指标。

3）使用频度：数据被使用的频次越高，说明越重要。

4）使用范围：数据如果分布在多个业务领域或者系统中，被很多人员使用和共享，说明其支撑的业务越多，也越重要。

5）使用门槛：通过技术手段，对数据进行获取、维护、管控，其难易程度、成本、可控性等方面都可作为辅助性的衡量标准。

依据上述内容，以零售业务为例构建一个数据资产识别矩阵，如表 12-1 所示。

表 12-1 零售数据资产识别矩阵

权衡数据分类	价值				
	业务权重	决策权重	使用频率	使用范围	使用门槛
基础业务数据					
销售	高	中	高	高	低
财务	高	高	中	中	中
供应链	高	低	低	低	低
人力	中	低	低	低	高
库存	高	中	高	高	中
洞察数据					
销售折扣率	高	高	高	高	低
销售金额	高	高	高	高	低
售罄率	高	高	高	高	中
断码率	中	低	中	中	高

企业可以依据此矩阵对数据进行量化评估，识别哪些数据属于重要的数据资产。

企业可根据实际情况对以上划分维度和标准进行扩充或调整，例如在价值衡量方面还可以增加“数据变现”“数据安全性”等维度，最终目的是制定符合企业实际业务需要的数据资产划分标准，进一步筛选出企业的数据资产。

盘点数据资产一般从业务流程出发，围绕企业的经营活动，到各个系统收集数据，明确哪些数据可以纳入数据资产，哪些数据不属于企业控制。

12.3.2 数据应用规划与设计

有了数据资产清单后，我们需要对数据资产进行规划。其中一个很重要的工作就是构建数据资产目录。数据资产目录是数据治理工作中不可或缺的一个环节。企业在识别出数据资产的基础上，进一步构建数据资产目录，可以更好地理解、使用和分析数据。

企业通过发现、描述和组织数据资产，形成一套数据资产清单，提供上下文背景信息，帮助数据分析师、数据架构师、数据管理专员和其他数据用户根据业务价值目标更好地查找和理解相关的数据资产。

如果缺少数据资产目录管理工作的支撑，很多数据管理与应用工作的开展都如同盲人摸象，缺乏数据蓝图，没有有效的指引，由此导致如下诸多问题。

1）数据消费者不知道有哪些数据，也无法联系到相应的负责人。

2）虽然数据中心承载了大量数据，但有意义的数据只能依靠人工经验查找。

3）组织内有多个数据源，没有统一的途径来精准识别数据源。

4）数据消费者没有规范的流程请求及获取目标数据。

5）数据消费者无法理解数据，更不知该如何使用数据。

6）数据多处存储，多处更新，数据量不断冗余增长，设备需要不断扩容、维护能力需要不断提升，投入成本越来越高。

可以看出，数据资产目录能解决的问题分布在数据管理和应用的方方面面，数据资产目录的价值也体现在不同的层面，可归纳为以下 3 个层次。

1）基础视图价值：能够让数据管理者高效、便捷地了解数据脉络，构建全景图，随时掌握数据资产的运行状态。

2）提升数据管控能力：在基础视图能力的基础上，加强数据资产的管控能力，对技术管理、业务运转起到良好的支撑作用，能够让数据在业务流转过程中更规范、更有效率。

3）促进数据应用与共享：在数据资产的应用和共享层面起到引擎的作用，最大化释放数据的核心价值，助力企业快速发展。

12.3.3　数据平台选型与建设

数据资产的建设依托于数据中台。数据资产是企业数字化建设的核心，所有的数字化建设都必须围绕构建数据资产这个目标来实现。数据资产建设主要包括以下几个过程。

1）技术选型：包括数据平台和数据中台系统工具选型。数据平台需要结合企业的需求进行选择，笔者推荐使用 Greenplum 数据库作为数据中台的数据平台，开源的 DataX 作为数据中台的 ETL 工具，DolphinScheduler 作为数据中台的调度平台，至于 BI 报表平台，则应根据实际情况选择一到两个商业产品。

2）数据抽取和加工：这是数据模型由设计变成数据的过程。数据抽取包括数据从交易系统进入操作数据层，而数据加工则是将数据按照一定的业务规则加工到数据仓库和数据集市层。

3）数据仓库建模：根据数据资产盘点和数据资产目录，基于数据仓库分层模型对数据进行加工及整理。数据加工和整合的过程就是数据建模。

4）数据质量校验：包括对当前发现的数据质量问题进行校验和处理，推动数据治理工作的展开和数据质量持续优化。此外，我们还应当对加工后的数据进行校验，确保加工结果是准确可靠的。

5）定时任务执行和监控：所有系统数据的抽取和加工过程都应该按照一定的规则配置成为定时任务，让系统自动地运行和刷新数据，才能确保数据得到及时更新，应用才能持续利用数据创造价值。在系统运行过程中也需要持续监控，确保定时任务成功执行。

6）为数据应用提供接口：数据应用可以直连数据平台进行数据查询，也可以通过数据中台提供的 API 来对接。一般来说，BI 应用直连数据库，Java Web 或者其他类型的应用则通过 API 对接。

12.3.4 数据应用设计与实现

数据应用一般采用原型法或者敏捷开发模式，开发过程大体上遵循传统信息化应用设计的过程和理念。数据应用需要的数据一般由数据仓库或者数据中台加工。目前大部分数据应用都是通过 BI 工具来展现的，例如固定报表、可视化大屏等。

数据应用和传统的应用系统开发主要有以下不同之处。

1）数据应用关注数据的来源和质量。针对不同来源的数据，对数据质量的要求不一样。一般来说，对于财务相关的数据，我们要求准确度达到 100%，而对于用户行为数据、系统交易数据，准确度要求则可以适当降低。

2）复杂的数据应用需要根据数据不断地调整和优化。随着机器学习和深度学习算法的引入，数据模型的构建手段也越来越丰富。对于复杂的数据应用，需要不断根据数据进行优化和调整，提高数据模型的准确度。

3）数据应用的结果校验应占用较多的工作量。虽然数据应用的开发一般不会太难，但是数据校验是一个漫长的过程。这主要是由于数据加工的复杂性和数据质量不高造成的。一般交易系统对数据质量的监控比较弱，导致数据质量异常的情况比较多。

4）数据应用需要在持续运营中产生价值。数据应用的开发只是数据发挥价值的第一步，如何让业务人员理解数据、用好数据才是数据应用的关键。好的数据应用可以帮助运营人员减少工作量，提高工作效率。

12.3.5 组织架构调整与流程变革

企业数字化的过程必然伴随着组织架构的变更，而上线数据中台则是企业组织架构调整和流程变更的起点。数据中台的落地，可以替换大量手工操作，同时产生新的岗位需求。

很多企业在实现数据中台之前，需要大量的手工操作和线下数据加工。数据中台通过系统固化流程，完成数据的流转和计算，大大减轻了手工汇总的工作量。此外，数据中台帮助企业构建数据资产体系，也衍生了数据分析岗位，需要有相关人员频繁通过数据中台生产数据，分析企业的经营状况，及时发现和披露企业经营过程中的异常行为，通过数据分析推动业务的发展。

12.4　数据中台怎么选型

数据中台选型主要包括数据仓库选型、调度平台选型、BI 工具选型 3 个方面，好的工具可以大幅提升开发效率，降低运维工作量。

12.4.1　数据仓库选型

数据仓库选型是整个数据中台项目的重中之重，是一切开发和应用的基础。而数据仓库的选型，其实就是 Hive 数仓和非 Hive 数仓的较量。Hive 数仓以 Hive 为核心，搭建数据 ETL 流程，配合 Kylin、Presto、HAWQ、Spark、ClickHouse 等查询引擎完成数据的最终展现。而非 Hive 数仓则以 Greenplum、Doris、GaussDB、HANA（基于 SAP BW 构建的数据仓库一般以 HANA 作为底层数据库）等支持分布式扩展的 OLAP 数据库为主，支持数据 ETL 加工和 OLAP 查询。

自从 Facebook 开源 Hive 以来，Hive 逐渐占领了市场。Hive 背靠 Hadoop 体系，基于 HDFS 的数据存储，安全稳定、读取高效，同时借助 Yarn 资源管理器和 Spark 计算引擎，可以很方便地扩展集群规模，实现稳定地批处理。Hive 数据仓库的优势在于可扩展性强，有大规模集群的应用案例，受到广大架构师的推崇。

虽然 Hive 应用广泛，但是其缺点也是不容忽视的。

Hive 的开源生态已经完全分化，各大互联网公司和云厂商都是基于早期的开源版本进行个性化修改以后投入生产使用的，很难再回到开源体系。Hive 现在的 3 个版本方向 1.2.*x*、2.1.*x*、3.1.*x* 都有非常广泛的应用，无法形成合力。

开源社区发布的 Hive 版本过于粗糙，漏洞太多。最典型的就是 Hive 3.1.0 版本里面的 Timestamp 类型自动存储为格林尼治时间的问题，无论怎么调整参数和系统变量都不能解决。据 HDP 官方说明，需要升级到 3.1.2 版才能解决。根据笔者实际应用的情况，Hive 3.1.2 版在大表关联时又偶尔出现 inert overwrite 数据丢失的情况。

Hive 最影响查询性能的计算引擎也不能让人省心。Hive 支持的查询引擎主要有 MR、Spark、Tez。MR 是一如既往的性能慢，升级到 3.0 版也没有任何提升。基于内存的 Spark 引擎性能有了大幅提升，3.*x* 版本的稳定性虽然也有所加强，但是对 JDBC 的支持还是比较弱。基于 MR 优化的 Tez 引擎虽然是集成最好的，但是需要根据 Hadoop 和 Hive 版本自行编译，部署和升级都十分复杂。

Hive 对更新和删除操作的支持并不友好，导致在数据湖时代和实时数仓时代被迅速抛弃。

Hive 的查询引擎也很难让用户满意，最典型的就是以下 6 种查询引擎。

1）Spark 支持 SQL 查询，需要启动 Thrift Server，表现不稳定，查询速度一般为几秒到几分钟。

2）Impala 是 CDH 公司推出的产品，一般用在 CDH 平台中，查询速度比 Spark 快，由于是 C++ 开发的，因此非 CDH 平台安装 Impala 比较困难。

3）Presto 和 Hive 一样，也是 Facebook 开源的，语法不兼容 Hive，查询速度一般为几秒到几分钟。

4）Kylin 是国人开源的 MOLAP 软件，基于 Spark 引擎对 Hive 数据做预算并保存在 Hbase 或其他存储中，查询速度非常快并且稳定，一般在 10s 以下。但是模型构建复杂，使用和运维都不太方便。

5）ClickHouse 是目前最火的 OLAP 查询软件，特点是查询速度快，集成了各大数据库的精华引擎，独立于 Hadoop 平台，需要把 Hive 数据同步迁移过去，提供有限的 SQL 支持，几乎不支持关联操作。

以 Hadoop 为核心的 Hive 数据仓库的颓势已经是无法扭转的了，MapReduce 早已被市场抛弃，HDFS 在各大云平台也已经逐步被对象存储替代，Yarn 被 Kubernetes 替代也是早晚的事。

我们把视野扩展到 Hive 体系以外，就会发现 MPP 架构的分布式数据库正在蓬勃发展，大有取代 Hive 数仓的趋势。

其中技术最成熟、生态最完善的当属 Greenplum 体系。Greenplum 自 2015 年开源以来，经历了 4.*x*、5.*x*、6.*x* 三个大版本的升级，功能已经非常全面和稳定了，也受到市场的广泛推崇。基于 Greenplum 提供商业版本的，除了研发 Greenplum 的母公司 Pivotal，还有中国本地团队的创业公司四维纵横。此外，还有阿里云提供的云数据库 AnalyticDB for PostgreSQL、百度云 FusionDB 和京东云提供的 JDW，都是基于 Greenplum 进行云化的产品。华为的 GaussDB 在设计中也参考了 Greenplum 数据库。

OLAP 查询性能最强悍的当属 SAP 商业数据库 HANA，这是数据库领域当之无愧的王者。IIANA 是一个软硬件结合体，提供高性能的数据查询功能，用户可以直接对大量实时业务数据进行查询和分析。HANA 唯一的缺点就是太贵，软件和硬件成本高昂。HANA 是一个基于列式存储的内存数据库，主要具有以下优势。

1）把数据保存在内存中，通过对比我们发现，内存的访问速度比磁盘快 1000000 倍，比 SSD 和闪存快 1000 倍。传统磁盘读取时间是 5ms，内存读取时间是 5ns。

2）服务器采用多核架构（每个刀片 8 × 8 核心 CPU），多刀片大规模并行扩展，刀片服务器价格低廉，采用 64 位地址空间——单台服务器容量为 2TB，100GB/s 的数据吞吐量，价格迅速下降，性能迅速提升。

3）数据存储可以选择行存储或者列存储，同时对数据进行压缩。SAP HANA 采用数据字典的方法对数据进行压缩，用整数代表相应的文本，数据库可以进一步压缩数据和减少数据传输。

百度开源的 Doris 也在迎头赶上，并且在百度云中提供云原生部署。Apache Doris 是一款架构领先的 MPP 分析型数据库产品，仅须亚秒级响应时间即可获得查询结果，高效支持实时数据和批处理数据。Apache Doris 的分布式架构非常简洁，易于运维，并且支持 10PB 以上的超大数据集，可以满足多种数据分析需求，例如固定历史报表，实时数据分析，交互式数据分析和探索式数据分析等。Apache Doris 支持 AGGREGATE、UNIQUE、DUPLICATE 三种表模型，同时支持 ROLLUP 和 MATERIALIZED VIEW 两种向上聚合方式，可以更好地支撑 OLAP 查询请求。另外，Doris 也支持快速插入和删除数据，是未来实时数仓或者数据湖产品的有力竞争者。

尝试在 OLTP 的基础上融合 OLAP 的数据库 TiDB、腾讯 TBase（云平台上已改名为 TDSQL PostgreSQL 版）、阿里的 OceanBase 都在架构上做了大胆的突破。TiDB 采用行存储、列存储两种数据格式各保存一份数据的方式，分别支持快速 OLTP 交易和 OLAP 查询。TBase 则是分别针对 OLAP 业务和 OLTP 业务设置不同的计算引擎和数据服务接口，满足 HTAP 场景应用需求。OceanBase 数据库使用基于 LSM-Tree 的存储引擎，能够有效地对数据进行压缩，并且不影响性能，可以降低用户的存储成本。

12.4.2　ETL 工具选型

目前，业界比较领先的开源 ETL 数据抽取工具主要有 Kettle、DataX 和 Waterdrop。商业版本的 DataStage、Informatica 和 Data Services 三款软件不仅配置复杂、开发效率低，执行大数据加载也非常慢。

Kettle（正式名为 Pentaho Data Integration）是一款基于 Java 开发的开源 ETL 工具，具有图形化界面，可以以工作流的形式流转，有效减少研发工作量，提高工作效率。Kettle 支持不同来源的数据，包括不同数据库、Excel/CSV 等文件、邮件、网站爬虫等。除了数据的抽取与转换，还支持文件操作、收发邮件等，通过图形化界面来创建、设计转换和工作流任务。

DataX 是阿里巴巴集团内部广泛使用的离线数据同步工具 / 平台，实现包括 MySQL、Oracle、SQL Server、Postgre、HDFS、Hive、ADS、HBase、TableStore（OTS）、MaxCompute（ODPS）、DRDS 等各种异构数据源之间高效的数据同步功能。

Waterdrop 是一款易用、高性能、支持实时流式和离线批处理的海量数据处理工具，程序运行在 Apache Spark 和 Apache Flink 之上。Waterdrop 简单易用、灵活配置、无需开发，可运行在单机、Spark Standalone 集群、Yarn 集群、Mesos 集群之上。Waterdrop 支持实时流式处理，拥有高性能、海量数据处理能力，支持模块化和插件化，易于扩展。用户可根据需要来扩展插件，支持 Java/Scala 实现的 Input、Filter、Output 插件。

总的来说，Kettle 适合中小企业 ETL 任务比较少并且单表数据量在百万以下的项目，开发速度快，支持的数据来源丰富，方便快速达成项目目标。DataX 支持需要批处理抽取数据的项目，支持千万级、亿级数据的快速同步，性能高效、运维稳定。Waterdrop 是后起之秀，在 DataX 的基础上还支持流式数据处理，是 DataX 的有力竞争者和潜在替代产品。

12.4.3 调度平台选型

调度平台可以串联ETL任务并按照指定的依赖和顺序自动执行。调度平台一般用Java语言开发，平台实现难度小，大多数数据仓库实时厂商都有自研的调度平台。

在早期银行业的数据仓库项目中，大多数据ETL过程都是通过DataStage、Informatica或者存储过程实现的。笔者接触过最好用的产品就是先进数通公司的Moia Control。Moia Control定位于企业统一调度管理平台，致力于为企业的批处理作业制定统一的开发规范、运维方法，对各系统的批量作业进行统一管理、调度和监控。Moia Control的系统架构如图12-2所示，系统分为管理节点和Agent节点，管理节点负责调度任务的配置和分发作业，Agent节点负责任务的执行和监控。Moia Control在金融领域具有非常广泛的应用。

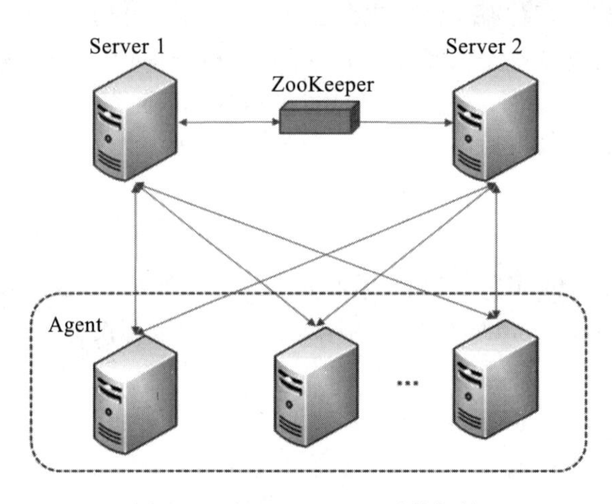

图12-2 Moia Control系统架构

在开源领域，伴随着大数据平台的崛起，虽然先后涌现了Oozie、Azkaban、AirFlow等深度融合Hadoop生态的产品，但都是昙花一现，目前已经逐步被DolphinScheduler取代。DolphinScheduler于2019年8月29日由易观科技捐赠给Apache启动孵化。DolphinScheduler的产品架构如图12-3所示。

DolphinScheduler是全球顶尖架构师与社区认可的数据调度平台，把复杂性留给自己，易用性留给用户，具有如下特征。

1）云原生设计：支持多云、多数据中心的跨端调度，同时也支持Kubernetes Docker的部署与扩展，性能上可以线性增长，在用户测试情况下最高可支持10万级的并行任务控制。

2）高可用：去中心化的多主从节点工作模式，可以自动平衡任务负载，自动高可用，确保任务在任何节点死机的情况下都可以完成整体调度。

3）用户友好的界面：可视化DAG图，包括子任务、条件调度、脚本管理、多租户等功能，可以让运行任务实例与任务模板分开，提供给平台维护人员和数据科学家一个方便易用的开发和管理平台。

4）支持多种数据场景：支持流数据处理，批数据处理，暂停、恢复、多租户等，对于 Spark、Hive、MR、Flink、ClickHouse 等平台都可以直接调用。

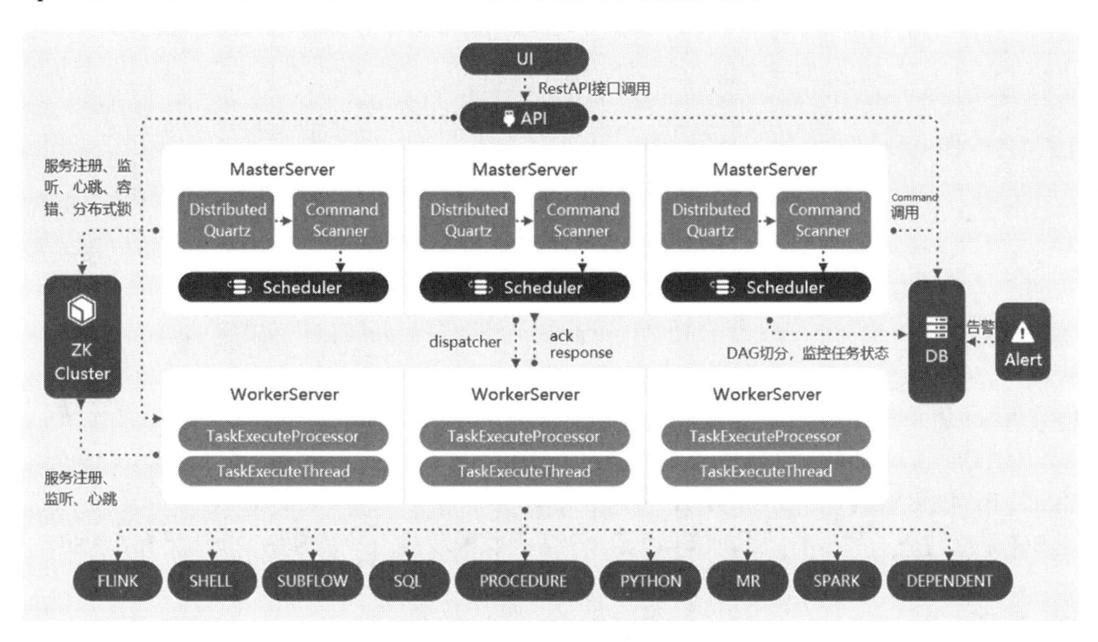

图 12-3　DolphinScheduler 产品架构

此外，Kettle 本身包含调度平台的功能，我们可以直接在 KJB 文件中定义定时调度任务，也可以通过操作系统定时任务来启动 Kettle，还可以去 Kettle 中文网申请 KettleOnline 在线调度管理系统。

Kettle 通过 KJB 任务里面的 START 组件可以设置定时调度器，操作界面如图 12-4 所示。

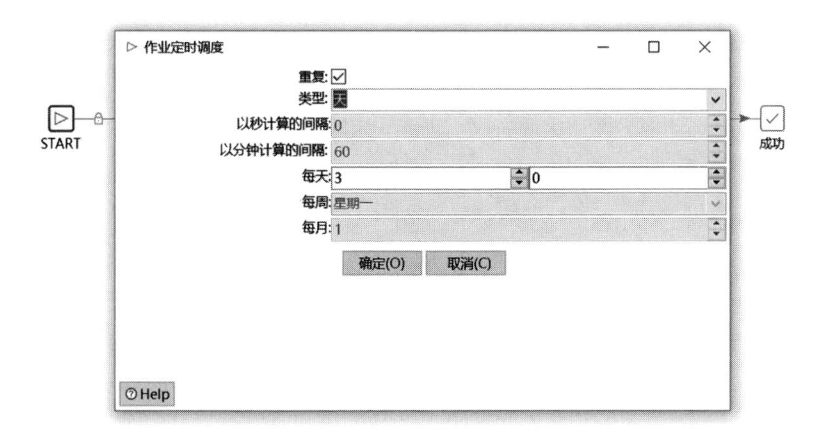

图 12-4　Kettle 定时页面

此外，在 Kettle 中文网还提供了功能更为强大的 KettleOnline 工具，非常适合较大型 Kettle 项目使用，具体功能这里就不展开介绍了。

除了上述调度工具之外，还有一些小众的 Web 调度工具，例如 Taskctl、XXL-JOB 等。总的来说，都能满足基本的需求。有研发实力的公司可以在开源版本的基础上进一步完善功能，打造属于自己的调度平台。

12.4.4 BI 工具选型

BI 是一套完整的商业解决方案，用于将企业现有的数据进行有效的整合，快速、准确地提供报表并提出决策依据，帮助企业做出明智的业务经营决策。BI 工具是指可以快速完成报表创建的集成开发平台。

和调度平台不一样，BI 领域商业化产品百花齐放，而开源做成功的产品却基本没有。这也和产品的定位有关，调度平台重点关注功能实现，整体逻辑简单通用，便于快速研发出满足基本功能的产品。而 BI 则需要精心打磨，不断完善和优化，才能获得市场的认可。

在早期 Oracle 称霸数据库市场的年代，BI 领域有 3 个巨头，分别是 IBM Cognos、Oracle BIEE 和 SAP BO。在早期 BI 领域，IBM 50 亿美元收购 Cognos、SAP 68 亿美元收购 BO 都曾创造了软件行业的收购纪录。这两起收购发生分别发生在 2007 年和 2008 年。此后是传统 BI 的黄金十年，这三大软件占领了国内 BI 市场超过 80% 的份额。笔者参加工作的第一个岗位就是 BIEE 开发工程师，而后又兼职做过两年的 Cognos 报表开发，对二者都有比较深刻的认识。

在传统 BI 时代，主要按照星形模型和雪花模型构建 BI 应用，在开发 BI 报表之前，必须先定义各种维度表和事实表，然后通过各 BI 软件配套的客户端工具完成数据建模，即事实表和维度表的关联，以及部分指标逻辑的计算（例如环比、同比、年累计等）。最后在 Web 页面上定制报表样式，开发出基于不同筛选条件下，相同样式展现不同数据的固定报表。整个开发过程逻辑清晰，模块划分明确，系统运行也比较稳定，作为整个数据分析项目的“脸面”，赢得了较高的客户满意度。

传统 BI 以固定表格展现为主，辅以少量的图形。虽然模型和页面的分离让开发变得简单，目前广泛应用于金融行业和大型国企管理系统中，但是也有不少缺点，例如，星形模型的结构在大数据场景下查询速度非常慢、模型与页面的分离造成版本难以管控、模型中内嵌函数导致查找数据问题变得困难等。

2017 年前后，Tableau 强势崛起，以“敏捷 BI”的概念搅动了整个 BI 市场，引领 BI 进入一个全新的时代。

Tableau 源于斯坦福大学的课题 Polaris，这个课题的核心理念是使数据库结构的数据易于可视化和分析。传统数据库反馈的是表格，分析员需要对表格进行分析、整理，才能找出结果，不够直观。Polaris 乃至后来 Tableau 的核心产品 VizQL，所做的工作是让数据库反馈图，一切分析都通过图实现，这样更加直观、便捷。

Tableau 最大的特点是以可视化为核心，强调 BI 应用构建的敏捷性。Tableau 抛弃了传统 BI 的模型层，可以直接基于数据库的表或者查询来构建报表模块，大大降低了开发难度，提升了报表的开发效率和查询性能。曾经需要一天才能完成的报表开发，现在可能一个小时不到就可以完成，极大提升了产出效率。

在传统 BI 时代，国产 BI 软件虽然也在发展，但是不够强大。在敏捷 BI 时代，FineBI、永洪 BI、SmartBI、观远 BI 等商业化产品顺势崛起，开始抢占国内 BI 市场。帆软公司的 Fine Report 和 FineBI 更是其中的佼佼者，稳坐国产 BI 软件的头把交椅，将产品铺向了广大中小企业。国产 BI 在培训体系上做得更为完善，以至于笔者发现在最近半年的面试中，差不多有一半的应聘者使用过帆软公司的产品。

在国产化 BI 之外，跨国软件公司也在敏捷 BI 方向上做出了调整，其中笔者接触过的就有微软的 Power BI 和微策略的新一代 MSTR Desktop。同时，云厂商也加入 BI 市场的争夺，其中百度云 Sugar、阿里云 QuickBI 都是内部产品对外提供服务的案例。

总的来说，在敏捷 BI 领域，国外厂商的软件成熟度高，版本兼容性好。国内厂商的软件迭代比较快，也容易出现 Bug。从实现效果上看，以上软件的差异并不大，BI 战场已经变成了 UI 的较量了，只要 UI 能设计出好的样式，绝大多数 BI 软件都可以实现近似的效果。

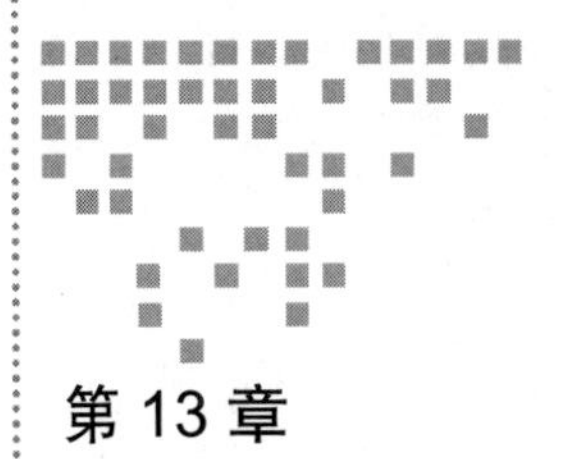

Chapter 13 第 13 章

接口数据同步

要实现数据中台，一个最基本的要求就是同步交易系统接口数据。接口数据同步的方式主要有 3 种——全量接口同步、增量接口同步、流式数据同步，其中流式数据又分为业务流数据和日志流数据。

接口数据同步是数据中台的一项重要工作，虽然单个表的数据同步任务难度不大，但是我们需要在数据中台实现标准化配置，这样才可以提高工作效率，为后续的数据中台运维和持续扩充接口打下良好的基础。

13.1 全量接口同步

一般而言，全量接口同步是数据中台必备的功能模块。不论是增量接口同步还是流式数据同步，都是在全量接口同步的基础上进行的。

全量接口同步一般针对 *T*+1 的业务进行，选择晚上业务低峰和网络空闲时期，全量抽取交易系统的某些业务数据。一般来说，虽然全量接口同步占用时间长，耗费网络宽带高，但是数据抽取过程简单、准确度高，数据可靠性好，比较容易进行平台标准化配置。

基于目前的开源生态，笔者推荐两种数据同步工具——Kettle 和 DolphinScheduler 集成的 DataX。

1. Kettle

对于 Kettle，我们一般按照“系统 + 业务模块”来划分 Kettle 数据抽取任务。

1）把对应数据库的 JDBC 驱动加入 data-integration\lib 目录下，然后重新打开 Spoon.bat。

2）在新创建的转换里面创建 DB 连接，如图 13-1 所示。

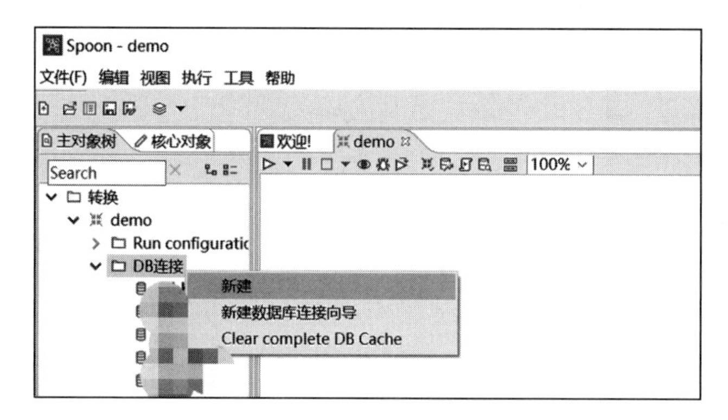

图 13-1　Kettle 创建 DB 连接

在弹出的页面中选择对应的数据库，填写相关信息并保存，如图 13-2 所示。

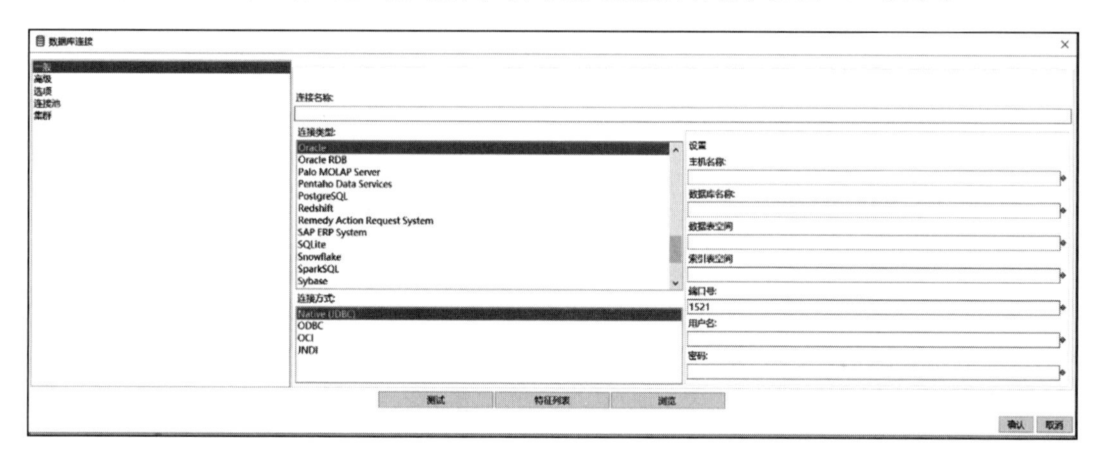

图 13-2　Kettle 配置 DB 连接

将 DB 连接设置为“共享”，可以在多个 Kettle 中共享相同的数据库连接信息。

3）在 Kettle 开发视图中拖入一个表输入组件和一个表输出组件。

在表输入组件和表输出组件中分别选择不同的数据库连接，表输入支持选择一张表自动生成 SQL 语句，也支持手写 SQL 语句，如图 13-3 所示。

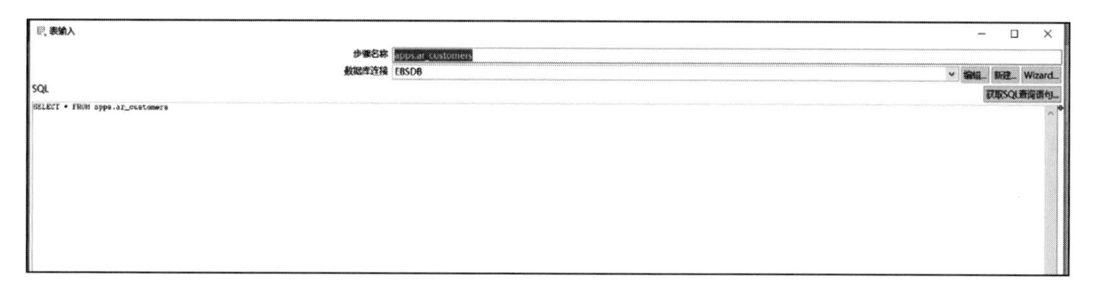

图 13-3　Kettle 表输入界面

表输出组件支持自动获取表结构和自动生成目标表。通过点击获取字段，即可直接获取表输入查询到的字段信息，如图 13-4 所示。

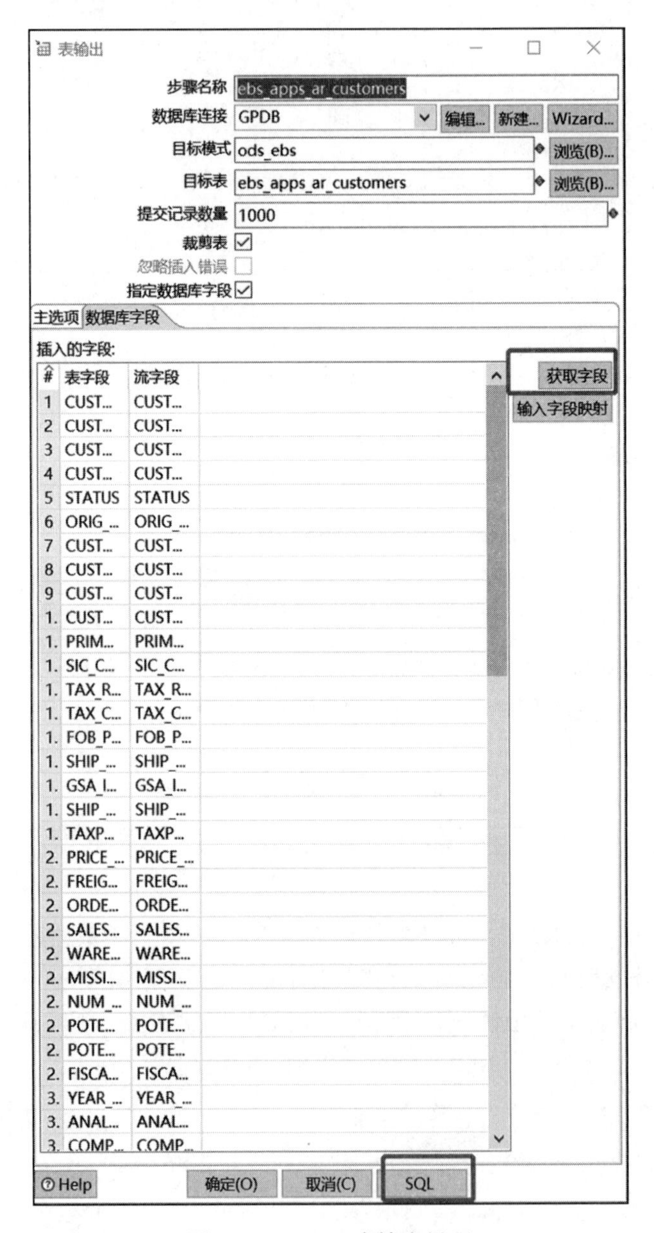

图 13-4 Kettle 表输出界面

点击 SQL，在弹出的窗口中可以看到工具自动生成的建表语句。点击"执行"，Kettle 会自动完成目标表的创建，如图 13-5 所示。当然，这个建表语句是比较粗糙的，我们一般需要按照指定的规范来手工创建，需要指定分布键。

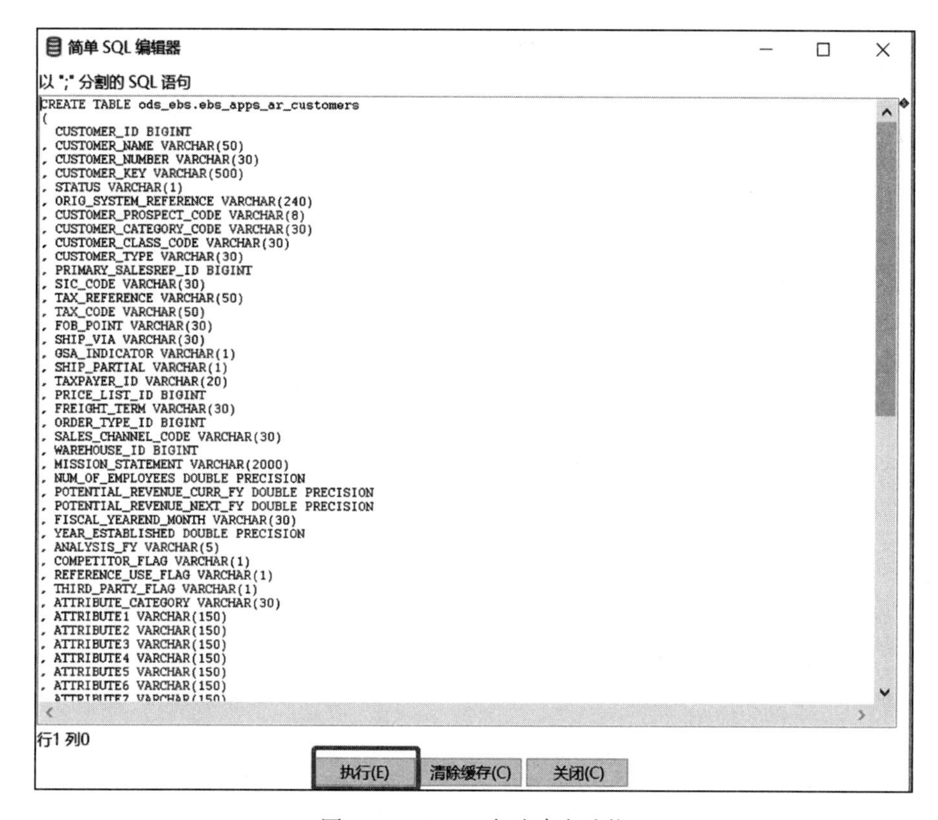

图 13-5　Kettle 自动建表功能

4）将输入组件和输出组件用线连起来，就组成了一个数据同步任务，如图 13-6 所示。

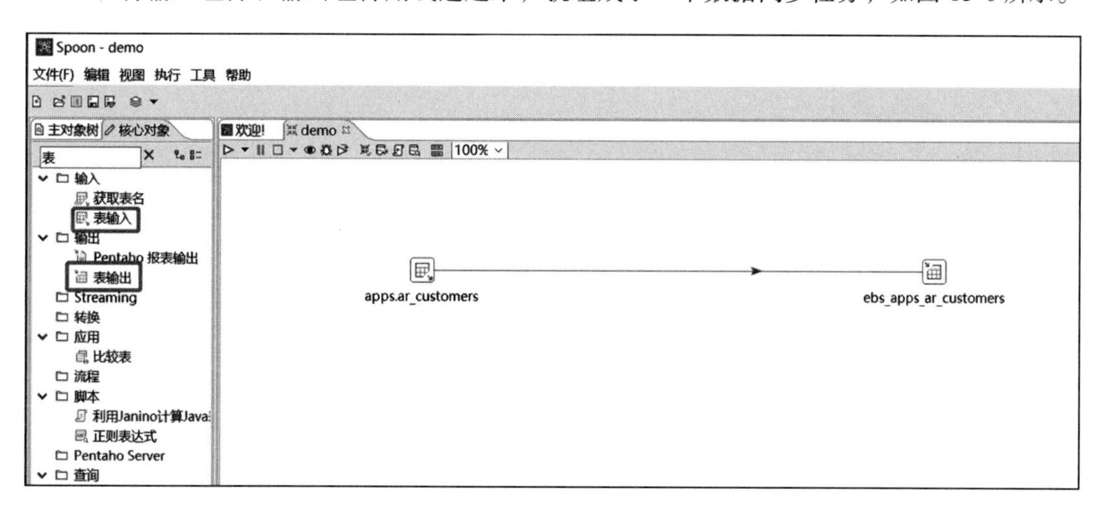

图 13-6　Kettle 数据同步任务

5）将上述组件一起复制多份，修改来源表、目标表、刷新字段，即可完成大量的数据同步任务，如图 13-7 所示。

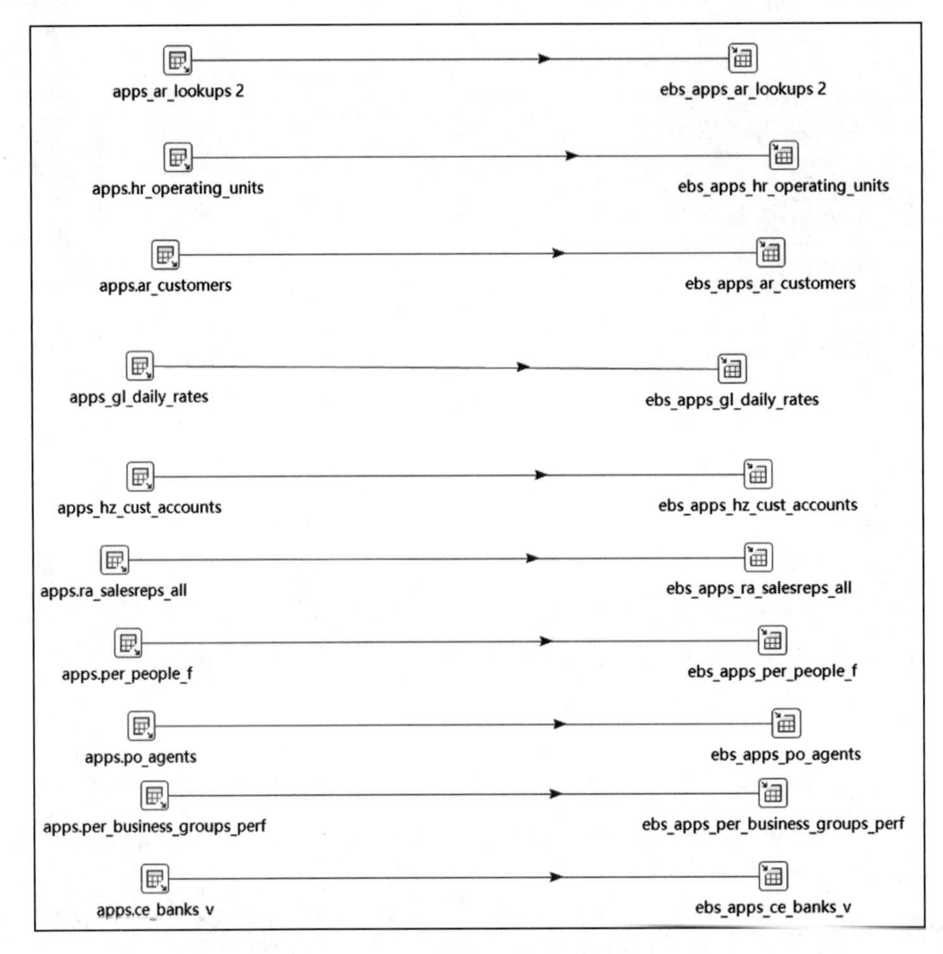

图 13-7 Kettle 多个表数据同步任务

6）直接点“开始”图标，运行数据同步任务，或者通过 Kettle 的左、右键来调度数据同步任务。

2. DataX

由于 DataX 数据同步工具本身是没有界面化配置的，因此我们一般会配套安装 DataX-Web 或者 DolphinScheduler 调度工具。DolphinScheduler 集成 DataX 的配置也很简单，只需要在 DolphinScheduler 的配置文件中指定 DATAX_HOME 即可，如图 13-8 所示。

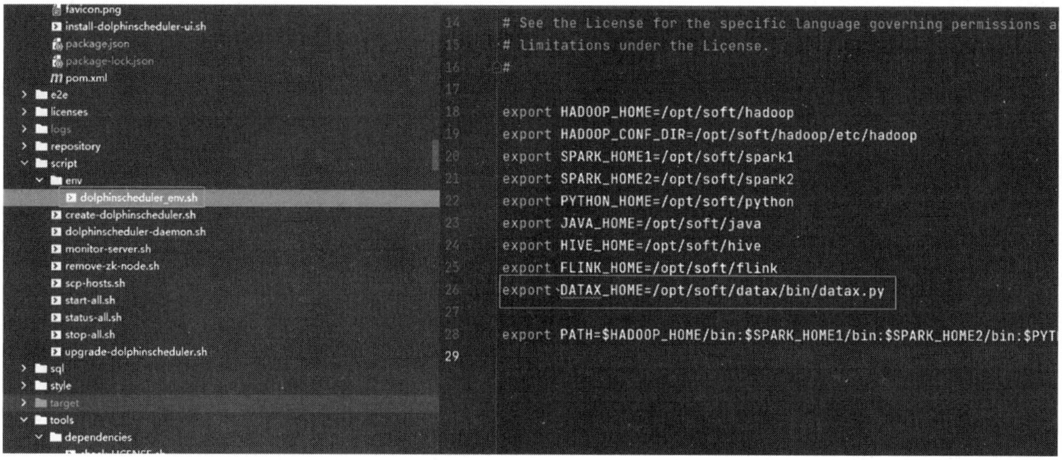

图 13-8　DolphinScheduler 配置

在 DolphinScheduler 后台配置 DataX 任务，这里以 MySQL 数据源为例进行介绍，数据流配置如下。

首先在数据源中心配置 MySQL 数据源，如图 13-9 所示。

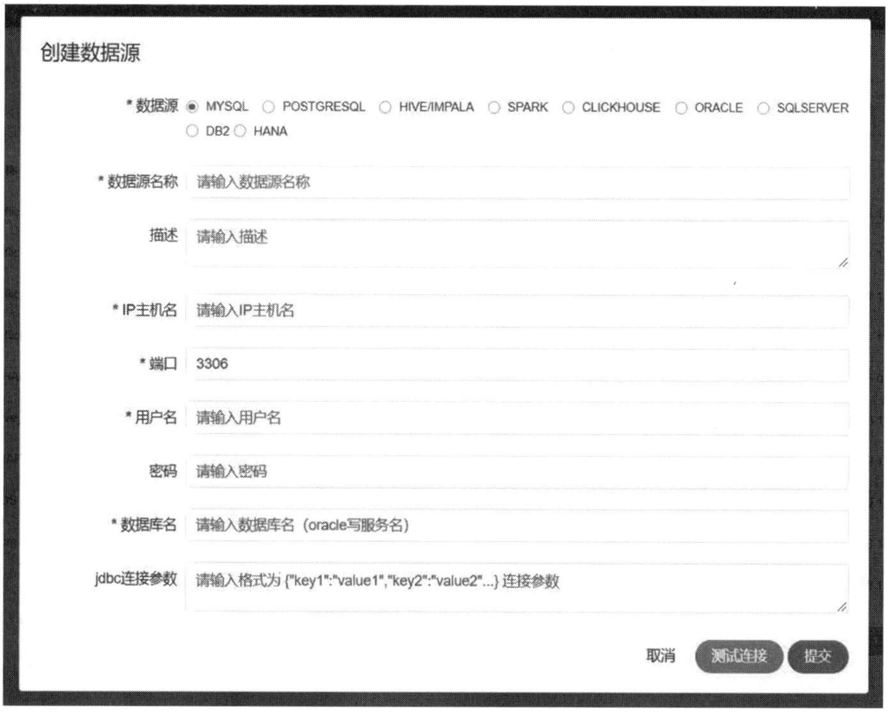

图 13-9　DolphinScheduler 数据源配置

然后在“项目管理”栏中创建数据流任务，在画布上拉取 DataX 类型配置第一个任务，选择刚才配置的 MySQL 数据源。

点击“保存”，系统就会自动生成数据同步的工作量，将数据流上线，并配置定时调度策略，数据的定时同步任务就完成了。

13.2 增量接口同步

一般来说，数据仓库的接口都符合二八定律，即 20% 的表存储了 80% 的数据，对这 20% 的表进行数据抽取是特别耗费时间的。此时，对于批处理来说，最好的方法是对于 80% 数据量较小的表，采用流水线作业的方式，快速生成接口表、接口程序、接口任务，通过全量接口快速抽取数据，先清空再插入目标表；针对 20% 数据量较大的表，则需要精耕细作，确定一个具体可行的增量方案。

笔者认为，满足以下条件之一就是较大的表：①抽取时间超过 10 分钟；②单表记录数超过或者接近 100 万；③接口数据超过 1GB。之所以如此定义，是从数据接口的实际情况出发的。抽取时间超过 10 分钟，会影响整体调度任务的执行时间；单表记录数超过 100 万，则插入数据占用数据库大量的资源，会影响其他任务的插入，降低系统的并发能力；数据传输超过 1GB，则需要耗费大量的网络宽带，每天重复一次会增加网络负担。

对于需要做增量的接口表，推荐以下两种批处理方案。

方案一：根据数据创建或者修改时间来实现增量

很多业务系统会在表结构上增加创建和修改时间字段，存在主键或者唯一键（可以是一个字段，也可以是多个字段的组合），同时确保数据不会被物理删除，这种表适合方案一。实际情况是，各大 OLTP 系统的数据库都可以记录创建和修改时间信息，方案一的应用最为广泛。

对于创建或者修改时间，MySQL 数据库可以通过在建表时指定字段默认值的方式来生成。

```
`create_time` timestamp NOT NULL DEFAULT CURRENT_TIMESTAMP COMMENT '创建时间',
`update_time` timestamp NOT NULL DEFAULT CURRENT_TIMESTAMP ON UPDATE CURRENT_
    TIMESTAMP COMMENT '更新时间'
```

也可以在建表之后通过增加字段的方式来补充。

```
-- 修改create_time 设置默认时间 CURRENT_TIMESTAMP
ALTER TABLE `tb_course`
MODIFY COLUMN  `create_time` datetime NULL DEFAULT CURRENT_TIMESTAMP COMMENT '创建时间' ;
-- 添加update_time设置默认时间CURRENT_TIMESTAMP,设置更新时间为ON UPDATE CURRENT_TIMESTAMP
ALTER TABLE `tb_course`
ADD COLUMN `update_time` datetime NULL DEFAULT CURRENT_TIMESTAMP ON UPDATE
    CURRENT_TIMESTAMP COMMENT '更新时间' ;
```

Oracle 数据库在默认情况下只能记录创建时间，不能记录修改时间。

```
--先添加一个date类型的字段
alter table tb_course add create_time date;
--将该字段默认为系统时间
alter table tb_course modify create_time default sysdate;
```

如果需要记录修改时间，则需要通过触发器或者修改更新语句来实现。触发器的脚本如下。

```
CREATE OR REPLACE TRIGGER trig_tb_course
    after INSERT OR UPDATE ON tb_course --新增和修改命令执行后触发,对象目标为tb_course
        表,执行后触发器对业务交易影响比较小
FOR EACH ROW    -- 行级触发器,每影响一行触发一次
BEGIN
     IF INSERTING THEN      --插入数据操作
        :NEW.create_time := SYSDATE;
    ELSIF UPDATING then     --修改数据操作
        :NEW.update_time := SYSDATE;
    END IF;
END;
```

有了创建或者修改时间以后，每次抽取最近几天（一般建议 3 天）的数据，则直接在 where 条件后面添加如下过滤条件。

```
--取最近3天插入或者更新的记录
where create_time >= cast(date_add(CURRENT_DATE,interval -3 day) as datetime)
or update_time >= cast(date_add(CURRENT_DATE,interval -3 day) as datetime)
```

DataX 或者 Kettle 在抽取数据时直接在 SQL 语句上添加上述条件即可，再将数据写入临时表，笔者一般以 _incr 作为临时表后缀。

抽取变化的数据后，将前后数据进行合并即可完成增量数据更新。一般情况下可以采用 MERGE INTO 命令进行数据合并，这里推荐先删除后插入的方式。首先，只有少数数据库支持 MERGE 命令，虽然 Greenplum 也支持，但是功能不够完善，语法比较复杂。其次，对于大多数数据库而言，因此删除比更新更快，所以推荐先删除后插入的方式。如果变化的数据不多，可以直接采用先删除后插入的方式；如果变化的数据太多，删除效率太低，则需要借助第三张表来完成数据的合并。

先删除后插入的语句示例如下。假设 DRP 系统的 item_info 表汇总的是商品主数据，数据量大，变化频率不高，则我们可以通过下面的语句来合并增量数据。

```
--先删除有过变化的数据
delete from ods_drp.ods_drp_item_info t
where exists (select 1 from ods.ods_drp_item_info_incr b
where t.item_id = b.item_id);
--然后插入新抽取的数据
insert into ods_drp.ods_drp_item_info
select t.*,current_timestamp() insert_time
from ods_drp.ods_drp_item_info_incr t;
```

方案二：增加触发器记录创建或者修改时间来实现增量

对于 SAP 之类的业务系统，我们经常遇到有些表要么没有创建、修改时间，要么存在记录物理删除的情况，无法通过方案一实现增量。结合 HANA 数据库的特点，我们最后采

用了通过触发器来记录业务数据创建、修改时间的方案。

这种方案下，我们需要为每一张增量接口表创建一张日志表，包括接口表的主键字段、操作标志、操作时间。每次抽取数据需要用日志表关联业务数据，然后抽取一段时间内新增、修改、删除的记录到数据中台数据库，最后根据操作标志 + 操作时间对目标表数据进行更新。

本方案虽然看上去对交易系统的侵入性较高，很难被接受，但其实是一个非常好用的增量方案，适合任何场景。首先，触发器是 Oracle、DB2、HANA 等数据库系统标配的功能，在表上增加 after 触发器对业务交易的影响微乎其微。其次，抽取数据的时间一般都在业务空闲时间，业务表和日志表的关联不会影响正常交易。最后，本方案可以捕捉数据的物理删除操作，可以保证数据同步 100% 的准确性。

下面，我们以 SAP S/4 HANA 的 EKPO 表为例进行方案解析。首先创建 EKPO 变更日志表。

```
--创建EKPO变更日志表,需要包含主键字段和变更标志、变更时间字段
CREATE TABLE HANABI.DI_EKPO_TRIG_LOG (EBELN CHAR(10) , EBELP CHAR(10),
    FLAG CHAR(5) , INSERT_TIME SECONDDATE);
```

然后给 EKPO 表添加触发器。

```
--INSERT触发器
CREATE TRIGGER DI_TRIGGER_EKPO_I  AFTER INSERT ON SAPHANADB.EKPO
REFERENCING NEW ROW MYNEWROW
FOR EACH ROW
BEGIN
INSERT INTO HANABI.DI_EKPO_TRIG_LOG VALUES(:MYNEWROW.EBELN, :MYNEWROW.EBELP ,
    'I' , CURRENT_TIMESTAMP );
END;
--UPDATE触发器
CREATE TRIGGER DI_TRIGGER_EKPO_U  AFTER UPDATE ON SAPHANADB.EKPO
REFERENCING NEW ROW MYNEWROW
FOR EACH ROW
BEGIN
INSERT INTO HANABI.DI_EKPO_TRIG_LOG VALUES (:MYNEWROW.EBELN, :MYNEWROW.EBELP ,
    'U' ,CURRENT_TIMESTAMP ) ;
END;
--DELETE触发器
CREATE TRIGGER DI_TRIGGER_EKPO_D  AFTER DELETE ON SAPHANADB.EKPO
REFERENCING OLD ROW MYOLDROW
FOR EACH ROW
BEGIN
INSERT INTO HANABI.DI_EKPO_TRIG_LOG VALUES (:MYOLDROW.EBELN, :MYOLDROW.EBELP ,
    'D' ,CURRENT_TIMESTAMP ) ;
END ;
```

有了变更日志表以后，用变更日志表关联源表，就可以得到源表新发生的所有增、删、改记录时间。

```
#查询一段时间内EKPO表新增、修改、删除的记录信息
select tr.flag op_flag,tr.insert_time op_time,tb.mandt,tr.ebeln,tr.ebelp,uniqueid ,
    loekz,statu,aedat,txz01,matnr,--此处省略其余字段
```

```
from HANABI.DI_EKPO_TRIG_LOG tr left join SAPHANADB.ekpo tb on tr.ebeln = tb.ebeln
    and tr.ebelp = tb.ebelp
where tr.insert_time BETWEEN to_TIMESTAMP('${start_time}','YYYY-MM-DD-HH24:MI:SS')
    AND to_TIMESTAMP('${end_time}','YYYY-MM-DD HH24:MI:SS')
```

记录上次抽取时间的方案可以更加灵活地控制抽取数据的区间。为了抽取时不会遗漏数据，我们一般预留 10 分钟的重叠区间。

首先，创建增量数据抽取的控制参数表 ctl_ods_sync_incr，如表 13-1 所示。

表 13-1　增量同步配置表字段信息

字段名	字段类型	字段长度	小数位	是否主键	字段描述
schema_name	varchar	40	0	否	模式名
table_name	varchar	40	0	是	表名
last_sysn_time	timestamp	6	0	否	上次同步时间

然后，在抽取脚本中读取和更新抽取日志表。

```
#!bin/bash
#用户名
export gpuser="xxxx"
#密码
export gppass="xxxx"

#目标数据库模式名
export gp_schema="ods_s4"
#目标数据库表名
export gp_table="ods_s4_ekpo_i"
#数据源地址
export datasource="s4"

#为了避免丢失数据，将上次抽取时间减10min进行数据抽取
result=`psql -h gp-master -p 5432 -U ${gpuser} -d ${gppass} << EOF
  select to_char(last_sync_time + '-10 sec', 'yyyy-mm-dd-HH24:MI:SS') from cfg.
    ctl_ods_sync_incr where table_name ='ods_s4_ekpo';
EOF`

start_time=`echo $result | awk -F' ' '{print $3}'`
end_time=$(date "+%Y-%m-%d %H:%M:%S")
#输出抽取时间和日期
echo "now sqoop data from ${start_time}  to ${end_time}"

export querySql="select tr.flag op_flag,tr.insert_time op_time,tb.mandt,tr.ebeln,tr.
ebelp,uniqueid ,loekz,statu,aedat,txz01,matnr,#此处省略其余字段
from HANABI.DI_EKPO_TRIG_LOG tr inner join SAPHANADB.ekpo tb on tr.ebeln =
  tb.ebeln and tr.ebelp = tb.ebelp
where tr.insert_time BETWEEN to_TIMESTAMP('${start_time}','YYYY-MM-DD-HH24:MI:SS')
  AND to_TIMESTAMP('${end_time}','YYYY-MM-DD HH24:MI:SS')"

cat>dataxjob.json<<EOF
{
    "job": {
        "name": "in-$db-$table",
        "content": [{
```

```
                "reader": {
                    "name": "hanareader",
                    "parameter": {
                        "dsDatasource" : "$datasource",
                        "jsonLine" : true,
                        "connection": [ {"querySql": ["$querySql"]}]
                    }
                },
                "writer": {
                  "name": "gpdbwriter",
                  "parameter": {
                    "username": $gpuser,
                    "password": $gppass,
                    "preSql": [
                            "truncate table $gp_schema.$gp_table"
                        ],
                    "column": [{"name": "body","type": "string"}]
                    "segment_reject_limit": 0,
                    "copy_queue_size": 2000,
                    "num_copy_processor": 1,
                    "num_copy_writer": 1,
                    "connection": [
                        {
                            "jdbcUrl": "jdbc:postgresql://gp-master:5432/dp",
                            "table": [
                                "$gp_schema.$gp_table"
                            ]
                        }
                    ]
                  }
                }
            }
        ],
        "setting": {
            "speed": {
                "channel": 1
            }
        }
    }
}
EOF

python $DATAX_HOME/bin/datax.py --jobid ${system.taskId} dataxjob.json

if [ $? -ne 0 ]; then
    echo "DataX failed, next time try again! "
else
    echo "DataX succeed , now update cfg.ctl_ods_sync_incr表"
    psql -h gp-master -p 5432 -U ${gpuser} -d ${gppass} << EOF
    update cfg.ctl_ods_sync_incr set last_sync_time = to_timestamp('${end_time}',
'YYYY-MM-DD HH24:MI:SS')  where table_name ='ods_s4_ekpo'
EOF
fi
```

在保证数据抽取过程中不遗漏数据的前提下，我们需要合并新抽取到的数据和历史数据。由于数据可能存在删除和多次修改的情况，因此我们的数据更新操作会比方案一更加复杂，需要在插入或者删除数据的过程中做一些开窗函数排序，以取得最新的记录，操作语句如下。

```
--从表中删除所有存在插入、删除、更新操作的数据
delete from ods_d4.ods_d4_ekpo t
 where exists (select 1 from ods_d4.ods_d4_ekpo_incr b
 where b.op_flag in ('I', 'D', 'U')
 and t.ebeln = b.ebeln
 and t.ebelp = b.ebelp);
--插入最后一次操作不是删除的数据
insert into ods_d4.ods_d4_ekpo
select mandt,t.ebeln,t.ebelp,uniqueid,loekz,statu,aedat,txz01,matnr,--此处省略其余字段
  from (select row_number() over(partition by b.ebeln,b.ebelp order by b.op_time
    desc,b.op_flag desc) rank_num,
              b.*
          from ods_d4.ods_d4_ekpo_incr b
         where b.op_flag in ('I', 'U' ,'D')) t
 where t.rank_num = 1
   and t.op_flag <>'D';
```

13.3　流式数据同步

通过 13.2 节的介绍可以看出，不论是方案一还是方案二，都需要业务系统数据库做出一定的调整（当然，如果某些业务系统数据库已经在设计的时候考虑到创建和更新时间了，则不需要修改），一次性抽取大量的数据会对交易数据库产生压力。基于上述原因，对于类 MySQL 数据库，推荐使用 CDC 日志同步方式。其他数据库如果可以满足 CDC 日志的要求，也可以采用这种方式。

基于 CDC 日志同步的方案，也称作流式数据同步方案，典型的数据采集流程如图 13-10 所示。

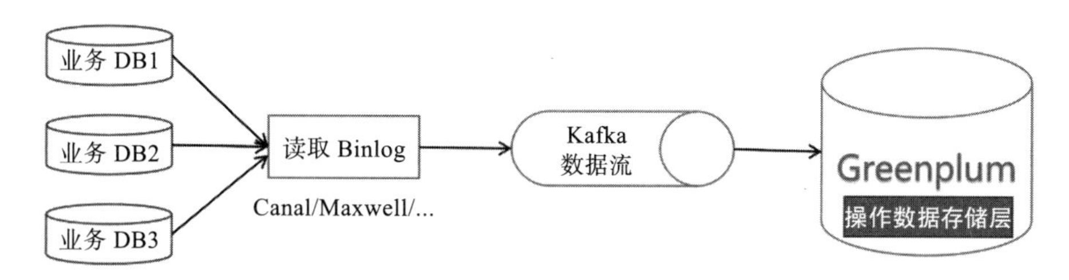

图 13-10　流式数据同步方案

1）对业务数据库进行分析，分析数据库是否支持 CDC 日志。一般来说，业务数据通常保存在关系型数据库中，从数据库的发展来看，MySQL 对 CDC 日志的支持是最好的。

2）有 DBA 权限的管理员开启数据库的 CDC 日志功能。其中 MySQL 数据库的 CDC 功能开启过程如下。

使用命令行工具连接到 MySQL 数据库所在服务器，执行以下命令，以 root 用户身份登录数据库。

```
mysql -uroot -ppassword
```

其中，password 为数据库 root 用户的登录密码，可向数据库管理员获取。

执行以下命令，查询 MySQL 数据库是否开启了 Binlog。

```
show variables like 'log_bin';
```

若变量 log_bin 的值为 OFF，则说明 Binlog 未开启，执行步骤 3）。

若变量 log_bin 的值为 ON，则说明 Binlog 已开启，执行以下 SQL 命令，检查相关参数的配置是否符合要求。

```
show variables like '%binlog_format%';
show variables like '%binlog_row_image%';
```

变量 binlog_format 的值应该为 ROW，变量 binlog_row_image 的值应该为 FULL。

执行以下命令退出数据库。

```
exit;
```

执行以下命令编辑 MySQL 配置文件，然后按“i”键进入输入模式。

```
vi /etc/my.cnf
```

在配置文件中增加如下配置，开启 Binlog。

```
server-id = 123
log_bin = mysql-bin
binlog_format = row
binlog_row_image = full
expire_logs_days = 10
gtid_mode = on
enforce_gtid_consistency = on
```

其中，server-id 的值应为大于 1 的整数，请根据实际规划进行设置。在创建数据集成任务时设置的 Server Id 值需要与此处设置的值不同。

expire_logs_days 为 Binlog 日志文件保留时间，超过保留时间的 Binlog 会被自动删除。注意，日志文件应保留至少 2 天。

仅当 MySQL 的版本大于、等于 5.6.5 时才需要添加 gtid_mode = on 和 enforce_gtid_consistency = on，否则删除这两行代码。

按 ESC 键退出输入模式，然后输入 :wq 并回车，保存后退出。

执行以下命令重启 MySQL 数据库。

```
service mysqld restart
```

以 root 用户身份登录数据库，执行以下命令，查询变量 log_bin 的值是否为 ON，即是否已开启 Binlog。

```
show variables like 'log_bin';
```

在数据库中执行以下命令创建 ROMA Connect 连接用户并配置权限。

```
CREATE USER 'roma'@'%' IDENTIFIED BY 'password';
GRANT SELECT, RELOAD, SHOW DATABASES, REPLICATION SLAVE, REPLICATION CLIENT ON *.*
    TO 'roma'@'%';
```

其中，roma 为 ROMA Connect 连接用户名，password 为 ROMA Connect 连接用户密码，应根据实际规划进行设置。

如果 MySQL 数据库版本为 8.0，则需要执行以下命令，修改数据库连接用户的认证方式（可选）。

```
ALTER USER roma IDENTIFIED WITH mysql_native_password BY 'password';
```

执行以下命令退出数据库连接。

```
exit;
```

3）通过 Canal、MaxWell、Debezium 等开源组件读取数据库日志，将数据库转换成 JSON 对象并写入 Kafka 队列。

4）通过 Greenplum 的 GPSS 读取 Kafka 消息或者通过 Flink 程序（Spark 也可以）读取 Kafka 数据，更新后写入 Greenplum 数据库。

随着各个开源组件功能的完善，有些步骤已经可以省略了。例如 Flink 社区开发了 flink-cdc-connectors 组件，这是一个可以从 MySQL、PostgreSQL 等数据库中直接读取全量数据和增量变更数据的 source 组件。

13.4 日志流数据同步

随着大数据技术的发展，日志数据的分析也成为数据中台必不可少的一个功能。一般来说，日志数据会以日志流的方式进入系统。我们这里所说的日志数据，一般是指 Web 应用或者手机程序的埋点日志，包括用户点击、浏览、鼠标停留、收藏、加购、分享等操作信息。这些操作虽然未产生业务价值，但是可以用来进行用户行为分析和制定业务促销活动。

典型的用户行为数据采集流程如图 13-11 所示。

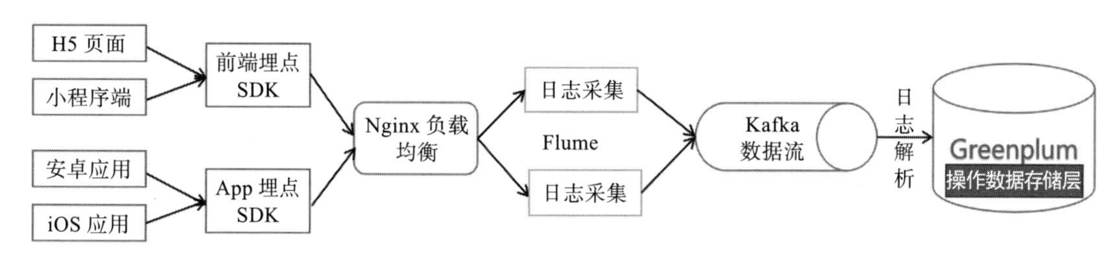

图 13-11 日志流数据同步方案

1）需要前端工程师或者 App 开发者在 Web 或者 App 应用页面添加埋点信息，搜集用户的操作，并通过异步 Post 的方式发送给 Ngnix 服务器。

2）Ngnix 服务器收到用户的数据后，以文本格式记录请求参数等信息至 access.log。

3）Flume 实时监控 Nginx 日志的变化，收集并过滤有用日志，之后发送至 Kafka。

4）埋点数据到达 Kafka 后，通过 Spark 程序或者 Flink 程序完成日志解析，解析完成的数据格式化保存到 Greenplum 数据库的操作数据存储层。

至此，日志数据采集和解析工作就完成了。

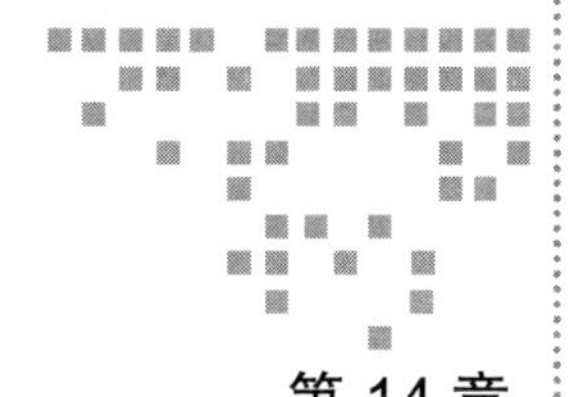

第 14 章 Chapter 14

数据建模

数据中台的概念是 2018 年下半年开始在互联网行业火热起来的。那么，数据仓库和数据中台在数据分析应用上有什么区别呢，数据仓库主要用于支持管理决策和业务分析，而数据中台则是将数据进行服务化提供给业务系统，目标是将数据能力渗透到各个业务环节，不限于决策分析类场景。数据中台包含数据仓库的完整内容，它可以将数据仓库当作数据源，拓展数据应用，也可以基于数据中台提供的能力，通过汇聚、加工、治理各类数据源，构建全新的离线或实时数据仓库。

14.1 数据建模思想

数据仓库是伴随着信息与决策支持系统的发展过程产生的。1988 年，为解决企业集成问题，IBM 爱尔兰公司的 Barry Devlin 和 Paul Murphy 提出了信息仓库的概念，是指搭建一个结构化的环境，以支持最终用户管理全部业务，支撑信息技术部门保证数据质量。

20 世纪 90 年代初，William H.Inmon 在其里程碑式的著作《数据仓库》（中文版已由机械工业出版社出版）中提出了数据仓库的概念，随后数据仓库的研究和应用得到了广泛的关注。该书对数据仓库进行了定义：数据仓库是面向主题的、集成的、包含历史数据的、相对稳定的、面向决策支持的数据集合。这些原则至今仍然是指导数据仓库建设的基本原则，Inmon 凭借这本书奠定了在数据仓库建设领域的专家地位，被称为“数据仓库之父”。

1994 年前后，实施数据仓库的项目大都以失败告终，于是数据集市的概念诞生并大范围运用，代表人物是 Ralph Kimball。Kimball 于 1996 年出版了《数据仓库工具箱》一书，提出了维度建模技术，掀起了数据集市的狂潮。这本书提供了为分析型数据模型进行优化的详细指导意见，从此维度建模被广泛关注，在传统的关系型数据模型和多维 OLAP 之间建立了桥梁。由于数据集市仅为数据仓库的一部分，因此实施难度大大降低，并且能够满足公司内部各业务部门的迫切需求，在上线初期获得了较大成功。

随着数据集市不断增多，维度建模架构的缺陷也逐步显现。公司内部独立建设的数据集市遵循不同的标准和建设原则，以致多个数据集市的数据混乱且不一致。为保证数据的准确性和实时性，有的数据集市系统可以由 OLTP 系统直接修改里面的数据。为了保证系统的性能，有的数据集市甚至删除了历史数据。这又衍生了一些新的应用，例如 ODS。直至此时，人们对数据仓库、数据集市、ODS 的概念还是非常模糊的，经常混为一谈。

解决问题的方法只能是回归数据仓库最初的基本建设原则。1998 年，Inmon 提出了新的 BI 架构 CIF（Corporation Information Factory，企业信息工厂），新架构在不同层次上采用不同的构件来满足不同的业务需求。CIF 的核心思想是把整个架构分为不同的层次，以满足不同的需求。现在 CIF 架构已经成为数据仓库的框架指南。

在国内数据仓库领域，随着数据仓库建设的逐步深化，把企业数据仓库作为企业数据整合平台成为业界的共识，越来越多的企业开始建立企业级别的数据仓库来支撑企业的运作和发展。

Inmon 和 Kimball 各自倡导的数据仓库建设体系，代表了数据仓库设计的两种思路。虽然 Inmon 的 CIF 体系包含了 Kimball 的数据集市，承认数据集市的地位，但是二者在数据仓库设计和实现过程中仍然有很大的不同。

14.1.1 Inmon 企业信息化工厂

Inmon 的企业信息化工厂建模方式是自下而上的，即先打好广而全的数据基础，考虑当下业务场景中的所有可能，基于范式建模的理念设计数据仓库，然后基于各种业务场景开发数据集市以及 BI 应用。Inmon 的数据仓库设计思路如图 14-1 所示。

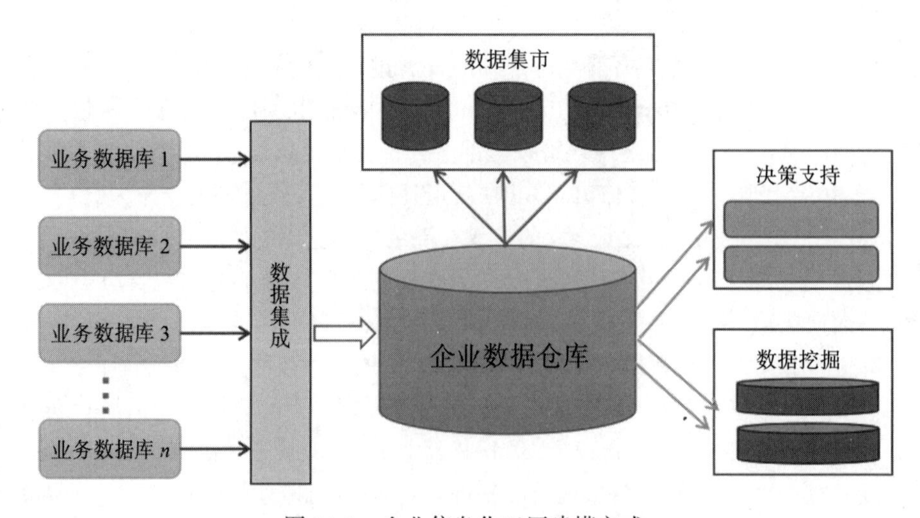

图 14-1 企业信息化工厂建模方式

图 14-1 左侧是业务交易系统或者操作型事务系统，数据可能存储在关系型数据库中，也可能存储在离线文件中，这些数据经过数据集成，加载到企业数据仓库中。数据集成包括针对数据的抽取、清洗、转换和整合等操作。

企业数据仓库是企业信息化工厂的枢纽，是原子数据的集成仓库，由于企业数据仓库不是多维格式的，因此不适合直接用于 BI 应用查询。企业建设数据仓库的目的是整合不同来源的数据，按照统一的标准进行存储、加工、整合，为后续的数据应用提供明细数据。

数据集市针对不同的主题区域，从企业数据仓库中获取信息，将其转换成多维数据格式，然后通过不同手段进行聚集、计算，最后提供给用户分析使用。基于此，Inmon 把信息从企业数据仓库移动到数据集市的过程称为数据交付。

14.1.2 Kimball 的维度数据仓库

Kimball 的维度数据仓库建模方式是自上而下的，这种方式不用考虑很大的框架，针对某一个数据领域或者业务进行维度建模即可，在得到最细粒度的事实表和维度表，形成适用于该数据领域或业务的数据集市之后，再与各个数据集市集成为数据仓库。

Kimball 维度数据仓库是基于维度模型建立的企业级数据仓库，该架构有时也称作总线体系结构，和 Inmon 提出的企业信息化工厂有很多相似之处，都是考虑原子数据的集成仓库。维度建模数据仓库架构如图 14-2 所示。

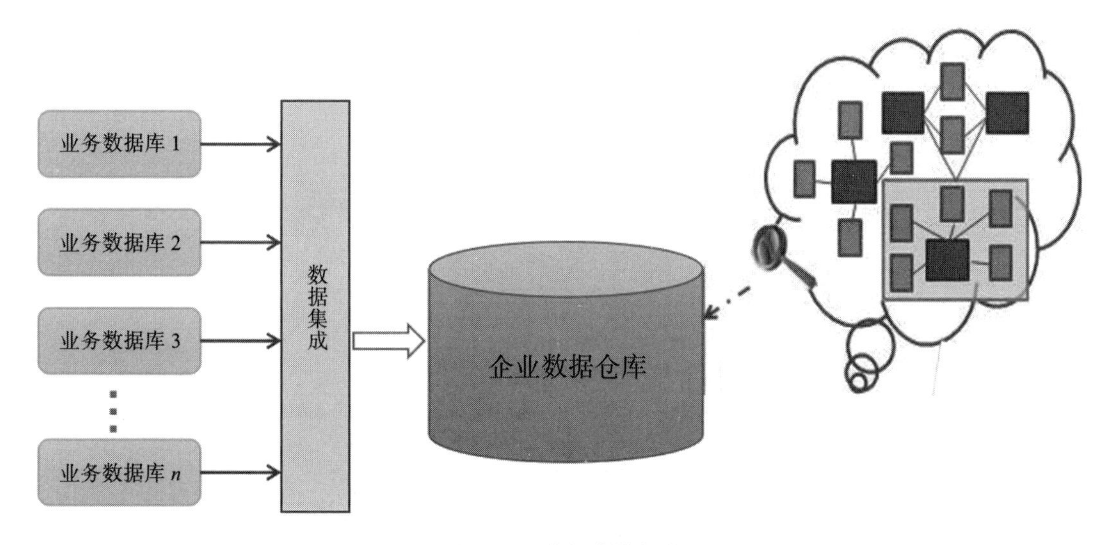

图 14-2　维度建模方式

维度建模的要点是保持各集市之间的维度和事实一致，这样在统一成数据仓库的时候才能保持各个模块的连通性和关联性，确保不会出现数据差异。

14.1.3　两种建模体系的对比

这两种建模体系有很多相似之处。

1）都假设操作型系统和分析型系统分离。

2）数据来源（操作型系统）非常多。

3）数据集成整合多种操作型系统的数据并集中到一个企业级数据仓库中。

二者最大的不同是企业数据仓库模式不同，即 Inmon 采用了第三范式的格式，Kimball 采用了多维模型（一般是星形模型），并且还是最低粒度的数据存储。

在 Kimball 架构中有一个可变通的设计，就是在数据集成的过程中加入操作数据存储层，使其保留第三范式的一组表作为数据集成过程的过渡。也可以把数据集市和数据仓库分离开来，这样就多了一层所谓的展现层。这些变通的设计都是可以接受的，可以满足企业数据分析的需求。

一般来说，Inmon 的第三范式建模比较适合业务成熟度高、变化相对缓慢的行业，例如银行业。而 Kimball 的维度建模更适合追求业务灵活性的互联网行业和零售、快消品行业。二者的对比如表 14-1 所示。

表 14-1　Kimball 和 Inmon 建模思想对比

特性	Kimball	Inmon
时间	快速交付	费时且难度大
开发难度	小	大
维护难度	大	小
技能要求	入门级	专家级
数据要求	特定业务	企业级

虽然 Inmon 第三范式建模周期比较长，投入成本大，但是后期稳定性高。Kimball 的维度建模虽然开发速度比较快，但是后续维护会比较麻烦。

14.2　数据分层设计

有了建模思想，我们就可以搭建数据仓库和数据集市了。接下来需要先对数据进行分层。数据分层主要有以下几方面优势。

1）清晰的数据结构：每一个数据分层都有它的作用域，这样我们在使用表的时候能更方便地定位和理解。

2）方便数据血缘追踪：简单地说，经过数据分层呈现出的是一张能直接使用的聚合数据表，它的来源有很多，如果有一张来源表出了问题，可以快速准确地定位到问题所在，并清楚它的影响范围。

3）减少重复开发：规范数据分层，开发一些通用的中间层数据，能够减少重复计算，提高程序复用性。

4）把复杂问题简单化：将一个复杂的任务分解成多个步骤，每一层只处理单一的步骤，这样执行起来比较简单和容易理解，而且便于保证数据的准确性，当数据出现问题时，可以不用修复所有的数据，只从有问题的步骤开始即可。

5）屏蔽原始数据的异常：屏蔽业务的影响，更改一次业务不需要全部重新接入数据。

企业根据业务需求进行数据分层，最基础的分层思想是将数据划分为三层，即操作数据存储层、数据仓库层、数据集市层。在实际工作中，我们会基于这个基础分层之上添加新的层次，以满足不同的业务需求。数据仓库层会进一步细分为明细数据层、基础指标层、数据汇总层和维度层。其中，基础指标层作为加工数据的中间层，在有些分层模型中不体现（相关逻辑会划分到明细数据层或者数据汇总层）。由于数据仓库层业务逻辑划分成三层，数据仓库的构建逻辑会更加清晰明了，因此笔者建议将数据仓库层划分为三层，如图 14-3 所示。

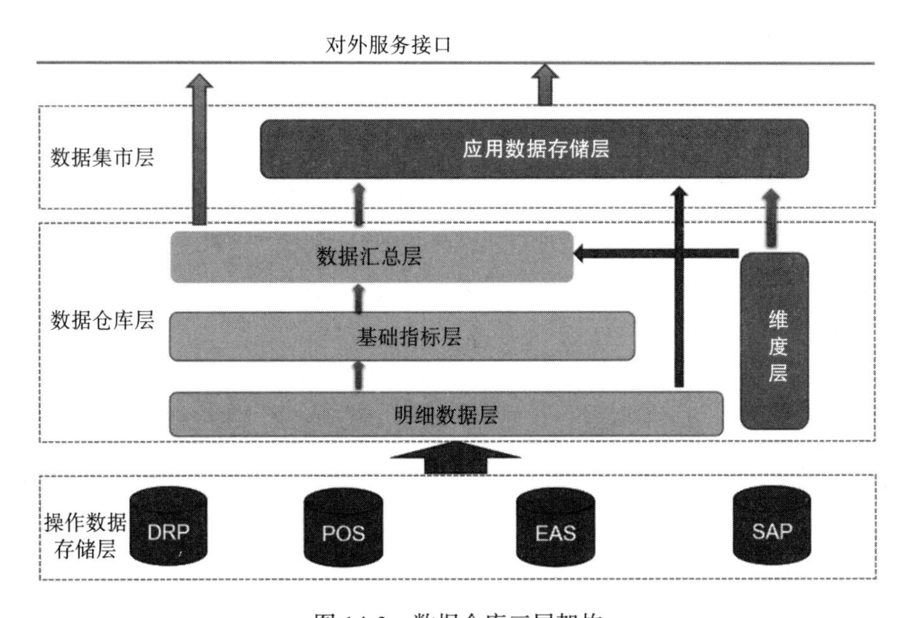

图 14-3　数据仓库三层架构

14.2.1　操作数据存储层

操作数据存储（Operate Data Store，简称 ODS）层是外部系统接入数据中台的第一层，操作数据存储层的数据一般保持和来源系统一致，数据经过增量或者全量抽取，加载到操作数据存储层。本层数据一般按照来源系统进行分类。

1）业务库：一般使用 DataX 抽取，比如每天定时抽取一次。在实时方面，可以考虑用

Canal 监听 MySQL 的 Binlog，实时接入数据。

2）埋点日志：线上系统会打入各种日志，这些日志一般以文件的形式保存，我们可以选择用 Flume 定时抽取日志，也可以用 Spark Streaming 或者 Flink 实时接入日志。当然，Kafka 也是其中非常关键的角色。

3）消息队列：来自 ActiveMQ、Kafka 的数据等。

操作数据存储层一般保留接口数据的全量快照。对于业务数据，根据二八原则，80% 的表只占用 20% 的存储和数据量，这类表可以每天抽取全量数据进行覆盖。对于剩下 20% 的接口表，则需要采取增量接口的方式进行数据同步，详细操作可以参考第 13 章。对于非批处理的流式数据，一般只需要写入操作数据存储层。

操作数据存储层的表结构和数据一般保持和源系统一致，不做任何加工和处理。这样做的好处是可以简化接口同步逻辑，避免遗漏数据。

14.2.2 数据仓库层

数据仓库（Data Warehouse，简称 DW）层是数据建模的核心。在这里，我们将从操作数据存储层抽取的数据按照主题建立各种数据模型。例如以零售行业的商品销售流水业务为例，POS 数据可以分成正常销售订单、退货订单，也可以按照系统分成线上销售订单和线下销售订单。线上销售系统可以分成京东、唯品会、天猫、抖音等多个电商渠道。我们需要将这些不同的业务数据进行整合，产生一个汇总的全渠道销售流水数据集，然后结合商品、店铺、导购、会员的属性信息进行多维分析。

我们先了解 4 个概念：维度、事实、指标和粒度。

1）维度用来描述事实的角度，例如时间、地点、人员。

2）事实是业务流程中的一条业务，是一个度量集，包括可加事实、半可加事实和不可加事实。

3）指标是业务流程节点上的一个数值，也可以是一个根据业务逻辑衍生出来的度量，比如销量、目标、达成率、售罄率等。

4）粒度是业务流程中度量的单位，比如商品是按件记录度量，还是按批记录度量。

在理解基础指标的情况下，我们再理解数据分层就容易多了。一般来说，数据仓库可以进一步细分成 3 个业务模型层和 1 个维度层。其中，维度层是必不可少的，3 个业务模型层有时候简化为两个，即去掉中间的基础指标层。基础指标层的功能还是会保留，只是拆分到明细数据层或者数据汇总层。

1. 维度层

维度（Dimension，简称 DIM）层基于维度建模理念思想，建立整个企业的一致性维度，降低数据汇总口径和聚合结果不统一的风险。维度数据层是独立于业务数据模型的，数据主要来自操作数据存储层，也有少量数据由业务人员手工维护。公共维度层的数据也可以来自多个系统，需要在公共维度层进行整合去重，保证数据的准确性。

对于一些接口不能满足的数据项，可能还需要业务人员手工维护。

2. 明细数据层

明细数据（Data Warehouse Detail，简称DWD）层主要对操作数据存储层做一些数据清洗和规范化的操作。数据清洗包括去除空值、脏数据、超过极限范围等。数据规范化包括整合交易系统关键信息，还原业务全貌，通过一张表即可了解某项业务的核心内容。数据规范化操作是一个业务抽象的过程，一般按照交易系统的逻辑进行关联，会去掉大量附属和冗余信息。

在销售流水的案例中，因为明细数据层一般按照数据来源进行加工、整合，所以会把销售订单和退货订单整合在一起，跨系统数据的整合一般不在本层进行。明细数据层的模型需要充分考虑业务的独特性，例如线上销售和线下销售的关注点不一样，模型设计也会不一样。

3. 基础指标层

基础指标（Data WareHouse Base，简称DWB）层也叫公共指标层，存储的是客观抽象数据，一般作为中间层，可以认为是加工大量指标的数据层。在基础指标层会屏蔽不同来源数据的差异性，只保留关键的维度，并进行指标逻辑计算。业务口径的加工一般在这一层集中处理。

在销售流水的案例中，基础指标层整合不同系统来源的线上、线下数据，对于重复和交叉的数据，也在本层进行去重处理，最后汇总得到一个只有关键维度（例如店铺、商品、会员、导购等）、关键属性（例如订单号、订单日期、订单状态、退货标志）和指标（销售数量、销售金额、退货数量、退货金额）的结果表。诸如财务报表指标口径的汇总、库存明细移动类型的划分、存款业务年日均的累计和利息计提等逻辑都应该独立到基础指标层计算。

4. 数据汇总层

数据汇总（Data WareHouse Summary，简称DWS）层以分析的主题对象作为建模驱动，基于上层的应用和产品的指标需求，构建公共粒度的汇总指标事实表，以宽表化手段物理化模型，构建命名规范、口径一致的统计指标，为上层提供公共指标，建立汇总宽表、明细事实表。数据模型是在基础指标层的基础上，整合某些维度信息汇总成分析某一个主题域的数据汇总层，一般是宽表。数据汇总层作为数据仓库主要的对外服务层（特殊情况下，后端应用也可以查询明细数据层或者维度层的数据），为数据中台的各种应用提供统一的数据接口。

在销售流水案例中，数据汇总层可以基于基础指标层的指标结果集关联店铺信息构建渠道销售模型，关联商品信息构建商品销售模型，关联会员信息构建会员购买模型，关联导购信息构建导购销售模型，关联节假日信息构建节假日销售分析模型。

根据笔者的经验，维度层是必须存在的，而数据仓库是分两层还是分三层，主要取决于指标复杂度。在有些业务场景下，报表更多的是基于明细数据的汇总，指标加工也比较简单，只需要明细数据层和数据汇总层。对于有些领域，例如零售业、银行业，指标计算规则比较复杂，维度又比较统一，非常有必要增加基础指标层进行指标的统一计算。合理的分层，不仅可以大大减少代码的重复开发，也可以简化数据加工的逻辑，让复杂问题简单化。

14.2.3 数据集市层

数据集市（Data Mart，简称 DM）延续了数据仓库模型的叫法，在数据分层里面，数据集市也叫应用数据存储（Application Data Store，简称 ADS）层，主要面向特定应用创建的数据集，提供数据产品和数据分析使用的数据。由于数据仓库层保存的数据过于详细，在大多数情况下不适合进行数据分析，因此我们可以在应用数据存储层针对数据分析场景创建一些聚合的表。数据聚合以后，数据量大幅下降，查询性能会有很大的提升，这是应用数据存储层设计的初衷。

由于数据应用场景不一样，需要的信息也不相同，开放数据汇总层的大宽表不容易控制数据权限，因此需要在应用数据存储层构建收缩字段或者记录数的表。由于面向的应用比较灵活，因此 ADS 模型的构建并没有特定的规范。我们可以简单地认为，数据怎么方便使用，我们就怎么加工应用数据存储层。

这里需要特别说明的是，针对不同的系统架构，应用数据存储层的设计也会有很大的不同。在基于 Hive 构建的数据仓库里面，如果展现数据采用的是 MySQL、Oracle 等关系型数据库，则需要将应用数据存储层数据汇总到百万级别，以适应前端应用快速查询的性能要求。如果采用 Kylin 作为 OLAP 引擎，则可以省略应用数据存储层，或仅构建少量应用数据存储层表，通过 Kylin 的 MOLAP 功能来实现数据的多维度关联和向上聚合。如果是基于 ClickHouse 或者 ElasticSearch 构建的 OLAP 引擎，则应尽可能保留大宽表的结构，减少数据查询时的关联操作。

如果是基于 Greenplum 架构的数据仓库或者数据中台，上述问题就都不用考虑了。Greenplum 同时支持宽表模型和星形模型且性能优秀，基于 Greenplum 实现的应用数据存储层，既可以采用列存储保存的大宽表模型，也可以基于星形模型设计事实表和维度表，这取决于具体的数据量和应用场景。

以零售流水模型为例，我们可以按照店铺 + 订单日期构建店铺聚合结果，汇总销售流水数据和销售目标数据，供渠道相关的主题报表、API 接口和大屏应用查询数据。针对零售行业最常见的售罄率模型，我们可以汇总到“商品分类 + 商品季 + 店铺 + 日期”粒度的库存数据 + 销售数据，这种情况推荐使用宽表模型，供应用自由选择字段进行分析查询。

14.3 数据分层实战案例

对于有些读者来说，数据建模还是太过抽象，本节以一个实际项目的销售流水为例，展开介绍建模过程。

14.3.1 ODS 层

ODS 层主要对接交易系统，销售流水用到的接口表主要有 POS 系统、OMS 系统、SOM 系统等。对于商品主数据、店铺主数据，二者取自 SAP 系统，接口逻辑过于复杂，这里就不详细展开了。表 14-2 选取了一些销售流水加工的关键表进行简单介绍。

表 14-2　零售流水 ODS 接口清单

接口系统	数据库类型	接口表名	表描述	ODS 表	抽取类型
POS 系统	MySQL	pos_sale_daily	刷卡订单头表	ods_pos_pos_sale_daily	流式同步
		pos_saledtl_daily	刷卡订单行表	ods_pos_pos_saledtl_daily	流式同步
		pos_shop	门店信息表	ods_pos_pos_shop	全量
		pos_vip	会员信息表	ods_pos_pos_vip	全量
		pos_vipgradechange-record	会员等级变更表	ods_pos_pos_vipgradechan-gerecord	增量
OMS 系统	SQL Server	salesorder	电商订单表	ods_oms_salesorder	增量
		salesorderdetail	电商订单行表	ods_oms_salesorderdetail	增量
		store	电商店铺表	ods_oms_store	全量
		dispatchorderdetail	电商发货信息表	ods_oms_dispatchorderdetail	全量
		applyrefundorder	电商退货订单表	ods_oms_applyrefundorder	增量
SOM 系统	SQL Server	wechat_orderinfo_title	微信商城订单头表	ods_som_wechat_orderinfo_title	增量

14.3.2 DWD 层

在 DWD 层，流水模块主要创建了两张表，POS 流水模型表和 OMS 流水模型表。DWD 层 POS 流水模型表 dwd_re_sales_detail_pos 结构设计如表 14-3 所示。

表 14-3　POS 流水模型表结构

字段名	字段类型	字段长度	小数位	是否分布键	字段描述
order_id	varchar	40	0	否	订单 ID
order_code	varchar	40	0	是	订单编码
reorder_code	varchar	40	0	否	原始订单号（只有退货订单有）
order_type	varchar	20	0	否	订单类型

（续）

字段名	字段类型	字段长度	小数位	是否分布键	字段描述
order_status	varchar	20	0	否	订单状态
order_time	timestamp	6	0	否	订单实际
store_code	varchar	40	0	否	店铺编码
sku_code	varchar	40	0	否	商品编码
member_code	varchar	40	0	否	会员编码
shopguide_code	varchar	40	0	否	导购编码
detail_retail_quantity	int4	32	0	否	商品数量
detail_retail_amount	numeric	22	4	否	商品实付金额

DWD 层 OMS 流水模型表 dwd_re_sales_detail_oms 结构设计如表 14-4 所示。

表 14-4 OMS 流水模型表结构

字段名	字段类型	字段长度	小数位	是否分布键	字段描述
order_id	varchar	40	0	否	订单 ID
order_code	varchar	40	0	是	订单编码
reorder_code	varchar	40	0	否	原始订单号（只有退货订单有）
order_type	varchar	20	0	否	订单类型
oms_order_source	varchar	20	0	否	订单来源
order_status	varchar	20	0	否	订单状态
order_time	timestamp	6	0	否	订单时间
store_code	varchar	20	0	否	店铺编码
sku_code	varchar	40	0	否	商品编码
member_code	varchar	40	0	否	会员编码
shopguide_code	varchar	40	0	否	导购编码
oms_store_code	varchar	40	0	否	OMS 店铺编码
oms_store_name	varchar	120	0	否	OMS 店铺名称
create_time	timestamp	6	0	否	创建时间
pay_time	timestamp	6	0	否	支付时间
warehousecode	varchar	40	0	否	发货仓库编码
warehousename	varchar	120	0	否	发货仓库描述
detail_retail_quantity	int4	32	0	否	商品数量
detail_retail_amount	numeric	22	4	否	商品实付金额

数据加工核心逻辑如下（代码逻辑较实际项目有简化）。

```
--POS流水加工核心SQL语句
INSERT INTO dw.dwd_re_sales_detail_pos
  SELECT t2.id as order_id,--订单ID
         t1.code as order_code,--订单编码
         case
           when t1.codetype = 'RT' then
            t1.oldcode
           else
            ''
         end as reorder_code,--原始订单号
         t1.codetype as order_type,--订单类型
         t1.codestatus as order_status,--订单状态
         t1.saledate as order_time,--订单时间
         t1.shop as store_code, --店铺编码
         t2.sku as sku_code,--商品编码
         t1.vipcode as member_code,--会员编码
         t1.empcodegs as shopguide_code,--导购编码
         t2.qty as detail_retail_quantity,--商品数量
         t2.amount as detail_retail_amount --实付金额
    FROM ods_pos.ods_pos_pos_sale_daily t1
   INNER JOIN ods_pos.ods_pos_pos_saledtl_daily t2 ON t1.code = t2.code
   WHERE t1.codestatus = '2'
     AND t1.codetype in ('OR', 'RT', 'BR')
     AND substr(t1.saledate, 1, 4) >= '2017';

--OMS流水加工核心SQL语句
INSERT INTO dw.dwd_re_sales_detail_oms
   --正常订单
  SELECT cast(t2.detailid as string) as order_id,--订单ID
         t1.tradeid as order_code,--订单编码
         '' as reorder_code,--原始订单号
         'OR' as order_type,--订单类型
         t3.ordertype as oms_order_source,--订单来源
         t3.orderstate as order_status,--订单状态
         t1.paydate as order_time,--订单时间
         case
           when t3.shopcode is null or t3.shopcode = '' or
                t3.empcode is null or t3.empcode = '' then
            t7.sapcode
           when t3.ordertype = '0' and
                (t3.empcode <> '' or t3.empcode is not null) then
            '30113'
           else
            t3.shopcode
         end as store_code,--订单归属店铺
         t2.skucode as sku_code,--商品编码
         case
           when concat(substr(t1.paydate, 1, 4), substr(t1.paydate, 6, 2)) <
                '201905' then
            t4.code
           else
            t5.code
         end as member_code,--会员编码
         t3.empcode as shopguide_code,--导购编码
         t7.code as oms_store_code,--OMS店铺编码
         t7.name as oms_store_name,--OMS店铺名称
         t1.createdate as create_time,--订单创建时间
```

```
       t1.paydate as pay_time,--订单支付时间
       t8.warehousecode,--订单发货仓库
       t8.warehousename,--订单发货仓库描述
       t2.quantity as detail_retail_quantity,--商品数量
       t2.amountactual as detail_retail_amount--商品金额
  FROM ods_oms.ods_oms_salesorder t1
 INNER JOIN ods_oms.ods_oms_salesorderdetail t2 ON t1.orderid =
                                                   t2.salesorderid
  LEFT JOIN ods_som.ods_som_wechat_orderinfo_title t3 ON t1.tradeid =
                                                         t3.orderid
  LEFT JOIN ods_pos.ods_pos_vip t4 ON t1.customercode = t4.openid
  LEFT JOIN ods_pos.ods_pos_vip t5 ON t3.cardcode = t5.mobile
  LEFT JOIN ods_oms.ods_oms_store t7 ON t1.storeid = t7.id
  LEFT JOIN ods_oms.ods_oms_dispatchorderdetail t8 ON t2.detailid =
                                                      t8.salesorderdetailid
 WHERE t7.platformtype = '40'
   AND t1.transtype = '0'
   AND t1.isobsolete = '0'
   AND substr(t1.paydate, 1, 4) >= '2017'
   AND (t2.isdeleted = '0' or
       (t2.isdeleted = '1' and t2.isrefunded = '1'))
UNION ALL --退货订单
SELECT cast(t7.id as string) as order_id,--订单ID
       t1.tradeid as order_code,--订单编码
       t7.code as reorder_code,--原始订单号
       'RT' as order_type,--订单类型
       t3.ordertype as oms_order_source,--订单来源
       t3.orderstate as order_status,--订单状态
       t7.auditdate as order_time,--订单时间
       case
         when t3.shopcode is null or t3.shopcode = '' or
              t3.empcode is null or t3.empcode = '' then
          t8.sapcode
         when t3.ordertype = '0' and
              (t3.empcode <> '' or t3.empcode is not null) then
          '30113'
         else
          t3.shopcode
       end as store_code,--订单归属店铺
       t2.skucode as sku_code,--商品编码
       case
         when concat(substr(t1.paydate, 1, 4), substr(t1.paydate, 6, 2))
             < '201905' then
          t4.code
         else
          t5.code
       end as member_code,--会员编码
       t3.empcode as shopguide_code,--导购编码
       t8.code as oms_store_code,--OMS店铺编码
       t8.name as oms_store_name,--OMS店铺名称
       t1.createdate as create_time,--订单创建时间
       t1.paydate as pay_time,--订单支付时间
       t9.warehousecode,--订单发货仓库
       t9.warehousename,--订单发货仓库描述
       0 - t7.quantity as detail_retail_quantity,--商品数量
       0 - t7.refundfee as detail_retail_amount --商品支付金额
  FROM ods_oms.ods_oms_salesorder t1
 INNER JOIN ods_oms.ods_oms_salesorderdetail t2 ON t1.orderid =
                                                   t2.salesorderid
  LEFT JOIN som_ods.som_wechat_orderinfo_title t3 ON t1.tradeid =
```

```
                                          t3.orderid
 LEFT JOIN ods_pos.ods_pos_vip t4 ON t1.customercode = t4.openid
 LEFT JOIN ods_pos.ods_pos_vip t5 ON t3.cardcode = t5.mobile
INNER JOIN ods_oms.ods_oms_applyrefundorder t7 ON t2.detailid =
                                               t7.salesorderdetailid
                                           AND t7.auditstatus = '1'
 LEFT JOIN ods_oms.ods_oms_store t8 ON t1.storeid = t8.id
 LEFT JOIN ods_oms.ods_oms_dispatchorderdetail t9 ON t2.detailid =
                                                  t9.salesorderdetailid
WHERE t8.platformtype = '40'
  AND t1.transtype = '0'
  AND t1.isobsolete = '0'
  AND substr(t7.auditdate, 1, 4) >= '2017';
```

14.3.3 DWB 层

在 DWB 层完成数据整合以及指标计算，这里涉及的指标逻辑主要是退换货。DWB 层流水模型表 dwb_re_sales_detail 结构设计如表 14-5 所示。

表 14-5 DWB 流水模型表结构

字段名	字段类型	字段长度	小数位	是否分布键	字段描述
order_id	varchar	40	0	否	订单 ID
order_code	varchar	40	0	是	订单编码
reorder_code	varchar	40	0	否	原始订单号（只有退货订单有）
order_type	varchar	20	0	否	订单类型
oms_order_source	varchar	20	0	否	云店订单来源
order_status	varchar	20	0	否	订单状态
order_time	timestamp	6	0	否	零售时间
order_date	date	0	0	否	零售日期
store_code	varchar	40	0	否	店铺编码
oms_store_code	varchar	40	0	否	OMS 店铺编码
oms_store_name	varchar	200	0	否	OMS 店铺名
sku_code	varchar	40	0	否	商品编码
member_code	varchar	40	0	否	会员编码
shopguide_code	varchar	40	0		开卡导购编号
data_source	varchar	20	0		来源系统
online_flag	varchar	20	0		网点线上线下标识
return_flag	varchar	10	0		退货标识
detail_retail_quantity	int4	32	0		零售数量
detail_retail_amount	numeric	22	4		零售金额
order_quantity	int4	32	0		小票数量

数据加工核心 SQL 如下。

```
INSERT INTO dw.dwb_re_sales_detail
WITH union_rst AS
  (select t.order_id,
          t.order_code,
          t.reorder_code,
          t.order_type,
          null oms_order_source,
          t.order_status,
          t.order_time,
          date(t.order_time) as order_date,
          t.store_code,
          null oms_store_code,
          null oms_store_name,
          t.sku_code,
          t.member_code,
          t.shopguide_code,
          'POS' data_source,
          '线下-POS' online_flag,
          case
            when t.order_type = 'RT' then
             'Y'
            else
             'N'
          end return_flag,
          t.detail_retail_quantity,
          t.detail_retail_amount,
          ROW_NUMBER() OVER(PARTITION BY upper(t.order_code), order_type ORDER BY
             abs(detail_retail_amount) DESC) as order_sort
     FROM dw.dwd_re_sales_detail_pos t
    UNION ALL
    SELECT t.order_id,
          t.order_code,
          t.reorder_code,
          t.order_type,
          t.oms_order_source,
          '2' order_status,
          t.order_time,
          t.order_time ::DATE as order_date,
          t.store_code,
          t.oms_store_code,
          t.oms_store_name,
          t.sku_code,
          t.member_code,
          t.shopguide_code,
          'OMS' data_source,
          '线上-OMS' online_flag,
          case
            when t.order_type = 'RT' then
             'Y'
            else
             'N'
          end return_flag,
          t.detail_retail_quantity,
```

```
          t.detail_retail_amount,
          ROW_NUMBER() OVER(PARTITION BY upper(t.order_code), order_type ORDER BY
              abs(detail_retail_amount) DESC) as order_sort
     FROM dw.dwd_re_sales_detail_oms t)
  SELECT t.order_id,
         t.order_code,
         t.reorder_code,
         t.order_type,
         t.oms_order_source,
         t.order_status,
         t.order_time,
         t.order_date,
         t.store_code,
         t.oms_store_code,
         t.oms_store_name,
         t.sku_code,
         t.member_code,
         t.shopguide_code,
         t.data_source,
         t.online_flag,
         t.return_flag,
         t.detail_retail_quantity,
         t.detail_retail_amount,
         case
           when return_flag = 'N' and order_sort = 1 then
            1
           when return_flag = 'Y' and order_sort = 1 then
            -1
           else
            0
         end order_quantity
    FROM union_rst t
```

14.3.4 DWS层

DWS层在DWB层的基础上关联维度数据组成大宽表，供Tableau自助分析使用。DWB层零售流水表已经包含了店铺编码、商品编码、会员编码、导购编码、订单日期等多种维度。DWB层零售流水表关联店铺信息组成渠道销售分析大宽表、关联商品信息组成商品销售分析大宽表（商品售罄率分析的一部分）、关联会员信息组成会员购买分析大宽表、关联导购组成导购分析大宽表、关联节假日信息组成节假日分析大宽表。

DWS层和ADS层强制要求采用列式压缩存储，建表语句后添加表属性如下。

```
WITH (OIDS = FALSE,
APPENDONLY = TRUE,
ORIENTATION = COLUMN,
COMPRESSTYPE = ZLIB,
COMPRESSLEVEL = 5,
BLOCKSIZE = 1048576)
```

大宽表字段太多，这里就不一一列举了，仅以销售渠道分析为例进行说明。

渠道销售分析大宽表dws_re_store_sales_detail结构设计如表14-6所示。

表 14-6 DWS 流水模型表结构

字段名	字段类型	字段长度	小数位	是否分布键	字段描述
order_code	varchar	0	0	是	零售小票号
store_code	varchar	0	0	否	店铺编码
store_lifecode	varchar	100	0	否	店铺终身编码
store_lifename	varchar	100	0	否	店铺名称
actual_area	numeric	38	10	否	实用面积
sales_area	numeric	38	10	否	零售面积
street_name2	varchar	100	0	否	街道名称
provinces_code	varchar	40	0	否	省份编码
provinces_name	varchar	100	0	否	省份名称
sale_area_code	varchar	40	0	否	零售地区编码
sale_area_name	varchar	100	0	否	销售地区描述
brand_code	varchar	40	0	否	店铺品牌编码
brand_name	varchar	100	0	否	店铺品牌名称
store_attr	varchar	40	0	否	店铺属性
store_attr_name	varchar	100	0	否	店铺属性描述
store_attr2	varchar	40	0	否	店铺属性 2
store_attr_name2	varchar	100	0	否	店铺属性 2 描述
store_type_cd	varchar	40	0	否	开卡店铺分类
store_type_name	varchar	100	0	否	店铺类型描述
cust_type_cd	varchar	40	0	否	客户性质
cust_type_name	varchar	100	0	否	客户性质描述
z0_saler	varchar	100	0	否	门店经销商
freeze_flag	varchar	100	0	否	冻结标示
sale_dept	varchar	100	0	否	零售部门
sale_bigarea	varchar	40	0	否	零售大区编码
sale_bigarea_desc	varchar	100	0	否	零售大区名称
open_date	date	0	0	否	开店时间
close_date	date	0	0	否	关店时间
reopen_date	date	0	0	否	重装开业时间
reform_startdate	date	0	0	否	整改开始时间
reform_enddate	date	0	0	否	整改结束时间

（续）

字段名	字段类型	字段长度	小数位	是否分布键	字段描述
z1_saler	varchar	40	0	否	一级经销商
z2_saler	varchar	40	0	否	二级经销商
z3_saler	varchar	40	0	否	三级经销商
z1_salername	varchar	100	0	否	一级经销商名称
z2_salername	varchar	100	0	否	二级经销商名称
z3_salername	varchar	100	0	否	三级经销商名称
store_cashier	varchar	40	0	否	收银类型
store_cashiername	varchar	100	0	否	收银类型描述
phone	varchar	40	0	否	固定电话
moblie	varchar	40	0	否	移动电话
manager_province_code	varchar	40	0	否	管理省区编码
manager_province	varchar	100	0	否	管理省区
operation_mode	varchar	40	0	否	经营方式
operation_mode_desc	varchar	100	0	否	经营方式描述
cash_method	varchar	40	0	否	收银方式
cash_method_desc	varchar	100	0	否	收银方式描述
management_band	varchar	40	0	否	经营品牌编码
management_band_desc	varchar	100	0	否	经营品牌名称
fitup_cnt	varchar	100	0	否	装修代数
bigarea_code	varchar	40	0	否	分区负责人工号
bigarea_leader	varchar	100	0	否	分区负责人
store_owner	varchar	100	0	否	店长
store_level	varchar	40	0	否	店铺级别
store_level_desc	varchar	100	0	否	店铺级别描述
buss_system_code	varchar	40	0	否	商业体系
buss_system_desc	varchar	100	0	否	商业体系描述
buss_circle_code	varchar	40	0	否	商圈
buss_circle_name	varchar	100	0	否	商圈描述
new_old_flag	varchar	40	0	否	货品范围
new_old_flag_desc	varchar	100	0	否	货品范围描述（新 / 旧）
spread_good_level	varchar	40	0	否	铺货级别

（续）

字段名	字段类型	字段长度	小数位	是否分布键	字段描述
spread_good_level_name	varchar	100	0	否	铺货级别描述
online_flag	varchar	40	0	否	网点线上线下标识
maket_type_code	varchar	40	0	否	市场类型
maket_type_name	varchar	100	0	否	市场类型描述
extension_type_code	varchar	40	0	否	拓展类型
extension_type_name	varchar	100	0	否	拓展类型描述
county_name	varchar	100	0	否	县区名称
city_level	varchar	40	0	否	城市级别
city_level_desc	varchar	100	0	否	城市级别描述
reform_type	varchar	100	0	否	整改类型
exist_store_flag	varchar	100	0	否	是否已存店
discount_store_flag	varchar	100	0	否	是否折扣店
managerprovince_type	varchar	100	0	否	省区经营方式
order_time	timestamp	6	0	否	零售时间
order_date	date	0	0	否	零售日期
order_period	varchar	20	0	否	订单期间
data_source	varchar	40	0	否	数据来源
return_flag	varchar	20	0	否	退货标识
oms_order_source	varchar	40	0	否	云店订单来源
oms_order_source_desc	varchar	0	0	否	云店订单来源描述
target_version	varchar	20	0	否	目标版本
open_flag	char	1	0	否	新开标志
close_flag	char	1	0	否	新关标志
reform_flag	char	1	0	否	重装标志
clean_flag	char	1	0	否	净店标志
effect_flag	char	1	0	否	有效店标志
original_flag	char	1	0	否	原店标志
ly_original_flag	char	1	0	否	上年原店标识
ny_original_flag	char	1	0	否	下年原店标识
detail_retail_quantity	int4	32	0	否	零售数量
detail_retail_amount	numeric	22	4	否	零售金额

（续）

字段名	字段类型	字段长度	小数位	是否分布键	字段描述
detail_tag_amount	numeric	22	4	否	吊牌金额
order_quantity	int4	32	0	否	小票数量
detail_retail_target	numeric	22	4	否	目标零售金额
detail_tag_target	numeric	22	4	否	目标吊牌金额

数据加工核心 SQL 如下。

```
INSERT INTO dw.dws_re_store_sales_detail
WITH store_tag_rst AS ( --提取原店标签
SELECT t.data_month,
       t.store_code,
       t.store_lifecode,
       t.open_flag,
       t.close_flag,
       t.reform_flag,
       t.clean_flag,
       t.effect_flag2,
       t.original_flag,
       case when b.original_flag ='Y' then 'Y' else 'N' end ly_original_flag,
       case when c.original_flag ='Y' then 'Y' else 'N' end ny_original_flag
  FROM dw.dim_store_tag_month t
  LEFT JOIN dw.dim_store_tag_month b
    ON t.store_code = b.store_code
   AND substr(t.data_month, 1, 4)::int  = substr(b.data_month, 1, 4)::int + 1
   AND substr(t.data_month, 6, 2)::int  = substr(b.data_month, 6, 2)::int
  LEFT JOIN dw.dim_store_tag_month c
    ON t.store_code = c.store_code
   AND substr(t.data_month, 1, 4)::int  = substr(c.data_month, 1, 4)::int - 1
   AND substr(t.data_month, 6, 2)::int  = substr(c.data_month, 6, 2)::int
)
SELECT t.order_code,
       t.store_code,
       c.store_lifecode,
       c.store_lifename,
       c.actual_area,
       c.sales_area,
       c.street_name2,
       c.provinces_code,
       c.provinces_name,
       c.sale_area_code,
       c.sale_area_name,
       c.brand_code,
       c.brand_name,
       c.store_attr,
       c.store_attr_name,
       c.store_attr2,
       c.store_attr_name2,
       c.store_type_cd,
       c.store_type_name,
       c.cust_type_cd,
       c.cust_type_name,
       c.z0_saler,
```

```
c.freeze_flag,
c.sale_dept,
c.sale_bigarea,
c.sale_bigarea_desc,
c.open_date,
c.close_date,
c.reopen_date,
c.reform_startdate,
c.reform_enddate,
c.z1_saler,
c.z2_saler,
c.z3_saler,
c.z1_salername,
c.z2_salername,
c.z3_salername,
c.store_cashier,
c.store_cashiername,
c.phone,
c.moblie,
c.manager_province_code,
c.manager_province,
c.operation_mode,
c.operation_mode_desc,
c.cash_method,
c.cash_method_desc,
c.management_band,
c.management_band_desc,
c.fitup_cnt,
c.bigarea_code,
c.bigarea_leader,
c.store_owner,
c.store_level,
c.store_level_desc,
c.buss_system_code,
c.buss_system_desc,
c.buss_circle_code,
c.buss_circle_name,
c.new_old_flag,
c.new_old_flag_desc,
c.spread_good_level,
c.spread_good_level_name,
t.online_flag,
c.maket_type_code,
c.maket_type_name,
c.extension_type_code,
c.extension_type_name,
c.county_name,
c.city_level,
c.city_level_desc,
c.reform_type,
c.exist_store_flag,
c.discount_store_flag,
d.cust_type as managerprovince_type,
t.order_time,
t.order_date,
to_char(t.order_date,'yyyymmdd') order_period,
t.data_source,
t.return_flag,
```

```
       t.oms_order_source,
       CASE t.oms_order_source WHEN '0' THEN '微分销订单' WHEN '1' THEN '非微分销订单
' ELSE '' END oms_order_source_desc,
       null target_version,
       e.open_flag,
       e.close_flag,
       e.reform_flag,
       e.clean_flag,
       e.effect_flag2 as effect_flag,
       e.original_flag,
       e.ly_original_flag,
       e.ny_original_flag,
       t.detail_retail_quantity as detail_retail_quantity,
       t.detail_retail_amount as detail_retail_amount,
       t.detail_retail_quantity * b.price_tag as detail_tag_amount,
       t.order_quantity,
       0 detail_retail_target,
       0 detail_tag_target
  FROM dw.dwb_re_sales_detail t
  LEFT JOIN dw.dim_merchandise_info b ON t.sku_code = b.sku_code
  LEFT JOIN dw.dim_store_info c ON t.store_code = c.store_code
  LEFT JOIN dw.dim_managerprovince_info d ON c.manager_province_code =
      d.managerprovince_code
  LEFT JOIN store_tag_rst e
    ON t.store_code = e.store_code
   AND to_char(t.order_date,'yyyy-mm') = e.data_month
UNION ALL --目标数据
SELECT null order_code,
       t.store_code,
       b.store_lifecode,
       b.store_lifename,
       b.actual_area,
       b.sales_area,
       b.street_name2,
       b.provinces_code,
       b.provinces_name,
       b.sale_area_code,
       b.sale_area_name,
       b.brand_code,
       b.brand_name,
       b.store_attr,
       b.store_attr_name,
       b.store_attr2,
       b.store_attr_name2,
       b.store_type_cd,
       b.store_type_name,
       b.cust_type_cd,
       b.cust_type_name,
       b.z0_saler,
       b.freeze_flag,
       b.sale_dept,
       b.sale_bigarea,
       b.sale_bigarea_desc,
       b.open_date,
       b.close_date,
       b.reopen_date,
       b.reform_startdate,
       b.reform_enddate,
```

```
b.z1_saler,
b.z2_saler,
b.z3_saler,
b.z1_salername,
b.z2_salername,
b.z3_salername,
b.store_cashier,
b.store_cashiername,
b.phone,
b.moblie,
b.manager_province_code,
b.manager_province,
b.operation_mode,
b.operation_mode_desc,
b.cash_method,
b.cash_method_desc,
b.management_band,
b.management_band_desc,
b.fitup_cnt,
b.bigarea_code,
b.bigarea_leader,
b.store_owner,
b.store_level,
b.store_level_desc,
b.buss_system_code,
b.buss_system_desc,
b.buss_circle_code,
b.buss_circle_name,
b.new_old_flag,
b.new_old_flag_desc,
b.spread_good_level,
b.spread_good_level_name,
null online_flag,
b.maket_type_code,
b.maket_type_name,
b.extension_type_code,
b.extension_type_name,
b.county_name,
b.city_level,
b.city_level_desc,
b.reform_type,
b.exist_store_flag,
b.discount_store_flag,
c.cust_type as managerprovince_type,
to_date(t.order_time || '01', 'yyyymmdd') ::TIMESTAMP order_time,
to_date(t.order_time || '01', 'yyyymmdd') order_date,
t.order_time || '01' as order_period,
'SAP-MB' data_source,
null return_flag,
null oms_order_source,
null oms_order_source_desc,
t.version_id as target_version,
null open_flag,
null close_flag,
null reform_flag,
null clean_flag,
null effect_flag,
null original_flag,
```

```
        null ly_original_flag,
        null ny_original_flag,
        0 as detail_retail_quantity,
        0 as detail_retail_amount,
        0 as detail_tag_amount,
        0 as order_quantity,
        t.retail_target as detail_retail_target,
        t.tag_target as detail_tag_target
    FROM dw.dwd_re_sales_target t
    LEFT JOIN dw.dim_store_info b ON t.store_code = b.store_code
    LEFT JOIN dw.dim_managerprovince_info c
    ON b.manager_province_code =c.managerprovince_code
;
```

14.3.5　ADS 层

ADS 层流水模型主要是针对特定报表计算并处理较多的 ETL 逻辑。由于 ADS 层属于数据集市层，在仓库层之上，因此可以从 DWB 层或者 DWS 层抽取数据，特殊情况下也可以从 DWD 层抽取。以零售模块为例，我们对数据集市层的应用进行分类举例。实际项目中实现的分析主题远超表 14-7 展示的内容，为了便于理解，仅以有代表性的模型加以展现。

表 14-7　ADS 流水模型表清单

应用模块	主题表名	分析主题
固定报表（有筛选框）	ads_rpt_sales_thb	零售报表同环比分析
	ads_rpt_sales_td	零售报表同店分析
	ads_rpt_sales_xgk	零售报表新开、整改、关闭店铺分析
	ads_rpt_sales_ticket	零售报表小票分析
	ads_rpt_sales_store	零售报表店铺店效分析
	ads_rpt_sales_target	零售报表店铺目标达成分析
大屏分析（无筛选框）	ads_lgc_sales_month	零售大屏月销售对比分析
	ads_lgc_sales_week	零售大屏周销售对比分析
	ads_lgc_store_sales	零售大屏月度店铺排名分析
	ads_lgc_mp_sales	零售大屏管理省区分析
	ads_lgc_ec_sales	零售大屏电商销售分析
API 接口（手机应用）	ads_api_store_sales	零售 API 店铺流水汇总
	ads_api_store_thb	零售 API 店铺同环比分析
	ads_api_today_sales	零售 API 今日销售分析
	ads_api_store_target	零售 API 店铺目标达成
	ads_api_store_pk	零售 API 线上线下店铺周对比

这里仅以最典型的同环比模型为例进行说明，零售报表同环比分析模型 ads_rpt_sales_thb 代码如下。

```
INSERT INTO dm.ads_rpt_sales_detail_thb
SELECT order_date, --销售日期
       order_month, --销售月份
       store_lifecode, --店铺终身编码
       store_lifename, --店铺名称
       manager_province_code, --管理省区编码
       manager_province, --管理省区
       managerprovince_type, --省区经营方式
       sale_area_code, --零售地区编码
       sale_area_name, --销售地区描述
       store_attr, --店铺属性
       store_attr_name, --店铺属性描述
       store_type_cd, --开卡店铺分类
       store_type_name, --店铺类型描述
       cust_type_cd, --客户性质
       cust_type_name, --客户性质描述
       sale_bigarea, --零售大区编码
       sale_bigarea_desc, --零售大区名称
       store_level, --店铺级别
       store_level_desc, --店铺级别描述
       data_source, --数据来源
       sum(bq_sales_qty) as bq_sales_qty, --本期零售数量
       sum(bq_sales_amount) as bq_sales_amount, --本期零售金额
       sum(bq_seles_tagbal) as bq_seles_tagbal, --本期吊牌金额
       sum(tq_sales_qty) as tq_sales_qty, --同期零售数量
       sum(tq_sales_amount) as tq_sales_amount, --同期零售金额
       sum(tq_seles_tagbal) as tq_seles_tagbal, --同期吊牌金额
       sum(lastmonth_sales_qty) as lastmonth_sales_qty, --上月零售数量
       sum(lastmonth_sales_amount) as lastmonth_sales_amount, --上月零售金额
       sum(lastmonth_seles_tagbal) as lastmonth_seles_tagbal, --上月吊牌金额
       sum(lastday_sales_qty) as lastday_sales_qty, --上日零售数量
       sum(lastday_sales_amount) as lastday_sales_amount, --上日零售金额
       sum(lastday_seles_tagbal) as lastday_seles_tagbal --上日吊牌金额
  FROM ( --本期
        SELECT order_date, --销售日期
               substr(order_date::text,1,7) as order_month, --销售月份
               store_lifecode, --店铺终身编码
               store_lifename, --店铺名称
               manager_province_code, --管理省区编码
               manager_province, --管理省区
               managerprovince_type, --省区经营方式
               sale_area_code, --零售地区编码
               sale_area_name, --销售地区描述
               store_attr, --店铺属性
               store_attr_name, --店铺属性描述
               store_type_cd, --开卡店铺分类
               store_type_name, --店铺类型描述
               cust_type_cd, --客户性质
               cust_type_name, --客户性质描述
               sale_bigarea, --零售大区编码
               sale_bigarea_desc, --零售大区名称
               store_level, --店铺级别
               store_level_desc, --店铺级别描述
               data_source, --数据来源
               detail_retail_quantity as bq_sales_qty, --本期零售数量
```

```
        detail_retail_amount as bq_sales_amount, --本期零售金额
        detail_tag_amount as bq_seles_tagbal, --本期吊牌金额
        0 as tq_sales_qty, --同期零售数量
        0 as tq_sales_amount, --同期零售金额
        0 as tq_seles_tagbal, --同期吊牌金额
        0 as lastmonth_sales_qty, --上月零售数量
        0 as lastmonth_sales_amount, --上月零售金额
        0 as lastmonth_seles_tagbal, --上月吊牌金额
        0 as lastday_sales_qty, --上日零售数量
        0 as lastday_sales_amount, --上日零售金额
        0 as lastday_seles_tagbal --上日吊牌金额
  FROM DW.dws_re_store_sales_detail
 WHERE data_source in ('POS', 'OMS')
UNION ALL --同期
SELECT (order_date - interval '1 year') as order_date, --销售日期
        substr((order_date - interval '1 year')::text,1,7) as order_month,
            --销售月份
        store_lifecode, --店铺终身编码
        store_lifename, --店铺名称
        manager_province_code, --管理省区编码
        manager_province, --管理省区
        managerprovince_type, --省区经营方式
        sale_area_code, --零售地区编码
        sale_area_name, --销售地区描述
        store_attr, --店铺属性
        store_attr_name, --店铺属性描述
        store_type_cd, --开卡店铺分类
        store_type_name, --店铺类型描述
        cust_type_cd, --客户性质
        cust_type_name, --客户性质描述
        sale_bigarea, --零售大区编码
        sale_bigarea_desc, --零售大区名称
        store_level, --店铺级别
        store_level_desc, --店铺级别描述
        data_source, --数据来源
        0 as bq_sales_qty, --本期零售数量
        0 as bq_sales_amount, --本期零售金额
        0 as bq_seles_tagbal, --本期吊牌金额
        detail_retail_quantity as tq_sales_qty, --同期零售数量
        detail_retail_amount as tq_sales_amount, --同期零售金额
        detail_tag_amount as tq_seles_tagbal, --同期吊牌金额
        0 as lastmonth_sales_qty, --上月零售数量
        0 as lastmonth_sales_amount, --上月零售金额
        0 as lastmonth_seles_tagbal, --上月吊牌金额
        0 as lastday_sales_qty, --上日零售数量
        0 as lastday_sales_amount, --上日零售金额
        0 as lastday_seles_tagbal --上日吊牌金额
  FROM DW.dws_re_store_sales_detail
 WHERE data_source in ('POS', 'OMS')
   AND order_date <= (current_date - interval '1 year')
UNION ALL --上月
SELECT (order_date - interval '1 month') as order_date, --销售日期
        substr((order_date - interval '1 month')::text,1,7) as order_month,
            --销售月份
        store_lifecode, --店铺终身编码
        store_lifename, --店铺名称
        manager_province_code, --管理省区编码
        manager_province, --管理省区
```

```
       managerprovince_type, --省区经营方式
       sale_area_code, --零售地区编码
       sale_area_name, --销售地区描述
       store_attr, --店铺属性
       store_attr_name, --店铺属性描述
       store_type_cd, --开卡店铺分类
       store_type_name, --店铺类型描述
       cust_type_cd, --客户性质
       cust_type_name, --客户性质描述
       sale_bigarea, --零售大区编码
       sale_bigarea_desc, --零售大区名称
       store_level, --店铺级别
       store_level_desc, --店铺级别描述
       data_source, --数据来源
       0 as bq_sales_qty, --本期零售数量
       0 as bq_sales_amount, --本期零售金额
       0 as bq_seles_tagbal, --本期吊牌金额
       0 as tq_sales_qty, --同期零售数量
       0 as tq_sales_amount, --同期零售金额
       0 as tq_seles_tagbal, --同期吊牌金额
       detail_retail_quantity as lastmonth_sales_qty, --上月零售数量
       detail_retail_amount as lastmonth_sales_amount, --上月零售金额
       detail_tag_amount as lastmonth_seles_tagbal, --上月吊牌金额
       0 as lastday_sales_qty, --上日零售数量
       0 as lastday_sales_amount, --上日零售金额
       0 as lastday_seles_tagbal --上日吊牌金额
  FROM DW.dws_re_store_sales_detail
 WHERE data_source in ('POS', 'OMS')
   AND order_date <= (current_date - interval '1 month')
UNION ALL --昨日
SELECT (order_date - interval '1 day') as order_date, --销售日期
       substr((order_date - interval '1 day')::text,1,7) as order_month,
          --销售月份
       store_lifecode, --店铺终身编码
       store_lifename, --店铺名称
       manager_province_code, --管理省区编码
       manager_province, --管理省区
       managerprovince_type, --省区经营方式
       sale_area_code, --零售地区编码
       sale_area_name, --销售地区描述
       store_attr, --店铺属性
       store_attr_name, --店铺属性描述
       store_type_cd, --开卡店铺分类
       store_type_name, --店铺类型描述
       cust_type_cd, --客户性质
       cust_type_name, --客户性质描述
       sale_bigarea, --零售大区编码
       sale_bigarea_desc, --零售大区名称
       store_level, --店铺级别
       store_level_desc, --店铺级别描述
       data_source, --数据来源
       0 as bq_sales_qty, --本期零售数量
       0 as bq_sales_amount, --本期零售金额
       0 as bq_seles_tagbal, --本期吊牌金额
       0 as tq_sales_qty, --同期零售数量
       0 as tq_sales_amount, --同期零售金额
       0 as tq_seles_tagbal, --同期吊牌金额
       0 as lastmonth_sales_qty, --上月零售数量
```

```
                0 as lastmonth_sales_amount, --上月零售金额
                0 as lastmonth_seles_tagbal, --上月吊牌金额
                detail_retail_quantity as lastday_sales_qty, --上日零售数量
                detail_retail_amount as lastday_sales_amount, --上日零售金额
                detail_tag_amount as lastday_seles_tagbal --上日吊牌金额
           FROM DW.dws_re_store_sales_detail
          WHERE data_source in ('POS', 'OMS')
            AND order_date <= (current_date - interval '1 day')
        ) x
    GROUP BY order_date, --销售日期
           order_month, --销售月份
           store_lifecode, --店铺终身编码
           store_lifename, --店铺名称
           manager_province_code, --管理省区编码
           manager_province, --管理省区
           managerprovince_type, --省区经营方式
           sale_area_code, --零售地区编码
           sale_area_name, --销售地区描述
           store_attr, --店铺属性
           store_attr_name, --店铺属性描述
           store_type_cd, --开卡店铺分类
           store_type_name, --店铺类型描述
           cust_type_cd, --客户性质
           cust_type_name, --客户性质描述
           sale_bigarea, --零售大区编码
           sale_bigarea_desc, --零售大区名称
           store_level, --店铺级别
           store_level_desc, --店铺级别描述
           data_source; --数据来源
```

为什么要列举同环比的案例呢？因为同环比是我们做报表分析最常见的场景，也是最容易出错的场景。以笔者多年的经验来看，可以说 80% 以上的项目同环比程序都是有漏洞的，只是有些漏洞在测试阶段就已经修复了，有些随着数据的积累才会显现出来。大多数开发者都是用 LEFT JOIN 命令来实现同环比的，经验丰富一点的开发者可能会用 FULL JOIN 命令，但是最简便的方法还是用 UNION ALL+GROUP BY 命令。善于思考和总结的读者通过上面的程序就知道这个组合命令的优点了。使用 LEFT JOIN 命令会丢失同期或者环期数据，影响结果的准确性；使用 FULL JOIN 命令虽然可以避免丢数据的问题，但是代码过于复杂，效率也不高；UNION ALL+GROUP BY 命令书写简单、逻辑清晰，GROUP BY 汇总在大多数情况下比 UNION ALL 性能更好。

另外，上面的程序还可以在 DWB 层加工，按照店铺维度汇总之后再关联店铺信息表获取维度信息，在某些场景下可以获得更好的性能。

14.4 数据中台命名规范

命名规范这个问题和数据治理一样，所有人都知道很重要，却很难做到统一。一个好的命名规范，不仅可以提高开发效率，还可以降低数据中台的应用门槛和运维难度。因为项目一般都由多人开发、对接多个系统的数据，所以比较难取得一个统一的命名规范。

下面分别从表命名、字段命名两个方面分享一些心得。

14.4.1 数据库表命名

数据库主要分为 ODS、DW、DM 三层，每一层都应该有统一的命名规则。

1. ODS 层命名规范

ODS 层表以“ods_ 系统简称 _ 源系统表名 [_ 后缀]”为标准。后缀包括 _incr、_hist、_chain 三种，不带后缀的表保存和源系统一致的数据，_incr 保存一个批处理周期的增量数据，_hist 保存多个时点的快照，_chain 保存拉链数据。

2. DW 层命名规范

DW 表命名前缀分为两种，维度数据以 dim_ 开头，DWD 层、DWB 层和 DWS 层分别以 dwd_、dwb_ 和 dws_ 开头，具体命名规范如下。

1）dim_ 表内容含义 [_ 系统简称][_ 后缀]。

2）dws/dwb/dws_ 业务领域 _ 表内容含义 [_ 系统简称][_ 后缀]。

系统简称为可选项，相同业务有多个系统来源时建议加上“_ 系统简称”后缀，一般只在 DWD 层加以区分，DWB 层和 DWS 层建议合并。后缀包括以下几种情况：_hist 保存多个时点的快照、_chain 保存拉链数据、_tmp[n] 表示临时表。例如 dim_store_info(店铺主数据)、dwd_re_sale_detail_drp（DRP 系统销售流水明细数据）、dwb_st_stock_detail（库存指标整合表）、dws_gd_skc_soldrate（商品售罄率模型）等。

视图命名在原的表基础上增加 _v 参数，对于同一个数据多次加工的情况，推荐使用 WITH AS 命令来处理，如果确实需要多个视图，可以根据业务含义创建不同名称的视图。

3. DM 层命名规范

DM 层的表以 ads_ 开头，命名要求为 ads_ 应用方向 _ 表内容含义 (报表代码、汇总粒度、核心指标等)。

例如 ads_rpt_skc_soldrate（固定报表售罄率汇总表）、ads_api_store_sales（店铺汇总销售对外服务表）。

14.4.2 数据库字段命名

ODS 层表名统一小写，字段命名和源系统保持一致（大小写也保持一致）。如果 ODS 接口能提供字段备注信息，则应补上字段备注信息，对于源系统不能提供完整字段备注的，也应根据接口调研的情况尽可能补充字段说明。

DW 层和 DM 层表命名和字段命名优先使用简洁的英文，在无合适英文简写的情况下可以使用拼音首字母，多个单词缩写用“_”符号连接。字段命名可以参考 ODS 字段，且一定要符合规范。例如，售罄率可以翻译成 sql 或者 soldrate。DW 层和 DM 层表字段必须要有中文描述，必要时应进行码值说明。

DW 层和 DM 层维度属性相关的字段命名必须保持一致；涉及指标的字段由于定义不同，因此可以在内部保持一致，即 DW 层的相同定义指标应该同名，DM 层定义相同的指标应该同名。

另外，字段命名的时候，注意 id 字段和 code 字段的不同，name 字段和 desc 字段的不同。尽量不要用 _no。id 字段和 code 字段同时存在时，优先保留 code 字段。

1）数据库生成的无意义的随机字符串或者 int 序列，以 _id 字段结尾，例如 org_id、user_id。

2）有规则的编码或者编号一般是字符串类型，以 _code 字段结尾，例如 curreny_code、order_code。

3）有确定含义规则的中文命名（值是定长或者接近定长），以 _name 字段结尾，例如 curreny_name，brand_name。

4）仅作解释性和描述性的不规则中文（值长短参差不齐，可能包含中文、英文或者标点符号），以 _desc 字段结尾，例如 material_desc。

14.4.3 脚本命名规范

根据项目采用的技术不同，脚本一般分为 Shell、SQL、PROC、Python 等不同类型。Java 类项目一般仅作为辅助 JAR 包，通过 Shell 封装调用。

1）如果是数据加工的存储过程，一般以“proc_ 小写表名”命名。

2）如果是 SQL 文件，一般以“小写目标表名 .sql”命名。

3）如果是 DataX 配置文件，则以“dx_ 小写表名 .json”命名。

4）如果是 DataX 实现增量数据同步的 Shell 脚本，则以“dx_ 小写表名 .sh”命名。

5）如果是 Shell 脚本，则以“功能描述 .sh”命名。

6）如果是 Python 脚本，则以“功能描述 .py”命名。

一般来说，Shell 脚本和 Python 可以实现通用功能，较难定义前缀。如果有明确的应用分层，则应在命名上加 ods_、dw_ 或者 dm_。

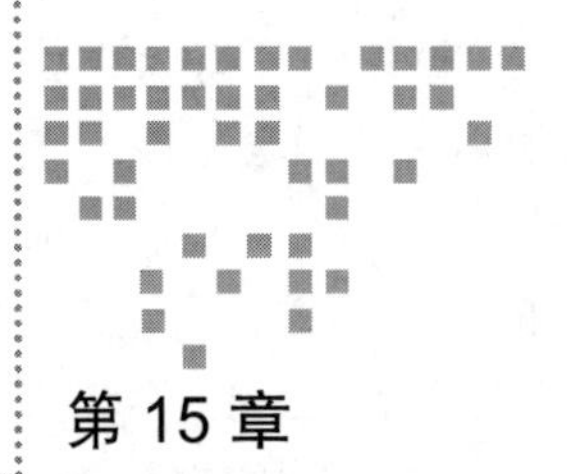

Chapter 15 第 15 章

数据中台主要配套功能

数据中台和数据仓库的一个重要区别是数据中台注重平台化，在搭建数据中台的过程中，我们需要同步构建各种管理工具，将其作为数据中台的配套软件。数据中台配套功能包括但不限于 ETL 调度管理、数据权限管理、数据补录、BI 门户、元数据管理、指标管理等。其中，ETL 调度管理是数据仓库和数据中台都不可或缺的模块，12.4.3 节已有详细介绍，这里就不赘述了。

15.1 数据权限管理

数据权限管理是数据中台需要实现的辅助功能之一，用于管理不同的数据库用户和数据应用用户对数据中台的访问权限。这个功能在保障数据安全方面很有必要，但实现起来非常困难。

一般来说，数据权限分为开发者权限和数据权限两种。

1. 开发者权限

开发者权限是通过数据库用户来控制的，是参与数据中台开发、运维的人员对数据库指定对象的操作权限。一个完整的数据中台，可能由多个项目模块、多个团队配合开发，为了避免不同项目之间的误操作，需要在各种用户权限上进行隔离。

比较简单的做法是给不同的项目或者团队分配不同的数据库（对应 Greenplum 数据库的模式）和不同的数据库用户。例如同一个数据中台，分为零售、会员、财务、人力、供应链等多个模块，对各个模块创建不同的 DW 层和 DM 层，以面向不同的数据库用户。例如 retail_query 权限可以查询 RE_DW、RE_DM，gyl_user 权限可以在 GYL_DW、GYL_DM

模型下创建表。

以上做法虽然可以满足不太复杂的项目，但是无法隔离 ODS 层的数据，并且不利于跨系统整合数据。例如，商品主数据应用于零售、供应链 2 个模块，店铺主数据应用于零售、财务、人力 3 个模块，这就需要共用一个 DW 模式和 DM 模式，避免产生数据“竖井”。

为了做到精细化管理数据开发权限，我们需要配套的数据权限系统，来完成针对指定用户的权限审批及授权操作。

2. 数据权限

数据权限是指数据应用模块中的最终用户在系统中查看报表、操作自助分析或者通过 API 系统查询数据库数据时，对不同的用户授予不同的数据访问权限。数据应用用户必须是数据中台的系统用户，即必须能登录数据中台，这样才能对其进行权限控制。

数据权限的应用非常广泛，例如银行的分行 / 支行只能看到自己分行 / 支行的数据，不能看到其他分行 / 支行的统计信息；制造业负责数据生产的工厂也只能看到自己工厂的生产情况，不能查看其他工厂的生产情况；零售行业某个品牌 / 产品事业部只能看到自己品牌 / 产品的数据，不能查看其他品牌 / 产品的业务数据。

数据权限的需求很广泛，实现起来也有一定的难度。数据权限应支持自定义权限字段以实现灵活多变、简单易用的配置，这里面需要考虑的因素有很多。

首先，创建一个权限管理页面，定义权限管理字段，对应的后台数据库表名为 sys_data_permission_defi。假设系统需要针对店铺的区域、分公司、店铺以及商品的品牌、大类、品类、系列等多个字段组合进行权限控制，那么对应表数据如表 15-1 所示。

表 15-1　权限对象表结构

权限代码	权限描述	字段类型	筛选框类型	数据来源
area	区域	字符串	下拉筛选框	自定义键值对，例如 ["01":" 华北 ","02":" 华南 ","03":" 华东 ","04":" 华中 ","05":" 西北 ","06":" 西南 ","07":" 东北 "]
subcompany	分公司	字符串	级联筛选框	自定义键值对，例如 ["010":" 北京 ","020":" 广州 ","021":" 上海 ","027":" 武汉 "]
store	店铺	字符串	级联筛选框	关联用户属性，在添加用户时设定
brand	品牌	字符串	下拉筛选框	自定义键值对，例如 ["B1":" 品牌 A","B2":" 品牌 B", "B3":" 品牌 C","B4":" 品牌 D"]
bigcate	大类	字符串	下拉筛选框	自定义键值对，例如 ["01":" 鞋 ", "02":" 服 ", "03":" 配件 "]
ec_platform	电商平台	字符串	下拉筛选框	自定义键值对，例如 ["SHOP":" 线下门店 ", "TM":" 天猫 ","JD":" 京东 ","VIP":" 唯品会 ", "DY":" 抖音 "]
series	系列	字符串	下拉筛选框	自定义键值对，例如 ["01":" 户外系列 ", "02":" 旅游系列 ","03":" 上班系列 ","04":" 运动系列 "]

需要注意的是，权限代码一定要支持多选，并且最好是非中文的，这样通过URL请求传递参数时，可以避免因为编码不一致造成解析错误。系统自动取第一个字段作为值，第二个字段作为展示信息。

给数据权限组设置一个单独设计权限的页面，筛选框数量随着表15-1的内容自动扩展。假设表名为sys_data_permission_mapping，对表sys_data_permission_defi中数据的修改、新增操作，除了要保存到记录表，还需要对权限数据表sys_data_permission_mapping的结构进行同步修改。如果要删除字段，则直接删掉sys_data_permission_mapping表中的对应字段。如果要新增字段，则向sys_data_permission_mapping表中新增对应字段，默认值为“*”。如果要修改字段，则对权限字段进行重命名操作。

给权限组配置权限，每个权限组都包括全部权限管理字段的组合，支持多选、单选，默认全选，用“*”符号表示全选，下拉选择需要支持自动根据输入内容查询，图15-1所示是一个简单的权限配置页面。

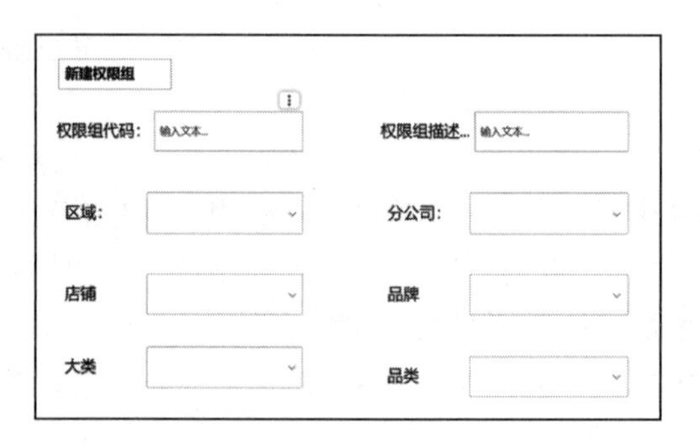

图15-1 权限配置页面

对应的查询页面如表15-2所示。

表15-2 权限组查询页面

权限组	权限组描述	区域	分公司	店铺	品牌	大类	品类	系列
DPG_ALL	全部权限	全部	全部	*	*	*	*	*
DPG_DG_XX	广东休闲	广东	全部	*	休闲	*	*	*
DPG_FJ_WY	福建衣组合	福建	全部	*	*	西装、休闲上装、羽绒服、毛衣	*	*

需要注意以下几点。

1）可以考虑用两个字段存储一个权限控制字段，一个存放code、一个存放name（例如brand_code和brand_name）。

2）默认展现权限组的查询页面，就只展示name字段，权限控制建议使用code字段。

3）每一个下拉选择都支持多选，多选字段用英文逗号或者竖线分隔。

4）权限对象默认为全部，码值用“*”代替。

sys_data_permission_mapping 表结构如表 15-3 所示。

表 15-3　权限数据表结构

字段名	字段类型	字段长度	描述	说明
group_code	varchar	40	权限组代码	固定字段
group_name	varchar	200	权限组描述	固定字段
group_desc	varchar	800	权限组备注	固定字段
area_code	varchar	200	区域代码	两两为一组，根据用户的配置进行新增、修改、删除操作
area_name	varchar	4000	区域描述	
subcompany_code	varchar	200	分公司代码	
subcompany_name	varchar	4000	分公司描述	
store_code	varchar	200	店铺代码	
store_name	varchar	4000	店铺描述	
brand_code	varchar	200	品牌代码	
brand_name	varchar	4000	品牌描述	
bigcate_code	varchar	200	大类代码	
bigcate_name	varchar	4000	大类描述	
category_code	varchar	200	品类代码	
category_name	varchar	4000	品类描述	
series_code	varchar	200	系列代码	
series_name	varchar	4000	系列描述	

把权限组分配给用户，每个用户可以包含多个权限组，不同权限组之间取并集，如表 15-4 所示。注意，不能把有交叉的权限组分配给同一个用户，否则交叉权限部分的数据会翻倍。权限组和用户对应关系表表名为 sys_user_data_permission。

表 15-4　权限和用户对应关系表

用户名	权限组
user01	DPG_ALL
user02	DPG_DG_XX
user02	DPG_FJ_WY

一个组内的权限取交集（and），多个权限组之间取并集（or）。

完成数据配置的基础上，关联用户表和权限表，构建权限视图，输出结果如图 15-2 所示。

```
CREATE VIEW cfg.cfg_user_data_permission_v AS
SELECT b.user_id,a.group_code,a.group_name,a.area_code,a.area_name,a.subcompany_
    code,a.subcompany_name,a.store_code,a.store_name,a.brand_code,a.brand_name,a.
    bigcate_code,a.bigcate_name,a.category_code,a.category_name,a.series_code,a.
    series_name
FROM cfg.sys_data_permission_mapping a ,cfg.sys_user_data_permission b
WHERE a.group_code = b.group_code;
```

user_id	group_code	group_name	area_c	area_na	subco	subcomp	store	store_na	brand_(	brand_r	bigcate_c	bigcate_name	categ	categoı	series	series_name
user02	DPG_DG_XX	广东休闲	27	广东	*	全部	*	全部	20	休闲	*	全部	*	全部	*	全部
user02	DPG_FJ_WY	福建衣组合	28	福建	*	全部	*	全部	*	全部	107,108,1	西装,休闲上装,	*	全部	*	全部
user01	DPG_ALL	全部权限	*	全部	*	全部	*	全部	*	全部	*	全部	*	全部	*	全部

图 15-2 数据权限明细查询

报表筛选框或者自助分析数据集、API 数据集可以直接使用权限视图进行数据查询，具体应用举例如下。

查询店铺过滤条件，代码如下。

```
SELECT distinct store_code,store_name FROM dw.dw_md_store_info t
INNER JOIN cfg.cfg_user_data_permission_v b
ON b.user_id ='user02'
AND (position(t.sale_area_code in b.area_code) >0  OR b.area_code = '*')
AND (position(t.manager_province_code in b.subcompany_code) >0
OR b.subcompany_code = '*')
AND (position(t.store_code in b.store_code) >0  OR b.store_code = '*')
```

查询商品过滤品牌，代码如下。

```
SELECT distinct brand_code,brand_name FROM dw.dw_md_merchandise t
INNER JOIN cfg.cfg_user_data_permission_v b
ON b.user_id ='user02'
AND (position(t.brand in b.brand_code) >0  OR b.brand_code = '*')
AND (position(t.category in b.bigcate_code) >0  OR b.bigcate_code = '*')
AND (position(t.major_class in b.category_code) >0  OR b.category_code = '*')
AND (position(t.series_style in b.series_code) >0  OR b.series_code = '*');
```

查询大宽表的数据，代码如下。

```
SELECT t.* from dm.dm_ta_sales_detail t
INNER JOIN cfg.cfg_user_data_permission_v b
ON b.user_id ='user02'
AND (position(t.sale_area_code in b.area_code) >0  OR b.area_code = '*')
AND (position(t.manager_province_code in b.subcompany_code) >0  OR b.subcompany_
    code = '*')
AND (position(t.store_code in b.store_code) >0  OR b.store_code = '*')
AND (position(t.brand in b.brand_code) >0  OR b.brand_code = '*')
AND (position(t.category in b.bigcate_code) >0  OR b.bigcate_code = '*')
AND (position(t.major_class in b.category_code) >0  OR b.category_code = '*')
AND (position(t.series_style in b.series_code) >0  OR b.series_code = '*');
```

按照星形模型查询数据，代码如下。

```
SELECT * FROM dm.dm_tg_sales_detail t
INNER JOIN (
SELECT b.group_code,b.group_name,t.* FROM dw.dw_md_store_info t
INNER JOIN cfg.cfg_user_data_permission_v b
```

```
ON b.user_id ='user02'
AND (position(t.sale_area_code in b.area_code) >0  OR b.area_code = '*')
AND (position(t.manager_province_code in b.subcompany_code) >0
OR b.subcompany_code = '*')
AND (position(t.store_code in b.store_code) >0  OR b.store_code = '*')  ) a
on t.store_code = a.store_code
INNER JOIN (
SELECT b.group_code,b.group_name,t.* FROM dw.dw_md_merchandise t
INNER JOIN cfg.cfg_user_data_permission_v b
ON b.user_id ='user02'
AND (position(t.brand in b.brand_code) >0  OR b.brand_code = '*')
AND (position(t.category in b.bigcate_code) >0  OR b.bigcate_code = '*')
AND (position(t.major_class in b.category_code) >0  OR b.category_code = '*')
AND (position(t.series_style in b.series_code) >0  OR b.series_code = '*') ) b
ON t.sku_code = b.sku_code;
```

15.2　数据补录

数据补录可直接通过 Web 页面对数据中台进行数据补充和完善。在实际的项目中，经常因为有些业务数据是相关责任人手工维护的，所以无法及时补充到相关系统中。为此，数据中台也需要配备数据补录功能，支持用户自定义补录表结构，方便业务人员通过数据中台的页面录入数据。

数据补录平台的技术已经非常成熟，笔者用过一些简单易用的补录平台，这里以最近一个项目用到的补录平台为例进行功能介绍。

首先，需要用户选择在系统中配置的数据源。一般来说，这个数据源支持多种 JDBC 数据库，例如 MySQL、Greenplum、Oracle 等。选择数据源后，填写模板编码、模板名称、补录表名称。

然后进入模板编辑页面，在模板编辑页面定义补录表的表结构、字段信息等。

完成补录定义后，需要发布补录。在发布补录表的过程中会自动生成对应数据库的目标表，然后点击“数据补录”，选择对应的模板，可以进入补录页面，如图 15-3 所示。

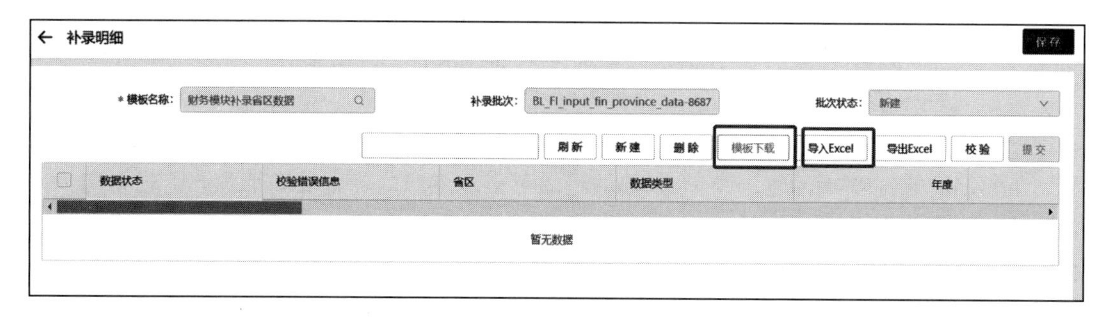

图 15-3　补录平台数据导入管理

在补录页面，我们可以先下载补录模板，然后按照补录模板填入数据，点击“导入 Excel”将数据导入数据库对应的表。

完成数据补录后，我们可以通过“导出 Excel”功能查看数据，也可以在补录查看页面选择对应的模板查看数据。查看已录入数据的页面如图 15-4 所示。

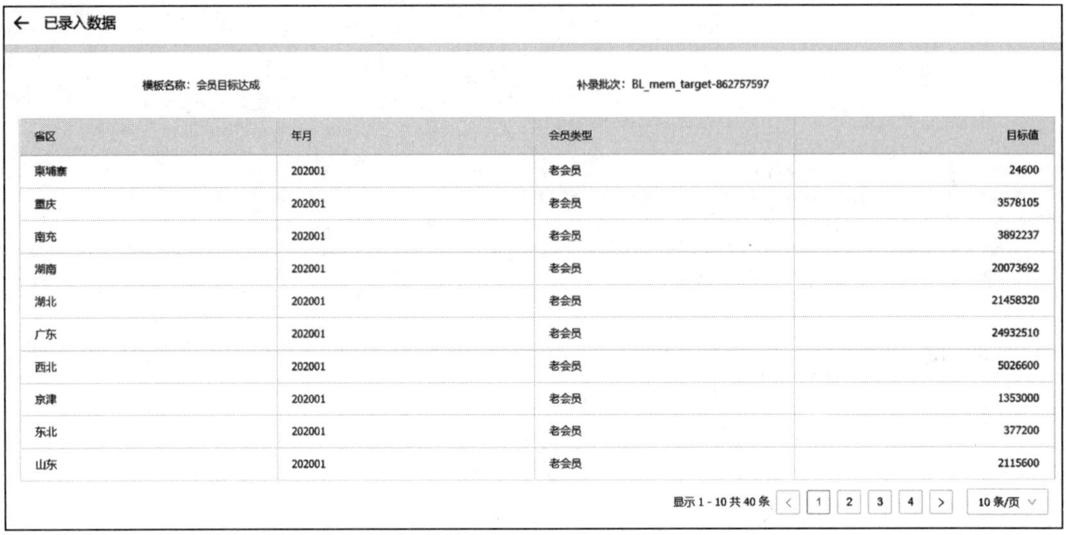

← 已录入数据

模板名称：会员目标达成　　补录批次：BL_mem_target-862757597

省区	年月	会员类型	目标值
柬埔寨	202001	老会员	24600
重庆	202001	老会员	3578105
南充	202001	老会员	3892237
湖南	202001	老会员	20073692
湖北	202001	老会员	21458320
广东	202001	老会员	24932510
西北	202001	老会员	5026600
京津	202001	老会员	1353000
东北	202001	老会员	377200
山东	202001	老会员	2115600

显示 1 - 10 共 40 条 < 1 2 3 4 > 10 条/页

图 15-4　补录平台已录入数据查询页面

15.3 BI 门户

对于数据应用比较深入的企业，通常会选择两个及以上的报表工具，各取所长完成企业的 BI 展现需求。这种现象在银行业非常普遍，银行在不同的项目上可能会用 Cognos、BIEE 以及各种国产报表工具，这时，BI 门户的概念就诞生了。

BI 门户是指整合多种不同工具实现的报表，以统一的菜单和授权对外提供服务。BI 门户主要集成了用户注册、登录、数据权限分配、报表集成、筛选框集成等多种通用功能。BI 报表平台实现的技术差异很大，要想完美集成各种报表工具还是有很大难度的。不过 BI 报表集成的过程基本上是通用的，即模拟报表平台的请求获取 BI 报表页面的菜单连接，将对应的连接配置到 BI 门户的菜单上。

虽然 BI 门户的需求很多，但是成熟的产品不多。主要是各企业的情况和需求不同，无法形成一套通用的平台，支持不同企业的管理需求。笔者曾经在不同的项目中分别参与过 Cognos、BIEE、Tableau、PowerBI、永洪 BI 等多个报表工具的集成配置，下面以最近一个项目集成 Tableau 报表的应用为例进行说明。

第一步：读取 Tableau 报表清单，选择需要集成的报表，配置页面如图 15-5 所示。

第二步：定义报表的筛选框，明确筛选框展现名称、参数编码、是否多选、参数排序、下拉值来源、默认值定义等内容。配置完成的参数如图 15-6 所示，预览结果如图 15-7 所示。

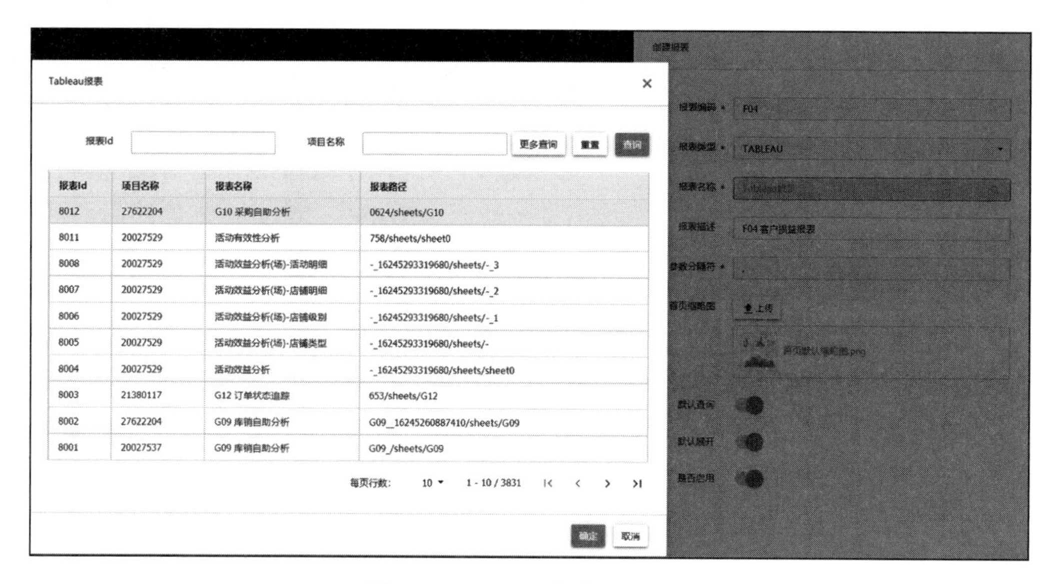

Tableau报表

报表Id	项目名称	报表名称	报表路径
8012	27622204	G10 采购自助分析	0624/sheets/G10
8011	20027529	活动有效性分析	758/sheets/sheet0
8008	20027529	活动效益分析(场)-活动明细	-_16245293319680/sheets/-_3
8007	20027529	活动效益分析(场)-店铺明细	-_16245293319680/sheets/-_2
8006	20027529	活动效益分析(场)-店铺级别	-_16245293319680/sheets/-_1
8005	20027529	活动效益分析(场)-店铺类型	-_16245293319680/sheets/-
8004	20027529	活动效益分析	-_16245293319680/sheets/sheet0
8003	21380117	G12 订单状态追踪	653/sheets/G12
8002	27622204	G09 库销自助分析	G09__16245260887410/sheets/G09
8001	20027537	G09 库销自助分析	G09_/sheets/G09

每页行数: 10　1 - 10 / 3831

图 15-5　Tableau 报表配置页面

报表名称: M09 商品店铺动销

参数编码	参数名称	参数类型	参数说明	操作
year_season	产品年季	值集(多选)		编辑　删除
medium_class	中类	值集(多选)		编辑　删除
storetype	店铺类型	值集(多选)		编辑　删除
brand	品牌	值集(多选)		编辑　删除
storelevel	店铺级别	值集(多选)		编辑　删除
category	品类	值集(多选)		编辑　删除
managerprovince	省区	值集(多选)		编辑　删除
enddate	截止日期	日期		编辑　删除
startdate	开始日期	日期		编辑　删除

每页行数: 10　1 - 9 / 9

图 15-6　报表筛选框定义页面

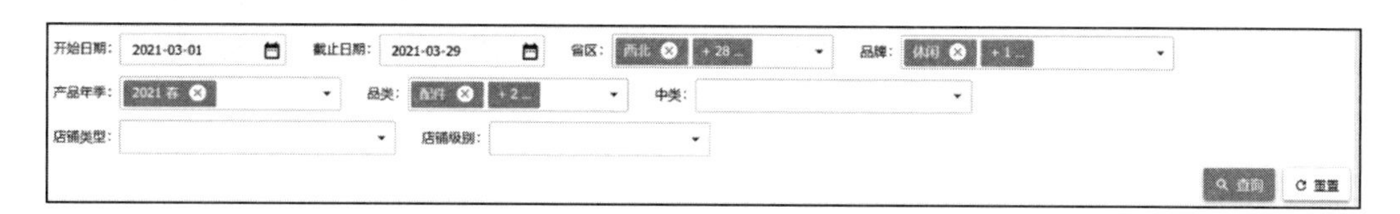

图 15-7　报表筛选框预览页面

第三步：系统定义菜单。本案例中的菜单包括 Tableau 报表和可视化大屏两种报表类型的应用。Tableau 报表通过 Tableau 管理中心集成后，可以直接变成系统菜单，而可视化大屏则是外挂的 Java Web 项目，在菜单配置中显示为“外部链接”。菜单配置页面如图 15-8 所示。

菜单配置 　导出客户化菜单　导入客户化菜单　全部展开　全部收起　+ 新建

名称	上级	编码	图标	路径	类型	状态	操作
- F 财务领域		FCWBB		inancial2	根目录	• 启用	新建 编辑 操作∨
+ 01 财务主题	F 财务领域	CWZT		financial2.01	自设目录	• 启用	新建 编辑 操作∨
- 02 财务大屏	F 财务领域			financial2.02	自设目录	• 启用	新建 编辑 操作∨
B01 绩效热力风险	02 财务大屏			financial2.02.01	菜单	• 禁用	编辑 启用 操作∨
B02 财务风险地图	02 财务大屏			inancial2.02.02	菜单	• 禁用	编辑 启用 操作∨
B01 绩效热力风险	02 财务大屏			inancial2.02.03	外部链接	• 启用	编辑 禁用 操作∨
B02 财务风险地图	02 财务大屏			financial2.02.04	外部链接	• 启用	编辑 禁用 操作∨
+ 03 集团财务	F 财务领域			financial2.04	自设目录	• 启用	新建 编辑 操作∨
+ 04 财务自建	F 财务领域			financial2.03	自设目录	• 启用	新建 编辑 操作∨
+ VIP 会员报表		VHYBB		.vip	根目录	• 禁用	新建 编辑 操作∨
- V 会员领域		CHYBB		b.crm	根目录	• 启用	新建 编辑 操作∨
+ 01 会员主题	V 会员领域	HYZT		o.crm.01	自设目录	• 启用	新建 编辑 操作∨
+ 02 会员自建	V 会员领域	hyzj		.crm.02	自设目录	• 启用	新建 编辑 操作∨
V07 MTD区域指标	V 会员领域			crm.07	菜单	• 禁用	编辑 启用 操作∨
+ C 渠道领域		CQDBB		channel	根目录	• 启用	新建 编辑 操作∨
+ R 零售领域		RLSBB		etail	根目录	• 启用	新建 编辑 操作∨
+ M 商品领域		MSPBB		nerchandise	根目录	• 启用	新建 编辑 操作∨

图 15-8 BI 门户菜单配置页面

第四步：针对不同的角色进行菜单授权，这个功能一般系统都具备，这里就不展开了，如图 15-9 所示。

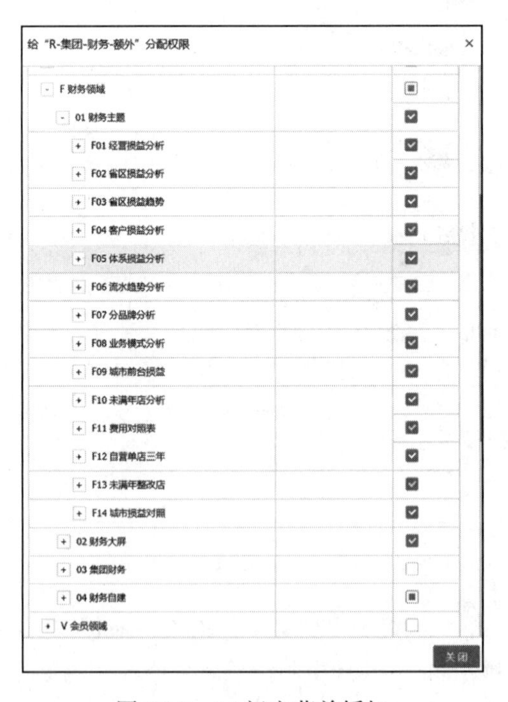

图 15-9 BI 门户菜单授权

完成上述配置以后，在归属某个角色的用户登录系统上就可以只看到自己有权限的报表了。在这里仅以管理员身份展示整个项目集成报表的一部分，如图 15-10 所示。

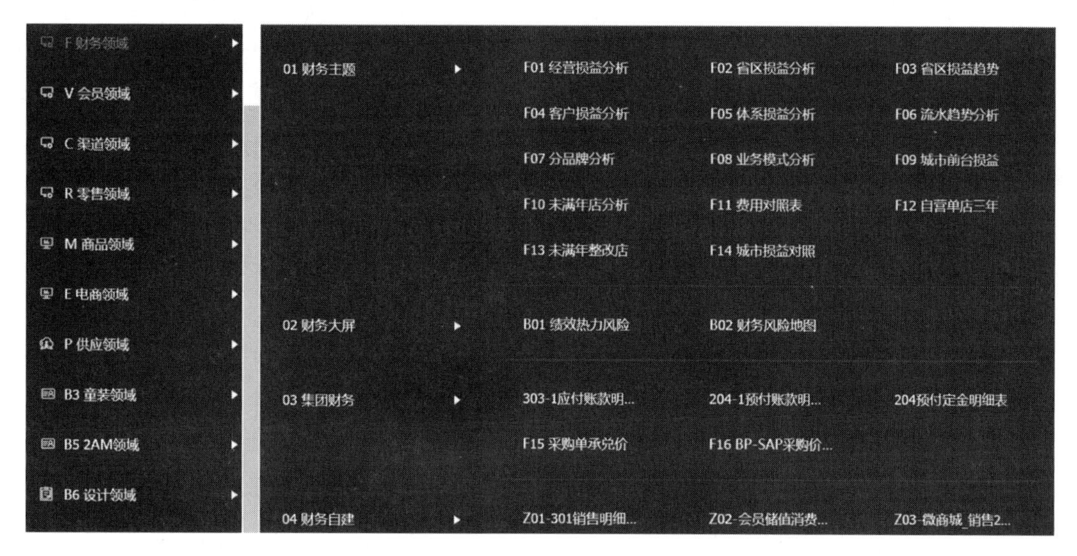

图 15-10　BI 门户菜单展示

15.4　元数据管理

元数据的定义是关于数据的数据，元数据与数据的关系就像数据与自然界的关系，数据反映了真实世界的交易、事件、对象和关系，而元数据则反映了数据的交易、事件、对象和关系。简单来说，只要能够用来描述某个数据的，都可以认为是元数据。举个例子，如果将图书馆里面的某一本书当作数据，那么所有用来形容这本书的数据，比如书名、作者、所属类别等都是这本书的元数据。

对于企业而言，元数据是跟企业所使用的物理数据、业务流程、数据结构等有关的信息，描述了数据（如数据库、数据模型）、概念（如业务流程、应用系统、技术架构）以及它们之间的关系。元数据是企业数据资源的应用字典和操作指南，进行元数据管理有利于统一数据口径、标明数据方位、分析数据关系、管理数据变更，为企业级的数据治理提供支持，是企业实现数据自服务、推动企业数据化运营的可行路线。

元数据管理是对数据采集、存储、加工和展现等数据全生命周期的描述信息，可以帮助用户理解数据关系和相关属性。元数据管理工具可以了解数据资产分布及产生过程：实现元数据的模型定义并存储，在功能层包装成各类元数据功能，最终对外提供应用及展现；提供元数据分类和建模、血缘关系和影响分析，方便数据的跟踪和回溯。

元数据管理统一管控分布在企业各个角落的数据资源，企业涉及的业务元数据、技术元数据、管理元数据都是其管理的范畴，按照科学、有效的机制对元数据进行管理，并面向开发人员、最终用户提供元数据服务，以满足用户的业务需求，向企业业务系统和数据分析平台的开发、维护过程提供支持。关于元数据管理平台，笔者推荐使用国产软件公司亿信华辰的产品睿治。

作为企业数据治理的基础，元数据管理平台从功能上主要包括元数据采集服务、应用开发支持服务、元数据访问服务、元数据管理服务和元数据分析服务。

1）元数据采集服务：能够适应异构环境，支持从传统关系型数据库或大数据平台中采集数据 ETL 全过程（从数据产生到数据加工处理和数据应用的整个链路）产生的元数据信息，包括过程中的数据实体（系统、库、表、字段的描述）以及数据实体加工处理过程中的逻辑。

2）元数据访问服务：元数据管理软件提供的元数据访问接口服务，一般支持 REST 或 WebService 等接口协议。通过数据服务提供企业元数据信息的共享，是企业数据治理的基础。

3）元数据管理服务：实现元数据的模型定义及存储，在功能层包装成各类元数据功能，最终对外提供应用及展现。提供元数据分类和建模、血缘关系和影响分析，方便数据的跟踪和回溯。

4）元数据分析服务：元数据的应用一般包括数据地图、数据血缘、影响分析、全链分析等。

元数据管理平台可以为用户提供高质量、准确、易于管理的数据，它贯穿数据中心构建、运行和维护的整个生命周期。在构建数据中心的过程中，数据源分析、ETL 过程、数据库结构、数据模型、业务应用主题的组织和前端展示等环节，均需要相应的元数据提供支撑。

通过元数据管理，形成整个系统信息数据资产的准确视图，通过元数据的统一视图，缩短数据清理周期、提高数据质量以便能系统性地管理数据中心项目中来自各业务系统的海量数据，梳理业务元数据之间的关系，建立信息数据标准，完善对这些数据的解释、定义，形成企业范围内一致、统一的数据定义，并对这些数据来源、运作情况、变迁等进行跟踪分析。

15.5 指标管理

随着企业业务的不断拓展和 BI 应用的深入，不同部门对各个指标都有特定的分析应用场景，这时候就会出现指标定义混乱的问题。以零售企业对交易额的定义为例，在电商业务中，有些场景以下单金额为准、有些场景以支付金额为准，而有些场景还需要剔除退货的有效金额。如果没有一个统一的规范，就会造成各部门口径不一致，导致针对指标的报告结果存在差异。

为了统一对指标的定义，可以建立一套指标管理系统来统一管理指标口径。这里我们先认识一下以下名词。

1）数据域：面向业务的大模块，不会经常变更，比如零售行业的线下门店销售业务、电商平台业务、供应链业务等业务模块。

2）业务过程：如电商业务中下单、支付、退款等操作。

3）时间周期：即统计范围，如近 30 天、自然周、截止到当天等。

4）修饰类型：如电商中支付方式、终端类型等。

5）修饰词：除了维度以外的限定词，如电商支付中的微信支付、支付宝支付、网银支付等，终端类型为安卓、iOS 等。

6）原子指标：不可再拆分的指标，如支付金额、支付件数。

7）维度：常见的维度如地理维度（国家、地区等）、时间维度（年、月、周、日等）。

8）维度属性：如地理维度中的国家名称、省份名称等。

9）派生指标：由原子指标 + 修饰词 + 时间周期组成。

10）合成指标：合成指标是衍生指标的一种，由多个指标组合计算形成。常见的如达成率、售罄率、库销比等。

指标体系建设是一个从抽象到具体的过程，如图 15-11 所示，指标体系建设可分为 3 个步骤：第一步指标梳理，也就是体系建设的核心；第二步对梳理好的指标按照其口径进行定义；第三步应用分析。

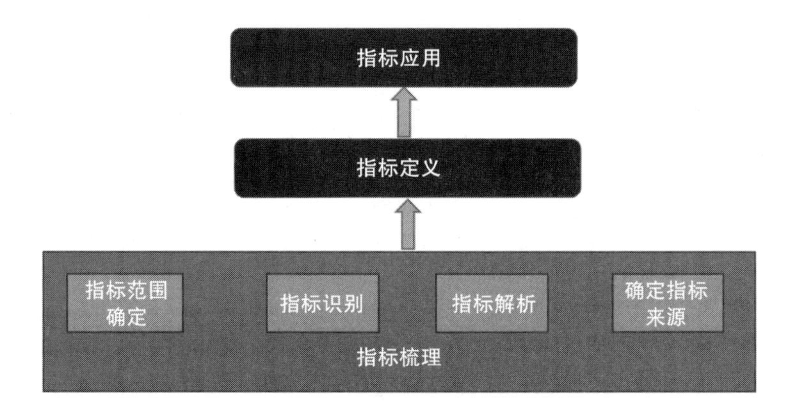

图 15-11　指标管理体系

指标梳理

（1）指标范围确定和指标识别

对于指标梳理，在不知道从何入手的时候，可以先找到指标的需求，这些需求通常来自对业务部门和技术部门的需求调研、业务系统常用指标、用户用到的统计报表、行业标准等。

之后，我们要在众多需求中提炼出指标（基础指标、合成指标），剔除噪音指标和不需要的指标，区分基础指标和衍生指标，并确定指标统计口径，包括取数逻辑、过滤条件和汇总维度。

进一步对指标按照业务领域进行划分，明确指标的应用场景和适用维度。所有指标都有确定的分析场景，也有维度使用限制。例如售罄率在线下业务分析中具有重要的分析价值，而在电商业务中却失去了意义。同样的，退货率这个指标广泛应用于电商业务，却不适合线下业务。至此，我们就完成了指标识别和分析的全过程，如图 15-12 所示。

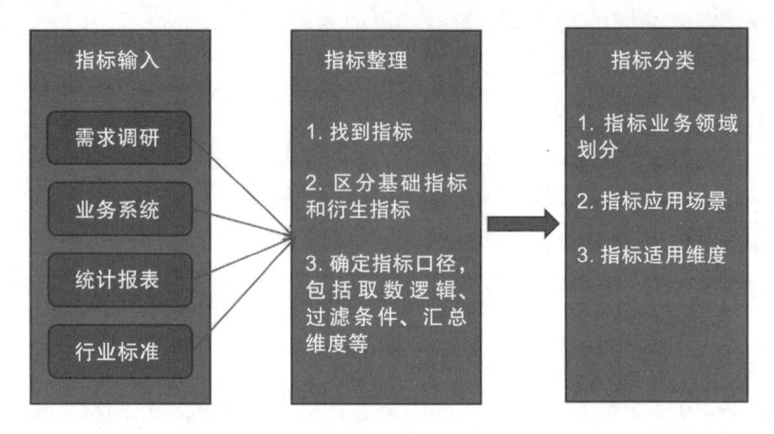

图 15-12 指标识别和分析全过程

基础指标通常是数值型的明细数据，如销售数量、销售金额、销售吊牌。通常情况下，基础指标是没有直接使用场景的，如销售金额这个指标，直接使用是没有意义的，一定要配合维度或者数据期来使用，比如店铺 A 某日的销售金额、2020 年 6 月在广东省的销售金额。维度是指标的一个属性，如日期、店铺、区域、品牌。在整理维度的过程中，我们会找到所有原始的维度，通过调研，挖掘用户希望看到的维度，比如用户希望看到每年的数据还是每月的数据，用户想看全国的数据还是各省的数据。通常情况下，用户希望看到的维度是原始数据维度的子集。

衍生指标也称作计算指标，是通过基础指标运算得来的，其分类如下：基础指标之间的运算、带相同筛选条件的基础指标之间的运算、带不同筛选条件的基础指标之间的运算、合成指标与合成指标之间的运算。例如通过销售数量和销售金额，我们可以计算出件单价，通过销售金额和销售吊牌，我们可以计算出折扣率。

（2）指标解析

以统计报表为例，通常指标解析分为 4 步。

第一步：理解报表。要了解统计报表，通过报表标题、报表的表头、表尾，以及各数据项的关系和公式来了解统计报表的用途。

第二步：剔除不必要的指标。需要检查报表中不适用的指标与维度组合，包括超长字符、计量单位、无统计意义的字符等。

第三步：分析指标的维度、筛选条件、公式。

第四步：确定报表的数据期。数据期即查看统计报表的时间粒度，这是报表最核心的维度，决定了数据的刷新和汇总粒度。

（3）确定指标源头

确定指标源头就是找到指标的来源，指标可以来自某个业务系统，也可以来自某个主题表。确定指标源头的目的是保证指标口径唯一。下面以线下店铺售罄率为例，进行指标溯源分析，如图 15-13 所示。

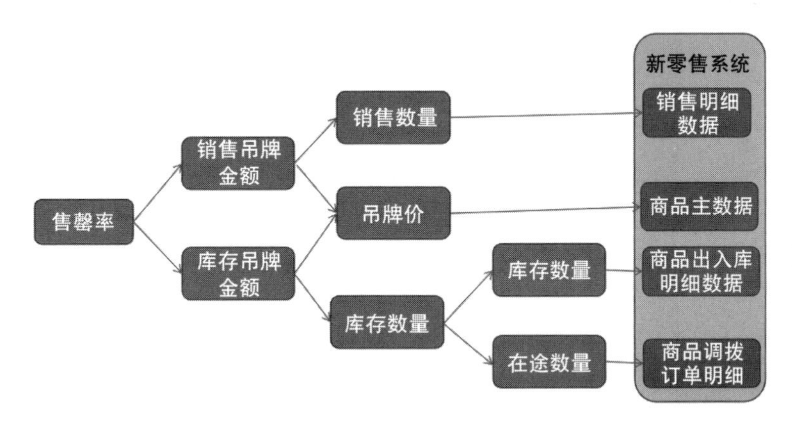

图 15-13　售罄率指标溯源示意图

一般来说，基础指标可以直接对应原系统的数据来源。合成指标则是基于基础指标定义公式计算得来的，由公式向导引导用户定义公式，方便扩展、操作简便、直观易读。

完成指标的溯源分析后，将指标的定义、指标之间的关系固化到系统中，再经过合适的流程审核，就可以作为指标体系发布给用户使用了。

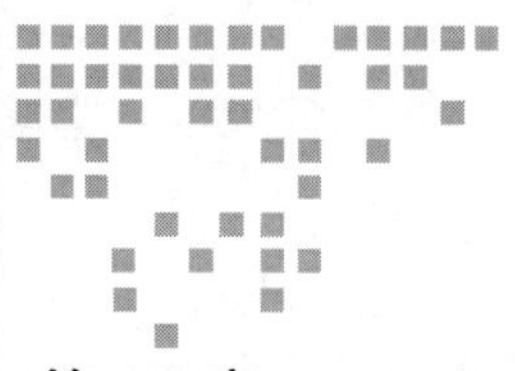

Chapter 16　第 16 章

数据中台数据应用

数据中台拓展了数据应用的边界，由传统的事后分析变为事中、事前应用。早期的数据仓库更加注重数据的统计分析，不参与业务过程，而数据中台引入数据服务和实时数仓的理念，让数据在业务流程中发挥作用、产生价值，其中比较典型的就是推荐系统。

16.1　商业智能

商业智能（Business Intelligence，BI）是数据中台重要的应用方向，也是数据中台最成熟的应用方向。

BI 数据应用平台可以满足用户切换不同查询条件。下面介绍 BI 报表相关的几个专有名词。

1）切片和切块：在多维数据结构中，按二维进行切片，按三维进行切块。比如在“店铺、品牌、时间”三维立方体中进行切块和切片，可得到各店铺、各种品牌的统计情况。每次沿其中一维进行分割，称为分片，每次沿多维进行分隔称为分块。

2）钻取：钻取包括向下钻取、向上钻取、上卷钻取，钻取的深度与维所划分的层次相对应。

3）旋转和转轴：通过旋转可以得到不同视角的数据，主要是切换横轴和纵轴的维度，多用于交叉表。

以上是早期 BI 需要实现的核心功能，对于目前流行的 BI 工具，这些功能都已经很好地满足了。在数据分析项目中，我们更多的是根据业务需求实现固定样式报表的查询。这里又引出了星形模型、雪花模型、星座模型的概念。

星形模型是一种多维的数据关系，它由一个事实表和一组维表组成。每个维表都有一个维作为主键，所有这些维的主键组合成事实表的主键。事实表的非主键属性称为事实，一般都是数值或其他可以进行计算的数据，如图 16-1 所示。

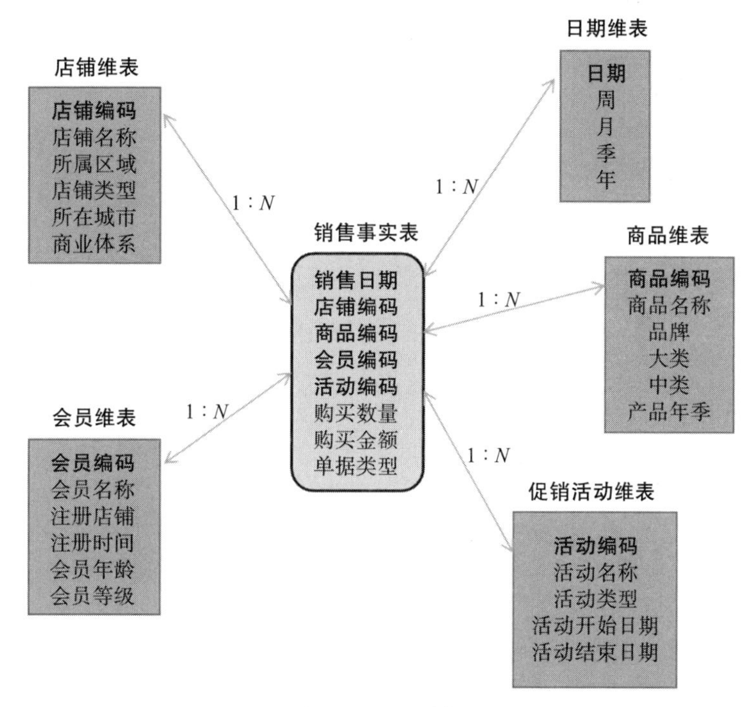

图 16-1　星形模型

星形模型是一种非正规的结构，多维数据集的每一个维度都直接与事实表相连，数据有一定冗余。

当有一个或多个维表没有直接连接事实表，而是通过其他维表连接事实表时，其图解就像多个雪花连接在一起，故称雪花模型。雪花模型是星形模型的扩展。它对星形模型的维表做了进一步层次化，原有的各维表可能被扩展为小的事实表，形成一些局部的层次区域，这些被分解的表都连接到主维度表而不是事实表上，如图 16-2 所示。

雪花模型通过最大限度地减少数据存储量以及联合较小的维表来改善局部查询性能。雪花型结构虽然解决了数据冗余的问题，但是整体查询性能较差，我们一般将雪花模型退化成星形模型使用。

如图 16-3 所示，星座模型也由星形模型延伸而来，星形模型基于一张事实表，而星座模型基于多张事实表，并且共享维度表信息，这种模型往往应用于数据关系比星形模型和雪花模型更复杂的场景。星座模型需要多个事实表共享维度表，因而可以视为星形模型的集合，故亦被称作星系模型。

不管是星形模型、雪花模型还是星座模型，都用到了维度表和事实表。一般来说，维度表既可以用于设计筛选框，也可以用于选择报表展示内容（例如固定表格的列、柱状图的 X 轴、曲线图的 X 轴等），而事实表包含的指标则仅用于展示。

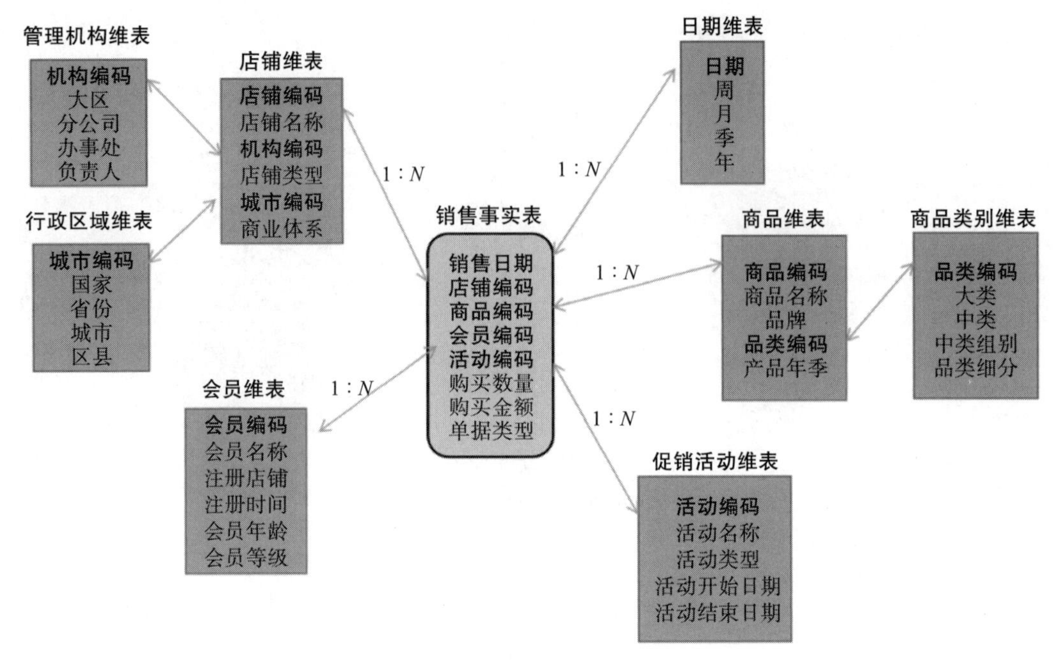

图 16-2 雪花模型

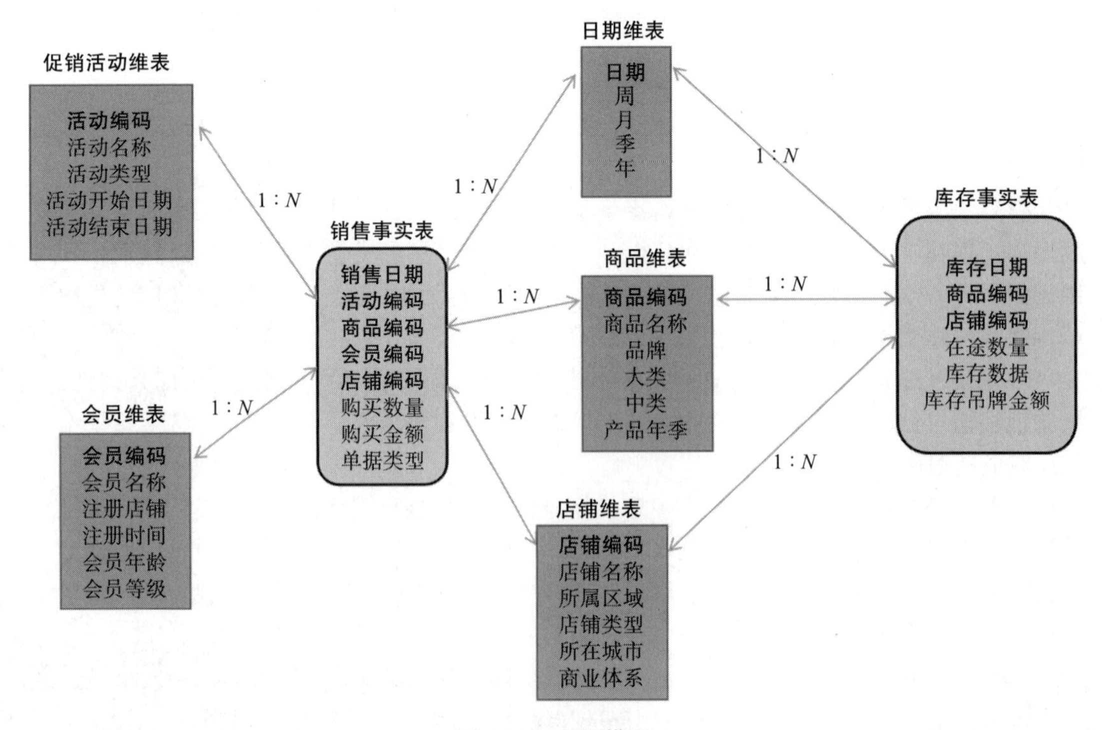

图 16-3 星座模型

16.2 自助分析平台

随着大数据全面普及和市场竞争的日益激烈，业务策略也随着环境变化日新月异，数据资产进入爆发式增长期。越来越多的源数据、越来越复杂多变的业务场景，对传统的 IT 和业务配合模式提出了挑战。一方面 IT 和分析师之间沟通成本高，响应时间久，另一方面除了固定报表展示的需求外，越来越多的企业和部门希望能够自己处理和分析数据，减少数据建设到决策分析的时间，市场从“IT 主导的报表模式”向“业务主导的自服务分析模式”转变。

所谓自助分析，就是通过 IT 集中数据管控进行数据分发，让更多需要数据的业务不借助 IT 也能够轻松掌握和应用数据，在推动企业实现数据化管理方面有着天然的优势。

1. 帮助业务人员找到数据的价值

自助分析方案整合外部和内部各渠道数据，让各渠道数据得以联合分析，保障了数据的准确性。同时业务所需的数据掌握在业务部门手中，保证了数据的及时性，让业务数据得以及时匹配业务的动态发展。数据分析不再是以固定报表的形式由 IT 交付给业务部门，而是由业务部门自行处理，赋予业务人员数据主动性，让业务人员可以更加深入地思考数据。

以上功能基于自助分析平台便捷、低门槛、易上手的特性，使得业务可以轻松高效地进行可视化分析，大大提高了业务人员利用数据的灵活性，让业务人员可以节省时间，高频关注数据。

2. 帮助 IT 人员凸显自身的价值

借助自助分析平台，IT 人员获得了巨大的成就感。IT 工作的核心是更好地支撑企业业务发展，而所有的 IT 项目，最大的价值体现就是降本增效，而自助分析模式就是最好的实现途径。项目成果让 IT 和业务都直接受益，IT 人员省去大量的报表开发工作，业务人员应用数据的效率也得到大大提升。

此外，IT 有更多时间聚焦企业数据底层的梳理，让企业的数据质量越来越好，创新和突破数字化转型道路上的更多技术难点。在企业层面，得以实现信息化水平提升以及数据化管理。

我们所说的数据驱动业务，在投入上往往重数据轻人员，人员上重 IT 轻业务，这样做并不可取。只有 IT 部门和业务部门在数据上同时发力，数据驱动力和人才驱动力并行，企业才能真正实现数据化管理。

自助分析就是让业务和 IT 互相配合，实现 1+1>2 的效果。IT 人员需要预先进行数据抽取、加工、整合，并创建数据集、管控数据集权限，然后把数据集开放给业务人员。有相应权限的业务人员就可以通过自助分析平台读取数据，进行自定义维度的钻取和分析工作，也可以自行定义报表并保存，以便重复使用。

16.3 数据服务

数据服务是数据中台区别于数据仓库最明显的地方。数据中台的着眼点在于数据的使用，数据服务是其中必不可少的功能。

数据服务，也叫 API 接口，主要是把数据库表中的数据转变为 JSON 对象，供其他有权限的消费对象请求。具体展开来说，还涉及了数据参数的传入、SQL 查询替换变量或者表字段过滤、权限空值、Token 验证、分页等功能的实现。

下面介绍一款非常成熟的数据服务产品。

首先，针对数据服务，我们需要配置查询的数据库、查询的 SQL、返回的字段类型、返回的格式（一般支持 JSON 和 XML 两种）等，如图 16-4 所示。

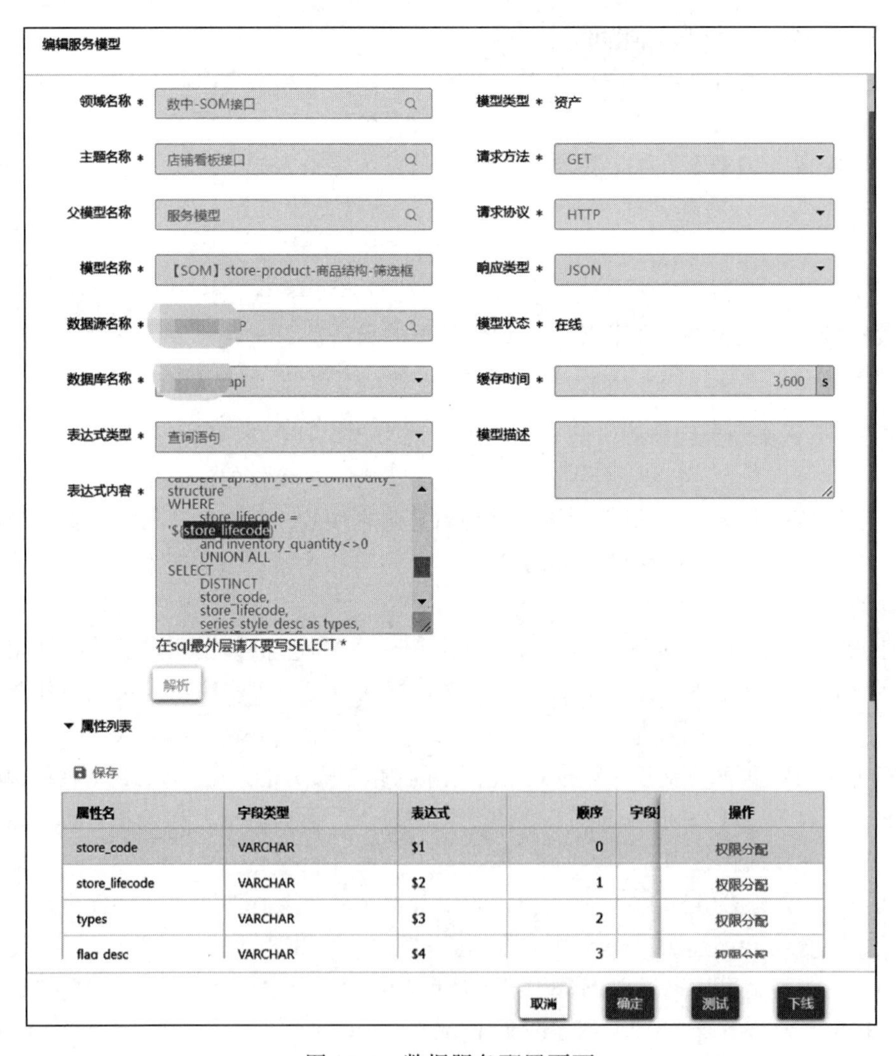

图 16-4 数据服务配置页面

然后配置接口的访问权限，即可对外发布服务。查看服务信息的页面如图 16-5 所示。

图 16-5　数据服务信息页面

该产品还支持接口测试和样例下载，推荐使用样例下载功能，下载样例后得到一个 word 文档，文档内容如图 16-6 所示。

样例文档非常详细，可以据此对外提供标准化的服务，大幅降低沟通成本，提高接口对接效率。

基本信息

服务编码：SCV202101270002
服务类型：ASSET
服务名称：数中-SOM 接口-店铺看板接口-【SOM】store-product-商品结构-筛选框
请求类型：GET
请求 URL:
http://192.168.8.10.:8080/xsvc/data-service/SCV202101270002?token={token}&page=0&size=20&store_lifecode={store_lifecode}

属性列表

字段名称	字段类型	字段描述
store_code	VARCHAR	
store_lifecode	VARCHAR	
types	VARCHAR	
flag_desc	VARCHAR	

参数信息

参数名称	参数类型	是否必填	参数描述
store_lifecode	STRING	是	

请求样例

http://192.168.8.10:8080/xsvc/data-service/SCV202101270002?token={token}&page=0&size=20&store_lifecode={store_lifecode}

返回示例

{\"code\":200,\"result\":true,\"content\":{\"result\":{\"store_code\":\"store_code\",\"store_lifecode\":\"store_lifecode\",\"flag_desc\":\"flag_desc\",\"types\":\"types\"}}}

返回码

返回码	返回信息	解决方案
200	{\"code\":200,\"result\":true,\"content\":{}}	SUCCESS
400	{\"code\":400,\"result\":false,\"message\":"请检查参数信息是否正确"}	请检查参数信息是否正确
401	{\"code\":401,\"result\":false,\"message\":"服务未授权"}	请对该服务先进行授权
403	{\"code\":403,\"result\":false,\"message\":"当前用户无权限访问该服务"}	请对该用户进行服务授权访问
404	{\"code\":404,\"result\":false,\"message\":"服务不存在或该服务已被禁用"}	请检查服务 id 是否正确或启用该服务
500	{\"code\":500,\"result\":false,\"message\":"程序出现错误"}	请联系数据服务管理员

图 16-6 数据服务接口文档

16.4　标签平台

标签平台是客户管理系统的关键模块，也是个性化推荐系统的基础。当我们真正了解用户需求时，才有可能知道他们的痛点，才能够推荐给他们合适的产品。

现在的产品和运营张口闭口就是用户画像、用户标签。建立标签平台是一项浩大的工程，需要投入很多开发资源，单是标签体系的建立都需要多个角色参与，加上需求的调研时间，最少也要投入 2 ~ 3 个月的时间。后期比较深入的功能如标签圈选、人群画像等又是很大的工程量。建立标签平台的前期不可能很快得到回报，是一个需要长期积累和完善的项目。对于创业公司或者用户量较少的小型公司，不建议做标签平台，当公司有了一定规模，用户量有一定基础、数据有一定的积累，再投入资源做标签平台也不晚。

标签平台的实现一般需要经历 4 个阶段。

1. 准备数据

对于电商产品来说，需要准备采购商宽表、商品宽表、供应商宽表。宽表是单个用户(采购商、供应商)、商品指标的合集，我们尽量把所有的指标都汇聚到一张表中，方便接下来生成标签。用户宽表包含用户的基础信息、行为信息、业务指标等，用户的基础信息包括手机号、姓名、性别、注册时间、角色信息、平台信息和其他用户自己填写的信息。用户的行为信息包括用户的设备信息、地理位置、访问时长、加购次数、收藏次数、距离上次访问时长等通过埋点得到的信息。用户业务信息，包括用户下单金额、支付金额、优惠金额等信息。商品宽表包括商品的基础信息和业务信息。在电商商品中，商品的基础信息包含商品的 ID、名称、品类、颜色、尺码等上架商品时填写的信息。商品的业务信息包括商品的下单金额、支付金额、加购金额、加购次数等业务指标。

2. 创建标签体系

先看一下标签体系的结构，如图 16-7 所示。

标签体系一般是多层结构，基础信息和每条产品线的第 1 级标签由数据中台管理，我们以用户端的标签为例，先抽取用户的基础信息。

- 平台信息：用户用过哪个产品线的服务，就会打上哪个平台的标签。
- 用户类型：用户属于采购端还是供应端，具体是什么样的角色。
- 潜在客户：是否为潜在客户，如果是潜在客户，现在处于什么状态。
- 地理位置：通过埋点采集到的信息，如用户所在城市。
- 设备信息：通过埋点采集到的信息，包括用户浏览器的版本、设备版本、系统版本等。

3. 加工标签值

有了标签体系，我们还需要给标签定义具体的分类，然后按照分类加工标签。例如，购买次数是标签体系里面的一个节点，针对具体用户来说，应该对应着 0 次、1 次、2 次、

3 次及以上等不同的标签值，如图 16-8 所示。

一级标签	二级标签	三级标签	四级标签	标签规则	标签类型
基础信息	平台信息	平台类型	产品线 A		事实标签
			产品线 B		事实标签
			产品线 C		事实标签
		系统类型	应用 A		事实标签
			应用 B		事实标签
			应用 C		事实标签
	用户类型	供应端	角色 A		事实标签
			角色 B		事实标签
		采购端	角色 A		事实标签
			角色 B		事实标签
	潜在客户	是否潜客	是		事实标签
			否		事实标签
			未知		事实标签
		潜客类型	有销售线索		事实标签
			初步沟通		事实标签
			确定意向		事实标签
			商务洽谈		事实标签
			签约消费		事实标签
		客户来源	搜索引擎		事实标签
			微信引流		事实标签
			微信搜索		事实标签
			其他		事实标签
	设备信息	运营商	移动		事实标签
			联通		事实标签
			电信		事实标签
			未知		事实标签
		终端类型	Android		事实标签
			IOS		事实标签
			Windows		事实标签
			未知		事实标签

图 16-7　标签体系

一级标签	二级标签	三级标签	四级标签	标签规则	标签类型
消费行为	访问行为	距上次访问天数（R）	$R \leqslant 15$		指标标签
			$16 \leqslant R \leqslant 45$		指标标签
			$46 \leqslant R \leqslant 90$		指标标签
			$R>90$		指标标签
			空值		指标标签
		访问商品数（F）	$F>2$		指标标签
			$F=1$		指标标签
			$F=0$		指标标签
			未知		指标标签
		访问商品单价区间（M）	$M<100$		指标标签
			$100<M \leqslant 500$		指标标签
			$500<M \leqslant 1000$		指标标签
			$M>1000$		指标标签
			空值		指标标签
	收藏行为	距上次收藏天数（R）	$R \leqslant 15$		指标标签
			$16 \leqslant R \leqslant 45$		指标标签
			$46 \leqslant R \leqslant 90$		指标标签
			$R>90$		指标标签
			空值		指标标签
		收藏商品数（F）	$F>2$		指标标签
			$F=1$		指标标签
			$F=0$		指标标签
			未知		指标标签
		收藏商品单价区间（M）	$M<100$		指标标签
			$100<M \leqslant 500$		指标标签
			$500<M \leqslant 1000$		指标标签
			$M>1000$		指标标签
			空值		指标标签
	购买行为	距上次购买天数（R）	$R \leqslant 15$		指标标签
			$16 \leqslant R \leqslant 45$		指标标签
			$46 \leqslant R \leqslant 90$		指标标签
			$R>90$		指标标签
			空值		指标标签
		购买商品数（F）	$F>2$		指标标签
			$F=1$		指标标签
			$F=0$		指标标签
			未知		指标标签
		购买商品单价区间（M）	$M<100$		指标标签
			$100<M \leqslant 500$		指标标签
			$500<M \leqslant 1000$		指标标签
			$M>1000$		指标标签
			空值		指标标签

图 16-8　标签值定义

4. 人群圈选

一般来说，营销活动会针对特定的人群，因为人群就是标签的组合，所以我们开发了人群圈选功能。人群圈选分为 3 种方式：基于用户客观标签的圈选；基于用户行为的圈选；基于用户主观标签的圈选。

举例介绍基于用户客观标签的圈选，假设我们要针对广州市的新用户开展一个优惠活动，刺激他们下单，那么广州市的新用户就是由 2 个标签组成的用户群体。首先在标签工厂定义广州市用户这个标签，也就是用户的所在城市是广州。然后定义新用户标签，比如注册 7 天内的用户。最后做一个取交集的操作，获取所在城市为广州并且注册时间在 7 天内的用户。用户圈选功能支持且、或的简单操作，需要选择计算频率。

针对这个任务我们设计一个固定的规则，对所有在广州市注册的新用户发送消息，提醒用户领取优惠券。我们可以选择每天都计算一次，如果推送平台可以每天定时针对这批用户群发触达任务，那么就实现了自动化。如果选择只计算一次，那么这个计算任务就会执行一次，人群圈选一次就固定了，几天后再来查看，还是第一次计算的那批用户，这样方便追踪活动效果。比如 7 天前圈选一批用户做了一场活动，那么 7 天后可以查看这批用户各项指标的变化情况。

基于用户行为的圈选，需要结合埋点数据。用户的行为分为浏览和点击，我们需要基于每天的埋点数据去重，计算当天有哪些页面和按钮。在电商产品中主要包括首页、商品列表页、商品详情页、购物车页、下单页、支付页，关键的按钮主要包括收藏、加购、下单、支付。因为我们的埋点数据是分端采集的，所以也可以分端筛选出浏览和点击事件。

以推广一个 H5 活动为例，活动中我们要实时监控有谁访问了 H5，哪些人点击了 H5 上的关键按钮。这类活动一般都很短暂，时效性要求比较高，需要准实时地圈出访问该活动页和点击加购却没有下单的人。针对这个场景，第一个筛选条件是访问了 H5 页面的人，第二个筛选条件是点击了加购按钮的人，第三个筛选条件是没有下单的人。基于用户行为的标签一般来说都是只计算一次，属于客观标签。这样我们就圈出了参加活动，加购了且没有下单的人。后续再研究他们为什么不下单。对于那些价格敏感的客户，结合全渠道营销平台推送一条消息，发一张优惠券说不定就下单了。

基于主观人群的圈选一般用于运营或者一线销售。做电话回访或者上门拜访后得到的一些关键信息，都可以用标签的形式进行记录。在发优惠券时，可以基于标签而不是一个一个用户地判断，给发优惠券的用户打上一个主观标签，发券系统选择这个标签向目标用户发券。

16.5 推荐系统

推荐系统是指在海量商品中，根据用户的历史购买记录找到用户可能感兴趣的商品，进而实现个性化推荐的系统。推荐系统的应用很广泛，比如抖音的短视频推荐、今日头条的新闻推荐、网易云音乐的音乐推荐、淘宝的商品推荐等。

推荐系统的核心是推荐算法，推荐算法的本质是通过一定的方式将用户和物品联系起来，推荐算法主要分为以下几类。

1. 基于内容推荐

基于内容推荐是信息过滤技术的延续与发展，是在项目内容的基础上做出推荐的，不需要依据用户对项目的评价意见，更多是需要用机器学习的方法从关于内容的特征描述事例中得到用户的兴趣资料，如图 16-9 所示。在基于内容推荐的系统中，项目或对象通过相关的特征属性来定义，系统基于用户评价对象的特征，学习用户的兴趣，考察用户资料与待预测项目的匹配程度。用户的资料模型取决于所用学习方法，常用的有决策树、神经网络和基于向量的表示方法等。基于内容的用户资料应包含用户的历史数据，用户资料模型可能随用户偏好发生变化。

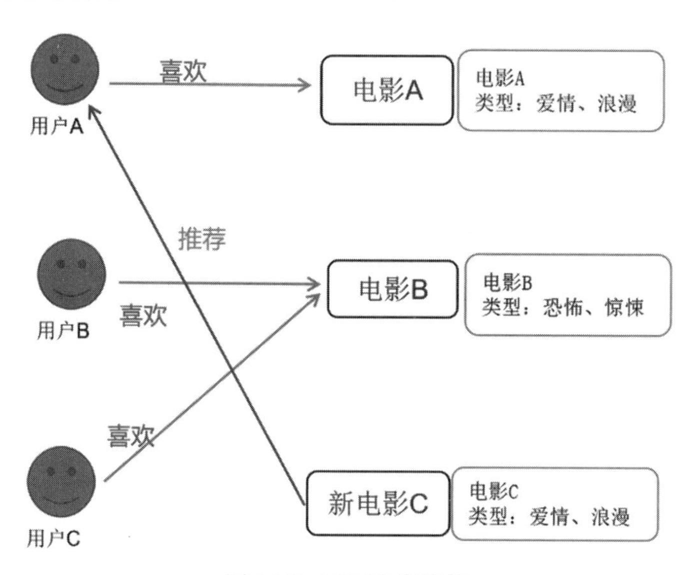

图 16-9　基于内容推荐

基于内容推荐的优点如下。

1）不需要其他用户的数据，没有冷开始问题和稀疏问题。

2）能为具有特殊兴趣爱好的用户进行推荐。

3）能推荐新的或不是很流行的项目。

4）通过列出推荐项目的内容特征，可以解释为什么推荐这些项目。

5）已有比较成熟的技术，如关于分类学习方面的技术已相当成熟。

基于内容推荐的缺点是要求内容容易抽取成有意义的特征，特征内容要有良好的结构性，并且用户的口味必须能够用内容特征的形式来表达，不能显式地得到其他用户的判断情况。

2. 协同过滤推荐

协同过滤推荐是推荐系统中应用最早和最为成功的技术之一，一般采用最近邻技术，利用用户的历史喜好信息计算用户之间的距离，然后利用目标用户的最近邻居用户对商品评价的加权评价值预测目标用户对特定商品的喜好程度，系统根据喜好程度对目标用户进行推荐，如图 16-10 所示。协同过滤最大优点是对推荐对象没有特殊的要求，能处理非结构化的复杂对象，如音乐、电影。

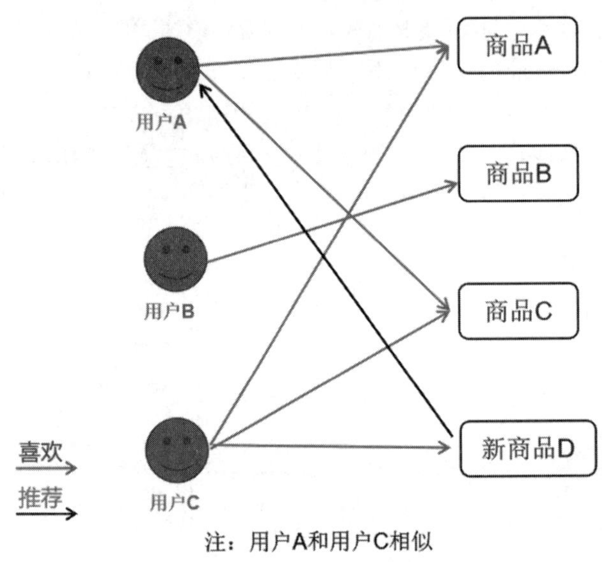

图 16-10 协同过滤推荐

协同过滤是基于这样的假设：找到用户感兴趣的内容的好方法是先找到与此用户有相似兴趣的用户，然后将他们感兴趣的内容推荐给此用户。在日常生活中，我们往往会基于好朋友的推荐来进行选择。协同过滤正是把这一思想运用到电子商务推荐系统中，基于其他用户对某一内容的评价来向目标用户进行推荐。

基于协同过滤推荐是从用户的角度进行推荐，而且是自动进行的，即用户获得的推荐是系统从购买模式或浏览行为中隐式获得的，不需要用户主动进行额外的操作，如填写调查问卷等。

和基于内容的过滤方法相比，协同过滤具有如下优点。

1）能够过滤机器难以自动分析的信息，如艺术品、音乐等。

2）共享其他人的经验，避免了内容分析的不完全和不精确，并且能够基于一些复杂的、难以表述的概念（如信息质量、个人品位）进行过滤。

3）有推荐新信息的能力，可以发现内容上完全不相似的信息，用户对推荐信息的内容事先是预料不到的。这也是协同过滤和内容过滤的一个较大差别，基于内容的过滤推荐很多都是用户本来就熟悉的内容，而协同过滤可以发现用户潜在的兴趣偏好。

4）能够有效地使用其他相似用户的反馈信息，加快个性化学习的速度。

虽然协同过滤作为一种典型的推荐技术有相当广泛的应用，但仍有许多问题需要解决，最典型的是稀疏问题和可扩展问题。

3. 基于关联规则推荐

基于关联规则推荐是以关联规则为基础，把已购商品作为规则头，推荐对象作为规则体。关联规则挖掘可以发现不同商品在销售过程中的相关性，在零售业中已经得到了成功的应用。管理规则就是在一个交易数据库中，统计购买了商品集 X 的交易中，有多大比例的交易同时购买了商品集 Y，其直观的意义就是用户在购买某些商品的时候有多大倾向去购买另外一些商品。

算法的第一步，发现关联规则最为关键且最耗时，是算法的瓶颈，可以离线进行。商品名称的同义性问题也是关联规则的一个难点。

4. 基于效用推荐

基于效用推荐建立在用户使用项目的效用上，其核心问题是怎样为每个用户创建效用函数。用户资料模型很大程度上是由系统所采用的效用函数决定的。基于效用推荐的好处是能把非产品的属性，如提供商的可靠性和产品的可得性等考虑到效用计算中。

5. 基于知识推荐

基于知识推荐在某种程度上可以看作一种推理技术，它不是建立在用户需求和偏好基础上的，基于知识推荐的方法因所在业务领域不同而有明显区别。

6. 组合推荐

各种推荐方法都有优缺点，在实际中经常采用组合推荐的方式，研究和应用最多的是内容推荐和协同过滤推荐的组合。最简单的做法是分别基于内容推荐和基于协同过滤推荐去产生一个推荐预测结果，再用某方法组合其结果。尽管从理论上讲有很多推荐组合方法，但在某一具体问题中并不见得都有效，组合推荐的最重要原则是组合后要能避免或弥补各自推荐方法的缺点。

在组合方式上，有研究人员提出了以下 7 种组合思路。

1）加权：加权多种推荐方法结果。

2）变换：根据问题背景和实际情况或要求，采用不同的推荐方法。

3）混合：同时采用多种推荐方法，给出多种推荐结果为用户提供参考。

4）特征组合：组合来自不同推荐数据源的特征被另一种推荐方法所采用。

5）层叠：先用一种推荐方法产生一种粗糙的推荐结果，第二种推荐方法在此推荐结果的基础上进一步做出更精确的推荐。

6）特征扩充：将一种推荐方法产生附加的特征信息嵌入另一种推荐方法的特征输入。

7）元级别：用一种推荐方法产生的模型作为另一种推荐方法的输入。

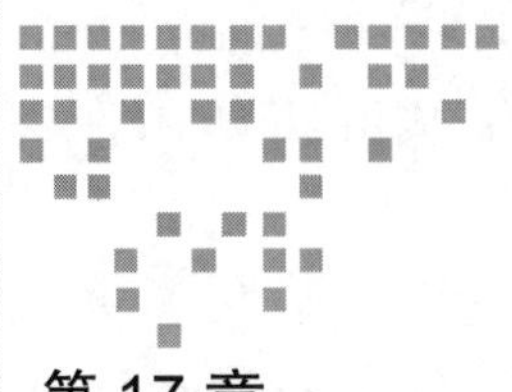

Chapter 17 第 17 章

基于 Greenplum 的数据中台实践案例

本章我们围绕基于 Greenplum 的零售数据中台项目案例进行深入介绍。卡宾服饰数据中台从 2019 年 9 月立项到 2020 年 6 月完结，笔者有幸以技术经理的身份参与了项目从最初的技术选型到后期的性能优化。Greenplum 数据库没有辜负我们的期望，帮助我们达成了用户的期望，实现了查询性能和 ETL 效率的完美平衡。

17.1 项目背景

零售行业的信息化是 SAP 软件的天下，零售行业头部企业在 2010 年前后上线了 SAP 的应用来支撑业务流程，并且进一步采用 SAP 的 BW 套件（包含 BO 商务智能软件）进行数据仓库建模和 BI 应用。随着互联网业务的发展和零售行业数据的膨胀，基于 HANA 的 SAP 套件对零售数据分析的支撑越来越吃力。虽然不可否认的是，HANA 确实是笔者见过的数据库中性能最强悍的，但是 HANA 需要高昂的硬件投入和软件授权费用，导致其扩展成本很高。BW 和 HANA 的深度结合，导致数据仓库建模的 ETL 和查询都集中在 HANA 中，造成 HANA 的资源非常紧张，经常出现宕机或者内存不足的情况。

卡宾服饰很早就开始了信息化推进工作。和安踏、特步等品牌一样，卡宾服饰早期的"数据仓库"（只能算是 SAP 定制版的数据仓库，和真正意义上的数据仓库差异很大）也是基于 BW/4 HANA 实现的。在笔者参与卡宾服饰项目时，基于 BW/4 HANA 的数据仓库已经运行了好几年，系统性能严重下降，复杂查询经常超时。据客户方反馈，10 天跑批有 3 天会出现故障，有时一两天数据不能准时刷新，有时甚至需要运维人员通宵处理；库存吊牌金额、售罄率等复杂指标查询经常需要数分钟才能出结果。由于 BW 的封闭性，导致数据准确性很难把控，客户无法明确指标的最终结果是否正确，给运维工作增加了不小的难度。

随着数据中台概念的兴起，加之零售行业电商平台、微信商场、直播电商等多营销渠道纷纷涌现，搭建基于分布式架构的数据分析平台变得极为重要。SAP 系统虽然收录了线上业务的收发货数据，但是系统间的对接存在延迟，数据之间存在重复，指标统计口径存在差异，导致 BW 对外提供数据的可信度不高，运维人员无法核对数据准确性，业务用户对系统统计结果信心不足。

基于上述背景，卡宾服饰启动了业内第一个零售数据中台项目。经过项目选型，最终选取 Greenplum 作为数据中台的核心数据库，Tableau 作为数据中台的 BI 数据展示平台，自研大数据平台作为项目的核心支撑点（包括报表集成、权限管理、数据服务等功能）。

17.2　项目需求

本次数据中台项目，覆盖卡宾服饰的主数据、财务、零售、渠道、会员、商品、电商、供应链等 8 个模块。

1）主数据来自多个系统，其中商品主数据主要来自 SAP S/4 和旧系统 SAP Retail，店铺主数据主要整合 EAS 自营店铺、SOM 电商店铺、SAP S/4、SAP Retail 营销店铺等多种渠道的数据，会员主数据需要从 POS 系统中抽取，导购主数据需要从 SOM 中抽取。

2）财务是一个相对独立的模块，主要抽取金蝶财务管理系统 EAS 中的数据和部分手工补录数据，有些指标需要从零售模块或者库存模块中抽取。财务模块中的风险管理地图是本项目的难点。

3）零售、渠道、会员 3 个模块的数据比较集中，都是从 POS、SOM、OMS 系统中整合的，数据来源多，存在交叉情况，并且跨系统数据可能不同步。

4）电商模块的数据需要从各大电商平台的管理页面爬取，包括京东、唯品会、天猫等。另有自营商城的数据可以直接从 SOM 中抽取。

5）商品和供应链模块也是本系统的一个难点，数据主要来自 SAP S/4、SAP Retail 新旧两套系统，数据量大，业务指标逻辑复杂。

数据中台需要从以上各个系统中抽取数据，按照业务主题进行整合加工，按照具体的业务规则进行指标加工，生成数据集市。业务规则属于需求阶段需要逐步深入细化的内容，具体逻辑会部分参考现有的财务手工报表或者 BW 报表。

在以上数据加工的基础上，前端围绕商品企划、CRM、电商运营、财务、渠道拓展五大核心部门设计大屏应用，本次涉及的前端开发清单定义如下。

1）自助分析报表（以 Tableau 方式实现），本次项目每个主题开发不超过 10 个分析报表（累计总共不超过 100 个报表）。培训卡宾服饰相关业务部门分析人员，后续业务部门人员能够应用此平台自行制作不同维度的分析报表。

2）大屏展示（以 Tableau 方式实现），本次项目每个模块实现 3 张大屏（累计不超过 30 张大屏应用）。

3）经营分析报表能够支持移动端展示，即可以通过手机、平板电脑等移动设备访问Tableau开发的自助报表（Tableau自适应功能）。提供给高级管理层查看的报表，将在移动端定制，以达到更好的页面UI效果，移动端定制报表数量不超过20张。

17.3 项目技术实现

在双方充分沟通和深入了解客户现有系统状况的情况下，我们确定数据中台是一个以批处理为主，兼具部分爬虫任务和近实时数据同步加工任务的数据应用系统，下面详细介绍项目内容。

17.3.1 系统架构

本系统以数据抽取、转换、整合为基础，需要满足Tableau自助分析、Tableau固定报表、Tableau可视化大屏、ECharts大屏、钉钉服务接口等多方面的应用需求。

我们采用HDSP平台集成的DataX功能完成接口同步任务的配置，在数据同步方面主要是系统界面操作。根据实际情况，80%的系统接口采用*T*+1全量抽取方式，15%的接口采用增量抽取方式，5%的接口采用流模式实时同步接口数据。

从ODS层到DW层的数据加工、从DW层到DM层的数据加工，直接采用数据库的存储过程完成数据的处理，如图17-1所示。这样的设计延续了Oracle数据库的传统，便于中小型项目开发和运维。虽然也可以采用Kettle封装SQL逻辑、文本文件存储SQL逻辑等多种方式，但是我们认为存储过程是最简单优雅的，并且存储过程保存在数据库中，只要遵循开发规范，做好程序备份，就可以很好地实现团队协作开发。当然，存储过程也有一个缺点，就是不能保存历史版本，这也是我们做数据中台产品后期需要实现的功能。

DM层的设计比较灵活，并且尽可能简洁，以提高复用性。针对不同的应用，在应用层封装最后的查询逻辑，例如同比、环比的计算，复杂指标的二次处理等。具体来说，需要针对不同的报表，开发不同的查询功能，虽然牺牲了一部分灵活性，但是整体提升了报表的查询效率，增加了DM层模型的复用率，也节省了占用的数据库存储空间。

在DM层之上，我们分别对接Tableau自助分析、Tableau可视化大屏、ECharts大屏以及钉钉服务接口。Tableau通过ODBC连接数据库，ECharts大屏和钉钉服务接口通过JDBC查询数据库。其中ECharts大屏主要实现了tableau效果一般的大屏，例如带图片的大屏、带地图的大屏等。钉钉服务接口实现了通过钉钉对话窗口进行智能对话，可以根据对话机器人对文本的解析生成不同形式的ECharts手机图表，也是本项目的一个亮点。

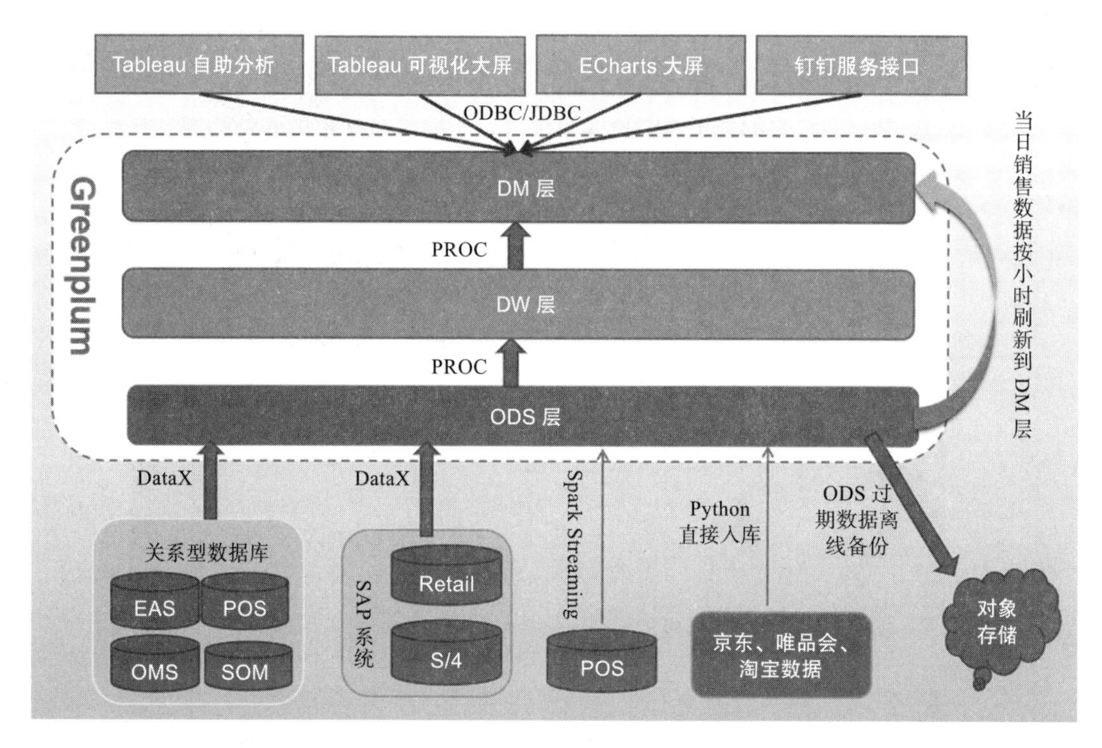

图 17-1　数据中台系统架构

17.3.2　系统 ETL 分层

基于项目最初的设计，我们将 ETL 流程分为三层，即操作数据存储层（ODS）、数据仓库层（DW）、数据集市层（DM）。ODS 层虽然占用存储空间较大，但是数据价值密度低；DW 层仅存储了交易明细数据；DM 层过于庞大，汇集了指标加工表、事实维度大宽表、定向主题汇总表等。

ODS 层直接对接交易系统数据库，数据通过 DataX 抽取，分为全量、增量、流式三种方式。这里需要重点介绍 SAP S/4 系统的接口，SAP 系统底层数据零散杂乱，原本计划直接打通 SAP 应用层抽取 SAP 报告数据，因为各种技术门槛，最后不得不放弃，改为直接抽取 HANA 数据库的数据。也是凭借直抽 HANA 数据库的方案，帮助我们在项目后期顺利实现了 SAP 的触发器增量方案（详见 14.2 节）。简单地说，ODS 层实现了源系统到数据中台的表对表数据复制功能，在复制过程中还考虑了增、删、改、主键去重等多种情况。

DW 层完成对数据建模和加工，对于不同业务系统接口的数据，按照不同的业务主题汇总信息，提取有价值的数据信息。DW 层的模型主要按照接口系统的逻辑做关联加工，模型主要抽取有具体业务含义或者可能用于指标计算的字段。针对金蝶、SAP、POS 等系统，我们参照交易系统查询页面进行数据建模，这样既保证了业务流程的完整性，也方便核对数据加工逻辑。当然，这并不意味着加工流程简单，把 SAP APAB 编程语言改写成 SQL 简直是一场灾难，其中最典型的店铺主数据加工，用了 27 张接口表来加工 83 个字段。

相较于 DW 层，DM 层的加工逻辑就简单很多了。因为 DW 层的表是我们自行设计的，并且做过较多维度数据的整合，所以 DW 层的加工会顺利很多，但是随着前端需求的深入了解，有过很多次调整和变动。正如前文所说，DM 层分成 dm_tg、dm_ta、dm_tf 三个子模块。dm_tg 模块对应图 17-2 中的指标结果集，主要是做指标计算，不扩展维度。在指标加工结果的基础上关联维度，得到宽表结果集，对应 dm_ta。针对部分固定报表进行维度裁剪和数据汇总，得到汇总表，按照业务主题重要有库存、零售、电商、财务等，表前缀为 dm_tf。

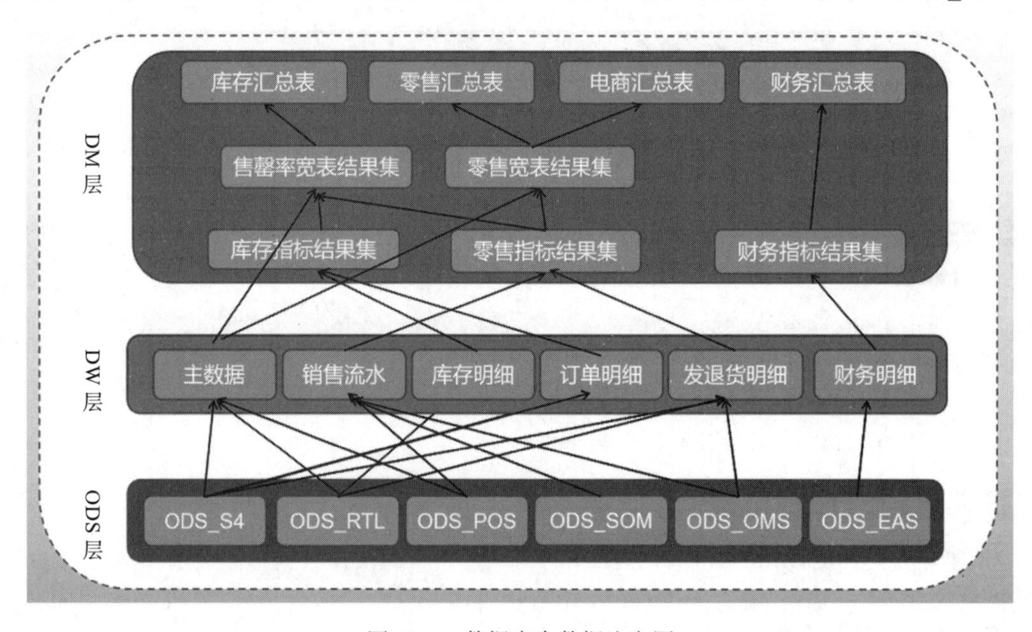

图 17-2 数据中台数据流向图

最后补充一下，这个分层是基于当时的情况设计的。如果放在现在，会分成 ODS、DWD、DWB、DWS、ADS 五层。实际项目实现的数据加工过程和五层架构是一致的，DW 层相当于五层架构中的 DWD 层，而 DWB、DWS、ADS 三层则被汇聚在了 DM 层中，分别以 dm_tg、dm_ta、dm_tf 三种不同的前缀加以区分。

17.3.3 系统调度任务

系统的批处理调度由 HDSP 完成，采用开源的 Azkaban 组件。系统的核心调度逻辑是由任务流包含其他子任务流或者作业来完成的。

项目根据任务多样性，主要包括系统集成的 DataX 同步任务和定制开发的 Kettle 任务、Shell 脚本任务、Python 脚本任务、Java 任务等。每一种任务对应的分层和功能如表 17-1 所示。

表 17-1　任务类型应用场景

任务类型	ETL 分层	任务功能
DataX 任务	ODS 层	从接口系统全量同步数据到 ODS 层
Java 任务	ODS 层	完成 POS 系统生产的 Binlog 解析到 Kafka 以后插入 ODS 层接口表
Python 脚本任务	ODS 层	爬取电商管理平台销售数据入库
Kettle 任务	ODS 层、DW 层、DM 层	本系统所有在数据库内部完成的数据加工处理，包括 ODS 层增量接口数据的合并、DW 层和 DM 层数据加工全部由存储过程完成，Kettle 任务负责把存储过程按照依赖顺序串联起来
Shell 脚本任务	ODS 层和系统备份	由于 ODS 层增量接口需要传入时间参数并会写时间参数，因此内置 DataX 无法满足，需要由 Shell 脚本实现。系统定时备份，包括数据库备份、系统安装包备份、系统脚本备份等

这些任务在系统里面先按照归属业务模块整合成子工作流，然后将多个子工作流嵌套起来，形成最终的主工作流，针对主工作流配置定时策略，形成最终跑批的定时作业。

目前系统按照业务的时效性和需求，形成了财务定时作业、主数据定时作业、零售商品组合定时作业、零售微批定时作业、系统备份作业等 5 个模块，如表 17-2 所示。

表 17-2　定时作业配置清单

作业名称	CRON 表达式	执行时间	执行时长
财务定时作业	0 10 23 * * ?	每天 23:10 执行一次	15 分钟
主数据定时作业	0 10 0 * * ?	每天 0:10 执行一次	约 30 分钟
零售商品组合定时作业	0 30 1 * * ?	每天 1:30 执行一次	约 80 分钟
零售微批定时作业	0 50 8-22 * * ?	每天 8:50 ~ 22:50，每小时执行一次	3 分钟
系统备份作业	0 0 4 * * ?	每天 4:00 执行一次	约 20 分钟

系统上线初期还不太稳定，调度任务经常意外中断或者失败，经过一个月的试运行稳定下来了。目前，系统已经正式上线运行近一年，系统承载数据量比上线时增加了 30% ~ 50%，客户对接 IT 也在系统中新增和扩展了不少内容，系统整体运行仍然较为稳定。

17.4　智能数据应用

本项目实现的业务功能非常多，包括 9 个多维自助分析模型、80 余张固定展现图表、近 20 张可视化大屏应用和基于钉钉 App 实现的数据智能助手。其中，多维自助分析深受终端用户的欢迎。

17.4.1 自助分析应用

自助分析说起来简单，要做好是不容易的，需要有合适的场景和高质量的数据，零售业务天然满足这个条件。首先，零售行业销售数据具备商品、店铺、会员、导购等多个维度。其次，每一个维度都有极强的扩展性，在本项目中，店铺扩展了40多个属性，店铺、会员、和导购各有30多个属性，这些组合起来就是130多个维度，而基础指标虽然只有销售数量和金额，但是可以衍生出折扣率、客单量、客单价、同比、环比、小票数、单产、原店同比等众多指标。这种情况下固定格式报表显然满足不了分析需求。最后，自助分析还需要有一个非常强大的产品做支撑。目前Tableau是这方面性能最强大的，BO、FineBI产品也基本具备自助分析的功能。

有了自助分析功能以后，业务分析人员可以基于自助分析定制个性化报表，保存模板供重复使用，也可以分享给其他同事。这种分析思路有助于将用户留在BI系统，并深入挖掘数据的价值，走好数字化转型的道路。

具体来说，自助分析也叫多维分析。自助分析可以基于星形模型或者雪花模型构建，便于灵活扩展。本项目采用大宽表的方式，就是为了利用列式存储的性能优势，减少表关联查询的时间损耗。大宽表的流行，也受零售行业的天然属性影响。零售行业有一个共同的维度是商品（类似的情况还有制造行业的物料主数据），数据量都是特别大的，在本项目中是百万级别，在这种情况下，关联查询的效率就赶不上列式存储的宽表了。

在本项目中，我们实现了零售自助分析、新改关店分析、导购自助分析、电商流水分析、会员自助分析、售罄率自助分析、进销存自助分析、库销自助分析等自助分析模型。这里为了保护客户的数据隐私，截取两张不包含敏感数据的图片进行展示。图17-3是零售自助分析的页面，图17-4是进销存自助分析的页面。

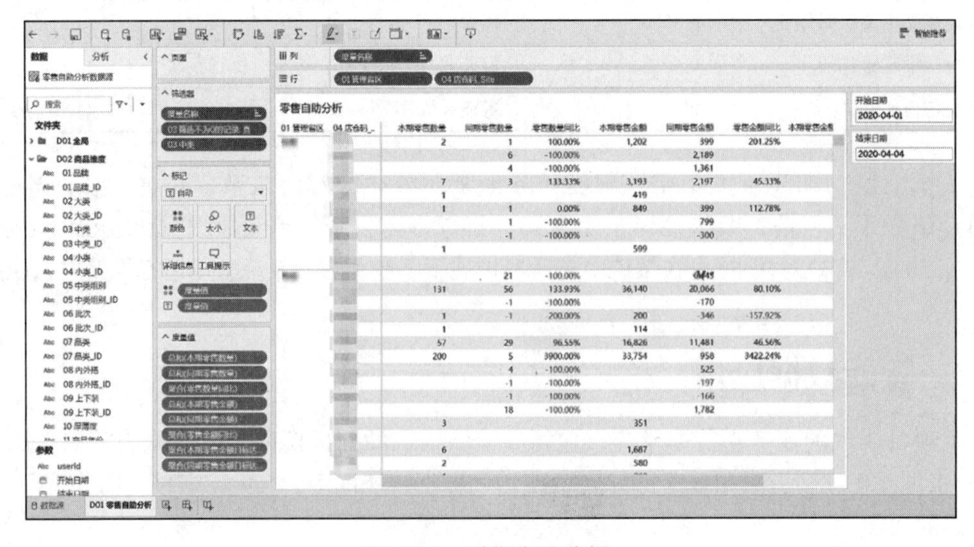

图17-3 零售自助分析

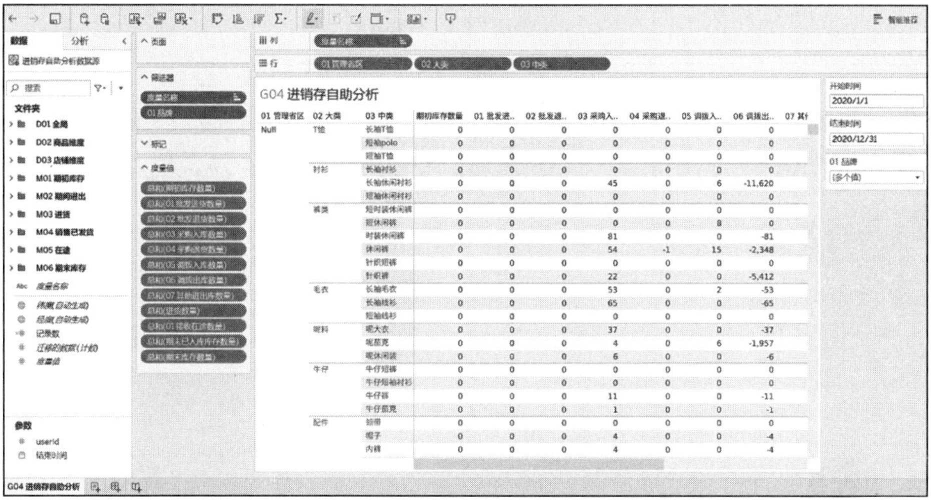

数据　分析

进销存自助分析数据源

文件夹

D01 全局

D02 商品维度

D03 店铺维度

M01 期初库存

M02 期间进出

M03 进货

M04 销售已发货

M05 在途

M06 期末库存

度量名称

记录数

度量值

参数

userid

页面　筛选器　标记　度量值

列　行

G04 进销存自助分析

01 管理省区	02 大类	03 中类	期初库存数量	01 批发进..	02 批发退..	03 采购入..	04 采购退..	05 调拨入..	06 调拨出..	07 其
Null	T恤	长袖T恤	0	0	0	0	0	0	0	
		短袖polo	0	0	0	0	0	0	0	
		短袖T恤	0	0	0	0	0	0	0	
	衬衫	长袖衬衫	0	0	0	0	0	0	0	
		长袖休闲衬衫	0	0	0	45	0	6	-11,620	
		短袖休闲衬衫	0	0	0	0	0	0	0	
	裤类	短时装休闲裤	0	0	0	0	0	0	0	
		短休闲裤	0	0	0	0	0	8	0	
		时装休闲裤	0	0	0	81	0	0	-81	
		休闲裤	0	0	0	54	-1	15	-2,348	
		针织短裤	0	0	0	0	0	0	0	
		针织裤	0	0	0	22	0	0	-5,412	
	毛衣	长袖毛衣	0	0	0	53	0	2	-53	
		长袖线衫	0	0	0	65	0	0	-65	
		短袖线衫	0	0	0	0	0	0	0	
	呢料	呢大衣	0	0	0	37	0	0	-37	
		呢茄克	0	0	0	4	0	6	-1,957	
		呢休闲装	0	0	0	6	0	0	-6	
	牛仔	牛仔短裤	0	0	0	0	0	0	0	
		牛仔短袖衬衫	0	0	0	0	0	0	0	
		牛仔裤	0	0	0	11	0	0	-11	
		牛仔茄克	0	0	0	1	0	0	-1	
	配件	[illegible]	0	0	0	0	0	0	0	
		帽子	0	0	0	4	0	0	-4	
		内裤	0	0	0	4	0	0	-4	

开始时间 2020/1/1

结束时间 2020/12/31

01 品牌 (多个值)

G04 进销存自助分析

图 17-4　进销存自助分析

17.4.2　固定报表

固定报表包括固定格式表格和固定图表组合报表。根据不同的业务场景选择不同的类型组合，一般财务模块和其他业务模块中查询明细数据，仅采用普通表格进行展现，而其他大部分模块报表都采用图表组合的形式进行展现。项目中用到的图表组合主要有指标卡、环状图、饼状图、柱形图、折线图、堆积图等。

表格查询是最常见的报表展现形式，如图 17-5 所示（为了数据安全性，截图不包含筛选条件）。

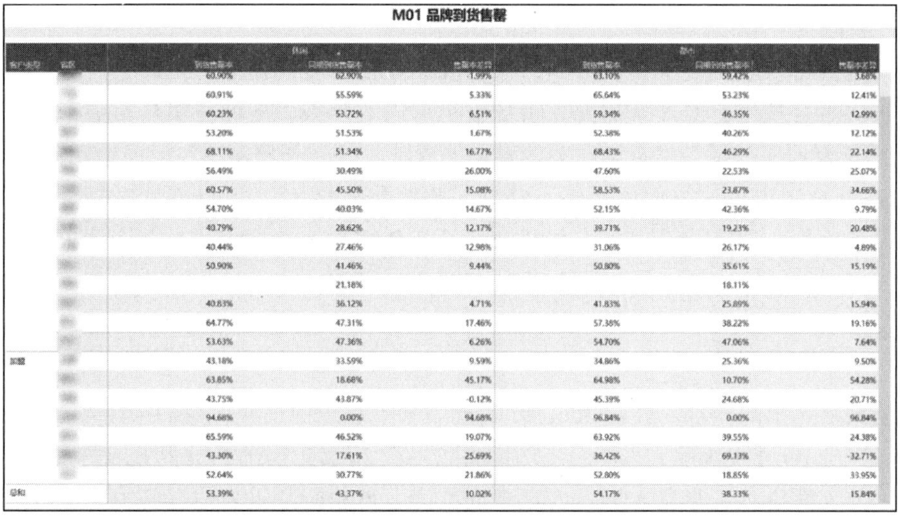

M01 品牌到货售罄

客户类型	省区	到货售罄率	[illegible]	[illegible]	到货售罄率	[illegible]	[illegible]
		60.90%	62.90%	-1.99%	63.10%	59.42%	3.68%
		60.91%	55.59%	5.33%	65.64%	53.23%	12.41%
		60.23%	53.72%	6.51%	59.34%	46.35%	12.99%
		53.20%	51.53%	1.67%	52.38%	40.26%	12.12%
		68.11%	51.34%	16.77%	68.43%	46.29%	22.14%
		56.49%	30.49%	26.00%	47.60%	22.53%	25.07%
		60.57%	45.50%	15.08%	58.53%	23.87%	34.66%
		54.70%	40.03%	14.67%	52.15%	42.36%	9.79%
		40.79%	28.62%	12.17%	39.71%	19.23%	20.48%
		40.44%	27.46%	12.98%	31.06%	26.17%	4.89%
		50.90%	41.46%	9.44%	50.80%	35.61%	15.19%
			21.18%			18.11%	
		40.83%	36.12%	4.71%	41.83%	25.89%	15.94%
		64.77%	47.31%	17.46%	57.38%	38.22%	19.16%
		53.63%	47.36%	6.26%	54.70%	47.06%	7.64%
加盟		43.18%	33.59%	9.59%	34.86%	25.36%	9.50%
		63.85%	18.68%	45.17%	64.98%	10.70%	54.28%
		43.75%	43.87%	-0.12%	45.39%	24.68%	20.71%
		94.68%	0.00%	94.68%	96.84%	0.00%	96.84%
		65.59%	46.52%	19.07%	63.92%	39.55%	24.38%
		43.30%	17.61%	25.69%	36.42%	69.13%	-32.71%
		52.64%	30.77%	21.86%	52.80%	18.85%	33.95%
总和		53.39%	43.37%	10.02%	54.17%	38.33%	15.84%

图 17-5　品牌到货售罄

图表组合的展现相较于图表更为直观，典型图表组合报表如图 17-6 所示。

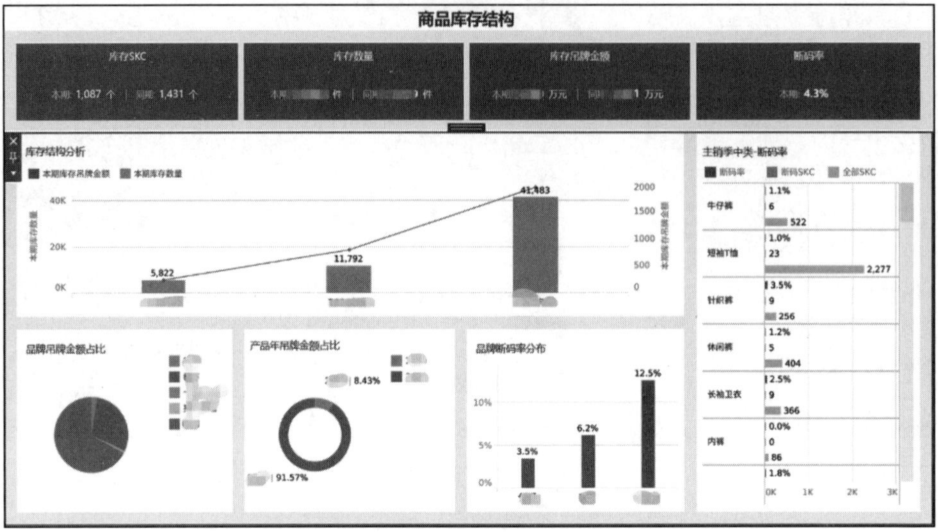

图 17-6 商品库存结构

固定报表和可视化大屏最大的区别是固定报表提供多种筛选框用于数据过滤，而可视化大屏则一般固定筛选条件，动态刷新数据。本项目用到的筛选条件包括日期、日期区间、管理省区、品牌、产品年季、种类、批次、内外搭、店铺类型、店铺级别等多种维度，不同的报表根据业务场景选用不同的组合模式。

为了解决 Tableau 对 URL 多选参数的限制问题，我们做了很多定制化改造，并且引入了 regexp_split_to_table 函数实现这一功能。这也是笔者在本项目上实现的一个创新功能点。

表格查询可以展现更丰富的数据，而图表展现更加直观简洁，二者各有优劣。这两种展现方式的融合技术已经非常成熟，市场上也可以看到很多成熟方案。目前市场上的敏捷 BI 工具都很好地支持了表格查询和图表查询的需求，并且开发简单、投产周期短。

Tableau 在图表查询方面做得还不够好。监控数据显示，Tableau 针对每一个可视化模块都会发出至少一次查询请求，有些复杂组件竟然需要连续发出 3 次查询请求，导致性能优化的压力成倍增加。在这点上，国产 BI 工具做得更好。

17.4.3 可视化大屏

为了满足客户的需求，针对 Tableau 实现效果不理想的模块，我们采用了 ECharts 定制化开发。ECharts 开发难度大，项目专门配备了一个 Java 工程师，负责大屏的页面开发。

正如前文所说，可视化大屏是固定查询维度，自动刷新报表数据的。大屏背景颜色过深，印刷效果不好，这里就不展示了。

17.4.4 钉钉数据服务

钉钉数据服务是本项目对外提供数据服务的一部分，也是本项目的一个亮点工程。除了钉钉数据服务，项目还实现了针对 SOM 手机 App 的数据查询服务、财务模块企业微信接口、配置化对外服务 API 等多个模块的功能。这也是数据中台区别于其他数据仓库的地方。数据中台的数据不再是只为了满足 BI 需求而设计，还可以对外提供各种数据服务，甚至承接部分交易系统的数据查询请求。

钉钉数据服务在本项目中主要用于运维监控和智能数据助理。

1. 运维监控

系统跑批运维一直是运维人员比较头痛的地方。如果针对跑批异常，采用邮件方式提醒，会存在告警不及时的情况，如果采用短信提醒，一方面是费用和接口难以定义，另一方面也存在短信内容有长度限制的问题。钉钉机器人 API 完美解决了上述问题。

钉钉机器人 API 可以定义消息模板，定制查询请求接口，定时检测和发送消息。钉钉机器人 API 并不是一对一地发送消息，而是采用群成员的方式，方便运维人员同步信息，相互协作处理报警作业。关于钉钉机器人的开发，可以参考钉钉的官方文档。

在本次项目中定义了 3 种预警消息：第一种是每日凌晨 5 点，统计前一日的系统定时作业是否成功；第二种是实时监控跑批作业，有超过一小时的作业，每隔半小时告警一次，避免出现死锁导致的任务超时；第三种是每隔五分钟查询一次，检测到有失败的任务立即发出告警信息。

2. 智能数据助理

智能数据助理（DataBot）是一款通过自然语言对话形式提供智能分析的数据机器人，具备对话式数据查询、增强分析、智能洞察、简报定制推送、智能预警等能力，如图 17-7 所示。用户可以随时随地向智能数据助理提问，进行个性化的数据查询和数据分析。无须专业的数据分析师即可实现增强分析。

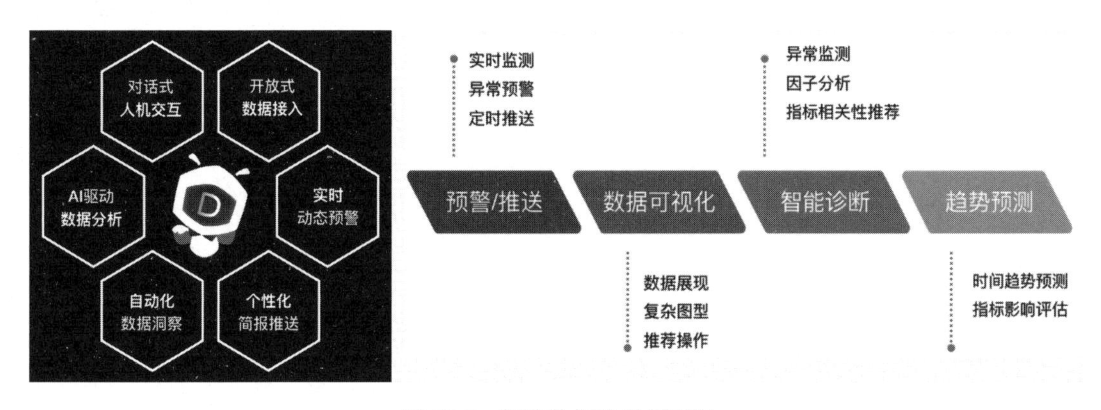

图 17-7 智能数据助手原理图

智能数据助理机器人利用自然语言处理技术，自动识别用户输入的问题（支持文本/语音识别），先通过自然语言多轮对话引导和机器学习算法分析出用户的查询意图，然后路由到不同的查询引擎或外部服务，精准获取用户想要的数据以智能图表可视化展示数据结果，并且支持 TopN 分析、指标下钻、归因分析、异常检测、时序预测和分析推荐等功能。

自定义机器人头像、名称、对话窗，支持将机器人一键部署快速上线在网页、移动应用、钉钉等多端渠道，提供随时随地的自助查询和分析服务，如图 17-8 所示。

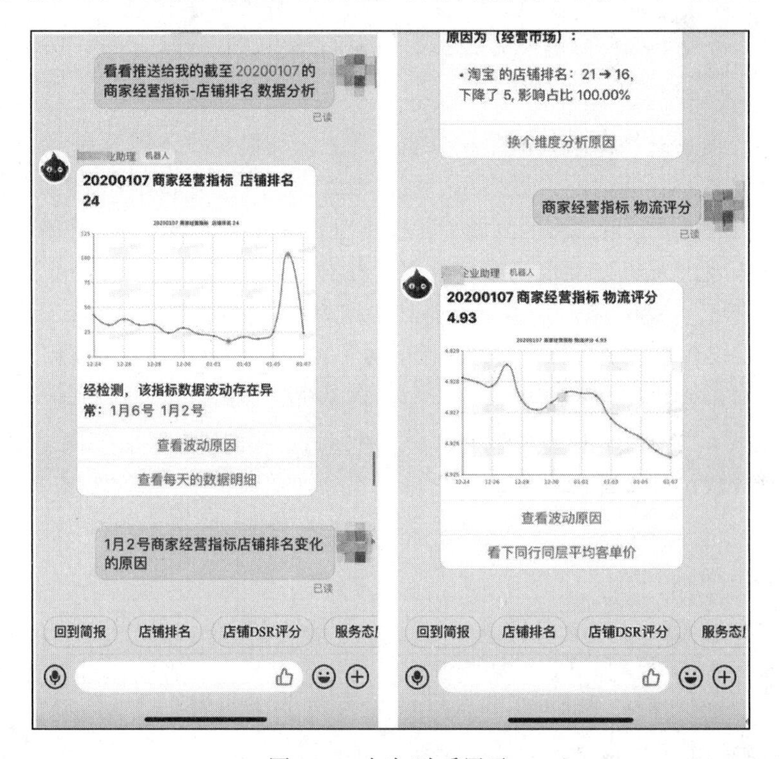

图 17-8 钉钉助手展示

钉钉数据助理内置丰富的数据简报模板，提供可视化简报编辑器，支持自定义实时/日周月等推送周期数据简报，可以指定时间、指定用户对象、指定推送渠道进行定向触达。

17.5 典型技术方案分享

本节精选项目中实施的难点，尤其是其他项目可以借鉴的实施方案加以详细说明。本项目的技术亮点在前文已经有比较详细的介绍了，本节只是额外补充一些典型技术方案。

17.5.1 准实时需求实现方案

根据业务的实际情况，虽然供应链、商品、财务等业务模块满足 $T+1$ 处理即可，但是零售业务实时性要求比较高，希望可以采用微批处理。我们借助 Kettle 抽取接口数据可以自定义 SQL 语句的特点，从 SOM 和 OMS 系统抽取按照 DW 层逻辑加工好的当日数据到 Greenplum 的 ODS 层，直接追加到 DM 层结果集。

具体来说，我们做了以下优化，以促使系统可以快速进行微批处理，以迭代插入最新的数据，而不太影响系统的查询性能。

首先，我们合并 ODS 层和 DW 层的逻辑，将接口数据的关联逻辑下沉到源系统，只抽取 DW 层关注的字段信息。这样做虽然会给源系统增加一点压力，但是源系统有索引，并且结果字段少，数据写入 Greenplum 速度快，对源系统影响非常有限。准实时抽取接口任务如图 17-9 所示。

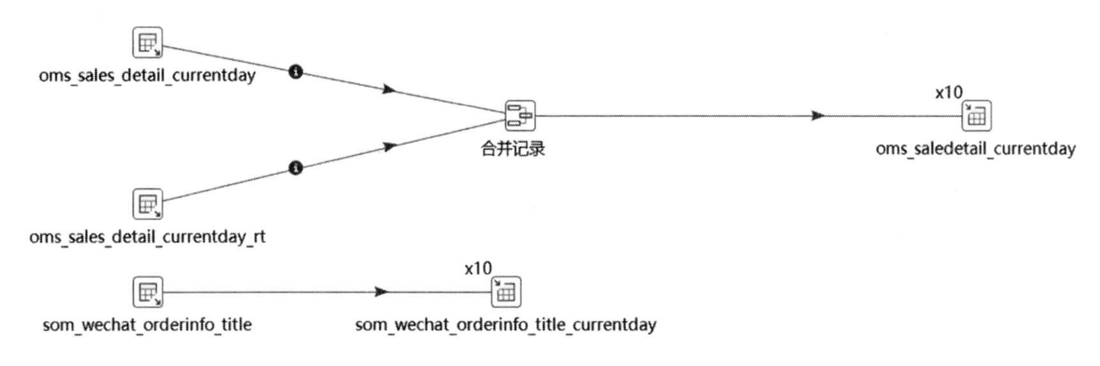

图 17-9　准实时数据抽取

OMS 和 SOM 数据进入 ODS 层以后，通过程序合并流式接口的 POS 数据，将结果依次写入 DM 层零售指标结果集、DM 层零售宽表结果集、零售汇总表。其中 DM 层零售指标结果集是关键节点，通过 not exists 语句判断新增的数据保存在和零售指标结果集表结构一致的 dm_tg_sales_detail_currentday 临时表中，后续宽表结果集和零售汇总结果集直接用临时表中的数据追加新增的明细数据，减少判断逻辑，提高批处理效率。

针对本项目的准实时数据，我们在实时性、系统稳定性和数据准确性之间做了一些平衡。为了比较对前端查询的影响和提供数据更新效率，舍弃了数据更新操作，只追加数据，不删除和修改数据。为了避免频繁跑批导致中间数据错漏，每次抽取当日数据，进行后续结果的追加。根据这个方案，批处理时间压缩在 1.5 分钟以内，并且依然选择了按小时更新数据的频率，以保证系统的稳定性。事实也证明这个权衡是务实的，目前已经稳定运行了将近一年。

17.5.2　数据库优化方案

数据库优化的整体方案在第 9 章介绍过，这里重点介绍一下我们在性能优化方面走过的路和踩过的坑。

在 Greenplum 数据库引入期，我们基于从其他项目学到的经验，先部署 Greenplum

5.15，项目中途赶上 Greenplum 6 发布并且做了较大的性能提升，于是重新升级到 Greenplum 6.1。整个集群由 1 台管理节点和 3 台数据节点组成，每台数据节点上安装 4 个 Segment 实例，集群含有 1 个 Master 节点和 12 个 Segment 实例。这个阶段完成了部分数据的加工和展现，在 Tableau 上查看数据显得特别慢。在一次项目会议上，客户用单机版的 Access 数据库对相同数据量的数据进行汇总，居然比我们的 Greenplum 查询还要快，这才让我们真正意识到了问题。

在外部资源支持下，我们做了一次 Greenplum 数据库的性能测试，得出的结果如图 17-10 所示。

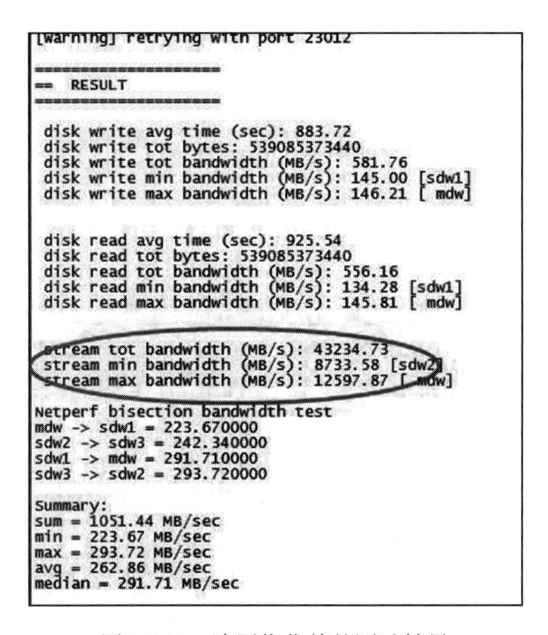

图 17-10 读写优化前的测试结果

从测试结果可以看出，Greenplum 的平均读写速度还不到 150MB/s。根据我们查到的云平台提供的硬盘参数，并且对比阿里云、华为云，发现所有的云平台磁盘读写速度都是类似的，都在 150MB/s 到 350MB/s 之间，更高的 I/O 虽然也有，但是价格过于昂贵。

深入了解后，我们发现云平台的软 RAID 方案可以提升读写速度，于是协商云平台更换硬盘，最终将 6TB 的硬盘拆散成 10 块 600GB 的硬盘，基于 10 块硬盘做了 RAID 10 方案。重新进行测试，读写性能提升了 6 倍以上，如图 17-11 所示。

在这之后，我们又陆续调整了 Greenplum 数据库的参数，以及操作系统的内存分配策略，将单节点 4 个 Segment 实例扩展到 8 个，这时候整体性能再次翻倍，相同的查询任务已经压缩到 10 秒以内了，足以超越单机版的 Oracle 数据库。

经过这一轮优化，已经基本可以满足报表查询需求了。然而在推动自助分析用户测试的时候，再次遇到了性能挑战。普通的固定报表可以基于聚合数据进行查询展现，自助分析必须基于最细粒度的数据，并且自由组合的维度比较多，随机性比较大，性能会出现问题。同时，由于我们需要针对自助分析进行权限控制，让 Tableau 发出的查询任务变得更复杂，因此自助分析的性能陡降，项目陷入困境。

```
==  RESULT
====================

 disk write avg time (sec): 162.88
 disk write tot bytes: 539085373440
 disk write tot bandwidth (MB/s): 3165.32
 disk write min bandwidth (MB/s): 751.01 [sdw3]
 disk write max bandwidth (MB/s): 864.46 [ mdw]


 disk read avg time (sec): 171.01
 disk read tot bytes: 539085373440
 disk read tot bandwidth (MB/s): 3019.08
 disk read min bandwidth (MB/s): 697.46 [sdw2]
 disk read max bandwidth (MB/s): 827.98 [ mdw]


 stream tot bandwidth (MB/s): 38949.73
 stream min bandwidth (MB/s): 8835.35 [sdw2]
 stream max bandwidth (MB/s): 10461.24 [ mdw]

Netperf bisection bandwidth test
mdw -> sdw1 = 263.890000
sdw2 -> sdw3 = 226.460000
sdw1 -> mdw = 233.320000
sdw3 -> sdw2 = 261.830000

Summary:
sum = 985.50 MB/sec
min = 226.46 MB/sec
max = 263.89 MB/sec
avg = 246.38 MB/sec
median = 261.83 MB/sec
```

图 17-11　读写优化后的测试结果

这时候，我们再次寻求外部帮助，在黎文惠兄的指导下，我们引入列式存储、压缩属性、大宽表等功能，以及 Greenplum 6 提供的复制表属性来存储权限数据，经过一系列的优化和对比测试，自助分析的性能也得到了大幅提升。

在最后的项目验收阶段，我们在满足复杂权限控制要求的情况下，实现了 2500 万数据集自助分析简单查询 3 秒内响应，复杂查询 5 秒内响应的效果。针对基于 7000 万数据集的自助分析，我们通过分区，实现了简单查询 5 秒内响应，复杂查询 10 秒内响应的效果。

3 个月后，我们对数据库做了一次迁移，新环境规划了 5 台云主机作为数据节点（原来 128GB 32 核内存的服务器拆分成 64GB 16 核的服务器），Segment 实例数从 24 个增加到 40 个，在硬件总资源降低的情况下，数据库查询性能提升了约 1/3。

17.5.3　数据权限控制方案

做过 BI 应用的读者都知道，可视化报表和 ECharts 大屏的权限比较好控制，都是通过筛选框或者过滤条件进行数据过滤，而自助分析应用就没那么容易控制了。针对本项目，我们探索出了一条深度契合零售行业的权限控制方案，满足多种维度组合。

本次项目，客户选取了管理省区、品牌、平台分类、商品种类、电商平台 5 个字段作为系统权重控制字段，我们针对配置结果，加工和设计了两张表，分别用于可视化大屏筛选框的权限过滤和自助分析报表的权限过滤。

用于自助分析的表结构如表 17-3 所示。

表 17-3 自助分析数据权限表结构

字段名称	类型	长度	小数位	备注
user_id	int8	19	0	用户编号
real_name	varchar	128	0	用户真实姓名
login_name	varchar	128	0	用户名
manager_province_code	varchar	80	0	管理省区编码
manager_province	varchar	240	0	管理省区
brand	varchar	40	0	品牌
brand_desc	varchar	120	0	品牌描述
platform	varchar	40	0	平台分类编码
platform_desc	varchar	120	0	平台分类描述
medium_group	varchar	40	0	种类组别
medium_group_desc	varchar	120	0	种类组别描述
ec_platform	varchar	40	0	电商平台编码
ec_platform_desc	varchar	120	0	电商平台描述

表部分数据如图 17-12 所示，已隐藏用户名和工号等登陆关键信息。

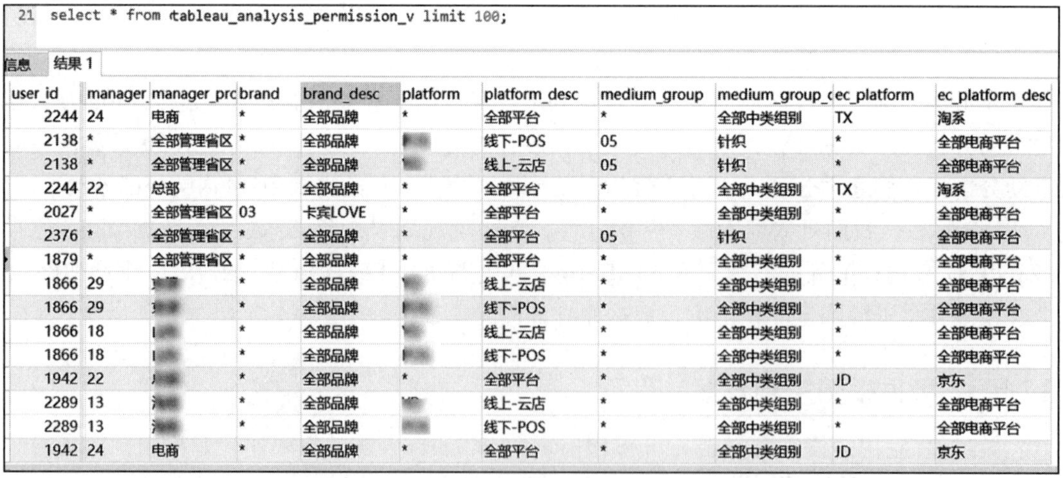

```
21  select * from tableau_analysis_permission_v limit 100;
```

信息 结果 1

user_id	manager_	manager_prc	brand	brand_desc	platform	platform_desc	medium_group	medium_group_c	ec_platform	ec_platform_desc
2244	24	电商	*	全部品牌	*	全部平台	*	全部中类组别	TX	淘系
2138	*	全部管理省区	*	全部品牌	[illegible]	线下-POS	05	针织	*	全部电商平台
2138	*	全部管理省区	*	全部品牌	[illegible]	线上-云店	05	针织	*	全部电商平台
2244	22	总部	*	全部品牌	*	全部平台	*	全部中类组别	TX	淘系
2027	*	全部管理省区	03	卡宾LOVE	*	全部平台	*	全部中类组别	*	全部电商平台
2376	*	全部管理省区	*	全部品牌	*	全部平台	05	针织	*	全部电商平台
1879	*	全部管理省区	*	全部品牌	*	全部平台	*	全部中类组别	*	全部电商平台
1866	29	[illegible]	*	全部品牌	[illegible]	线上-云店	*	全部中类组别	*	全部电商平台
1866	29	[illegible]	*	全部品牌	[illegible]	线下-POS	*	全部中类组别	*	全部电商平台
1866	18	[illegible]	*	全部品牌	[illegible]	线上-云店	*	全部中类组别	*	全部电商平台
1866	18	[illegible]	*	全部品牌	[illegible]	线下-POS	*	全部中类组别	*	全部电商平台
1942	22	[illegible]	*	全部品牌	*	全部平台	*	全部中类组别	JD	京东
2289	13	[illegible]	*	全部品牌	[illegible]	线上-云店	*	全部中类组别	*	全部电商平台
2289	13	[illegible]	*	全部品牌	[illegible]	线下-POS	*	全部中类组别	*	全部电商平台
1942	24	电商	*	全部品牌	*	全部平台	*	全部中类组别	JD	京东

图 17-12 自助分析权限数据

数据在自助分析中的应用如下，以销售自主分析为例。

```
--G01 零售自助查询
select t.* from dm.dm_ta_sales_detail t
```

```
inner join (select distinct manager_province_code,manager_province,brand,
    brand_desc,platform,platform_desc,medium_group,medium_group_desc
from hdsp.tableau_analysis_permission_v where user_id = <参数.userId> ) b
on (t.manager_province_code = b.manager_province_code or b.manager_province_
    code ='*')
and (t.brand = b.brand or b.brand='*')
and (t.online_flag = b.platform_desc or b.platform='*')
and (t.medium_group = b.medium_group or b.medium_group='*')
```

用于固定报表筛选框的表结构如表 17-4 所示。

表 17-4　固定报表数据权表结构

字段名称	类型	长度	小数位	备注
user_id	int8	19	0	用户编号
real_name	varchar	128	0	用户真实姓名
login_name	varchar	128	0	用户名
object_id	int8	19	0	权限对象 ID
object_code	varchar	30	0	权限对象编码
value_group	int8	19	0	权限值编号
value_code	varchar	80	0	权限值编码
value_name	varchar	240	0	权限值描述

表中数据截图如图 17-13 所示，采用纵向展开方式存放所有的权限值。

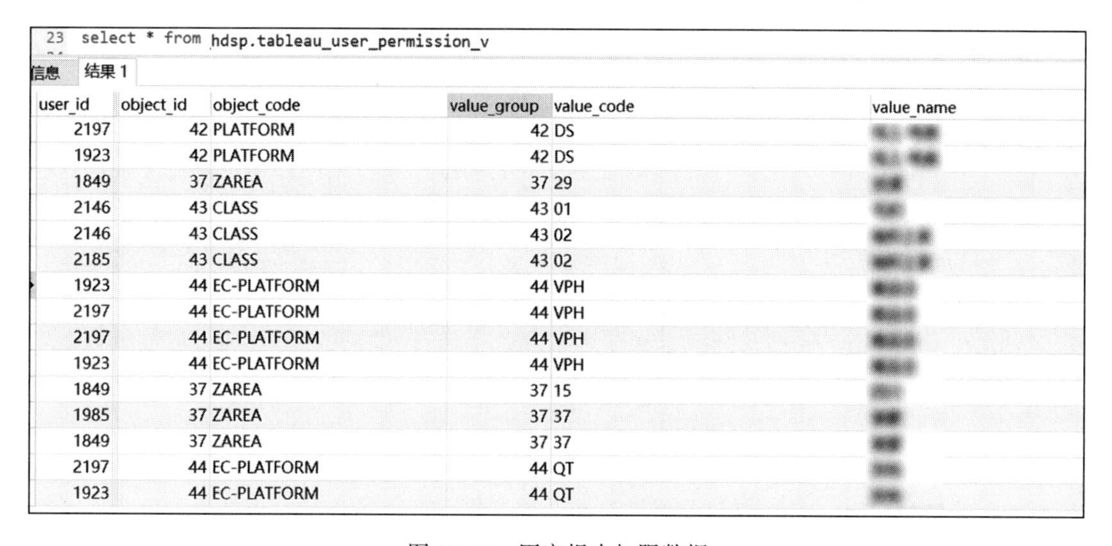

```
23 select * from hdsp.tableau_user_permission_v
```

信息　结果 1

user_id	object_id	object_code	value_group	value_code	value_name
2197	42	PLATFORM	42	DS	
1923	42	PLATFORM	42	DS	
1849	37	ZAREA	37	29	
2146	43	CLASS	43	01	
2146	43	CLASS	43	02	
2185	43	CLASS	43	02	
1923	44	EC-PLATFORM	44	VPH	
2197	44	EC-PLATFORM	44	VPH	
2197	44	EC-PLATFORM	44	VPH	
1923	44	EC-PLATFORM	44	VPH	
1849	37	ZAREA	37	15	
1985	37	ZAREA	37	37	
1849	37	ZAREA	37	37	
2197	44	EC-PLATFORM	44	QT	
1923	44	EC-PLATFORM	44	QT	

图 17-13　固定报表权限数据

固定报表的数据权限过滤是通过筛选框控制的，筛选框的查询语句如下。

```
#管理省区权限查询
```

```
select  value_name as value,value_name as meaning  from hdsp_core.tableau_user_
    permission_v where object_code='ZAREA' and user_id = #{request.userId} order
    by value_code
```

17.5.4 历史数据离线存储方案

过期数据会令系统存储负担较重，进而影响系统的稳定性，因此我们定期分离过期的接口数据进行离线备份。比较典型的就是 SAP 系统的数据，由于系统升级原因，SAP 系统数据分成旧系统 Retail 和新系统 S4 两部分。Retail 系统数据量比较大，只需要加工一次并保存至 DWD 层，具体操作如下。

首先，全量抽取 Retail 相应表的数据，抽取过程通过 DataX 配置页面完成。然后参照 S4 系统的逻辑加工 Retail 的数据到 DWD 层。加工过程采用存储过程，加工完的数据在 DWD 层保存到以 _retail 结尾的表中。

在经过用户测试确认数据无误后，我们可以选择一个合适的时机将 Retail 系统对应的 ODS 层表数据离线存储。

```
#简单的脚本内容如下
vi backup_ods.sh
#导出数据生成备份文件
/data/greenplum/greenplum-db/bin/pg_dump -d dbname -n $1 -t $2 -c --if-exists -f
/data/backup/ODS_BAK/$1.$2.sql
#压缩文件，减少存储空间
gzip /data/backup/ODS_BAK/$1.$2.sql
#备份到华为云OBS
obsutil cp /data/backup/ODS_BAK/$1.$2.sql obs://tx-backup-20200225/CDBI数据备份/ODS/

#用法举例
sh backup_ods.sh ods_rtl ods_rtl_matdoc
```

将数据离线存储后需要进行压缩，如果购买或搭建了对象存储空间，可以上传到对象存储空间中，如果没有，也可以在数据库主节点上预留一块较大的存储空间用于存储这些数据，以便需要的时候快速恢复使用。确认数据做好备份以后，清空 ODS 层的数据，然后禁用 DWD 层的数据加工程序。

现有系统过于久远的数据（例如两年前的销售明细），也可以采用相同的方案，将部分数据固化在 DWD 层，通过视图或者程序来合并数据进行后续的加工，即可以节省数据中台的存储空间，又可以提高数据中台的数据加工效率。

17.5.5 系统备份方案

系统备份包括数据库备份和程序备份两部分。系统备份的目的是方便在系统出现故障不能恢复时快速还原系统，恢复系统可用状态。在这个目标的前提下，再看数据库备份和程序备份，才可以有一个正确的认识。

在传统情况下，基于客户长期运维交易系统的习惯，会认为数据备份比程序备份重要，这是因为交易系统的数据丢失是灾难性的，即使恢复了程序依然会造成生产事故。如果恢复了数据，程序存在一些版本差异也是可以接受的。

这个备份思想显然不适合数据中台。数据中台的数据都来自交易系统，如果数据丢失，可以重新抽取全量或者从备份文件中恢复，如果出现了程序丢失或者程序版本不同步，那就是灾难性的问题，需要耗费大量的时间核对数据查找差异。数据中台数据的准确性要高于数据的完整性，即使丢失最近两天的交易数据或者过去几年的交易数据，影响也不大，但是如果计算出来的数据是错误的，则会产生很严重的负面影响。

基于上述理解和认识，我们对系统备份做了慎重而全面的规划。

数据库备份方面，我们通过 Shell 脚本主要完成以下工作。

1）数据库配置表、补录表、初始化参数表，每日批处理完成后离线备份成一个文件。

2）数据库所有跑批用到的物理表，每日批处理完成后离线备份成一个文件。

3）数据所有的视图、函数、存储过程，每日批处理完成后离线备份成一个文件。

以上文件按日期压缩后打包上传到华为云 OBS。

程序备份方面，我们通过 Shell 脚本主要完成以下工作。

1）每日备份数据中台系统安装包，剔除日志文件，生成一个压缩文件。

2）每日备份数据中台的后台管理数据库（本次系统采用 MySQL 数据库），整体生成一个 SQL 文件。

3）每日调用 Tableau 备份命令，生成一个 tabbak 文件。

4）压缩系统调度任务及相应的 Shell 脚本，生成一个压缩文件。

将以上文件按日期压缩打包后上传到华为云 OBS。具体的备份程序这里就不展示了。

17.6　典型业务方案分享

本节精选了几个零售行业典型的业务场景，可以在其他零售企业复用。特别是项目中对于实时库存、在途库存的处理，更是业界独创的领先方案，其思路也可以引入其他行业。

17.6.1　零售指标同期分析

零售指标同比、环比分析是非常常见的分析。为了满足多个报表的简单调用，笔者通常在一个聚合结果集上将数据重复多次，以完成本同期的数据计算。简化的 SQL 案例如下。

```
--先汇总库存和销售数据,合并到日期+店铺+sku粒度
WITH day_rst AS (
SELECT order_date,--销售日期
       store_code,--店铺编码
       sku_code,--商品编码
       sum(sales_qty) as sales_qty,--本期销售数量
       sum(sales_money) as sales_money,--本期销售金额
       0 as stock_qty--最终库存数量
  FROM dwb_ret_sales_detail
```

```
 GROUP BY order_date,store_code,sku_code
 UNION ALL
SELECT stock_date,--销售日期
       store_code,--店铺编码
       sku_code,--商品编码
       0 as sales_qty,--本期销售数量
       0 as sales_money,--本期销售金额
       sum(fin_qty) as stock_qty--最终库存数量
  FROM dwb_ret_stock_detail
 GROUP BY stock_date,store_code,sku_code
) --然后计算本期、同期、上期、目标数据,并行合并压缩数据
SELECT order_date,--销售日期
       store_code,--店铺编码
       sku_code,--商品编码
       sum(bq_sales_qty) as bq_sales_qty,--本期销售数量
       sum(bq_sales_money) as bq_sales_money,--本期销售金额
       sum(bq_stock_qty) as bq_stock_qty, --本期库存数量
       sum(tq_sales_qty) as tq_sales_qty,--同期销售数量
       sum(tq_sales_money) as tq_sales_money,--同期销售金额
       sum(tq_stock_qty) as tq_stock_qty, --同期库存数量
       sum(lastday_sales_qty) as lastday_sales_qty,--昨日销售数量
       sum(lastday_stock_qty) as lastday_stock_qty, --昨日库存数量
       sum(bq_sales_target) as bq_sales_target --本期销售目标
FROM ( --本期统计
SELECT order_date,--销售日期
       store_code,--店铺编码
       sku_code,--商品编码
       sales_qty as bq_sales_qty,--本期销售数量
       sales_money as bq_sales_money,--本期销售金
       stock_qty as bq_stock_qty, --本期库存数量
       0 tq_sales_qty,--同期销售数量
       0 tq_sales_money,--同期销售金额
       0 tq_stock_qty, --同期库存数量
       0 lastday_sales_qty,--昨日销售数量
       0 lastday_stock_qty,--昨日库存数量
       0 bq_sales_target --本期销售目标
 FROM day_rst
 UNION ALL --同期统计
SELECT (order_date + interval '1 year')::date as order_date,--销售日期
       store_code,--店铺编码
       sku_code,--商品编码
       0 as bq_sales_qty,--本期销售数量
       0 as bq_sales_money,--本期销售金额
       0 as bq_stock_qty, --本期库存数量
       sales_qty as tq_sales_qty,--同期销售数量
       sales_money as tq_sales_money,--同期销售金额
       stock_qty as tq_stock_qty, --同期库存数量
       0 lastday_sales_qty,--昨日销售数量
       0 lastday_stock_qty,--昨日库存数量
       0 bq_sales_target --本期销售目标
 FROM day_rst
 WHERE order_date <= ('2021-04-28'+ interval '-1 year')::date --取去年同期的日期区间
 UNION ALL --昨日统计
SELECT (order_date + interval '1 day')::date as order_date,--销售日期
       store_code,--店铺编码
       sku_code,--商品编码
       0 as bq_sales_qty,--本期销售数量
       0 as bq_sales_money,--本期销售金额
```

```
        0 as bq_stock_qty, --本期库存数量
        0 as tq_sales_qty,--同期销售数量
        0 as tq_sales_money,--同期销售金额
        0 as tq_stock_qty, --同期库存数量
        sales_qty as lastday_sales_qty,--销售数量
        stock_qty as lastday_stock_qty,--库存数量
        0 as bq_sales_target --本期销售目标
 FROM day_rst
 WHERE order_date <= ('2021-04-28'+ interval '-1 day)::date
 UNION ALL
SELECT order_date,--销售日期
        store_code,--店铺编码
        null sku_code,--商品编码 --销售目标只到店铺级别,不到sku
        0 as bq_sales_qty,--本期销售数量
        0 as bq_sales_money,--本期销售金额
        0 as bq_stock_qty, --本期库存数量
        0 as tq_sales_qty,--同期销售数量
        0 as tq_sales_money,--同期销售金额
        0 as tq_stock_qty, --同期库存数量
        0 as lastday_sales_qty,--销售数量
        0 as lastday_stock_qty,--库存数量
        sales_target as bq_sales_target --本期销售目标
 FROM dwb_ret_stock_target
) x
GROUP BY order_date, store_code,sku_code;
```

17.6.2　零售指标节假日对比分析

节假日对比分析是零售行业特有的分析结构，即将不同年份的相同假期数据进行对比。例如春节促销，每年春节对应的日期不一样，要将两个春节期间的销量进行对比，就需要进行特殊处理。

一般情况下，会有业务人员帮我们维护一张表，我们假定表名为 dim_holiday_info，如表 17-5 所示。

表 17-5　节假日表数据

年份	节假日	日期
2020	春节	2020-01-24
2020	春节	2020-01-25
2020	春节	2020-01-26
2020	春节	2020-01-27
2020	春节	2020-01-28
2020	春节	2020-01-29
2020	春节	2020-01-30
2021	春节	2021-02-11
2021	春节	2021-02-12

（续）

年份	节假日	日期
2021	春节	2021-02-13
2021	春节	2021-02-14
2021	春节	2021-02-15
2021	春节	2021-02-16
2021	春节	2021-02-17

计算节假日同期的 SQL 代码如下。

```
WITH holiday_rst AS (
SELECT 年份,节假日,日期,ROW_NUMBER() OVER(PARTITION BY 年份,节假日 ORDER BY 日期)
    as 节假日第几天
  FROM dim_holiday_info )
SELECT t.年份,t.节假日,t.日期,t.节假日第几天,b.日期 as 上年对应日期
  FROM holiday_rst t
  LEFT JOIN holiday_rst b
    ON t.年份 = b.年份 + 1
   AND t.节假日 = b.节假日
   AND t.节假日第几天 = b.节假日第几天;
```

查询结果如图 17-14 所示。

年份	节假日	日期	节假日第几天	上年对应日期
2020	春节	2020-01-30	7	(Null)
2020	春节	2020-01-28	5	(Null)
2020	春节	2020-01-24	1	(Null)
2020	春节	2020-01-26	3	(Null)
2020	春节	2020-01-29	6	(Null)
2020	春节	2020-01-27	4	(Null)
2020	春节	2020-01-25	2	(Null)
2021	春节	2021-02-11	1	2020-01-24
2021	春节	2021-02-12	2	2020-01-25
2021	春节	2021-02-13	3	2020-01-26
2021	春节	2021-02-14	4	2020-01-27
2021	春节	2021-02-15	5	2020-01-28
2021	春节	2021-02-16	6	2020-01-29
2021	春节	2021-02-17	7	2020-01-30

图 17-14 节假日加工数据

除了节假日，周数据的对比也是类似的。本年第一周和上一年第一周对应的日期不一样，如果不能将日期对齐，那么周同比也会失去意义。

17.6.3 在库库存

在库库存是指仓库实际保存的商品数量，是一系列商品在入库、出库操作以后任意时点的库存数量。

假设有以下两个商品的进出库明细，如表 17-6 所示。

表 17-6　商品出入库简化数据

订单号	收货 / 发货日期	店铺	商品	业务类别	数量
OR1000001	2021/1/1	S001	M000001	调拨入库	100
OR1000001	2021/1/1	S001	M000002	调拨入库	80
OR1000002	2021/1/5	S001	M000001	调拨出库	–30
OR1000003	2021/1/15	S001	M000001	门店退货	10
OR1000003	2021/1/15	S001	M000002	批发进货	200
OR1000004	2021/1/22	S001	M000001	批发进货	220
OR1000005	2021/2/3	S001	M000001	调拨出库	–80
OR1000005	2021/2/3	S001	M000002	调拨出库	–70
OR1000006	2021/2/10	S001	M000001	仓库发货	–40
OR1000007	2021/2/18	S001	M000001	门店退货	15

2 月 19 日，商品 M000001 的在库数量 =100–30+10+220–80–40+15=195。M000002 的在库数量 =80+200–70=210。

这只是一个简化的模型，数据多了以后，实时计算库存就会比较慢。于是就有了月结库存的概念。取 1 月 31 日的库存作为月结数据放入明细表，如表 17-7 所示。

表 17-7　商品出入库简化数据

订单号	收货 / 发货日期	店铺	商品	业务类别	数量
Null	2021/2/1	S001	M000001	月结库存	410
Null	2021/2/1	S001	M000002	月结库存	280

商品 M000001 2 月 19 日的库存变为 410（月结库存）–80–40+15=195。商品 M000002 2 月 19 日的库存 =280（月结库存）–70=210。

按照以上方法，取任意一天的库存，只需要将对应日期当月月初到当天的库存累加即可得到库存结果。在按月分区的情况下，查询速度可以大幅提升。

17.6.4　在途库存

在途库存是指发出方已经发出，而接收方尚未收到的商品数量，按照财务权责发生制原则，在途库存属于接收方的库存。在途库存随着商品的接收变成物理库存。

以商品 M000001 为例，在途简化数据如表 17-8 所示。

表 17-8 商品在途简化数据

订单号	发出日期	接收日期	发出方	接收店铺	商品	业务类别	数量
OR1000001	2020/12/10	2021/1/1	S010	S001	M000001	调拨入库	100
OR1000003	2021/1/3	2021/1/15	ST0001	S001	M000001	门店退货	10
OR1000004	2021/1/5	2021/1/22	SZ001	S001	M000001	批发进货	220
OR1000007	2021/1/17	2021/2/18	ST0002	S001	M000001	门店退货	15
OR1000008	2021/1/28		S011	S001	M000001	调拨入库	120

在途数据是出入库数据的一部分，站在店铺 S001 的角度，只需要考虑以上 4 笔订单，即其他方发货给店铺 S001 的订单。其中 OR1000008 截止当期仍然在途，未接收入库。

上述案例中，在 2021 年 1 月 31 日，在途订单有两笔，即 OR1000007 和 OR1000008，合计在途库存数量 135。由于在途数据需要和物理库存合并计算，因此也需要将在途数据合并到物理库存表，如表 17-9 所示。

表 17-9 商品在途模型数据

订单号	收货 / 发货日期	接收店铺	商品	业务类别	数量
OR1000001	2020/12/10	S001	M000001	调拨入库	100
OR1000003	2021/1/3	S001	M000001	门店退货	10
OR1000004	2021/1/5	S001	M000001	批发进货	220
OR1000007	2021/1/17	S001	M000001	门店退货	15
OR1000001	2021/1/1	S001	M000001	调拨入库	–100
OR1000003	2021/1/15	S001	M000001	门店退货	–10
OR1000004	2021/1/22	S001	M000001	批发进货	–220
OR1000007	2021/2/18	S001	M000001	门店退货	–15
OR1000008	2021/1/28	S001	M000001	调拨入库	120

加入在途月结数据，如表 17-10 所示。

表 17-10 商品在途月结数据

订单号	收货 / 发货日期	店铺	商品	业务类别	数量
Null	2021/1/1	S001	M000001	月结库存	100
Null	2021/2/1	S001	M000002	月结库存	135

在途库存也等于月初统计日期的合计值，在 DWS 层就可以合并在途库存和物理库存的明细数据 + 月结状态，组成按月分区的表，这样整个库存模型就实现了快速汇总查询任意日期库存的效果。

17.6.5　售罄率

售罄率是指某些商品在一段时间内的销售数量除以入库数量（包含期末在途）得到的比例。售罄率是零售行业最重要的指标，也是计算逻辑最复杂的指标之一。

针对售罄率，我们做了两个自助分析模型——期间售罄率和商品售罄率。期间售罄率是商品在一个时间区间内的销售吊牌金额合计除以时间区间内商品的进货库存吊牌金额。区间内的进货库存包括期初库存、期间进货、期末在途。商品售罄率则直接统计商品自上市以来的销售吊牌合计除以店铺的累计入库库存。累计入库库存包括期间进货、期末在途两个部分。

针对两种不同的需求，我们使用一个相同的数据集。根据自助分析的特点，发现两个模型虽然统计的时间周期不一样，但是商品的属性是一致的，并且根据零售商品的特点，我们采用了商品年作为分区字段，并且将商品年固定到自助分析的下拉刷选上（只支持单选）。有了商品年这个分区，报表查询的数据量就可以从 7000 万减少到 2000 万左右，速度提升了约 3 倍。

根据筛选页面定义的时间参数进行指标的计算，对于复杂的进货库存，分成不同的子指标定义计算公式，然后合计。

商品期间售罄率是一段时间内某些商品的销售量除以入库数量，是一个期间统计值。商品期间售罄率自助分析如图 17-15 所示。

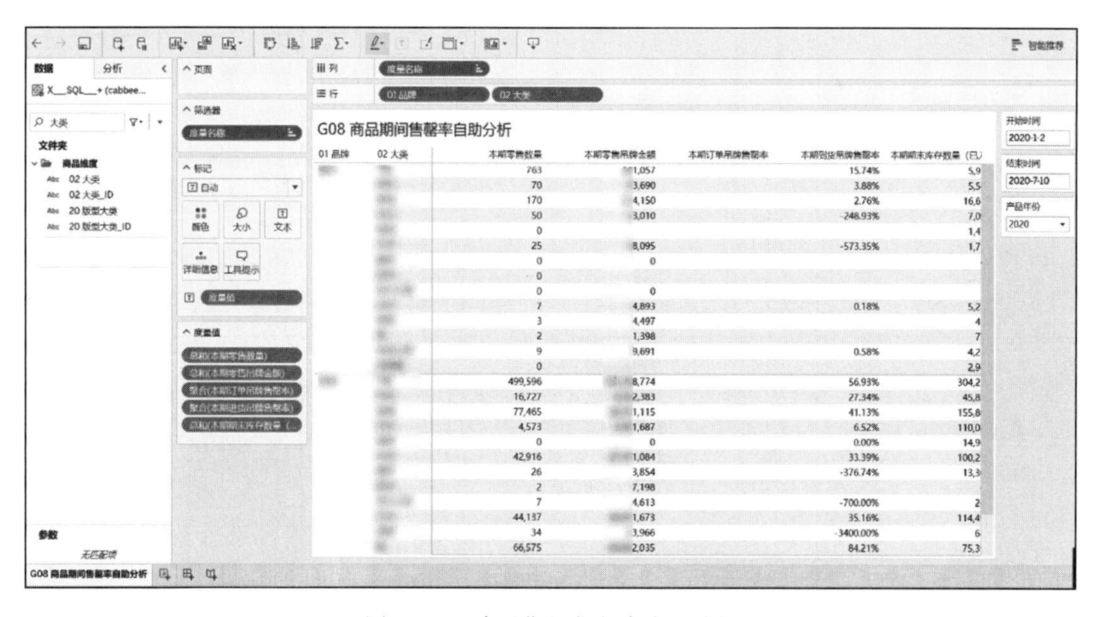

图 17-15　商品期间售罄率自助分析

其中，销售吊牌金额、入库吊牌金额及其子指标的计算公式如表 17-11 所示。

表 17-11 商品自助分析指标公式

指标名	指标公式	备注
本期零售吊牌	IF[01 时间]<=[结束时间] AND [11 产品年]=[产品年份] THEN [零售吊牌金额] END	
本期期初库存吊牌金额（已入库）	IF ([开始时间] >=#2019-09-01# and [01 时间]<=[开始时间] AND [01 时间]>=DATETRUNC('month',[开始时间])) or ([开始时间] <#2019-09-01# and [01 时间]<=[结束时间] AND [01 时间]>=DATETRUNC('year',[开始时间])) AND [11 产品年]=[产品年份] THEN [库存吊牌金额] else 0 end	2019 年 9 月以前旧系统的数据做年度结转，9 月以后的数据做月度结转，稍显复杂，实际项目应根据数据量选择一个结转周期即可
本期期末库存吊牌金额（已入库）	IF ([结束时间] >=#2019-09-01# and [01 时间]<=[结束时间] AND [01 时间]>=DATETRUNC('month',[结束时间])) or ([结束时间] <#2019-09-01# and [01 时间]<=[结束时间] AND [01 时间]>=DATETRUNC('year',[结束时间])) AND [11 产品年]=[产品年份] THEN [库存吊牌金额] else 0 end	同上
本期接收在途吊牌金额	IF [02 数据标识]='zaitu' AND [11 产品年]=[产品年份] AND [01 时间]<=[结束时间] THEN [进货吊牌金额] ELSE 0 END	当时项目在途数据没有做月结
本期期末库存吊牌金额	ZN([本期期末库存吊牌金额（已入库）])+ZN([本期接收在途吊牌金额])	
本期进货吊牌金额	if[01 时间]<=[结束时间] AND [11 产品年]=[产品年份] AND [02 数据标识]<>'wsc_ydg_zjfh' AND [02 数据标识]<>'zjfh_qtpt' then [进货吊牌金额] else 0 end	
本期进货吊牌金额	ZN([本期期初库存吊牌金额（已入库）])+ZN([本期进货吊牌金额])+ZN([本期接收在途吊牌金额])	
本期进货吊牌售罄率	SUM([本期零售吊牌金额])/SUM([本期进货吊牌金额])	

商品售罄率是指某些商品在整个生命周期中截止某日的销售量除以入库数量，是一个

状态值。商品售罄自助分析如图 17-16 所示。

图 17-16　商品售罄自助分析

其中，零售吊牌金额、库存吊牌金额及其子指标的计算公式如表 7-12 所示。

表 7-12　商品自助分析指标公式

指标名	指标公式	备注
本期零售吊牌	IF[01 时间]<=[结束时间] AND [11 产品年份]=[产品年份] THEN [零售吊牌金额] END	
本期期末库存吊牌金额（已入库）	IF (([结束时间] >=#2019-09-01# and [01 时间]<=[结束时间] AND [01 时间]>=DATETRUNC('month',[结束时间])) or ([结束时间] <#2019-09-01# and [01 时间]<=[结束时间] AND [01 时间]>=DATETRUNC('year',[结束时间]))) AND [11 产品年份]=[产品年份] THEN [库存吊牌金额] else 0 end	2019 年 9 月以前旧系统的数据做年度结转，9 月以后的数据做月度结转，稍显复杂，实际项目应根据数据量选择一个结转周期即可
本期接收在途吊牌金额	IF [数据标识]='zaitu' AND [11 产品年份]=[产品年份] AND [01 时间]<=[结束时间] THEN [进货吊牌金额] ELSE 0 END	当时项目在途数据没有做月结
本期期末库存吊牌金额	ZN([本期期末库存吊牌金额（已入库）])+ZN([本期接收在途吊牌金额])	

（续）

指标名	指标公式	备注
本期进货吊牌金额（节点）	if[01 时间]<=[结束时间] AND [11 产品年份]=[产品年份] AND [数据标识]<>'wsc_ydg_zjfh' AND [数据标识]<>'zjfh_qtpt' then [进货吊牌金额（调整）] else 0 end	
本期累计进货吊牌金额	SUM([本期进货吊牌金额（节点）])+ SUM([本本期接收在途吊牌金额])	
本期进货吊牌售罄率	SUM([本期零售吊牌金额])/SUM([本期累计进货吊牌金额])	

从数据库查询日志中抓取商品售罄自助分析的数据库查询语句如下，从中我们就可以看出产品的汇总逻辑了。

```
SELECT "X___SQL___"."manager_province" AS "manager_province",
  SUM((CASE WHEN (("X___SQL___"."post_date" <= '2020-09-02'::date) AND
      ("X___SQL___"."data_flag" <> 'wsc_ydg_zjfh') AND ("X___SQL___"."data_flag" <>
      'zjfh_qtpt')) THEN "X___SQL___"."arrival_quantity" ELSE 0 END)) AS
      "sum_Calculation_2290080477070958607_ok",
  SUM((CASE WHEN (("X___SQL___"."post_date" <= '2020-09-02'::date) ) THEN
      "X___SQL___"."sales_quantity" ELSE 0 END)) AS "sum_Calculation_29836350602858496_ok",
  SUM((CASE WHEN (("X___SQL___"."post_date" <= '2020-09-02'::date) AND
      ("X___SQL___"."data_flag" <> 'wsc_ydg_zjfh') AND ("X___SQL___"."data_flag" <>
      'zjfh_qtpt')) THEN "X___SQL___"."arrival_tagbal" ELSE 0 END)) AS "sum__________ok"
FROM (
  SELECT t.* FROM dm.dm_ta_arrival_soldrate_skc t
   iNNER JOIN (SELECT DISTINCT manager_province_code,manager_province,brand,
         brand_desc,medium_group,medium_group_desc
  FROM hdsp.tableau_analysis_permission_v WHERE user_id = <参数.userId> ) b
   ON (t.manager_province_code = b.manager_province_code OR b.manager_province_
         code ='*')
  AND (t.brand = b.brand or b.brand='*')
  AND (t.medium_group = b.medium_group OR b.medium_group='*')
WHERE t.product_year = '2020' )  "X___SQL___"
```

17.6.6 齐码率

齐码率也是零售行业考察的一个重要指标。这里引用一个示例来介绍这个业务指标的算法。

说到齐码率，必须先介绍商品的体系。零售商品一般是按照款式来定价的，对应的编码称为“款号”。同款号的基础上不修改任何样式，只变动颜色，就得到了“货号”，即SKC。在货号的基础上划分不同的尺码，就得到了SKU。

SKU（Stock Keeping Unit）是最小库存单位，以服装为例，表示单款单色单码，可用于统计库存状态，订单发货就是基于SKU实现。

SKC（Stock Keeping Color）是库存颜色单位，以服装为例，表示单款单色，主要用于统计分析。

简单地说，SKU= 款 + 色 + 尺码，SKC= 款 + 色。

这里说到齐码率就是在 SKC 的基础上，针对店铺看对应的多个 SKU 是否有连续尺码的库存。

基于这个理解，我们先计算每个 SKU 的库存量和尺码表，尺码表里面包含不同类型的尺码组下对应的尺码顺序。我们将二者关联，按照尺码顺序汇总指标，有库存用 1 标识，无库存用 0 标识，然后将所有尺码串联成一个字符串，判断是否包含“111”，如果包含则标识齐码。核心程序代码如下。

```
SELECT xx.stock_date,--业务日期
       xx.store_code,--店铺代码
       xx.skc_code,--款式代号,货号,款+色
       xx.size_bit_code,--将尺码是否有库存转化为1和0的编码字符串
       case when instr(xx.size_bit_code, '111')>0 then 'Y' else 'N' end pm_flag,
       xx.phy_qty,--当日已入库库存数量
       xx.onway_qty,--当日已入库库存数量
       xx.fin_qty,--当日已入库库存数量
       current_timestamp() as sys_create_time --数据插入时间
FROM (
    SELECT x.stock_date,--业务日期
           x.store_code,--店铺代码
           x.skc_code,--款式代号,货号,款+色
           case when x.ss01_qty >0 then '1' else '0' end ||
           case when x.ss02_qty >0 then '1' else '0' end ||
           case when x.ss03_qty >0 then '1' else '0' end ||
           case when x.ss04_qty >0 then '1' else '0' end ||
           case when x.ss05_qty >0 then '1' else '0' end ||
           case when x.ss06_qty >0 then '1' else '0' end ||
           case when x.ss07_qty >0 then '1' else '0' end ||
           case when x.ss08_qty >0 then '1' else '0' end ||
           case when x.ss09_qty >0 then '1' else '0' end ||
           case when x.ss10_qty >0 then '1' else '0' end ||
           case when x.ss11_qty >0 then '1' else '0' end ||
           case when x.ss12_qty >0 then '1' else '0' end ||
           case when x.ss13_qty >0 then '1' else '0' end ||
           case when x.ss14_qty >0 then '1' else '0' end ||
           case when x.ss15_qty >0 then '1' else '0' end ||
           case when x.ss16_qty >0 then '1' else '0' end ||
           case when x.ss17_qty >0 then '1' else '0' end ||
           case when x.ss18_qty >0 then '1' else '0' end ||
           case when x.ss19_qty >0 then '1' else '0' end ||
           case when x.ss20_qty >0 then '1' else '0' end  as size_bit_code,
               --将尺码是否有库存转化为1和0的编码字符串
           phy_qty,--当日已入库库存数量
           onway_qty,--当日已入库库存数量
           fin_qty --当日已入库库存数量
    FROM (--线下门店每日库存状态
        SELECT t.stock_date,--业务日期
               t.store_code,--店铺编码
               t.skc_code,--款式代号,货号, 款+色
               sum(case when b.size_sort = 1 then fin_qty else 0 end) ss01_qty,
                   --排序为1的尺码数量
```

```
            sum(case when b.size_sort = 2 then fin_qty else 0 end) ss02_qty,
                --排序为2的尺码数量
            sum(case when b.size_sort = 3 then fin_qty else 0 end) ss03_qty,
                --排序为3的尺码数量
            sum(case when b.size_sort = 4 then fin_qty else 0 end) ss04_qty,
                --排序为4的尺码数量
            sum(case when b.size_sort = 5 then fin_qty else 0 end) ss05_qty,
                --排序为5的尺码数量
            sum(case when b.size_sort = 6 then fin_qty else 0 end) ss06_qty,
                --排序为6的尺码数量
            sum(case when b.size_sort = 7 then fin_qty else 0 end) ss07_qty,
                --排序为7的尺码数量
            sum(case when b.size_sort = 8 then fin_qty else 0 end) ss08_qty,
                --排序为8的尺码数量
            sum(case when b.size_sort = 9 then fin_qty else 0 end) ss09_qty,
                --排序为9的尺码数量
            sum(case when b.size_sort = 10 then fin_qty else 0 end) ss10_qty,
                --排序为10的尺码数量
            sum(case when b.size_sort = 11 then fin_qty else 0 end) ss11_qty,
                --排序为11的尺码数量
            sum(case when b.size_sort = 12 then fin_qty else 0 end) ss12_qty,
                --排序为12的尺码数量
            sum(case when b.size_sort = 13 then fin_qty else 0 end) ss13_qty,
                --排序为13的尺码数量
            sum(case when b.size_sort = 14 then fin_qty else 0 end) ss14_qty,
                --排序为14的尺码数量
            sum(case when b.size_sort = 15 then fin_qty else 0 end) ss15_qty,
                --排序为15的尺码数量
            sum(case when b.size_sort = 16 then fin_qty else 0 end) ss16_qty,
                --排序为16的尺码数量
            sum(case when b.size_sort = 17 then fin_qty else 0 end) ss17_qty,
                --排序为17的尺码数量
            sum(case when b.size_sort = 18 then fin_qty else 0 end) ss18_qty,
                --排序为18的尺码数量
            sum(case when b.size_sort = 19 then fin_qty else 0 end) ss19_qty,
                --排序为19的尺码数量
            sum(case when b.size_sort = 20 then fin_qty else 0 end) ss20_qty,
                --排序为20的尺码数量
            sum(phy_qty) as phy_qty,--当日已入库库存数量
            sum(onway_qty) as onway_qty,--当日已入库库存数量
            sum(fin_qty) as fin_qty --当日已入库库存数量
        FROM dws_store_stock_day t
        LEFT JOIN dim_size_group b
          ON t.size_group_code = b.size_group_code
         AND t.size_code = b.size_code
        GROUP BY t.stock_date,t.store_code,t.skc_code ) x ) xx
;
```

17.7 项目总结

2020年6月，卡宾服饰基本上完成了数据中台的搭建，实现了数字化驱动业务。数据中台让业务数据分析时效从之前的几分钟到数十分钟减少到几秒钟，满足了业务人员多维度、多场景的分析需求，并随之积累分析方法，创新分析应用。

在卡宾服饰信息总监陈培兰的眼中，数据会说话，也是驱动爆款产生并发力的坚实基础。一个最典型的案例是 2020 年的爆款商品是通过数据中台挖掘出来的。2020 年 6 月，一位卡宾商品运营人员在钉钉智能数据助理中发现，一款男式蓝白色复古牛仔裤的销售数据非常突出，并且即将售罄，库存告急。他紧急召集供应链加速推进流程，根据销售曲线预测出追单数量，向供应商团队发出追单指令，在业务中台开放产品工艺包（尺寸表、工艺单、BOM 清单）权限，面料供应商根据需求进行备料及出库，成衣供应商从钉钉下载工艺包，开始生产排期。7 天后，7000 条追加生产的牛仔裤陆续上架，出现在卡宾遍布全国的 800 多家动销门店里，一点都没耽误销售。最终，这款复古牛仔裤在全网销售 1.5 万件，这对于一家独立设计服装品牌而言远超预期。

依托钉钉和达摩院技术的智能数据助理，提供及时数据趋势分析，实现人机对话和简报推送。以商品爆款追踪为例，以前对爆款的追踪不够直观，指标综合性不够，评估比较片面。现在数据中台实现了秒级响应，每个爆款追踪增加了包括周期、动销、铺货、售罄等 22 个指标综合性直观呈现，畅销爆款的评估指标更加全面。

数据中台上线以后，卡宾服饰一方面继续扩展底层数据，接入采购订单、生产订单等方面的数据，另一方面继续拓展和深化数据应用场景。数字化应用主要有以下几个方向。

1）以用户为导向，关注商品动销情况，及时发现畅销产品，并进行跟踪和分析。

2）重视商品库存，对于销售需求旺盛的产品要确保不断供、不断码。

3）强化供应链管理，提升内部供应链的有效性，减少无效调拨订单。

4）加强渠道管理能力，整合微信商城、京东、天猫、快手、抖音等多渠道订单数据。

5）以移动应用为主，钉钉作为 To B 端的移动应用，小程序是面向消费者的移动应用。

推荐阅读

Mastering LevelDB
精通LevelDB
LevelDB

Principle, Architecture and Practice of Distributed Database
分布式数据库
原理、架构与实践

DBA攻坚指南
左手Oracle，右手MySQL

Guide To Expert, The Pragmatic PostgreSQL
PostgreSQL修炼之道
从小工到专家
第2版

Efficient Database Optimization
数据库高效优化
架构、规范与SQL技巧

ClickHouse
原理解析与应用实践
ClickHouse Principle and Practice
朱凯 著

InfluxDB Principle and Practice
InfluxDB原理与实战

HBase Principle and Practice
HBase原理与实践

Dive into Distributed Transaction
深入理解分布式事务
原理与实战